KB116935

김우재 지음

김영사

과학의 자리

1판 1쇄 인쇄 2021. 6. 28.
1판 1쇄 발행 2021. 7. 5.

지은이 김우재

발행인 고세규
편집 박보람 디자인 윤석진 마케팅 고은미 홍보 이한솔
발행처 김영사
등록 1979년 5월 17일(제406-2003-036호)
주소 경기도 파주시 문발로 197(문발동) 우편번호 10881
전화 마케팅부 031)955-3100, 편집부 031)955-3200 | 팩스 031)955-3111

값은 뒤표지에 있습니다.
ISBN 978-89-349-8838-0 03400

홈페이지 www.gimmyoung.com 블로그 blog.naver.com/gybook
인스타그램 instagram.com/gimmyoung 이메일 bestbook@gimmyoung.com

좋은 독자가 좋은 책을 만듭니다.
김영사는 독자 여러분의 의견에 항상 귀 기울이고 있습니다.

내게 '과학의 자리'를 사유할 수 있게 해준,

착한왕 이상하 박사에게 이 책을 바친다.

차 례

일러두기

- 이 책의 맞춤법과 외래어 표기는 국립국어원의 어문 규정과 용례를 따랐다.
- 작품명을 표기할 때, 단행본은 겹화살괄호(《》), 신문·잡지 등 연속간행물과 영화·연극·방송 프로그램·신문 기사는 홑화살괄호(〈〉), 보고서와 논문 등은 홑낫표(「」)로 표기했다.
- 이 책은 본책과 별책부록으로 구성되어 있습니다.

프롤로그

과학의 시대다. 하지만 한국은 과학의 시대에서 비껴 있다. 과학을 경제 발전의 도구로만 바라보는 관점 때문에 우리는 과학이 선사해 줄 수 있는 사회 변화의 동력을 놓치고 있다. 물론 과학을 둘러싼 왜곡은 한국에서만 일어나는 일은 아니다. 과학이 세계를 떠받치는 새로운 방식에 대한 논의는 이제 막 시작되었다. 그건 어쩌면 근대과학의 성취를 과도할 정도의 혁명주의와 영웅주의의 틀로 화려하게 장식한 학자들의 잘못이거나, 어쩌면 과학의 승리를 질투한 인문학자들의 협소한 시각 때문이거나, 그것도 아니면 과학이 근대 이후의 사회체제를 밑바닥에서 떠받치고 지탱하고 있었다는 사실을 우리가 정말 이제서야 깨닫기 시작했기 때문인지도 모른다.[1] 과학의 시대다. 하지만 이제부터 우리가 경험해야 할 과학혁명은 뉴턴의 고전역학, 다윈의 진화론, 아인슈타인의 상대성이론이 만든 승리가 아니라, 과학이 자연을 발견하는 방법과 그 방법론으로 과학을 지켜온 과학자 사회의 규범이 보여주는 승리여야 한다. 과학은 발견의 결과로서만이 아니라 발견의 과정을 통해 더 근본적으로 세계를 변화시킬 수 있다.

근대과학은 17세기 서유럽에서 현재의 형태로 탄생했다. 17세기 근대과학 이전, 서양과 동양이 보여주던 과학의 성취는 크게 다르지 않았다. 하지만 그 지형도는 17세기 이후 완전히 바뀐다. 먼저 이탈리아와 영국 등을 중심으로 천상계와 지상계를 통합해서 이해하려는 물리학의 도전이 시작되었다. 코페르니쿠스, 갈릴레오, 케플러, 그리고 뉴턴으로 이어지는 고전역학의 흐름은 천상과 지상에서 동일한 물리학의 법칙이 적용된다는 놀라운 발견과 더불어 수학적 기법과 실험적 분석의 융합으로 과학적 방법론의 표준화를 이루어냈다. 과학적 방법론과 세상이 관심을 가질 만한 연구 주제가 만나면서, 근대과학은 유럽에서 근거지를 마련했다. 근대과학은 세계 역사에서 단 한 번, 16세기와 17세기에 걸쳐 서유럽에서 탄생했고, 전 세계로 퍼져나간 학문이다. 그렇게 시작된 근대과학의 씨앗은 가장 먼저 대부분의 학문 지형에 영향을 미쳤다. 그리스 시대부터 서양을 지배해왔던 아리스토텔레스의 목적론과 현학적이고 사변적이며 질적인 사고방식에 머물렀던 자연철학은 뉴턴의 고전역학이 등장하자마자 큰 영향을 받을 수밖에 없었다.

고전역학은 여러 측면에서 기존의 학문 체계와 달랐다. (1) 고전역학은 질적인 논의를 양적인 논의로 완전히 변화시켰다. (2) 이를 위해 고전역학은 추상적인 사고방식을 문제 풀이에 적극 도입했다. (3) 추상적인 수학적 분석 외에도 자연을 모사하는 '실험'이라는 방법론이 사용되기 시작했다. 자연을 측정하기 위한 과학적 방법론은 다양해졌다. (4) 자연현상을 해석하는 데 있어 목적론을 벗어나 인과적인 사고방식이 주류가 되었다. (5) 발견을 기술하는 방식에서 궁극적인 설명은 사라지고, 즉각적인 서술이 선호되었다. 근대과학은 실험기법과 수학적 분석이라는 양적 방법론을 결합해서 그 측정 결과를 인과적으로 해석하고 건조하게 기술하는 방식으로 특징짓는다. 그리고 이러한 특징은 지상의 법칙이 천상에서도 적용된다는 세계관의 변화를 일으킬 수 있었던 근대과학의 아주 간단한 비밀이다. 철학자 이상하는 근대과학이 발견한 이 위대한 방법론을 "재확인 및 재생산 가능한 측정량과 가설의 연결성을 추구하는 과정"이라고 표현했고, "이 과정에 초자연적인 것을 개입시키지 않겠다는 '방법론적 자연주의'"야말로 과학적 세계 이해 방식의 방법론적 특성이라고 말했다.[2]

영국에서 시작된 근대과학의 씨앗은 영국에 망명한 볼테르에 의해 프랑스로 수입되고, 목적론에 경도되었던 데카르트주의자들의 격렬한 논쟁을 불러일으켰다. 데카르트주의자들은 뉴턴이 상정했던 '원거리에서도 작용하는 힘', 즉 중력이라는 개념이 신비하다는 이유로 뉴턴주의를 공격했고, 실제로 연금술에서 영향을 받은 뉴턴의 힘 개념엔 신비주의의 흔적이 남아 있었다. 하지만 상식주의와 감각 경험으로 과학을 만들려고 했던 데카르트주의자들은 과감한 추상화와 수학적 공식으로 무장한 뉴턴에게 무너졌다. 자연은 뉴턴의 법칙을 통해 더욱 단순하고 잘 설명되었기 때문이다.

과학적 방법론에 대한 뉴턴과 데카르트의 갈등 외에도, 과학이 발견한 현상과 이론에 대한 해석을 두고 과학자와 철학자의 견해가 극명하게 갈리는 일도 나타나기 시작했다. 정치철학자 홉스는 로버트 보일의 진공 개념이 자신의 정치철학적 세계관과 충돌하는 것으로 보이자, 맹렬하게 보일을 공격했다. '진공의 세계'가 존재한다면, 강력한

왕권을 지지하던 홉스 정치철학의 가정, 즉 '꽉찬 세계'라는 전제가 무너지기 때문이다. 이렇듯 과학은 그 탄생 이후 당대의 지식인 사회에 퍼져나갔고, 처음에 그 영향력은 학술 생태계에 국한되는 것처럼 보였다.[3]

과학은 그 인접 학문인 공학과 기술에 비해 세상을 변화시키는 속도가 느리다. 공학과 기술이 사회의 물리적 체제를 빠르게 변화시켜 사회의 문화와 제도적 체제를 급격하게 바꾸는 것과는 달리, 과학은 자연에 대한 발견을 논문이라는 형태로 과학자 사회에 발표하고, 발견이 누적되어 하나의 이론 체계를 형성하고, 그 이론이 사회에 소개되어 사람들의 세계관을 변화시키는 방식으로만 세상을 변화시킬 수 있다. 적어도 19세기에서 20세기 사이, 과학이 기술과 공학의 발전을 가속화하는 방식으로 세상을 변화시키기 전까지, 17세기 이후 19세기까지의 근대과학은 세계관의 변화로만 세상을 변화시킬 수 있었다.

뉴턴의 고전역학은 칸트와 같은 철학자가 《순수이성비판》을 쓰는 계기를 마련했고, 칸트의 저술은 수많은 철학자의 저작에 영향을 미쳤다. 이후 헤겔을 거쳐 마르크스에 이르면, 과학적 세계관은 철학이 세상을 해석하는 학문에서 세상을 변화시키는 학문으로 전회하는 데까지 영향을 미치게 된다. 근대과학은 처음에 인접 학문에 종사하는 학자들의 세계관을 바꾸었고, 그런 학자들의 사회적 영향력이 늘어나면서 사회의 세계관을 변화시키는 간접적인 원인이 되기도 했다. 하지만 과학이 변화시키는 사회의 모습은, 과학혁명이라는 이미지와 달리 느린 속도와 간접적인 속성 덕분에 우리 삶에 혁명적인 변화를 일으키지는 못했다.

뉴턴의 고전역학이 천상계와 지상계가 같은 원리로 움직인다는 세계관의 변화를 이끌었다면, 다윈의 진화론은 인간이 다른 생물종과 똑같은 원리로 지구상에 등장했다는 충격적인 세계관을 지시했다. 다윈의 진화론은 유럽의 기독교적 세계관을 위협하며 급부상했지만, 여전히 종교적 세계관은 현대사회의 주류 가치로 살아남았다. 다양한 과학 분야에서 발견한 자연의 모습과 과학 이론이 새롭게 열어 보인 세계관은 분명 사회의 변화에 영향을 주지만, 근본적인 변화나 혁명이라 불릴 만큼 대단한 것은 아니었다. 오히려 과학의 도움으로 도약한 기술과 공학 분야가 세계를 거대하게 변화시켰을 뿐이다.

자본주의경제 체제 속에서 과학은 세상에 바로 응용할 수 있는 기술의 하부구조로 편입되었고, 더 이상 상아탑에서 고귀한 지위를 독점할 수 없게 되었다. 순수한 기초과학자가 되려는 학생은 사라졌고, 남아 있는 과학자들조차 살아남기 위해 치료할 수 없는 치료제를 개발하고 개발할 수 없는 소재를 개발하며 대학에 빌붙어 기생할 뿐이다. 기초과학 노벨상 하나 없어도 한국은 경제적으로 부강한 나라가 됐고, 심지어 코로나19 사태에서 방역의 모범을 보였다. 이런 상황에서 누군가는 그런 질문을 던지고 싶을지 모른다. 도대체 과학의 쓸모는 무엇인가. 과학은 우리 삶에 어떤 존재인가. 서양에서 기원한 과학을 우리가 끌어안아 키워야 하는 이유는 무엇인가. 과학이 없으면 한국은 무너질 것인가.

《과학의 자리》는 과학자로 살아온 나의 문제의식에서 시작된 책이다. 나는 생물학과를 졸업하고 분자바이러스학으로 박사 학위 과정을 보내면서 과학사와 과학철학, 과학사회학이라는 과학의 인접 분야를 다룬 책을 읽었고, 운이 좋아 분자생물학을 중심으로 한 전공 학문과 관련한 인문학적 교양을 쌓았다. 자연계열 대학원생이던 나는 과학철학자 이상하와 함께 세미나를 하며 과학학을 전문적으로 공부해나갔고, 인지심리학자 고 이정모 교수 등과 인터넷으로 교류하며 분자생물학이라는 전문적인 학문을 넘어 학제간 연구에 큰 관심을 두었다. 2008년 박사후연구원으로 미국에 건너가 UCSF에서 초파리의 행동유전학으로 전공을 바꾼 이후, 운 좋게 캐나다 오타와대학교에서 교수직을 얻었다. 캐나다에서의 첫 교수 생활은 고난의 연속이었지만, 초파리 유전학 분야의 현장 경험과 틈틈이 공부해온 생물학에 대한 통찰을 담은 책《플라이룸》(2018)과, 생물학자들에게만 잘 알려진 '모델생물'의 역사와 그 기반에 대한 책《선택된 자연》(2020)을 출판할 수 있었다. 언젠가 서울과학기술대학교의 최형섭 교수는《플라이룸》에 대한 서평에서 나를 "초파리 공동체의 연구사적 계보를 잇는 낯선 과학자"라고 불렀다. 현장 과학자가 자신이 연구하는 분야의 역사와 철학에 정통한 경우는 한국에서 정말 드문 일이기 때문일 것이다.《플라이룸》은 진화론과 동물행동학에 대한 관심으로 시작해서, 분자생물학과 행동유전학으로 영역을 확장하며, 과학을 둘러싼 인접 학문과 과학과 사회의 상호작용을 꾸준히 연구하고, 또 그에 관한 글을 발표해왔던 지난 내 27년의 성과이자 기록이었다.

《과학의 자리》에서는 내가 그동안 '한국 사회에서 과학과 과학자 사회의 의미'에 대해 고민해온 주제들을 다룬다. 이 책에서 나는 과학의 사회적 의미를 역사적으로 추적하고, 그 역사적 성찰을 통해 우리가 과학이 지닌 진정한 가치를 그동안 외면해왔다고 주장할 것이다. 과학은 혁명적 발견으로서가 아니라, 그러한 발견을 계속해 나가는 과정으로서 더 큰 가치를 지닌 학문이다. 그 과정으로서의 과학은 사회를 지탱하는 '상식의 긴 팔'로 기능하고 있고, 더 나아가 사회를 변화시키는 새로운 세계관 혹은 삶의 양식이 될 수 있다. 그동안 나는 내가 살아온 과학자로서의 삶과, 혼자 공부하며 읽고 써온 인문주의자로서의 삶 속에서 발견한 이 단순하고도 사회에 꼭 필요한 깨달음을 틈틈이 정리해 발표해왔다. 나는 이 책이 '과학의 자리'에 대해 지난 27년간 고민해온 한 과학자의 삶의 기록이자, 과학에 대한 우리의 편견과 낡은 이미지를 깰 수 있게 해주는 교과서 같은 책이 되길 바란다. 과학은 현학적 지식으로서가 아니라 우리 삶의 양식으로 다가올 때 더 큰 가치를 갖는다. 그러기 위해 나는 치밀한 역사적·철학적 논증과 함께 한국 사회에서 과학이 받아들여진 과정을 분석하며 사회학적인 측면까지 놓치지 않고 과학의 자리를 논증하려고 노력했다.

1장 '과학자의 정치: 과학자는 어떻게 사회의 진보에 기여할 수 있는가'에서 나는 과학자라는 직업을 과학 지식인이라는 새로운 의미로 조명할 필요성에 대해 논증했다. 이 장엔 과학의 새로운 사회적 의미를 실천해나가는 지식인으로서의 과학자를 다루었다. 이를 위해 나는 1920년대 영국에서 사회주의를 적극적으로 받아들였던 존 버널, 조셉 니덤, 존 버든 샌더슨 홀데인 등의 좌파 과학자를 소개하고, 이들이 사회주의라는 이념을 받아들이면서 과학자로서의 자기 정체성과 이념을 어떤 방식으로 조율했는지 분석했다. 특히 근대과학이 탄생한 서양에서는 흔하게 찾아볼 수 있는 이런 과학 지식인의 지형이 과학을 도구적으로 수입한 한국에는 전무함을 논증하고, 이를 버널 사분면이라는 이름으로 도식화했다. 이 장에서 나는 한국 사회가 과학을 새로운 사회 변화의 동력으로 포용하기 위해서는 과학 지식인의 존재가 필수적이며, 우리에게 이런 조건이 부재했던 역사적 이유를

자세히 논구할 것이다.[4]

2장 '이분법의 사기극: 과학과 인문학, 두 문화는 존재하는가'는 근대과학의 탄생과 확장이라는 새로운 관점으로 살펴보는 근대학문의 역사다. 나는 여기서 한국에서도 유명한 찰스 퍼시 스노의《두 문화》를 재조명한다. 스노의《두 문화》라는 책은 허구이거나 스노의 무지에서 비롯된 해프닝에 불과하다. 제2차 세계대전이 끝나고 원자폭탄으로 인해 과학기술에 대한 적대적 감정이 확산되던 시기의 영국 사회에서, 스노는 아주 우연히 과학자와 인문학자 진영이 문화적으로 괴리되는 모습을 목도한 운 좋은 과학자였을 뿐이다. 역사 공부와 사회적 공부에 서툴렀지만 소설가를 꿈꾸던 어설픈 물리학자 스노는, 아주 짧은 시기 자신의 주변에서 일어난 별것 아닌 사건을 과대 포장해서《두 문화》라는 우스꽝스러운 강연집을 출판했다. 하지만 전전戰前의 영국 사회에서 다윈의 불독 토머스 헉슬리는 과학과 인문학의 융합을 추구한 교육개혁의 선구자였고, 다윈의 저술 또한 과학자 사회에서만 읽히던 책이 아니었다. 실제로 근대과학의 초창기를 살펴보면 자연철학이라는 이름으로 과학과 인문학의 수많은 상호작용이 기록되어 있다. 근대과학이 탄생한 이후, 인문학이 과학을 떠난 적은 있을지 몰라도, 과학은 인문학을 떠난 적이 없었다.

3장 '과학의 분과 다양성: 낭만주의와 계몽주의는 대립하는가'는 근대과학이 지성사에 미친 영향에 무지했던 스노를 극복하기 위해, 이사야 벌린의《낭만주의의 뿌리》를 통해 계몽주의 시대에 살았던 사상가들의 발자취를 찾아나간다. 이사야 벌린은 낭만주의가 번성했던 독일에서 계몽주의자로 자처했던 칸트를 통해 낭만주의와 계몽주의가 18세기 유럽의 지성사에서 얼마나 복잡하게 혼재되어 있었는지를 밝히고 있다. 하지만 나는 이사야 벌린이 18세기 계몽주의를 주조한 근대과학의 영향력을 책에서 자세히 다루지 않았다고 생각한다. 계몽주의에 대한 반발이 근대과학에 대한 적대감으로 격렬하게 표출된 이면에는, 프랑스대혁명으로 이어지는 계몽사상가들의 철학 속에 근대과학의 정수가 녹아 있었기 때문이다. 그리고 뉴턴주의 기계론에 반대하는 괴테와 같은 낭만주의자 외에도 당시 막 부상하던 근대적 의미의 화학과 생리학 분야에는 낭만주의도 계몽주의도 아닌 독특한 철학적 사유를 점유하던 일군의 철학자가 존재했다. 이들의 사상 속에서 근대과학의 영향력은 확고했다. 18세기에 살았던 모든 철학자는 좋든 싫든 모두 근대과학의 자장 아래에서 활동했고, 그들에게 과학은 부정할 수 없는 새로운 빛이었다.

4장 '계몽의 갈등: 물리학과 화학은 동일한 과학인가'는 프랑스 계몽주의 시기, 근대과학에 대한 계몽사상가들의 관점을 통해 알 수 있는 역동적이고 다층적인 측면을 소개하는 장이다. 이 장에서는 뉴턴의 고전역학을 프랑스에 소개한 볼테르가, 근대화학의 발견과 그 새로운 과학적 방법론 및 철학적 함의를 통해 가톨릭교회의 전통적 교리를 타파하려 했던 백과전서파의 돌바크와 디드로와 왜 대립할 수밖에 없었는지를 논증한다. 그들은 근대과학에서 뉴턴의 지위를 두고 대립했고, 신을 인정할 것인가에 대한 혁명적 사상을 두고도 그들의 사상은 조금씩 다르게 변주되었다. 막 부상하던 근대적 의미의 화학이 어떻게 이들 사이를 중재하고 또 대립시켰는지를 추적하고 나면, 프랑스 계몽사상사에서 근대과학이 얼마나 중요한 혁명사상의 단초였는지가 드러날 것이다. 또한 계몽사상가로 분류되지만 사실은 반계몽주의자에 가까웠던 루소가 과학을 어떻게 받아들였는지를 통해 근대과학과 계몽사상의 불가피한 상호작용에 대해 논증할 것이다.

5장 '잊혀진 백과사전: 프랑스대혁명에서 근대과학의 역할은 무엇인가'에서는 계몽사상가들의 활동과 그들의 혁명적 철학이 프랑스대혁명에서 어떤 방식으로 사용되었는지를 추적한다. 프랑스대혁명 시기, 계몽사상가 중에서 팡테옹에 안치된 인물은 볼테르와 루소뿐이다. 하지만 루소는 반계몽주의자였고, 루소의 사상이 혁명가 로베스피에르에게 전해지자 혁명은 공포정치로 둔갑했다. 볼테르와 몽테스키외는 공포정치가 사라지고 나서야 혁명가의 이론으로 추앙되었다. 볼테르와 몽테스키외는 루소와 달리 근대과학의 성취를 삶 속에서 체화했던 계몽사상가였다. 하지만 근대과학이 사회 변혁의 불씨를 담고 있음을 누구보다 잘 알고 있었고, 그 불씨를 통해 종교적 독단을 혁파하고자 했던 백과전서파는 프랑스대혁명에서 기억조차 되지 않았다. 디드로가 왜 20세기에 들어서야 프랑스에서 재조명되었는지를 살피며, 그동안 왜곡된 기억에 의해 잊혔던 새로운 혁명가들을 만나게 될 것이다. 그들의 사상적 기반은 화학과 생리학이었다.

6장 '계몽의 과학적 해부: 계몽주의는 하나의 사상인가'는 프랑스대혁명기를 이끈 계몽사상의 지형도를, 근대과학을 둘러싼 관점과 근대과학에 대한 사상가들의 경험을 통해 새로 그려 보는 작업이다. 프랑스 계몽사상가들의 사상적 다양성은 일반적으로 생각하는 것보다 크다. 하지만 루소라는 반계몽주의적 인물을 제외하고 이들을 바라보면, 대부분의 사상가에게서 근대과학에 대한 존중과 근대과학의 과학적 방법론과 철학적 함의를 통해 사회를 변혁하고자 했던 그들의 의지를 읽을 수 있다. 계몽사상은 획일화될 수 없었지만, 그 속에는 근대과학을 통한 사회 개혁의 의지가 공통적으로 녹아 있었다.

7장 '과학의 자장 속에서: 과학은 어떻게 우리의 생각을 바꾸어 왔는가'에서는 근대과학의 탄생 이후, 그 자장 아래에서 발전할 수밖에 없었던 과학 주변 모든 학문의 운명을 이야기한다. 우리가 지적 거인으로만 알고 있던 임마누엘 칸트, 애덤 스미스, 존 로크, 몽테스키외, 괴테, 헤겔 모두에게 근대과학은 부정할 수 없는 태양이었고, 모두 그 햇볕 아래에서 자신의 사상을 펼쳐야만 했다. 근대과학은 프랑스 계몽사상을 통해 프랑스대혁명과 현대의 정치체제에 영향을 미쳤을 뿐 아니라 사회과학과 인문학을 비롯한 제반 학문 모두에 여전히 지속적인 영향력을 행사하고 있다. 17세기 근대과학의 탄생 이후, 우리가 알고 있는 대부분의 학문은 과학의 자장 속에서 발전해왔다. 이는 부정할 수 없고, 부정해서도 안 되는 진실이다. 하지만 한국의 인문사회과학자들은 편향적 서구 학문의 수입을 통해, 그 진실을 감추려고 노력해왔다.

8장 '과학은 언제나: 현대사회는 과학에 의해 어떻게 주조되었는가'는 18세기 계몽주의 시기뿐만 아니라, 19세기와 20세기에도 과학이 얼마나 강력하고 지속적으로 정치학, 경제학, 철학과 사회과학 전반에 영향을 주었는지의 문제를 다룬다. 사람들이 철학자라고만 알고 있던 지식인들의 지적 성취 이면에 얼마나 강력한 근대 자연과학 영향력이 숨겨져 있는지를 밝힌다. 마르크스는 《자본론》의 서문에서 자신의 작업이 현미경 아래에서 세포를 관찰하는 생물학자의 작업처럼 치밀한 분석이라고 말했다. 헤겔의 현학적인 철학을 벗어나려던 마르크스가 대안으로 찾은 학문적 방법론은 자연과학의 그것이었다. 바로 그 이유 때문에, 마르크스주의가 이식되는 곳에서는 반드시 그 이념을 '과학적'이라고 형용해야 했던 것이다. 마르크스야말로 당대의 그 누구보다 더 치열하게 자연과학의 성취를 인지한 철학자였다. 마르크스의 친구 엥겔스는 그보다 더 노골적으로 자연과학과 변증법적 유물론을 통합하려고 시도했다. 경제학과 철학 그리고 역사학의 종합으로 하나의 이념 체계를 구축한 마르크스주의자에게도, 자연과학이 수백 년 동안 이룬 성취를 넘어선다는 건 불가능해 보였던 것이다. 마르크스는 과학적 방법론에 근대과학의 핵심이 있다는걸 알아챘지만, 엥겔스는 그렇지 못했다. 엥겔스는 과학을 결과주의적으로만 해석하는 철학자가 빠지기 쉬운, 전형적인 과오를 보여주는 좋은 사례다. 우리가 잘 알고 있는 마르크스의《자본론》에는 마르크스가 얼마나 근대과학의 방법론을 염두에 두면서 자신의 작업을 진행했는지 드러나 있다. 그의 친구 엥겔스 또한《자연의 변증법》등을 통해 자연과학에 대한 해석을 끊임없이 시도한다. 20세기 세계를 바꾼 마르크스의 사상 이면에도 근대과학의 영향력은 강력하게 새겨져 있다. 근대 이후 우리가 아는 대부분의 철학자는 근대과학의 성취를 의식하며 자신의 철학적 작업을 진행할 수밖에 없었다. 왜냐하면 근대과학의 등장 이후, 모든 학문의 주변엔 과학이 있었기 때문이다. 그럼에도 한국에서는 과학의 이런 사회적 의미를 가르치지 않으며, 과학과 인문학을 대립의 관점에서만 교육한다. 현대사회는 근대과학이 주조한 체제들 위에 건설되었다.

9장 '빈의 실패한 혁명: 과학전쟁은 정당한 논쟁이었는가'에서는 1990년대 과학의 지위를 두고 벌어진 서구 지식인들의 과학전쟁을 새로운 관점에서 살펴보고, 왜 서양철학사가 근대과학 없이는 반쪽짜리 철학사일 수밖에 없는지를 논증한다. 마르크스와 엥겔스처럼 19세기의 철학자뿐 아니라 18세기를 살았던 칸트에서 대문호 괴테에 이르기까지, 근대과학은 그 탄생 이후 학문 지형에 영향력을 강력하게 행사해왔다. 문제는 근대과학의 영향력이 철학의 표준적 교과서와 철학사에서 제대로 다루어지지 않고 있다는 것이다. 대학의 철학과에서 가르치는 철학사는 마치 철학이 근대과학의 성립 이후에도 독립적으로 진행되어온 듯 기술하고 있다. 하지만 근대과학의 성취를 받아들여 통일과학을 이루려 했던 오스트리아 빈학단의 논리실증주의뿐 아니라 원자폭탄 이후 근대과학을 악마화하여 제2차 세계대전의 악몽을 해소해보려고 했던 프랑크푸르트학파를 비롯한 포스트모더니즘 계열의 철학적 사조 또한, 어쩔 수 없이 과학이 미치는 자장 안에서 사유할 수밖에 없는 구조였다. 왜냐하면 과학은 계속해서 자연을 발견하고, 우리의 세계관에 영향을 미치며 진보하는 유일한 학문이기 때문이다. 역설적으로 과학전쟁은 서구 지성사에서 과학의 지위가 얼마나 강력한지 증명하는 사건이다. 과학이 그렇게 강력하지 않았다면, 과학을 적대시하던 포스트모더니스트들이 소칼의 논문에 열광할 이유가 없기 때문이다.

10장 '오파상의 비극: 과학은 한국 사회에 스며들었는가'는 과학전쟁의 의미를 한국 사회에 대입하는 작업이다. 과학전쟁은 과학의 변방에 있는 한국 지식인의 관점에선 부러운 논쟁이다. 한국의 지식 생태계에는 조선 시대 이후 근대과학을 제대로 받아들일 기회가 없었다. 특히 한국의 철학계는 서양철학을 주류로 받아들여 대학의 학제를 개편하면서도, 과학을 그 일부로서 포용하지 못하고 배척했다. 서양철학을 수입하면서 과학에 대한 불신까지 함께 수입했던 한국의 인문학자들은, 근대과학에 대한 공부 없이는 깊은 이해가 불가능한 서양철학을 근대과학에 대한 이해가 없이도 연구 가능한 분야만 취사 선택해 확장하는 오류를 범했다. 한국 사회에서 과학에 대한 심도 있는 논의가 부족한 이유는, 인문학자들이 이야기하듯 과학자들의 사회참여가 부족해서가 아니라 인문학자들이 근대과학의 성과를 외면하며 학술생태계를 구축해왔기 때문이다. 과학이 사회 속에서 논의될 때 그 논의의 장은 인문학일 수밖에 없다. 하지만 한국의 인문학계엔 그런 논쟁이 없다. 왜냐하면 한국엔 과학을 두고 그런 논쟁을 할 만한 아무런 맥락이 존재하지 않기 때문이다.

11장 '학풍: 과학은 왜 과학이어야 하는가'에서는 제2차 세계대전 이후 과학이 인문학자들의 논의에서 배제되어 가는 역사적 과정을 추적하고, 과학기술이라는 개념이 현대사회의 발명품이라는 사실을 끄집어 낼 것이다. 과학이라는 독립적인 학문 체계가 기술의 발전을 통해 세상에 큰 변화를 야기할수록, 과학은 독립적인 분야로 홀로서기할 수 없는 환경을 자초해나갔다. 원자폭탄과 백신, 이후 세상을 발전시킨 자동차, 세탁기, 비행기 등의 발명으로 과학은 기술의 발전과 독립적으로 인식할 수 없는 분야가 되었다. 학문의 영역에서 과학은 분명 기술과 완전히 별개의 분야였지만, 사회가 과학을 다루는 방식에서는 그렇지 않았다. 과학은 기술혁명의 배후에 존재하는 학문이었고, 한국 사회에도 그렇게 수입되었다. 산업화의 시대, 한국은 박정희라는 독재자에 의해 과학을 기술의 종속변수로 수입했고, 이로 인해 사회에서 과학이 문화로 기능할 수 있는 자리가 마련되지 않았다. 과학자는 상아탑의 연구자로 국가의 관리를 받는 일종의 관노가 되었고, 사회의 정치적 문제에 대해 발언하고 사회의 변화를 추구하는 과학 지식인의 자리 또한 마련될 수 없었다.

12장 '대중화의 실패: 과학문화의 진정한 의미는 무엇인가'는 한국 사회에서 과학이 소비되는 방식에 대한 비판적 논증이다. 독재정권 시기 정치에 종속된 과학은 과학대중화라는 이름으로 사회에 소개되기 시작했고, 정치권력의 눈치만 보던 과학자들은 한국과학기술단체총연합회(과총)이라는 어용 단체를 만들어 권력의 시녀 노릇을 자처했다. 지금의 한국과학창의재단 역시 과학의 정치적 종속이라는 패러다임 아래 만들어진 기관이라는 한계를 노정하고 있다. 서양과는 달리 과학자 사회가 단 한 번도 주체적인 공동체를 구성하지 못했던 한국 사회에서, 과학은 대중화라는 유치한 방식으로만 사회에서 소비되었다. 과학대중화가 국가적 사업으로 확장될수록, 과학자들의 사회적 지위는 향상은커녕 격하되기 시작했다. 과학자들 중 일부는 엔터테인먼트 사업의 피에로가 되어 사회적 의제에 대한 발언에는 소극적이고, 과학을 일종의 자기홍보의 수단으로 사용하는 연예인이 되었다. 즉 과학은 한국에서 프로야구 같은, 정치 혐오를 조장하는 대중정치의 도구가 된 것이다. 과학창의재단의 철학에 대한 비판을 통해, 나는 한국 과학자 사회가 '사회적 맥락' 속에서 과학을 재고해야 한다고 주장할 것이다. 과학을 쉽게만 설명하는 피에로가 아니라, 20세기 초의 영국 좌파 과학자처럼 사회의 변화를 실천하는 과학 지식인이 되어야 한다는 뜻이다.

13장 '삶으로서의 과학: 과학은 어떻게 우리 삶의 기반이 되는가'는 이 책의 마지막 장이자 '과학적 삶의 양식'이라는 내 철학적 세계관의 핵심을 소개하는 글이다. 나는 과학이 사회에 기여할 수 있는 완전히 다른 방식에 대해 논증할 것이다. 과학은 혁명적 발견과 과학적 발견에 의한 세계관의 변화라는 방식 이외에도, 과학이 자연을 발견하는 방법론에서 찾을 수 있는 미덕과 과학자 사회가 과학 지식을 받아들이고 공유하는 방식에서 나타나는 규범으로도 세상을 변화시킬 수 있다. 마이클 폴라니, 칼 포퍼 등의 과학철학자의 말을 빌리지 않더라도, 최근 해리 콜린스가 주장하는 선택적 모더니즘이라는 어려운 학술용어의 도움 없이도, 우리는 과학이 우리 삶에 이미 영향을 미치고 있으며 그것이 바로 과학적 방법론과 과학자 사회의 규범을 통해서임을 쉽게 알 수 있다.[5] 나는 논리실증주의로만 알려진 빈학단의 철학사상을 통해 '과학적 삶의 양식'이라는 새로운 개념을 소개하고, 이를 통해 과학이 새로운 의미를 획득할 수 있다고 주장할 것이다. 또한 빈학단의 좌파 철학자 노이라트가 주장한 '상식의 긴 팔'이라는 개념을 통해 왜 에드워드 윌슨의 '통섭'과 같은 나이브한 생각이 과학의 진정한 확산과 대치되는 개념인지 논증할 것이다.

별책부록으로 덧붙이는 「과학적 사회와 사회적 기술 – 한국과학기술의 새로운 체제」는 한 과학자가 한국 대권 후보들에게 던지는 화두이자, 한국 과학기술 체제의 새로운 조감도다. 이를 통해 나는 한국 사회에서 과학의 자리가 마련되기 위한 구체적이고 치밀한 정책적 실행의 밑그림을 그리려 노력했다. 예를 들어, 이 글에서 나는 국가인권위원회와 공정거래위원회의 중간 형태로 '과학적근거위원회'의 설립을 주장하는데, 이 위원회는 법률과 정책, 사회에서 벌어지는 사건과 사고의 과학적 근거를 조사하고 이를 권고하는 기능을 갖는다. 창조과학회가 교과서에서 진화론을 삭제하려고 할 때, 기존의 한국 정치체제에서 이를 다루는 부처는 존재하지 않았다. 유사과학이 공공의 이익을 훼손할 때, 코로나19 사태에서 법원이 극우 개신교회의 광화문 집회를 허가할 때, 너무나 쉽게 일상을 위협하는 비과학적 태도를 감시하고 견제할 기구가 한국에는 존재하지 않는다. 나는 과학이 문화로 아직 자리 잡지 못한 한국 사회에서 이를 제도적으로 보완할 필요가 있음을 주장할 것이다. '과학적근거위원회'를 비롯한 한국 과학기술 체제에 대한 나의 새로운 제안은 '창조경제'나 '4차 산업혁명'처럼 화려하지만 공허한 과학기술정책에서 벗어나 박정희식 패러다임을 깨는 역사적이고 철학적인 논증을 거쳐, 새로운 대안의 제시로 마무리된다. 그것이 바로 '과학적 사회와 사회적 기술'이라는 패러다임이다.

1장

과학자의 정치: 과학자는 어떻게 사회의 진보에 기여할 수 있는가

알려지지 않은 과학자의 역사 그리고 새로운 과학 지식인의 탄생[1]

사회 속 과학과 과학자의 자리에 대한 의문

> 당신들은 축구 선수에겐 매달 100만 유로의 월급을 주면서 생물학자에겐 1800유로도 안 되는 돈을 주죠. 그러더니 이제 우리에게 와서 치료제를 달라고 하네요? 호날두나 메시에게 가서 치료제 좀 만들어달라고 하세요. **코로나19 사태에서 한 스페인 과학자가 했다고 하는 말[2]**

사회를 이끌어가는 오피니언 리더들의 면면을 살펴보면 그들 대부분이 정치나 경제 분야의 전문가임을 알게 된다. 세계 최강대국이라는 미국을 예로 들면, 정치인으로 활동하는 이들 대부분은 대대로 정치인 집안이었거나 경제인 혹은 시민운동 등에 몸을 담았던 사람으로 구성되고, 실리콘밸리나 월가를 지배하는 경제권력 또한 금융자본을 다루는 집단임을 쉽게 알 수 있다.[3] 한국 사회를 지배하는 정치권력은 율사 집단이다. 법을 다루는 변호사, 검사, 판사 출신이 한국 사회의 정치를 좌우한다는건 이미 잘 알려진 사실이다. 군사독재 정권과 그 레짐에 저항하던 민주화의 역사 덕분에, 한국 사회의 권력구조에는 민주화운동 혹은 시민운동 세력이 기득권의 한 축으로 자리 잡았다. 한국의 경제 분야 리더들은 정치에 종속되었던 한국 기업의 역사 때문인지, 정치와 거리를 두려는 성향이 강하기는 하지만 대기업 오너들이나 빠르게 성장하는 테크 기업의 대표들이 한국을 이끄는 오피니언 리더라는 점에는 의문의 여지가 없을 것이다.

특이하게도 총리가 물리학 박사 출신인 독일을 제외한다면,[4] 과학자가 한 사회의 오피니언 리더인 경우는 드물거나 없다. 대부분의 사람에게 현직 과학자가 사회의 오피니언 리더라는 건 어색한 일일 것이다. 미국 실리콘밸리의 엔지니어 출신 CEO, 예를 들어 빌 게이츠Bill Gates, 마크 저커버그Mark Elliot Zuckerberg, 일론 머스크Elon Reeve Musk 등이 사회의 변화에 대해 이야기하는 건 익숙한 일이지만, 그들의 정체성은 과학자보다는 엔지니어에 가깝다. 현대사회에서 과학자란 실험실에 틀어박혀 사람들이 이해하지 못할 무언가에 빠져 있는 사람이다. 과학자 대부분은 실제로 – 연구에 지장을 주지 않는다면 – 사회 변화에 둔감하고, 사회운동에 동참하는 사람은 손에 꼽을 정도로 적다. 이걸 직업의 특성 때문이라고 여길 수도 있을지 모른다. 자연법칙을 밝히는 과학자가 사회운동에 나서기엔 변호사나 테크 기업의 CEO 혹은 시민운동가에 비해 사회와의 접점을 찾기가 어렵기 때문이다. 어쩌면 그런 이유로 대부분의 과학자는 사회 변화와 상관없이 실험실에 고립되었는지 모른다.

2020년, 전 세계는 코로나19라는 유래 없는 팬데믹으로 고통받았다. 호흡기로 전염되는 이 바이러스 때문에 1년이 넘는 동안 전 세계는 정상적인 일상생활을 즐길 수 없었다. 사람이 많이 모이는 집회나 미팅은 대부분 금지되었고, 세계경제는 급격히 침체되었으며, 우리가 선진국이라 부르던 미국과 유럽의 강대국들은 방역에 완벽하게 실패했다. 그 어느 때보다 과학에 근거한 정보가 절실해졌지만, 과학적 근거를 무시하는 트럼프 미국 대통령 같은 정치권력에 의해 사회는 고통받아야 했다. 눈에 보이지도 않는 바이러스 한 종 때문에 세계가 절망에 빠진 순간, 세상의 구원자는 자본주의도 종교도 아닌 과학이었다.[5] 어느 순간부터 대부분의 시민은 미국의 앤서니 파우치 Anthony Stephen Fauci 박사와 같은 과학자의 입을 쳐다보기 시작했고, 한국에서도 얼마 되지 않는 감염병 연구자와 의사에게 사회의 명운을 걸어야 하는 일이 벌어졌다.

나는 코로나19라는 초유의 사태가, 우리 모두가 그동안 까맣게 잊고 살았던 사회 속 과학의 자리와 과학 지식인의 자리를 드러냈다고 생각한다. 과학이 기술과 경제 발전의 도구로 인식되었던 20세기의 역사는 과학이 진정으로 사회에 기여할 수 있었던 합리적인 상식의 추구라는 목표에서 과학자들을 밀쳐내 버렸다. 현대사회는 어느새 과학적 발견과 떼려야 뗄 수 없는 관계를 맺게 되었고, 과학자들은 그 누구보다 과학적 정보를 가장 잘 다루는 사람들이다. 그들을 그저 실험실에 고립시키는 문화는 사회에도 과학자에게도 전혀 도움이 되지 않는다. 권력이 과학을 왜곡하고 사회의 공익을 위협할 때, 사회의 상식적 판단에 과학이 필요할 때, 과학자는 반드시 사회를 향해 발언할 수 있어야 하고, 바로 그렇게 과학자가 용기를 낼 수 있을 때 그들은 사회의 오피니언 리더가 될 수 있다. 이것이 일상이 될 때, 우리는 과학적 사회를 향해 전진할 수 있고, 과학자도 좀 더 나은 사회의 모습을 다른 구성원과 함께 꿈꾸어볼 수 있게 된다.[6]

이 장에서는 우리에게 잊혔던 진보적 지식인으로서 과학자의 역사를 살펴볼 것이다. 20세기 초반 영국의 사회주의 운동을 이끈 그들의 역사를 살펴보며, 한국 사회에선 전무한 진보적 과학 지식인의 역할과, 도대체 왜 우리에게 그들이 필요한지 논증할 것이다. 그들이 있어야 과학이 사회를 진보시킬 수 있는 강력한 이념으로 작동할 수 있다. 과학은 지식의 축적일 뿐 아니라 사회의 상식을 지탱하는 마지막 보루이며, 과학자는 자연의 비밀을 파헤치는 상아탑의 마법사일 뿐 아니라, 사회의 상식을 방어하는 최후의 지식인이기 때문이다.

강단 좌파의 반과학주의

보수주의자들이 과학과의 전쟁을 선포한 것이 사실이라면, 진보주의자들은 과학과의 아마게돈을 선포하고 있다. **알렉스 베레조**Alex Berezow, **행크 캠벨**Hank Campbell[7]

과학이라는 말처럼 익숙하고 또 낯선 단어도 없다. 불확실한 세상에서 선택의 기로에 놓였을 때 '과학적'이라는 단어는 확실성의 보증수표가 된다. 반면 '과학적'이라는 단어는 권위 혹은 폭력과 자주 결부된다. 광우병 사태와 천안함 사건에서 정부의 관료들은 '과학적'이라는 단어가 정부 발표에 대한 무조건적 수용이라는 권위적 의미로 사용될 수 있음을 보여주었다. 일상생활에서 과학은 확실성과 연결되는 개념으로 등장하지만, 권력과 결부되었을 때 과학은 확실성으로 포장된 권위로 왜곡된다. 사회에서 과학은 여러 모습을 지닌 개념의 혼합물이다. 그러나 과학의 실제 모습은 그 어느 쪽도 아니다. 오히려 과학자에게 과학은 불확실성과 더욱 가까운 개념이다.

한국 진보진영에 과학은 낯선 이물질이다. 역사적으로 과학과 진보 정치가 결합된 서구와 달리, 한국의 근현대사에서 과학은 진보 정치와 대면할 기회가 없었다. 그렇게 형성된 특수성을 이해하고 대안을 찾아보려는 노력도 찾아보기 힘들다. 진보진영의 지속된 패배의식 속에 대안을 찾으려는 노력이 무성하지만,[8] 과학과 접점을 찾으려는 노력은 전무하다. 여전히 한국 사회의 진보진영에서 과학은 낯선 미지의 영역이다. 과학은 이론적·실천적 측면 모두에서 진보진영과 괴리되어 있다.

진보진영의 주요한 이론적 틀인 마르크스주의가 마르크스 본인에 의해 과학적 작업으로 명명되었음에도 불구하고, 마르크스 이후 진보진영의 이론적 틀은 반과학적 색채를 띠기 시작했다.[9] 그 연원을 확실히 단정짓기는 힘들다. 제2차 세계대전과 원자폭탄, 그리고 나치의 우생학과 미국의 이민법, 진보의 이론틀이 과학을 적대시하던 시절의 세계에서, 과학 혹은 과학기술은 진보적 세계를 희망하는 이들에게 결코 낙관주의적으로 바라볼 수 없는 권력으로 비춰졌을 것이다.[10] 양차 대전의 비극이 이들 진보적 지식인에게 가한 고통을 짐작할 수 있다. 어쩌면 그들에겐 세계의 이 거대한 비극에 대해, 과오를 물을 대상이 필요했을지 모른다. 그리고 그 대상은 다름 아닌 과학과 기술이었다.

이때부터 좌파의 이론적 관심은 과학에서 멀어지기 시작했다. 굴드너Alvin Ward Gouldner는 마르크스주의 내부에서 벌어진 이 갈등을 과학적 마르크스주의와 비판적 마르크스주의의 공존·대립 관계로 표현했다.[11] 서구의 지적 전통에서 지속된 낭만주의와 계몽주의의 대립으로 이 갈등을 쉽게 표현할 수도 있지만, 19세기 이후 근대과학의 탁월한 성공을 지켜보면서도 헤겔의 인문주의 전통에 크게 영향을 받은 마르크스 본인의 경험도 무시할 수는 없는 갈등의 씨앗인지 모른다. 굴드너는 결국 러시아혁명에서 비판적 마르크스주의가 승리했다고 주장한다. 굴드너의 주장처럼 그 잠정적 승리가 마르스크주의의 위기로 나타나는 것인지 확실하지는 않다. 다만 좌파 이론 틀의 핵심을 담당하는 마르크스주의에서 과학이 분리되는 사건이 일어났음은 명백하다. 자신의 작업을 현미경으로 작업하던 세포생물학자에 비유했던 마르크스의 이념은 20세기의 어느 순간에 과학과 결별했다. 비판적 마르크스주의자에게 과학은 자연과학이 아니라 마르크스주의 그 자체로 변질되었다.

두 마르크스주의의 갈등은 여전히 지속되고 있지만 포스트모더니즘의 등장으로 인해 과학은 악의적으로 진보적 학문들 사이에서 배제되었다. 세계대전 이후 가속된 좌파 인문학계 일부의 반과학적 태도는 좌파이면서 과학자였던 이들의 시야에 곧 들어왔다. 폴 그로스Paul R. Gross와 노먼 레빗Norman Levitt의 《고등 미신: 강단 좌파와 과학에 대한 그들의 헛소리Higher Superstition: The Academic Left and Its Quarrels with Science》[12]를 시발점으로 과학의 위치를 둘러싼 좌파 내부의 갈등은 물리학자 앨런 소칼Alan David Sokal의 '지적 사기Sokal Hoax' 사건을 유발했고, 이는 곧 '과학전쟁Science War'으로 이어진다.[13] 소칼은 반과학주의의 극단을 보여주는 몇몇 프랑스 철학자를 조롱했지만, 전후 영국 에든버러에서 시작된 과학사회학의 스트롱 프로그램The Strong Program과 브뤼노 라투르Bruno Latour를 위시한 과학사회학의 묘한 반과학적 기조 또한 과학전쟁의 흐름에 일조했다.[14] 이들은 과학을 전문적으로 다루는 인문사회과학자였기에 과학전쟁은 과학의 헤게모니를 둘러싸고 더욱 치열해질 수밖에 없었다.

서구의 지적 전통에서 시작된 마르크스주의의 분열, 포스트모더니즘의 반과학주의, 그리고 과학학 내부에서 나타난 과학에 대한 사회구성주의와 비판적 관점, 마지막으로 이러한 갈등이 1990년대 과학전쟁으로 폭발한 흐름은, 어쩌면 서구 내부의 전통에서 발생한 건강한 지적 긴장으로 간주될 수 있다. 이런 생각을 뒷받침하기라도 하듯 과학을 둘러싼 과학학[15] 내부의 논쟁은 여전히 생산적으로 지속되고 있고, 논쟁을 통한 학문적 지평도 넓어지고 있다. 문제는 바로 여기, 서구와 전혀 다른 한국이라는 시공간에 속한 우리에겐 과학을 둘러싼 서구의 맥락을 이해할 아무런 역사적 장치가 존재하지 않는다는 점이다. 게다가 한국의 지식인이 서구의 특수한 과학전쟁의 맥락을 고민하지 않고 이를 수입할 때, 더 심각한 문제가 발생할 수 있다.

서양 학문의 영혼 없는 수용
– 이론 식민지의 탄생

교과서 같은 소리이기는 하지만, 외국의 이론 및 담론을 수입할 때에는 몇 가지 작업이 함께 이루어져야 한다. 첫째, 그러한 흐름을 대표하는 중심 저작을 번역할 것. 둘째, 그 문제의식이 나오게 된 과정을 이해할 수 있도록 사회적·역사적 배경에 대한 소개가 이루어질 것. 셋째, 그 흐름이 어떠한 지적인 또 실천적인 전통에 있는지를 알 수 있는 지성사의 연구, 최소한 알찬 2차 서적이 함께 나올 것. 넷째, 그것이 한국적 현실과 어떤 맥락에서 접목되는지에 대한 비평이 이루어질 것. 만약 이러한 기본적인 지적 성실성만 어느 정도 지켜졌었더라도, 지구화로 접어드는 90년대의 세계 한복판에서 동독 소련 교과서를 수입하는 창피한 사태는 피해갈 수 있었을 것이다. 그런데 어째서 이러한 기본적 매뉴얼이 준수되지 않았을까? **홍기빈**[16]

한국 사회에서 이론의 수입은 무차별적으로 이루어졌다. 1960년대 본격화된 한국적 자본주의의 성장과 강력한 반공주의는 진보 사상의 정착을 방해했다. 진보 사상의 부재 속에서 사회적 모순은 심화되었고, 1980년 5·18광주민주화운동의 좌절은 진보진영에 이론적·실천적 모색의 필요성을 일깨웠다. 즉, 1980년대 중반 한국의 마르크스주의는 민주화를 위한 실천의 일환으로서 당시 상황에 대응할 수 있는 이론으로 관심을 끌게 되었다. 방인혁은 당시 한국 마르크스주의의 수용을 "해당 국가와 사회의 특수성을 부정하는 보편성으로의 편향", "현실적 실천과 유리된 이론주의적 편향", "주체성을 상실한 외부 권위에의 맹종"으로 표현했다.[17] 나아가 그는 "이러한 교조적 수용은 마르크스주의의 생명력을 파괴하는 결과를 낳았고, 발전적 수용의 계기를 만들어내지 못하는 원인"이었으며, 이러한 현상은 "비단 마르크스주의의 수용 과정에만 적용되는 문제가 아니"라, "해당 국가와 사회의 현실적 조건과 유리된 보편주의와 이론주의, 그리고 외부의 제도 및 사상에 대한 맹족적 의존이 낳을 수 있는 일반적인 문제"

라고 지적했다.

1980년대 후반부터 국내의 진보진영은 프랑스 철학을 수입하기 시작했다. 알튀세르Louis Pierre Althusser, 푸코Michel Foucault, 데리다Jacques Derrida, 리오타르Jean-François Lyotard의 저작들이 출간되었고, 1990년대 이후 들뢰즈Gilles Deleuze와 푸코를 중심으로 한 포스트모더니즘 저작이 진보진영 이론의 주류를 이루기 시작했다. 2000년대가 되면 지젝Slavoj Žižek을 통한 라캉 정신분석이 열병처럼 진보 이론가들의 두뇌를 잠식하기 시작했고, 발음도 어려운 주이상스, 앙띠 오이디푸스, 리좀, 시니피에, 시니피앙 등의 개념이 진보 이론을 가득 채우기 시작했다.[18]

국내 프랑스 철학의 수용 양상은 방인혁과 홍기빈이 비판한 구태를 그대로 답습한다. 우리가 수입한 프랑스 철학은 미국의 수용 경향을 그대로 반영한 게으른 행태였다. 그조차도 제대로 진행된 것이 아니라, 1970년대 이후 프랑스 철학이 영미 문화이론계에 수입된 맥락이 몇몇 영문학자와 불문학자에 의해 무비판적으로 수용되었다. 더욱 심각한 문제는 이런 서양 학문의 비맥락적 수용이 자생적으로 탄생한 사회구성체 논쟁이나 민족문화 논쟁을 차단하거나 중단시키는 효과를 낳았다는 점이다. 이는 프랑스 철학의 수입이 한국적 상황에 대한 체계적·상황적 고민 없이 강단 인문학자들의 개인적 이익만을 대변하는, 즉 사회적 의제보다 자신의 자리를 보전하려는 강단 좌파의 얄팍한 행동 때문이었음을 극명하게 보여준 사건이다. 이러한 무분별한 수입은 곧 사회과학자를 중심으로 한 '학문 주체성' 논쟁으로 이어졌지만,[19] 한국 대학강단의 진보 이론은 이미 심각하게 오염된 후였다.

인문학과 사회과학을 중심으로 진보진영의 이론이 난항을 겪고 있을 때, 과학도 수입되었다. 과학의 수용 과정은 인문사회과학이 놓인 현실보다 더욱 비참하다. 군사독재 및 사회적 모순과의 투쟁 속에서 인문사회과학은 적어도 실천적 지형을 주체적으로 구축하고 사회지도층의 영역으로 진출할 계기를 얻었지만, 과학은 그 학문이 성립된 역사적 맥락이 도외시된 채 껍데기만 수입되었다. 특히 과학은 일종의 도구로 수입되었다. 즉, 한국에서 과학은 국가적 사업의 일환으로 수입되었으며, 그렇게 수입된 과학은 과학이 지닌 문화적 측면보다는 기술과 결부되어 경제적 이익을 창출할 수 있는 영역으로 국한되었다.[20]

박정희 시대에 정치적 정당성을 획득하기 위해 수입된 과학은 철저히 도구주의적 이미지를 지니게 되었고, 그런 이미지는 여전히 한국 사회에 깊게 각인되어 있다. 그런 상황에서 문화로서의 과학의 정착과 과학적 지식인의 탄생도 요원한 일이었다.[21] 당연히 진보적 과학 지식인의 탄생도 불가능했다. 과학자들을 지식인으로 취급하는 진보진영의 지식인은 없거나 드물었다. 인문사회과학이 외국 이론에 종속되고 있을 때, 과학기술은 국가주의에 전복되고 있었다. 한번 그어진 상흔을 치유하려면 오랜 시간이 걸린다. 우리 사회의 과학을 둘러싼 지형이 20세기에서 한 발자국도 나아가지 못한 것이 바로 그 증거다. 보수와 진보가 정권을 교체해도 과학기술정책이 박정희 패러다임에서 단 한 발자국도 나가지 못하는 이유도 바로 이 때문이다. 여전히 한국 사회의 과학은 경제 발전의 도구이며, 과학자는 국가주의의 노예일 뿐이다.

진보적 과학자 그룹의 전통 그리고 한국의 현실

> 보수주의자들이 성sex의 순수함과 신성함에 집착하고 있다면 좌파들은 공기, 물, 음식과 같은 환경에 거의 종교적인 집착을 보이고 있습니다. 배리 골드워터Barry Morris Goldwater가 말한 것처럼 자유를 지키기 위해 택하는 극단적 선택은 악이 아닐 수 있습니다. 그러나 과학을 지키는 데에는 극단적 선택이 아닌 절제된 진리의 추구가 필요합니다. **마이클 셔머**Michael Shermer[22]

1990년대 서구의 지식인 사회를 뜨겁게 달구었던 '과학전쟁'은 역설적으로 과학을 둘러싼 양 진영 간의 건강한 긴장, 견제를 통한 균형을 보여주는 장면이다. 그러한 지적 전통이 가능한 직접적인 원인은 당연히 근대과학이 서구에서 탄생했기 때문이다. 근대과학은 자연철학과의 갈등 속에서 분리되어 나왔고, 17세기 이후 서구 사회를 뒤흔드는 혁명적 지식의 출현을 야기했으며, 전통적인 학문과 갈등·논쟁을 통해 성장해온 지식 체계다. 즉, 우리가 오해하는 것처럼 과학은 단순히 자연을 설명하는 지식 체계가 아니다. 과학은 서구 지적 전통의 역사적 맥락을 대변하는 하나의 문화 체계이기도 하다. 과학을 다루기 위해서는 과학 내부에서 돌아가는 이론과 실험에 관한 지식 외에도, 과학이 사회와 상호작용하며 만들어낸 문화적 맥락을 짚어내야 하는 것이다.[23]

18세기 계몽주의와 낭만주의의 갈등 중심에 과학자이자 자연철학자인 사람들이 있었다. 칸트는 뉴턴의 발견에 충격을 받은 낭만주의자였고, 괴테 역시 뉴턴을 극복하기 위해 과학적 발견들을 깊게 파고든 대문호였다. 헉슬리Thomas Henry Huxley와 윌버포스Samuel Wilberforce의 논쟁, 다윈의 진화론을 둘러싼 서구 사회의 충돌은 모두 과학이 단순한 방법론적 체계 이상의 것임을 반증하는 사례이다. 20세기 초반엔 오스트리아 빈에서 빈학단Wiener Kreis을 중심으로 한 논리실증주의가 과학적 세계관을 바탕으로 형이상학에 종지부를 찍으려 했고, 20세기 중반 줄리앙 헉슬리Julian Huxley는 유네스코를 창립해 제3세계에 과학이라는 지식을 전파하기 위해 힘썼다. 영국 공산당의 역사에는 과학자의 발자취가 더욱 진하게 남아 있다. 존 버널John Desmond Bernal은 영국 공산당 운동의 중심인물이었고, 존 버든 샌더슨 홀데인John Burdon Sanderson Haldane과 조셉 니덤Joseph Needham은 각각 공산주의와 사회주의를 자연과학적 지식과 결합시키고, 과학과 사회, 제국주의와 제3세계의 문제를 날카롭게 인식한 진보적 과학 지식인이었다.[24] 그 전통은 미국으로도 이어져 베트남전쟁을 반대하고 고엽제와 항생제의 위험을 알리는 데 많은 과학자가 앞장서게 만들었다. 리처드 르원틴Richard Lewontin, 존 벡위드Jonathan Roger Beckwith, 스티븐 제이 굴드Stephen Jay Gould와 같은 과학자는 '민중을 위한 과학' 운동을 통해 급진적 과학운동의 맥을 이어나갔다.[25]

소칼의 '지적 사기'도 이와 같은 진보적 과학 전통의 맥락에서 파악할 수 있다. 이지훈에 따르면 소칼의 전략은 다음과 같다.

> (1) 미국에 퍼져 있는 상대주의와 비합리주의 경향은 과학의 건전함뿐만이 아니라 좌파의 건전한 이념마저 위태롭게 만든다. (2) 이런 사상은 프랑스 철학자들에게 뿌리를 둔다. (3) 그런데 이들의 오류와 약점은 무엇보다도 과학의 몰이해이다. (4) 그래서 이들의 과학 이해나 인

용의 오류를 지적함으로써 프랑스에서 생산되는 이성비판과 이성해체 담론의 허구를 보일 수 있다. (5) 결국 급속히 퍼져가는 상대주의와 비합리주의의 경향으로부터 건전한 합리주의를 지켜낼 수 있다. 그럼으로써 좌파 역시 보호할 수 있다.[26]

진보적 과학자 그룹의 전통은 한국에 정착하지 못했다. 가장 근본적인 연유는 과학이 도구로 수입되었기 때문이다. 그 빈자리를 채운 것은 과학의 주변에서 과학사, 과학철학, 과학사회학을 연구하는 학자들이다. 1980년대 진보진영이 마르크스주의와 포스트모더니즘 사이에서 갈등하던 바로 그 무렵에, 과학의 주변을 다양한 경로로 탐색하는 과학학이 한국에 정착했다. 과학학의 수입도 인문사회과학이 저지른 과오에서 그다지 자유롭지 못했다. 문화로서의 과학이 사회에 깊게 뿌리 내린 서구에는 과학과 기술을 둘러싸고 사회와 공명하며 벌어진 많은 폐해를 지적하는 진보적 과학자 그룹의 전통이 있었다. 그런 전통이 충분히 성숙해 있던 조건에서는 반과학적인 포스트모더니즘과 스트롱 프로그램과 같은 사회구성주의Social Constructionism의 범람이 '과학전쟁'을 통해 건강하게 견제될 반작용의 여지가 있었다.

하지만 한국의 과학학자들은 과학이 문화로 사회에 제대로 정착하기도 전에 서구의 몇백 년 전통의 모든 것을 한국 과학자도 당연히 가지고 있을 것이라고 착각했다. 존재하지도 않는 적을 상대로 서구의 과학전쟁을 흉내내려고 한 셈이다. 과학사회학을 중심으로 우리 사정에 전혀 맞지도 않는 과학전쟁의 대리전이 치뤄졌으며, 과학사학자는 한국과학사라는 황당한 전통을 만들며 민족주의적 역사관을 고취시키는 데 앞장서 나갔다. 과학철학자들은 서구 과학철학자들의 저작을 무비판적으로 수입하며 고립되었다. 이들 모두 한국의 과학, 과학자가 처해 있는 현실이라는 한국적 과학의 맥락을 놓치고 있었던 것이다.

과학과 괴리된 한국 인문사회과학의 전통은 차치하고서라도, 적어도 과학의 주변에서 과학을 그들보다는 많이 알아야 하는 과학학자들 그룹마저 반과학 정서가 주류가 되는 비참한 사태가 생겼다.[27] 2005년 황우석 사태는 과학사회학자의 반과학적 정서에 불을 지폈다.[28] 과학기술학자들에게 통섭 논의의 주인공은 과학이 아니라 과학기술학이어야 했다.[29] 심지어 과학사학자 중 일부는 창조과학에 대한 학술적 연구를 넘어 교묘하게 창조과학을 선전하는 지경에 이르렀다.[30]

당연히 과학학은 과학과 괴리되었다. 한국의 과학자들은 《과학혁명의 구조The Structure of Scientific Revolutions》를 알지 못한다. 읽을 필요도 느끼지 못한다. 과학윤리는 과학자들에게 장식품일 뿐이다. 제대로 반박할 이론조차 없는 과학자들은 순식간에 희생양이 되었고 과학은 비윤리적인 체계로 선전되었다. 심지어 한국의 과학자들은 과학사회학자들이 인문학적 제어론으로 과학을 억압하려 한다는 사실조차 알지 못한다. 그런 풍조 속에서 한국의 과학자 그룹은 정치에 속박되어 보수화되었다.[31]

얼마 안되는 비판적 과학자들조차 동양사상에 심취해 신비주의에 경도되었다. 최세만은 실천적 관심과 이론적 외면이라는 이중적 태도를 신비주의의 핵심으로 본다.[32] 과학에 대한 문화적 이해가 부족한 상태에서 진보적 실천의 관심이 귀결되는 곳이 신비주의였음은 당연하다. 광우병 사태에서 정부의 비과학적 태도를 비판했던 실천적 지식인은 불교와 과학의 연기론적 설명을 꾀하는 신비주의자이기도 하다.[33] 장회익의 '온생명'이라는 나이브한 개념은 과학학자들의 학술대회에서 진지하게 논의되는 과학적 주제가 된다.[34] 과학이 제대로 이해되지 못한 곳에서 신과학운동이라는 조류를 통해 신비주의가 과학자들에게 전염되었다.[35] 과학을 직업적 업으로 삼으면서도 초자연주의를 통해 지식인이 되려는 황망한 사태가 한국 과학 지식인이라 불릴 수 있는 그룹의 현실이다.

서구에서도 급진적 과학운동의 초기에는 진보적 과학자와 과학사회학자가 함께하는 경우가 많았지만, 반과학주의 정서는 이들을 분열을 초래했다. 브라이언 마틴Brian Martin은 이렇게 회고했다.

> 해가 지남에 따라 과학 지식에 대한 사회학적 접근은 더욱 고립되고, 과학이 인간에 미치는 영향에 대한 초기의 관심으로부터 더욱 멀어진 것처럼 보였다. 과학 활동에 관한 이론이 더욱더 정교화됨에 따라 과학자와 활동가들이 그것을 접할 기회는 점점 줄어들었다. (중략) 초기의 급진적 과학 비판은 더 나은 사회에 대한 전망을 갖고 있었고, '과학-사회'의 근본적인 변화가 그곳에 도달하는 과정에서 핵심적인 요소라고 주장했다. 반면, 오늘날 '과학정책'은 현존하는 사회구조 내부의 작동 과정을 개선해서 사회를 개혁하려 하고 있다. 과학학은 심지어 그런 온건한 사회적 목표마저 저버렸다. 과학을 보다 잘 이해하려는 과학학의 노력은 지적인 것으로, 학문적 목표를 향해서만 열려 있다.[36]

한국의 현실은 그보다 더 비참하다. 진보진영의 인문사회과학 이론은 과학에 무지하고, 그나마 과학을 다루는 과학학 이론은 반과학적이며, 과학자로서 과학적 지식을 다루는 이들은 신비주의자일 뿐이다.

버널 사분면의 정립:
한국 지식인 사회의 텅빈 지대

나는 자연과학과 기계 시대에 대한 지식인들의 적대적인 입장을 비난하는 것은 아니다. 오히려 적대적인 태도는 긍정적인 것이고 건설적인 것이다. 그리고 기계 시대가 진보하기 위해서는 많은 부분에서 적극적이고, 사려 깊은 반작용을 필요로 한다. 오히려 나는 기계 시대에 관심을 거의 두지 않는 태도 때문에 지식인들을 비난한다. 그들은 자연과학과 새로운 기술의 핵심을 자세하게 알 필요가 있으며, 기계 시대에 직면해 좀 더 적극적인 태도를 취해야 한다는 사실을 중요하게 생각하지 않는다. 때로 그들의 태도는 증오에 차 있지만, 그런 적대적인 태도가 무언가 행동하도록 자극할 정도는 아니다. 그들에게는 과거에 대한 향수와 현재에 대한 막연한 불안이 어떤 의식적인 태도보다도 더 강하게 작용하고 있다. **노버트 위너**Norbert Wiener[37]

난립하고 체계적이지도 않았지만, 한국 진보진영의 모든 이론은 수입되었다. 한국 진보진영 이론가들 대부분은 실천가로서는 인문학자(시인, 소설가, 미학자), 이론가로서는 사회과학자로 가득 채워져 있다. 한국 사회에서 좌파 진영의 이론과 과학은 완전히 분리되었다(인문 좌파). 한국 보수진영 이론가들에게 과학은 자신들의 이념을 선전하는 좋은 도구다(뉴라이트). 그들은 과학을 정치적 권력의 수단으로 악용한다. 창조과학자들과 정치권에 기생하는 정치과학자들은 보수진영에선 과학의 적이다(정치과학자). 그들은 과학을 내세우지만 실제로 그들의 목표는 과학과 사회의 발전이 아니라 사리사욕일 뿐이다. 이렇게 '과학-인문학'을 수직선으로, '진보-보수'를 수평선으로 네 개의 분

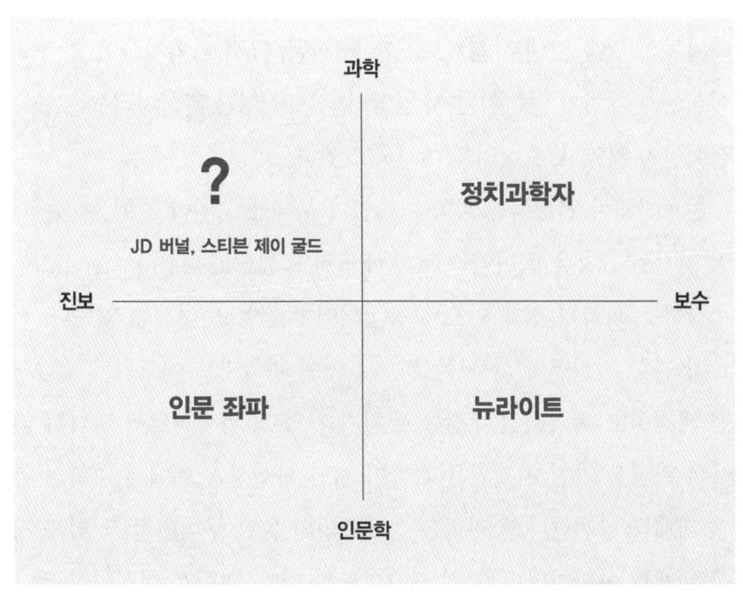

그림 1 버널 사분면[38]

면을 만들고 나면, 한국 사회에 비어 있는 하나의 사분면이 분명히 드러난다. 진보적이면서 과학적인 지식인 집단이 바로 그것이다. 나는 한국 사회에서 텅 비어 있는 이 사분면을 버널 사분면이라 부르려 한다.

버널 사분면은 과학자로서의 직업적 정체성을 잃지 않으면서도 사회문제에 있어 진보적 사상을 견지했고, 이 두 정체성을 하나로 엮기 위해 노력했던 존 버널이라는 지식인상의 부재를 뜻한다. 국내에 수입된 많은 과학 교양 서적에서 우리는 그런 지식인상을 수도 없이 봐왔다. 리처드 르원틴, 존 벡위드, 스티븐 제이 굴드 모두 그런 전통에서 있는 과학자이다.[39] 그들은 공공과학자다. 하지만 우리는 그런 과학자들의 말을 그대로 옮겨오기만 했을 뿐, 그런 과학자들이 왜 우리 현실엔 존재하지 않는지 묻지 않았다. 진보진영은 과학자라는 그룹을 끌어안지 않았고, 오히려 적대시하고 있다.

진보진영이 진보적인 과학 지식인의 문제를 고민하고 현존하는 과학 지식인 그룹을 끌어안는 것이 에드워드 윌슨Edward Osborne Wilson이 주장하듯 과학의 경계 안으로 통섭되어야 함을 뜻하지는 않는다. 진보적 과학 지식인의 삶을 살았던 그 어떤 과학자도 에드워드 윌슨처럼 과격하고 폭력적인 주장을 펼치지 않았다. 과학자로서 과학의 역사에 관심을 가진 지식인은 과학이 지닌 확실성 너머에서 과학의 열린 체계를 발견한다.[40] 과학은 상대주의의 틀로 무너뜨릴 수 있는 지식 체계도 아니지만, 종교적 도그마도 아니다. 과학적 지식인이 된다는 것이 곧 과학자가 되어야 함을 뜻하는 것도 아니다. 그 하나의 대안을 '잠정적 유토피아'를 제시하고 스웨덴 사민주의 정당의 승리를 이끈 비그포르스Ernst Johannes Wigforss에서 찾을 수 있다.

비그포르스는 헤겔이나 마르크스주의의 변증법을 포함한 일체의 형이상학을 거부하고 과학과 윤리의 문제를 명확히 분리해야 한다고 생각했지만, 과학적 사고 그 자체를 거부하지 않았다. 과학자이자 실용주의의 창시자이기도 했던 윌리엄 제임스William James에게 영향을 받은 그는 "생각의 중심을 인간이 개인, 집단의 차원에서 어떠한 삶을 펼쳐 나갈 것인가에 두게 되면 과학과 윤리 모두 그 더 큰 질문에 저마다 소중하게 기여할 수 있는 올바른 자리를 찾게 될 것"[41]이라 믿었다. 마르크스주의의 과학적 세계관은 역설적으로 존재할 수 없는 유토피아를 내세웠다. 과학의 한 측면은 분명 마르크스주의를 닮았다. 이론물리학의 세계에서 과학 이론은 분명 마르크스주의의 과학관처럼 강경한 이미지를 가졌다. 하지만 비그포르스가 내세우는 '잠정적 유토피아'도 과학의 한 모습을 닮았다. 과학이 나아가는 방향, 과학이 내세우는 가설의 대부분은 잠정적이다. 확실한 법칙은 많이 존재하지 않는다. 생물학으로 대변되는 과학의 특징은 비그포르스의 '잠정적 유토피아'를 지지한다.

진보적 과학 지식인이라는 텅 빈 사분면을 고민해야 한다는 주장이 곧바로 한국 인문학자들이 주도해온 민주화의 실천적 지향에 흠집을 내는 것도 아니다. 진보진영이 대안을 고민하는 이 시점에서, 그 텅빈 사분면의 충족이 하나의 대안이 될 수 있다는 제안일 뿐이다. "철학은 세상을 아는 데 충분하지 않고, 과학은 세상을 비판하는 데 충분하지 않다"고 했다. 과학도 철학도 서로 부족하다. 과학은 누구의 것도 아니다. 과학은 보수의 전유물도, 진보의 적도 아니다. 과학 지식은 발견을 기다리는 인류의 자산이다. 그리고 과학이라는 자산을 경험해보지 못한 한국의 진보진영에게 과학은 숨겨진 성배가 될 수도 있다. 빈학단의 선언은 바로 그런 과학으로 무장한 진보적 세계관의 표현으로 읽을 수 있다.

> 따라서 '과학적 세계 이해'는 현실적 삶에 가깝다. 확실히 '과학적 세계 이해'의 방식은 강력한 증오와 투쟁에 의해 위협당하고 있다. 그럼에도 불구하고 실망하지 않고 현재 우리가 처해 있는 사회적 상황 속에서 앞으로 벌어질 일련의 과정을 희망적으로 바라보는 많은 이가 존재한다. 물론 '과학적 세계 이해'의 지지자들 모두가 투사가 될 수는 없을 것이다. 누군가는 고독을 즐기며 차가운 논리의 경사면 위에 동떨어진 존재가 될지도 모르고, 누군가는 심지어 대중과 섞이는 것을 경멸하

면서 이러한 문젯거리들이 불가항력적으로 퍼져나가야만 했던 그 진부한 형태를 후회할지도 모른다. 하지만 그들의 성취 역시 역사적 발전 위에 자리매김할 것이다. 우리는 과학적 세계 이해의 정신이 교육에서, 양육에서, 건축에서 사적·공적의 형태로 점차 퍼져나가는 것을 목격하고 있고, 또한 합리적인 원칙에 따라 경제적·사회적 삶이 바뀌어가는 과정을 목격 중이다. 과학적 세계 이해는 삶에 봉사하며, 삶은 그것을 받아들인다.[42]

과학이 한국 사회에 건강하게 자리 잡을 수 있기를 바란다. 더불어 한국의 진보진영이 더 이상 과학이라는 콤플렉스에 사로잡히지 않기를 바란다. 젊은 한국의 과학 지식인들은 더 이상 유신 시대의 잔재가 아니며, 진보진영에 새로운 활기를 불어넣을 준비가 되어 있다. 한 세기 전, 과학은 진보의 상징이었다. 이제 다시 이곳 한국에서, 과학이 진보의 상징이 되길 희망한다.

2장

이분법의 사기극:

과학과 인문학, 두 문화는 존재하는가

두 문화를 둘러싼 논쟁과 스노의 무지[1]

과학 대 인문학이라는 가짜 구도에 대하여

학제간 연구 정신의 가장 큰 미덕은 사고의 새로운 대상을 만들어냄으로써 학풍을 산출하는 데 있다. 이러한 상황은 오늘날처럼 학제간 연구의 용어가 일상어로 정착하기 이전 시대인 19세기에 아주 일반적인 것이었다. 과거 19세기 표면화되지 않은 학제간 연구 정신은 20세기로 전파되었다. 19세기 중엽 이후 20세기 초에 걸쳐 과학의 발달은 세계관을 변화시켰다.[2] **이상하**

한국의 학문 생태계는 유행에 민감하고, 맥락 없는 이론을 수입하는 작업에 익숙하다. 2000년대 초반에 한국에는 갑자기 융합 바람이 불었고, 문과와 이과로 나뉜 한국 교육의 현실을 개탄하는 대학교수와 지식인이 갑자기 어디에선가 나타나 대학마다 융합대학원과 융합학과를 만들기 시작했다. 대통령 후보까지 할 정도로 유명한 정치인

안철수가 서울대 융합과학기술대학원장을 했을 만큼, 한국 학문 생태계에 분 융합 바람은 거대했지만, 결국 아무런 성과 없이 슬그머니 사라져버렸다. 치열한 기업 현장과 새로운 학문 탄생의 역사에 무지한 대학교수들이 만든 그 수많은 융합학과도 언젠가부터 모두 사라졌다. 실제로 융합이 일어나는 미국 실리콘밸리 같은 공간에서는 대학교수의 발언권이 적은 대신, 실력 있는 엔지니어와 개발자가 필요에 따라 인문학자 및 디자이너와 함께 협업을 한다. 즉, 융합이란 간판을 다는 일과 실제로 융합을 해내는 실천 사이엔 엄청난 괴리가 존재한다는 뜻이다. 한국의 융합 열풍은 모조리 실패했다.[3]

융합이라는 열풍이 사그라질 때쯤에 서울대 최재천 교수가 에드워드 윌슨의 《통섭Consolience》이라는 책을 소개하며, 한국 학문 생태계엔 뜬금 없이 통섭 열풍이 불었다. 결국은 통섭이 'Consilience'의 제대로 된 번역어가 맞느냐는 아무런 효용도 없는 논쟁으로 번지며, 통섭 열풍 역시 성과 없이 사라졌다. 에드워드 윌슨의 주장이 과연 치밀한 논증으로 구성되었느냐의 여부를 떠나, 제대로 형성된 과학 지식인 집단은커녕, 학문을 주도하는 학파 하나 없는 한국에서 논의된 통섭은 공허함만 남겼을 뿐이다. 그리고 그 공허함은 통섭이라는 실천적 주제를 글과 말로만 떠들려 했던 한국 인문학 지식인의 나이브함과,[4] 과학 지식인이라는 한쪽 날개가 없이 통섭에 대해 논의하려 했던 한국 학문 생태계의 비역사성에 기인한다. 과학이 제대로 된 학풍으로 자리조차 잡지 못한 한국에서는 통섭이 일어날 수도, 통섭이라는 논의가 생산적으로 이루어질 수도 없었던 셈이다. 그리고 무엇보다도 융합과 통섭으로 상징되는 한국 학문 생태계의 나이브함은 과학 대 인문학이라는 존재하지도 않는 잘못된 이분법을 당연한 전제로 하고 있기 때문에 애초에 불가능한 논의였다. 실제로 학문의 역사를 일별해보면 과학과 인문학이라는 대결 구도는 아주 최근에 생겨난 가짜 구도이기 때문이다.

실제로 이질적인 두 집단을 창조해내는 일은 그리 어렵지 않다. 하나의 기준을 축으로 세상은 언제나 둘로 양분된다. 종교를 기준으로 세상은 무종교인과 종교인으로 나뉜다. 성sex을 기준으로는 남성과 여성으로, 정치적 성향을 기준으로는 진보와 보수로 사람을 구분 지을 수 있다. 그뿐 아니다. 신과 악마, 자연물과 인공물, 이성과 감정 등, 서구사상사는 이러한 이분법적 개념으로 가득하다. '환원주의, 계층화, 물화, 그리고 이분법'은 스티븐 제이 굴드가 꼽은 서구의 네 가지 나쁜 지적 전통이다.[5] 때로 이분법은 세상을 단순화시켜 분석을 용이하게 만드는 효과가 있다. 인간의 두뇌가 가진 생물학적 제약이 이분법적 사고를 제거하지 못하는 이유인지도 모른다. 이분법적인 전통 속에서 과학이 탄생했다는 일부 학자의 의견에는 타당한 구석도 있을지 모른다. 그렇다고 해서 과학의 탄생을 서구의 지적 전통이라는 필연론 속에서만 해석할 필요는 없다. 왜 동양에서는 과학이 탄생하지 못했느냐고 묻는 것만큼 어리석은 질문은 없다. 이는 지난 밤 옆집에 불이 났는데, 왜 앞집에는 불이 나지 않았느냐고 묻는 어리석음과 같다.[6] 실은 동양과 서양의 지적 전통 차이를 근거로 과학을 논하는 것도 똑같은 이분법에 불과하다. 어디에나 이분법은 존재한다. 아마 인류는 평생 이러한 구분법으로부터 자유롭지 못할지도 모른다.

다음과 같은 질문들은 구체적인 사례 속에서 이분법이 깨지는 이유가 된다. 진화론자이면서 종교의 긍정적인 사용을 인정하는 사람은 무종교인인가, 종교인인가. 양성애자와 동성애자는 남성인가, 여성인

가. 교조적 이념이 아니라 인본주의의 편에서 정치를 바라보는 아나키스트는 진보인가, 보수인가. 분명히 세상은 이분법으로 구분 지을 수 있는 것보다 훨씬 풍부한 성질을 지니고 있다. 무지개는 일곱 가지 색깔로 분명히 구분되는 실체가 아니다. 무지개의 경계에는 더욱 다양한 색깔이 존재한다. 우리의 눈이 그 다양함을 무시하고 무지개를 일곱 개의 구획으로 나눌 뿐이다. 실은 이런 스펙트럼의 비유가 담을 수 있는 것보다 세상은 더 복잡하다. 그래서 이분법은 복잡한 세상에서 살아남기 위해 우리의 조상이 선택한 제한적 합리성의 유산일지도 모른다.[7] 그리고 아무리 많이 배운 지식인이라도 인류의 일원임에 분명하다. 지식인은 초인이 아니기 때문이다.

'두 문화'라는 스노의 저속한 사기극

찰스 스노Charles Percy Snow의 이분법은 문학과 자연과학이라는 두 학문 사이의 차이 때문에 시작됐다. 실은 두 학문의 차이에 대해 스노가 자세한 분석을 시도한 것도 아니다. 그저 스노라는 물리학자가 우연히 문학에도 관심이 많았고(그의 꿈은 소설가였다), 따라서 문학클럽에 자주 놀러 다니면서 물리학자 집단과 문학인 집단 사이에서 나타나는 서로에 대한 몰이해를 목격한 것뿐이다. 셰익스피어의 소네트는 읽어본 사람들이 열역학 제2법칙이 무엇인지는 모른다는 사실이 스노에게는 경악할 만한 경험이었던 모양이다. 스노는 그 괴리를 '두 문화'라고 표현했다.[8] '경제를 살리겠습니다'라는 정치인의 구호처럼 '두 문화'는 당대의 학문 생태계에서 공전의 대히트를 쳤다.

'두 문화'라는 말은 조금 배웠다 하는 이들에게는 '패러다임'이라는 말처럼 자주 쓰이는 식자층의 일상어가 되었다. 하지만 그런 대유행에 비해 스노의 이분법이 인용되는 방식은 그다지 다양하지 않다. 대부분의 사람은 그의 구분법을 과학 대 인문학이라는 대결 구도로 당연하게 받아들인다. 그것이 조금 다른 방식으로 인용될 때도, 왠지 과학에 조금 더 무게를 둔 것 같은 스노에 대한 반감의 맥락일 뿐이다. 사실 과학적 낙관주의, 문학적 비관주의의 맥락에서 스노를 언급하는 것은 지나치게 사태를 단순화시키는 전략이다. 그러한 인식은 스노 이후 50년이 지나는 동안 지식인이 스노의 수준에서 단 한 걸음도 진전하지 못했다는 반증밖에 되지 않는다.

우선 도대체 스노가 두 문화를 무엇이라고 생각했는지 살펴보자. 그의 책에서 가장 많이 언급되는 부분을 보면 스노가 생각하는 두 문화의 실체를 알 수 있다.

> 사실, 나는 진지한 이야기를 하고 있다. 내가 믿기로는 전 서구 사회의 지적 생활은 갈수록 두 개의 극단적인 그룹으로 갈라지고 있다.[9]

스노에겐 그 두 개의 그룹이 향유하는 문화가 두 문화의 실체일 것이다. 두 그룹은 다음과 같다.

> 한쪽 극에는 문학적 지식인이, 그리고 다른 한쪽 극에는 과학자, 특히 그 대표적 인물로 물리학자가 있다. 그리고 이 양자 사이는 몰이해, 때로는 적의와 혐오로 틈이 크게 갈라지고 있다.[10]

이러한 구분법이 적절한 것인지에 대한 의문은 차치하고라도, 정말 지식인의 지형도가 이렇듯 깔끔하게 둘로 양분될 수 있는 것인가라는 의문이 제기될 수 있다. 그것은 정당한 물음이고, 또한 스노가 가장 먼저 직면했던 비판이었다. 그는 비판에 다음과 같은 식으로 응수했다.

> 나는 그런 논증을 존중한다. 2라는 숫자는 아주 위험한 숫자다. 변증법이 위험한 과정인 이유가 여기에 있다. 어떤 것을 둘로 나누려는 시도는 의심해볼 필요가 있다. 나는 오랫동안 이러한 구분을 정교하게 만들어보려 했다. 하지만 결국 그러지 않기로 했다. 나는 멋진 은유보다는 조금 나은 어떤 것, 그러면서도 문화적 지도보다는 조금 못한 정도의 조건을 찾고 있었고, '두 문화'는 그러한 목적에 잘 맞아 떨어진다. 조금 더 자세한 묘사를 하는 것은 장점보다는 단점이 많을 듯 싶다.[11]

이러한 변명에는 과학자 그룹과 문학 지식인 그룹 사이에 존재하는 몰이해의 역사를 자세히 기술할 능력이 없다는 것인지, 아니면 그렇게 기술해봐야 현실적 조건을 개선하는 데에는 아무런 도움이 되지 않는다는 것인지가 모호하게 표현되어 있다. 만약 전자라면 스노라는 인물이 별다른 역사적 지식 없이 직관적으로 사태를 파악했다는 비난을 피하기 어려울 것이고, 후자라면 현실적 조건을 개선하는 데 지극히 실용주의적 관점을 취했다는 비난을 피하기 어려울 것이다. 실은 자세한 묘사를 시도하면 할수록 스노가 둘로 나누고 뭉뚱그린 두 문화의 이질성은 점점 사라진다. 그것이 논쟁이 거듭될수록 스노가 자신의 경솔함을 후회한 이유가 될 것이다. 스노는 국가 간 빈부 격차를 해소하자는 도덕적 관념을 주장하고자 했고, 이 주장의 정당성을 확보하기 위해 과학과 문학의 대립이라는 실용적 관념, 즉 낙관적이고 미래에 대해 좀 더 긍정적인 신념을 지닌 과학자의 방식을 교육에 침투시키는 전략을 취한 것이다.[12] 빈부 격차를 해소해야 한다는 과학자의 소박한 도덕관념은 언제나 어디서나 주장할 만한 것이다. 문제는 도대체 왜 그 소박한 신념을 주장하기 위해 두 문화라는 허구의 개념을 빌려와야만 했는지일 것이다.

스노의 경솔한 이분법

스노의 이분법은 여러 가지 측면에서 비판받을 수 있고 그래야만 한다. 비록 대부분의 비판이 그가 한쪽 극단으로 밀어붙인 문학 지식인 그룹에서 등장했지만, 역사를 면밀히 살펴보면 스노의 경솔한 이분법이 역사의 복잡한 측면을 놓치게 만든다는 것을 쉽게 알 수 있다. 가장 먼저 다루어야 하는 것은 스노의 이분법, 그 자체에 관한 것이다. 그가 극단에 놓은 물리학자 집단과 문학 지식인 집단이라는 구분법이 제대로 사용된 것인지부터 반문해볼 필요가 있다.

첫째, 문학 지식인을 극단에 놓은 스노의 전략은 그다지 실용적이지 못했다. 강유원에 따르면 한국에서는 인문학을 '문사철文史哲'의 통합으로 이해하는 경향이 있다.[13] 문사철의 통합이란 문학·역사학·철학이라는 세 범주의 학문이 인문학이라는 틀로 엮인다는 뜻이다. 학문을 구분하는 방법은 학자에 따라 천차만별이다. 예를 들어 스노의 이분법적 구분은 흔히 '인문학 대 자연과학'의 구도로 인용되곤 한다.[14] 인문학의 번역으로 사용되는 'Humanities'가 두 문화를 언급하는 학자들이 사용하는 그 개념이 맞다면, 상황은 더 복잡해진다. 한국어 위키백과에서는 인문학을 다음과 같이 구분하고 있다. "인문학의 분야로는 철학, 문학, 역사학, 고고학, 언어학, 종교학, 여성학, 미학, 예술, 음악 등이 있다."[15]

스노가 양극단에 위치한다고 주장했던 문학 지식인은 물리학자이자 소설가로 살았던 그의 경험에서 비롯된다. 스노가 비관주의적이고, 러다이트Luddite이며, '전통적인 문화'의 지배자라고 규정한 문학 지식인은 아마도 문학클럽에서 그가 만나던 문인들, 그리고 그가 읽었던 소설의 작가들 정도라고 생각된다. 실은 스노의 구분법에 철학자, 인류학자, 역사학자, 신학자, 미학자 등등의 지식인은 설 땅이 없다. 스노에게 문학 지식인이란 예술가이면서 동시에 영국의 전통적 문화를 지배하는 모호한 집단이다. 앞으로 살펴보겠지만 스노의 구분법을 '인문학과 자연과학의 대립'으로 보는 것은 오류다. 스노가 문학 지식인을 인문학이라는 넓은 범주로 사용하지 않았기 때문이고, 인문학이라는 넓은 범주 속에서 학문의 역사를 살펴보면 스노가 주장한 상호 무시의 갈등은 사라지기 때문이다.

둘째, 그가 취한 극단적인 이분법의 전략 자체가 우스꽝스럽다. 그는 자연과학의 극단에 물리학을 위치시켰다. 그가 과학의 분과 다양성을 제대로 이해하지 못했다는 점은 양보하도록 하겠다. 17세기 근대과학의 탄생이 천문학과 물리학에 의한 것이었음은 틀림없다. 하지만 만약 과학 지식인의 극단을 설정하려 했다면 그는 수학자를 택해야 했을지 모른다. 수학은 만학의 왕이라고 흔히 언급되며, 17세기 뉴턴이 등장하기 이전부터 갈릴레오는 수학만이 올바른 지식에 이를 수 있는 길이라고 주장했기 때문이다. 인문학의 극단에 문학 지식인을 배치한 것도 전혀 극단적이지 않다. 통속적인 관념을 택하자면 인문학의 범주 속에서 과학과 더욱 멀리 위치하는 것은 오히려 종교인이나 신학자가 될지 모른다. 그리고 굳이 갈릴레이의 사례나 창조과학의 폐해를 예로 들지 않더라도, 우리는 과학과 종교의 갈등을 상당히 오래전부터 지켜보고 있다.

스노의 말처럼 극단의 전략을 취하자면 두 문화의 갈등은 '수학자 대 종교인'의 대결이 제격이다. 물론 수학은 자연과학이 아니라고 반박할 수 있을지 모른다. 하지만 양자역학이라는 20세기 이론물리학의 대업을 생각해보면 물리학과 수학의 거리는 그다지 멀어 보이지도 않는다. 양자역학을 건설하는 데에는 수많은 수학자의 공헌이 있었다.[16] 이렇게 스노의 두 극단을 수학자와 종교인으로 치환하면 신기하게도 낙관주의 대 비관주의, 전통적 문화와 과학적 문화의 대결은 희미해진다. 이 구분법에서 수학자는 종교인보다 더 낙관적인 문화를 공유한다는 주장도, 피타고라스까지 거슬러 올라가는 수학의 문화가 전통적이지 않다는 주장도 힘을 잃는다. 어쩌면 두 집단은 신비주의라는 틀로 묶일지도 모른다. 스노의 이분법은 정체가 모호하다. 물리학에서 수학으로, 인문학에서 종교로 한 걸음만 극단을 옮겨보면 그 주장의 모호함을 더욱 확실히 알 수 있기 때문이다.

분명 스노는 자신의 경험과 그가 살던 시대에서 '진지한' 이야기를 하고 있다. 소설가는 열역학 제2법칙을 설명하지 못하고, 물리학자는 셰익스피어의 소네트를 읽지 않는다. 그리고 이러한 상호 간의 무시는 교육이라는 제도의 잘못에서 비롯되는 것이다. 어떻게든 두 문화가 대화를 시작하도록 만들어야 한다. 그래야 부유한 나라와 가난한 나라의 차별이 사라질 것이다. 하지만 스노에겐 그것은 영국의 전통적 문화인, 문학 지식인의 방식으로 이루어질 수 없다. 그들은 대체적으로 비관적이기 때문이다. 과학자의 낙관주의, 과학혁명의 위대한 과업은 인류의 복지를 향상시키는 데 기여할 수 있는 유일한 길이다. 따라서 중요한 것은 대화가 아니라 소설가가 물리학 법칙을 이해하는 것이다. 교육은 그렇게 변화되어야 한다. 과학교육에 박차를 가하라. 그리하면 인류가 구원을 받을 것이다. 이런 주장이 스노가 그의 강연집에서 주장한 내용의 대부분이다.

그의 진지함에 대고 비판을 가하기란 참으로 미안한 일이다. 하지만 우리는 그렇게 해야 한다. 스노를 넘지 않고서는 두 문화의 실체를 쳐다볼 수도, 갈등을 봉합할 수도, 인류의 문제를 해결할 방법을 찾을 수도 없기 때문이다. 먼저 스노보다 앞서 자연과학과 인문학의 갈등을 인지했던 학자들의 논의를 살펴볼 것이다. 그 과정 속에서 스노의 두 문화라는 화려한 개념이 적절한 타이밍 때문에 유명해진 것임이 드러날 것이다. 또한 진정 치열한 학자들이 어떤 방식으로 두 문화의 갈등을 면밀하게 탐구했는지를 살펴보면서, 스노가 보여준 학자로서의 나이브함이 드러날 수 있기를 바란다. '두 문화'라는 선정적인 제목을 제외하고 나면 스노에게 남는 것은 단 하나도 없다.

두 문화의
역사적 배경?

스노의 강연은 짧다. 이 짧은 강연은 과학자가 철학은 물론이거니와 역사를 얼마나 단선적으로 사고하는지를 보여주는 가장 좋은 예가 될지도 모른다. 그나마 《두 문화The Two Cultures》의 유명세를 듣고 책을 읽기 시작한 독자들을 위로해주는 것은 스테판 콜리니Stefan Collini가 쓴 해제이다.[17] 그는 케임브리지에서 활동한 스노의 동료로 문학비평가이자 지성사를 강의했던 인물이다.

콜리니의 논의는 스노가 살피지 못했거나 혹은 하려고 하지 않았던 두 문화의 역사를 살피는 것으로 시작한다. 그는 문학비평가라는 장점을 살려 먼저 중세와 르네상스에서 그 기원을 탐색해본다. 중세 시대와 르네상스에서 과학의 씨앗을 찾으려는 노력은 서구 학자의 뿌리 깊은 버릇이다. 과학의 기원은 과학을 어떻게 정의하느냐에 따라 고대 그리스와 이집트로까지 소급되기도 한다. 하지만 과학이 그 모습을 드러내고 지식의 표준으로 성립하기 시작한 것은 17세기부터다. 과학의 역사를 세밀하게 관찰한 대부분의 학자라면 그것이 과학혁명으로 불리는 단절의 역사이든, 르네상스로부터 이어져 내려오던 연속선상의 전통이든 간에 17세기에 이르러 무언가 중대한 변화가 일어났다는 사실을 알게 된다. 화이트헤드Alfred North Whitehead는 뉴턴에 이르러 시작된 과학자들의 과학에 대한 사고의 변화를 '분류'에서 '측정'으로의 전환이라고 표현했다.[18] 이 시기에 우리가 지금 과학이라 부르는 지식 체계가 시작되었고, 서구 사회의 지성사에 중대한 변화가 일어나기 시작했다.[19]

19세기에 이르러서야 과학은 제도화되기 시작한다.[20] 콜리니에 따르면 1860년대 이전의 《옥스퍼드영어사전》에서는 과학science이라는 말이 물리학 혹은 자연과학에 한정되어 쓰이지 않았다. 1867년 작성된 워드William George Ward의 〈더블린 보고서Dublin Review〉에는 "우리는 '과학'이라는 용어를 일반적인 영국 신사들이 생각하는 의미로 사용해야 할 것이다. 그것은 물리적이고 실험적인 과학을 뜻하며, 신학적이고 형이상학적인 것들은 배제한다"는 말이 등장한다. 과학자라는 말도 윌리엄 휴월William Whewell의 1840년 저서인 《귀납적 과학의 철학The Philosophy of the Inductive Sciences, founded upon their history》에 처음으로 등장한다. 19세기 중반에 이르러서야 과학자 집단이 영국에서 뚜렷하게 형성되기 시작했고, 그들은 대학에서 인문학자와 동등한 역할을 인정받기 위해 투쟁했다.[21]

토머스 헉슬리
– 과학의 지위를 위한 투쟁

교육 과정에서 과학의 지위를 보장받기 위한 과학자 집단의 투쟁은 토머스 헉슬리와 매슈 아널드Matthew Arnold의 논쟁으로 뚜렷하게 나타난다. 당시 아널드가 헉슬리를 비판했던 강연도 리드 강연이었다. 70여 년 후에 스노는 아널드가 섰던 바로 그 자리에 이번엔 과학자 집단을 대표하는 인물로 서게 된 셈이다.

'다윈의 불독'이라는 별명을 가진 헉슬리는 과학자로서뿐만 아니라 교육개혁가로도 유명한 사상가다. 그는 「과학과 문화」라는 산문에서 "과학은 이미 영국에서 문화로서의 지위를 형성했으며, 국가의 복지에도 많은 기여를 했다고 선언"했다. 이 강연은 산소의 발견을 둘러싸고 화학이라는 과학의 분과가 성립하는 데 결정적으로 기여한 조지프 프리스틀리Joseph Priestley를 언급하면서 시작한다.[22] 프리스틀리는 영국 과학의 자존심이었지만 정치적·종교적 이유로 미국으로 건너갔다.[23] 헉슬리가 영국 과학의 자존심이었으면서도 성직자였던 프리스틀리를 인용하는 이유는, 성직자이면서 대중적으로 인지도가 있는 인물의 가장 깊은 관심사가 물리학임을 알리기 위함이었다.

헉슬리는 과학교육을 반대하는 두 부류를 이야기한다.

첫 번째 반대는 자신들이 실용성의 대표자라고 착각하는 사업가에게서 나온다. 사업가는 그들이 신앙하는 주먹구구식 방법이 과거 영국 번영의 원천이었으며 앞으로도 그럴 것이라고 확신한다. 그들은 과학적 사유 방식이 도움은커녕 방해만 될 뿐이라고 생각하는 집단이다.

두 번째 반대는 전통적인 학자들로부터 나온다. 전통적인 학자들이 생각하는 문화의 개념을 뒤집기 위해 헉슬리가 기술하는 지식은 방대하다. 또한 오늘날의 논객 격에 해당하는 헉슬리의 수사법은 웅장하다. 그는 고대 그리스, 로마, 중국을 논하고, 단테의 《신곡》을 비롯한 문학의 역사를 기술하면서 원하는 방향으로 논의를 이끌어나간다. 스노가 헉슬리와 비슷한 논지로 강연을 한 것이 70년 후인데, 세상이 정말 많이 변한 것이 아니라면 독자는 헉슬리의 강연과 스노의 강연에서 질적 차이를 느낄 수 있을 것이다. 이는 학문이 지나치게 전문화되었다는 변명으로 해결할 수 있는 수준의 차이가 아니다. 게다가 문학인과 어울렸다는 것을 자랑처럼 이야기하는 교양인 스노의 입에서 나올 수 있는 변명도 아니다. 특히 스노의 리드 강연 초고에서 헉슬리의 이름이 등장하지 않는다는 것은 역사에 대한 그의 무지를 단적으로 드러내는 사건이다. 불과 70년 전에 스노가 살던 바로 그 땅에서, 스노가 과학을 연구할 수 있는 조건을 만들기 위해 투쟁했던 신사가 있었다. 콜리니의 입으로 헉슬리의 강연이 언급된다는 것은 문학과 과학의 충돌을 말하기 전에 역사에 대한 인식과 공부가 지식인에게 얼마나 중요한지 일깨워주는 단적인 예가 된다.

헉슬리는 19세기의 인문학자가 여전히 중세와 르네상스 시대의 향수에 빠져 있다고 지적한다. 그렇다고 헉슬리가 인문주의자의 승리를 과소평가하는 것은 아니다. 그는 아주 세밀하게 그들의 승리를 기술한 후에야 그렇게 말한다. 하지만 19세기를 이전 시대와 구분 짓는 가장 큰 특징은 인류가 획득한 자연에 대한 지식이다. 우주에 대한 정교한 지식은 물리학에 의해서, 인간에 대한 지식은 생물학에 의해서 재편되었다. 과학이 우리에게 알려준 것은 증거를 무시하는 일이 단순한 무지가 아니라 중죄라는 사실이었다. 과학의 도움으로 인류는 중세의 암흑기에서 해방되었다.

전통적인 교육 방식을 옹호하는 인문학자는 이처럼 변화된 지식을 연결할 생각이 없다. 인문학자는 해당 분야의 전문가일지는 모르지만, 문화라는 이름으로 '삶의 비평criticism of life'을 향유할 확고한 기반을 가지지 못한다. 이는 그들이 그리스의 정신으로 충만해 있기 때문이 아니라, 그것을 소유하지 못하고 있기 때문이다. 헉슬리에게 그리스는 잃어버린 과학이 숨쉬던 공간이기도 했다. 헉슬리의 생각에 그리스에서 삶의 비평은 자연에 대한 그들의 과학적 사고방식과 함께 존재했었다.

사업가들이 간과하고 있는, 번영을 위한 또 한 가지 요소는 사회에 관한 지식이다. 헉슬리는 이미 허버트 스펜서Herbert Spencer에 의해 사회다윈주의가 탄생하는 광경을 목격했다. 사회현상도 자연법칙의 표출일 뿐이라는 선언 후에, 헉슬리는 과학교육을 제도화하는 동시에 사회학도 본격적으로 가르쳐야 한다고 주장한다. 이는 의회의 지도자들이 교육을 마음대로 좌지우지하지 못하도록 과학적 사회학을 구축하려는 시도다.[24] 19세기 빅토리아 시대를 살았던 교육사상가는 사회학을 과학으로 구축함으로써 사회현상을 명료하게 이해할 수 있고, 이로부터 정치적 자유를 획득할 수 있다고 믿었다.

매슈 아널드의 반박

헉슬리의 강연에는 아널드의 문화에 대한 발언과 유럽 전역에 부는 진보의 바람에 대한 언급이 들어 있다. 아널드는 헉슬리가 자신의 생각을 왜곡했다고 여겼다. 헉슬리는 문학이 말하는 삶의 비평은 문학에 대한 것에만 국한된다고 생각했다. 하지만 헉슬리에게 진짜 세계에 대한 삶의 비평은 자연 속에 있다. 그리고 과학을 통한 자연의 이해가 삶의 비평을 풍성하게 만든다. 아널드의 비판은 문학이란 단순히 단테나 셰익스피어만을 의미하는 것이 아니라 유클리드와 뉴턴의 저작까지를 포함한다는 것이다. 하지만 이는 과학이라는 지식 체계가 문학과 같이 작품으로 이루어지지 않는다는 점을 간과한 것이다. 헉슬리는 과학적 방법론에 대해 강조했고, 아널드는 과학자들의 작품에 집중했다.

하지만 헉슬리와 아널드의 논쟁은 70년 후에 벌어진 스노와 리비스Frank Raymond Leavis의 논쟁처럼 격렬하거나 볼썽사납지 않았다. 아널드는 모든 지식은 재미있는 것이며 배울 만한 가치가 있다는 점을 인정한다. 바로 그 지식에는 자연과학도 포함된다. 헉슬리도 인문학의 교육에 반대하지 않았다. 과학교육의 입지를 넓힐 것을 주장했을 뿐이다. 아널드가 헉슬리를 비판하는 이유는, 바로 헉슬리가 이 주장을 정당화하는 과정에서 인간의 가치 혹은 실천에 대한 인문학 본연의 입지를 흔들었기 때문이다. 헉슬리는 그의 주장을 강화하기 위해서 인간의 가치 또한 과학의 힘을 빌려야 이해될 수 있는 것이라고 말했다.

인문학이 현대에 이르기까지 건재하고 있다는 것이 아널드가 긴 강연을 통해 말하고자 했던 바를 충분히 증명하고 있으리라 믿는다. 아널드의 말처럼 "인간의 본성이 그렇게 존재하는 한, 문학에 대한 매혹은 거부할 수 없을 것이다. 본성은 이성적으로 탐구될 테지만, 그 자리를 잃지는 않을 것이다."[25] 과학은 엄청난 발전을 이루었지만 아널드가 지키고자 했던 인간의 가치는 여전히 인문학의 이름으로 보전된다. 아마 영원히 그 가치는 변하지 않을 것이다.

두 문화,
한 물리학자의 역사적 무지

스노의 강연이 있고 나서 얼마 후에 문학비평가인 리비스가 도발적인 공격을 시작했다. 논쟁을 관전하던 학자들마저 외면할 정도로 리비스의 공격은 거칠고 때로는 인신공격으로 점철되어 있었다. 그는 스노를 과학의 '홍보 담당 직원public relations man'이라고 불렀다. 스노의《두 문화》는 터무니없는 부조리로 취급되었고, 문장은 당황스러울 정도로 저속한 스타일로 기술되어 있으며, 한눈에 보일 정도로 가짜 범주로 두 집단을 갈라놓았다고 공격받았다.[26]

강연에서 스노는 문학 지식인을 러다이트라고 비난했다. 그들은 미래에 대해 비관적이며 그들이 만든 전통적 문화는 미래가 존재하지 않을 것이라고 생각한다. 스노는 조지 오웰의 《1984》가 그 대표작이라고 말했다. 하지만 오웰이 전체주의적 근미래를 그리며 생각했던 것이 진정 그가 비관주의자였기 때문일까. 그건 스노의 엉뚱한 해석일 뿐이다. 리비스의 말처럼 스노는 "소설가로서는 존재하지도 않으"며, "소설이 뭔지 잘 알지도 못"하는 것 같다. 1930년대에 스노는 소설에 집중하기 위해 직업으로서의 물리학자를 그만두고 꽤 많은 소설을 발표했다. 하지만 그의 소설에 대한 평가는 "별로 읽을 만하지 않다"는 것이다. 두 문화의 간극을 메우기 위해 물리학을 집어치우고 소설가로 전향한 스노가 느낀 두 문화의 간극은, 실은 그가 모호하게 구획한 집단 간의 갈등이 아니라 스스로가 소설을 쓰면서 느낀 난관 때문은 아니었을까 생각해본다. 그곳에서 동료 소설가보다 자신에게 두드러진 무언가를, 즉 물리학적 지식을 찾아낸 것인지 모른다. 두 문화의 간극을 메운다는 것은 얼마나 어려운가, 얼마나 어려운 것이면 두 문화를 모두 체험하고 간극을 목도한 사람조차 그것을 메우지 못한단 말인가. 물리학자로서도 소설가로서도 스노가 남긴 업적은 별로 없다. 그의 이름은 언제나 '두 문화'라는 단어 아래에 놓여 있고, 이 두 단어가 스노가 남긴 유일한 유산이다. 그리고 그는 실제로 삶의 대부분을 정부의 기술관료로 살았다.

빈부의 격차에 대한 인본주의적인 호소에도 불구하고, 스노가 제시하는 해결책은 난감할 정도로 나이브하다. 이미 언급했듯이 그를 유명하게 만든 두 문화라는 개념이 사회를 개량하기 위해 동원된 것인지, 혹은 자신이 모두 향유했기에 자랑하고 싶던 유치한 자부심이 인류애적인 이념으로 승화된 것인지 알기 어렵다. 그는 물질적인 풍요가 과학기술로부터 온 것임을 자랑스럽게 이야기한다. 그가 보여주는 수준은 산업혁명이 과학혁명으로부터 도출된 것이며, 따라서 과학이 인류를 풍요롭게 한다는 단선적인 사고다. 산업혁명이 과학혁명의 직접적인 결과물이 아니라는 역사가들의 분석은 생략하도록 하자. 아마 스노의 시대에는 과학으로부터 기술이 도출된다는 단선적 사고가 유행했을 것이다. 그리고 이러한 비판은 헉슬리도 피해가지 못한다.[27] 문제는 그다음이다.

물질적 조건에 대한 강조는 스노 유類의 기술결정론뿐 아니라 19세기 후반 마르크스의 유물론으로 이미 시대정신의 일부였다. 하지만 인문학자들이 물질적 풍요에 대해 무조건 비관적이었던 것도 아니고, 물질적 풍요를 인류 진보의 핵심으로 생각하지 않는다고 해서 모두 러다이트가 되는 것도 아니다. 스노의 이분법은 전혀 핵심에 다다르지 못한다. 그를 거의 욕하다시피 한 리비스도 반과학주의자가 아니었고, 헉슬리의 반대편에 서 있던 아널드도 반과학주의자가 아니었다. 인류의 정신적 조건, 예를 들어 현대인이 겪는 정신질환을 강조하고, 행복이란 반드시 한 국가의 경제적 번영과 비례하는 것이 아니라는 연구결과를 인용하면 러다이트인가? 당연히 아니다. 이제는 초등학생이라도 알 수 있을 만한 가치를 스노는 보지 못했다. 지나치기는 했지만 리비스를 비롯한 거친 비판자와 인문학자의 분노를 이해한다. 형편없이 엉성한 논의를 심각하게 비판한다는 건 엄청난 인내와 감정의 억제를 요구하는 일이다. 어린아이에게 정치가 왜 이렇게 엉망인지를 설명하다 보면 아무리 품성이 고운 어른이라도 짜증을 낼 수 있다.

콜리니에 따르면 스노는 체계적인 사색가나 정확한 저술가가 아니다. 그는 1930년대 케임브리지에서 아주 약간 맛본 과학자들의 우월의식에 도취되어 있었다. 리비스는 스노와 같은 '향원鄕原'[28]의 생각이 과분한 명성을 얻는 것이야말로 현대사회가 진정한 삶의 의미를 찾을 수 있는 체계적인 능력을 상실했다는 전조라고 말했다. 콜리니는 스노가 문제라고 지적한 전문화는 실은 진보의 전제 조건이며, 이에 대한 한탄은 쓸모없다고 말했다. 스노가 지적했던 과학교육의 결핍은 이제 대부분의 국가에서는 걱정거리가 되지도 않는다. 과학교육은 획기적으로 확대되었지만 스노가 창조한 갈등은 여전히 존재한다. 그것은 어쩌면 불변하는 것이고 사라지지 않는 간극이다. 기술의 향상은 가난한 나라의 문제를 해결하지 못했다. 이미 콜리니가 지적한 것처럼 문제는 기술적 진보가 아니라 정치적이고 경제적인 사고의 전환임이 분명해졌다. 이제 위기가 자본주의라는 제도에서 기인한다는 것은 분명하다. 이제야 인류는 더 이상 눈먼 채로 내달리지 말고 뒤를 돌아보아야 한다는 절실함을 깨달았다. 그리고 바로 그곳에, 스노가 폄하한 인문학, 그리고 그 존재를 충분히 인지하지 못했다고 인정한 사회과학과 인류학, 경제학과 같은 학문이 서 있다.

과학을 제도권 교육 안으로 밀어넣기 위한 투쟁이라는 시대적 요청 속에서, 헉슬리에겐 진정한 문제의식이 있었다. 헉슬리도 스노와 같은 기술결정론, 사회진화론의 단선적 사고방식을 보여주지만 비판을 받아야 하는 것은 스노다. 그는 헉슬리보다 70년 후의 시대를 살았다. 그는 양차 세계대전을 모두 겪었고, 히로시마에 핵폭탄이 떨어지는 것을 목격했으며 과학기술이 정치적으로 악용될 때 어떤 일이 생길 수 있는지를 뻔히 지켜보았다. 그의 문제의식은 존재하지 않는 무형의 것이었다. 과학기술이 인류를 무조건 진보로 내달리게 할 것이라는 기대는 스노와 같은 시대를 살았던 더 위대한 과학자들조차 거부하던 정신이었다. 당시의 과학자들은 양차 세계대전을 겪으면서 반성적 사고와 –스노의 낙관주의와는 정반대의– 비관주의에 빠져 있었고, 오히려 그들이 더욱 위대한 업적을 이뤘다. 버널과 니덤, 아인슈타인과 델브뤼크Max Ludwig Henning Delbrück는 진지하게 사회와 과학의 관계를 고민했다. 생물학자 모두가 우생학자라고 할 만큼 과학의 성취에 빠져 있었지만, 반드시 그런 것만은 아니었다.[29] 적어도 스노가 속해 있던 집단인 물리학자들은 원자폭탄이라는 원죄 속에서 고민하고 있었다.

나아가 그 거인들은 스노와 같은 얄팍한 홍보 전략을 사용하지 않고 직접 그 간극을 메우기 위해 뛰어들었다. 그들은 두 문화와 같은 어젠다agenda를 설정하지 않았기에 대중에게 깊이 각인될 수 없었다. 그것이 더더욱 스노를 인정할 수 없는 이유다. 기술관료로 반평생을 살았던 스노의 이 진부한 논의에서 진정으로 참기 힘든 것은, 사회를 바라보는 인문학적 통찰의 부족과 역사에 대한 무지다. 과학자로서 스노와 비슷한 시기를 살았던 거인들은 스노처럼 단순하게 사고하지 않았다. 그들은 더욱 치열했고 처절했으며, 그들에게 두 문화의 간극 같은 것은 보이지 않았다. 앞으로 그 거인들의 삶을 조명하게 될 것이다. 우선 역사에 대한 무지가 스노의 논의를 얼마나 허무하게 만드는지를 살펴볼 것이다. 스노가 있기 전에 이사야 벌린Isaiah Berlin이 있었다. 그는 스노와 동시대를 살았으며 역사 속에서 비슷한 문제를 발견했다. 그리고 여전히 학자들에게 진지하게 각인되어 있는 학문적 논의는 벌린의 것이다. 그곳엔 스노가 설 땅이 없다.

3장

과학의 분과 다양성: 낭만주의와 계몽주의는 대립하는가

이사야 벌린의 역사적 탐구, 그리고 사라지는 두 문화[1]

과학과 관념의 끝없는 상호작용: 있는 그대로의 역사

> 내가 다루려는 주제는 자연과학과 인문학의 관계에 관한 것이다. 더 자세하게 말하자면 그들 사이에 커져만 가는 긴장에 관한 것이고, 그 둘의 사이가 명백하게 거대한 결별을 맞게 되었던 시기에 관한 것이다. 그것은 '두 문화' 사이의 결별이 아니었다. 인류의 역사에는 많은 문화들이 존재했다. 그리고 그들의 다양함은 자연과학과 인문학의 차이와는 전혀 관계가 없다. **이사야 벌린**[2]

스노가 살았던 영국이라는 사회에서 단 한두 세대만 거슬러 올라가도 토머스 헉슬리 같은 르네상스맨이 과학과 인문학의 두 문화라는 구분 없이, 과학을 영국 대학의 학제 안으로 포함시키기 위해 노력하고 있었다. 토머스 헉슬리는 셰익스피어를 비롯해서 다양한 학문 분야의 교양을 지닌 지식인이었고, 스노처럼 강단 학자가 아니라 실천가에 가까운 사람이었다. 헉슬리가 활동하던 시기는 영국 사회에서 과학으로 무장한 지식인이 대학에서 기득권을 차지하고 있던 인문교양 지식인에 맞서 인정투쟁을 벌이던 시기였다. 헉슬리는 급진적인 과학자이자 교육운동가였고, 그의 말과 글은 거칠었다. 하지만 헉슬리가 스노와 다른 점은 그가 다양한 학문과 그 역사에 정통한 인물이었다는 점이다. 스노가 과학과 문학이 전문화되며 분화된 역사에 무지한 상태로 '두 문화'라는 강연을 시작했다면, 헉슬리는 과학 지식인의 영국 대학 내에서의 지위와 정체성을 인문 지식인 사회에 설득하기 위해 깊은 공부를 했다는 점에서 위대하다. 헉슬리는 대학의 지루한 전통을 부수기 위해, 전통을 충분히 이해했던 뛰어난 사상가였다.

16세기 르네상스 시기부터 유럽은 대부분의 근대학문이 탄생한 중심지였고, 특히 17세기 이후 서구의 지성사는 계몽주의와 낭만주의의 대결이라는 구도에 의해 진행된 갈등과 융합의 역사이기도 했다. 이렇게 두 사조의 대결로 이어지던 유럽의 지성사는 19세기 이후 근대과학의 폭발적인 성장으로 인해 전통적인 학문으로부터 다양한 분과학문의 전문화가 일어나는 일종의 캄브리아기 대폭발을 거쳐 현대에 이르게 되었다.[3] 이처럼 근대학문이 전문화되는 과정을 추동한 힘은 근대과학의 방법론적 발전으로부터 나왔다. "이러한 분과화는 과학적 학문이라 불리는 근대적 학문 체계를 가장 압축적으로 보여주는 것"이며, 당시 서구 사회로부터 이러한 과학적 학문의 전통을 그대로 흡수한 메이지유신 시기의 일본에서는 이를 '학과'라는 말로 표현했다. 바로 그러한 일본 지식인의 인식 아래에서 서양의 'Science'는 '여러 학문'이라는 의미를 지닌 '과학科學'이라는 조어로 번역되었던 것이다.[4]

19세기 근대학문의 전문화가 근대과학의 완성 때문이었다면, 17세기 뉴턴의 근대과학혁명이 일어난 이후부터 서구의 학문 지형은 이미 근대과학이 발견한 과학적 방법론 때문에 요동치고 있었다. 뉴턴 이후의 학문 생태계는 뉴턴 이전과 결코 같을 수 없었다. 프랑스의 계몽주의 철학자 볼테르는 열광적으로 뉴턴의 저작을 불어로 번역해 소개했고, 결국 오래된 프랑스의 데카르트주의자들은 뉴턴이라는 새로운 학문의 영향 때문에 쇠멸하고 말았다. 근대과학은 계몽주의의 배경이자 추동력이었다. 그리고 역사학자 이사야 벌린은 가장 치밀하고 치열하게 서구 학문의 지성사를 추적해낸 인물이다. 이사야 벌린은 관념사 및 사회사를 중심으로 스노가 나이브하게 지적한 두 문화의 역사적 전개 과정을 그리고 있다. 17세기 이후 서구의 지성사를 계몽주의와 낭만주의의 대결로 그리는 그의 관점이 아주 새로운 것은 아니다. 하지만 스노의 허술한 논의를 읽는 것보다는 벌린의 이야기를 따라 역사를 재조명하는 편이 나아 보인다. 다시 한번 말하지만 스노에게서 참을 수 없는 것은 역사에 대한 그의 철저한 무지이기 때문이다.

지성사엔 단절이 존재하지 않는다. 지성사에 단절과 같은 것이 존재한다면 서양철학은 고대 그리스로 자신들의 시원을 이끌어갈 근거를 잃는다. 만약 단절이 존재한다 해도 역사에 대한 세밀한 해부는 언제나 역사적 인물에겐 스승과 전통이 존재했다는 사실을 알려주곤 한다. 과학사에서 단절의 역사를 찾아낸 토머스 쿤Thomas Samuel Kuhn의 《과학혁명의 구조The Structure of Scientific Revolution》는 쿤의 강력한 반발에도 불구하고 과학을 과학자의 사회학으로 전환시켜 과학이 가지는 절대적 우위에 공격을 가했다는 평가를 받는 책이다.[5] 하지만 역설적으로 쿤의 주장을 받아들여 과학에 단절이 존재한다고 인정하게 되면 과학은 지성사에서 독특한 위치를 점유하게 된다. 과학의 모든 분과학문에 대한 통합적인 방법론이 존재하느냐는 문제는 이미 쿤을 넘어서 있다.[6] 하지만 17세기 뉴턴이 등장했던 시기의 사람들은 오늘날 우리처럼 생각할 수 없었다. 그들은 그들의 시대에 갇혀 있었다.

지성사를 추적했던 이사야 벌린이 발견한 두 문화

18세기 서유럽에는 계몽사조라는 새로운 사상적 조류가 일어나고 있었다. 계몽사조의 주역인 '계몽철학자'들은 인간의 사고 및 행동의 원리를 바꾸기 위하여 노력했다. 그들은 전통, 종교적 교리 및 권위 위에 세워진 낡은 사회질서와 제도를 더 이상 존중하지 않았으며, '신학과 신앙의 시대'는 사라지고 이성에 의한 법과 질서의 사회가 올 것이라고 믿었다. 그들에게 이성이란 자연과학적 방법을 의미하는 것이었으며, 이성의 법칙은 종종 자연의 법칙과 동일한 것으로 생각되었다. 또 그들은 아직도 과학혁명이 진행 중이고 자신들이 '위대한 혁명의 시기'를 완성할 것이라고 믿었다. 그들은 과학이 인간과 사회의 문제에도 적용되어 사회의 진보와 인간의 행복에 유익할 것이라는 믿음을 가지고 있었기 때문에, 과학에 많은 관심을 쏟았고 과학을 통하여 자연에 대한 지식 이상의 것을 얻으려 했던 것이다.[7]

벌린이 다루는 주제는 철학적 낭만주의의 뿌리를 찾는 작업이다. 낭만주의는 계몽주의에 대한 하나의 반발로 이해된다. 계몽주의의 뿌리에는 뉴턴이라는 인물이 있다. 뉴턴이라는 인물에 대한 과학사적 연구는 광학을 둘러싼 로버트 훅Robert Hooke과의 선취권 다툼부터[8] 화학 및 의학에까지 광범위하게 미친 그의 영향력에 이르기까지 이미 많은 것이 밝혀져 있다.[9] 하지만 부정할 수 없는 역사적 사실은 뉴턴이 데카르트에게서 이어져 내려오던 불완전한 자연철학의 연역적 방법과 베이컨으로부터 내려오던 실험을 통한 귀납적 방법을 하나로 종합했다는 점이다. 17세기, 정확히 말해 뉴턴으로부터 근대과학의 기원을 찾는 것은 우연이 아니다. 뉴턴의 시대에 이르러서야 갈릴레이와 데카르트의 정성적 설명 방식은 정량적 모델로 변화한다. 화이트헤드가 말하는 분류에서 측정으로의 변화, 질에서 양으로의 변화가 완성된 것이 바로 이 시대의 일이다.

뉴턴에서 계몽주의로 역사를 건너뛰는 것은 만족스러운 방법이 아니다. 하지만 벌린의 논의를 따라가기 위해 우선 그의 역사서술 방식을 따르기로 하자. 흔히 "계몽주의 철학의 기본 특성은 '진보'를 위해서 낡은 관습과 법을 부수고, 새로운 삶의 양식을 세우고자 전진적인 노력을 하면서도 언제나 철학의 근본 문제를 놓치지 않는 데 있다"[10]고 말한다. 칸트는 계몽을 "인간이 스스로 책임져야 할 미성숙으로부터 벗어나는 것"[11]이라고 말했다. "감히 알려고 하는" 것, "너 자신의 지성을 사용할 용기를 가지는" 것이 계몽주의의 완성자라고 불리는 칸트가 말한 계몽의 표어다. 뉴턴에서 칸트에 이르는 시기는 이성과 합리성이 지배하던 시대였고, 당시는 상당수의 지식인들이 '확실성 추구의 시대정신' 속에서 사고하던 시기였다.[12]

벌린에 따르면 17세기 말부터 18세기 초에 걸쳐 계몽주의는 이미 서구 전통의 일반 조건에 해당하는 합리주의에 수학과 자연과학의 숨결을 입혔다.

18세기의 사상은 17세기 동안에 수학적·물리학적 과학에 의하여 이루어진 자연과학적 발전에 의하여 크게 압도되었다. 그리고 사회현상을 이해하는 것과 인간 생활의 행위에 케플러, 갈릴레오, 데카르트, 뉴턴 등에 의하여 성공적이라고 증명된 바 있는 방법을 적용하는 것은 아주 자연스러운 추세였다.[13]

계몽주의는 답을 구하는 유일한 방식에 대한 전통적인 접근법을 거부했다. 즉, "대답을 발견하는 단 하나의 방법이 있다면 한편으로는 수학적 학문에서처럼 연역적으로, 다른 한편으로는 자연과학에서처럼 귀납적으로 이성을 올바르게 사용"[14]하는 것이다. 모든 계몽사상가는 뉴턴, 즉 자연과학의 승리에 도취되어 있었다. 그것은 자연과학이라는 지식 체계가 가진 특별한 '방법'이 매우 신뢰할 만하다는 신념으로 표현되었다. 볼테르는 "수학이라는 나침반과 경험이라는 횃불이 없다면, 우리는 단 한 발짝도 내디딜 수가 없다"[15]는 말로 그의 신념을 확인시켰다. 벌린에 따르면 계몽주의 운동의 조류가 한 개인에 의해 창조되었다면 그 사람은 볼테르다. 그는 이 운동의 창시자는 아니었다 하더라도 반세기 이상 이 운동의 가장 위대하고 신망 있는 주역이었다.[16]

19세기로 바뀌자 계몽주의에 대한 반격이 시작되었다. 그것은 독일의 토양에서 성장했지만 곧 모든 문명으로 확산되어 갔다. 독일은 30년전쟁으로 정신적·물질적으로 황폐해져 있었고, 자신들의 문화를 재창조하기 시작했던 것이다. 프랑스의 철학에서 부분적으로 영향을 받았지만, 나폴레옹전쟁의 상처는 독일인들의 자존심을 고양시켰다. 그리고 "나폴레옹의 패배 후 노도와 같은 민족 감정의 홍수로 발전한 강렬한 애국적 반동은 칸트 후계자들의 이른바 새로운 낭만주의 철학과 동일시되었다."[17] 즉, 벌린에 따르면 독일을 침공한 프랑스의 계몽주의에 대한 반발이 독일의 지식인 내부에서 낭만주의라는 사조로 나타나기 시작했다는 것이다. 만약 벌린의 역사적 추론이 맞다면 낭만주의가 독일에서 특히 융성했던 현상에 대한 훌륭한 설명이 될 수 있을 것이다.

독일을 침공한 프랑스에 대한 반발이 프랑스를 중심으로 융성하고 있던 계몽주의에 대한 반발로 나타났다고 해도, 지식인들의 감정적 반발은 반드시 논리적 완결성을 거쳐야 했을 것이다. 계몽주의에 대한 국가적이고 어쩌면 감정적인 대응은, 주로 계몽주의가 전제하고 있던 기계론에 대한 반발로 나타났다. 따라서 낭만주의자의 역사에 대한 관심, 인간과 자연의 능동적 행위에 대한 존중이 기계론을 기저에 깔고 있는 계몽주의를 공격하는 계기로 작동하게 되는 것이다.[18] 낭만주의자는 계몽주의의 시대가 비역사적인 시대였음을 내걸고 비판을 시작했다. 물론 이것은 사실이 아니다. 계몽주의 시대에 이르러 역사 연구에도 과학이 도입되기 시작했다. 낭만주의자가 계몽주의의 시대를 비역사적이라고 비판하는 이유는 역사에 대한 관심의 여부가 아니었을 것이다. 볼테르가 역사를 바라보는 관점은 과거를 사랑하기 때문이 아니라, 구체적 사료의 축적을 통해 인간의 당위에 관한 일반 명제를 세우는 데 있었다. 하지만 낭만주의자에게 과거는 사실일 뿐 아니라 이상이기도 하다.

19세기 독일의 낭만주의자들, 피히테Johann Gottlieb Fichte, 셸링Friedrich Wilhelm Joseph von Schelling, 슐레겔August Wilhelm von Schlegel은 예술을 철학의 완성이라고 여겼다. 그들의 관념론은 시적 상상을 통해 철학을

시화하고, 시를 철학화하는 것이 목표였다. 독일의 낭만주의자는 대부분 예술에 대한 관심이 지대했고, 어쩌면 그들에게 예술은 자연과학에 의해 난도질 당한 자연과 인간 그리고 사회를 구원할 수 있는 유일한 탈출구였다. 계몽주의와의 단절이라는 맥락을 제외하고 낭만주의가 예술의 사조로 이해되는 것은 우연이 아니다. 신화도 낭만주의자에게 중요한 주제 중 하나였다. 신화가 끝나는 곳에서 철학이 시작한다고 믿었던 계몽주의자와 달리, 낭만주의 사상에서 신화는 최고의 지적 관심의 주제이자 인류 문화의 주요 원인이며, 신화를 무시하는 철학은 천박한 것으로 취급되었다.[19]

계몽에서 낭만으로, 낭만에서 계몽으로: 낭만과 계몽의 복잡한 이중주

역사에 대한 낭만주의자들의 관심은 헤르더Johann Gottfried Herder와 헤겔의 형이상학적 역사주의로 나타났다. 헤겔은 과격한 경험주의자들이 자연과학에서의 성공적인 방법론을 다른 모든 경험의 분야에 적용하려는 시도에 저항했다. 그것은 신학의 독단주의보다도 위험한 것이었다. 심지어 헤겔은 물질 세계에서도 경험주의자의 방법론이 최선의 것이 아니라고 여겼다. 하지만 헤겔의 관심은 주로 역사에 있었다. 그리고 헤겔의 역사철학에 영감을 제공한 것은 역설적으로 뉴턴과 함께 역학을 정립한 라이프니츠Gottfried Wilhelm Leibniz의 형이상학이었다.

라이프니츠는 데카르트가 운동의 '양'과 '힘'을 동일시함으로써 중대한 오류를 저질렀다고 주장했다. 이 지점에서 데카르트의 운동학과 라이프니츠의 동력학이 갈라진다. 데카르트는 힘이라는 신비한 개념을 끝내 인정하지 않았고, 라이프니츠는 힘이라는 형이상학적 사유가 물질 현상을 설명하기 위해 필요하다고 생각했다. 라이프니츠의 동력학은 물체의 내재적 능동성을 인정한다는 점에서 뉴턴의 것과도 다르다. 물론 둘 모두 자연현상을 설명하기 위해 힘을 궁극적 항으로 둔다는 점에서 같다. 연금술의 영향을 받은 뉴턴도 물체에 내재하는 활성 원리를 믿었다. 하지만 뉴턴은 그 믿음이 계산과 실험으로 증명될 수 없는 한 힘이 물질에 내재한다는 형이상학적 가설은 잠정적으로 포기되어야 한다고 생각했다.[20]

라이프니츠는 대부분의 연구자와 스스로도 인정하는 것처럼 아리스토텔레스 철학의 전통을 역학에 되살렸다.[21] 즉, 물체의 본성은 크기, 모양, 운동만으로 구성되는 것이 아니라 영혼이라는 개념이 포함되어야 완전해지는 것이다. 형이상학자로서의 라이프니츠는 '실체 형상'이라는 개념을 끌어들여 물체의 본성을 설명하지만, 과학자로서의 그는 역학에 그 개념을 적용시킬 필요가 없다고 말한다. 하지만 형이상학자로서, 또 독일인으로서 라이프니츠는 헬몬트Jan Baptista van Helmont의 신비주의적 흔적을 계승한다. 그의 '모나드 이론'은 복잡한 형이상학적 주장이다. 하지만 적어도 라이프니츠는 물체를 근본적 힘에서 유래하는 능동적인 살아 있는 힘과 수동적인 저항의 힘의 결합체로 인식한다.[22]

헬몬트는 독일의 의사 슈탈Georg Ernst Stahl과 함께 뉴턴의 기계론을 반대하며 생기론生氣論의 극단에 가까운 물활론物活論을 주장한 인물이다. 그의 사변적이고 신비주의적인 형이상학은 독일 낭만주의 철학의 영향을 받은 것이다. 낭만주의적 자연철학자였던 헬몬트의 사상이 계몽주의자로 편입되는 라이프니츠의 형이상학에 영향을 주었다는 사실은 낭만주의자 헤겔에게 영향을 미친 라이프니츠의 경우와 정반대의 역사적 상호작용을 보여준다.

헤겔은 라이프니츠의 형이상학을 받아들였다. 그에게 라이프니츠가 말한 "우주는 독립적인 개별 물질의 복합으로 이루어져 있는 것이며, 개별 물질은 각기 그 물질 자체의 총체적 과거와 미래로 구성되어 있는 것"이라는 주장은 역사에 잘 적용될 수 있는 형이상학적 원칙으로 여겨졌다. 역사가 단순한 인과관계의 나락으로 떨어진다면 역사의 특성과 시대의 개별적 특성을 설명할 수 없다. 자연과학의 방법론은 예술작품에 나타난 본질과 목적을 설명하지 못한다. 왜냐하면 그 특성은 그 이전과 이후에 일어난 것들과 닮을 수는 있어도 전체로서 유일하기 때문이다. 과학의 일반원리에 대항한 헤겔의 구체성에 대한 탐색은 헤르더에게서 독일 민족의 전통적 민속과 고대 풍습에 대한 연구로 나타난다.[23] 아이러니하게도 근대과학의 창시자, 즉 계몽주의의 뿌리가 되는 라이프니츠가 정립한 형이상학이 낭만주의의 원천 중 하나가 된 것이다.[24]

벌린의 논의에서 나타나는 가장 역설적인 모습은 계몽주의의 완성자라고 알려진 칸트가 낭만주의의 뿌리를 제공했다는 사실이다. 벌린에 따르면 "칸트는 낭만주의를 혐오했다. 그는 모든 형태의 방종과 환상, 그가 허황된 생각이라고 부르던 것, 어떤 식으로든 과장된 것, 신비주의, 모호함과 혼란을 싫어했다. 그런데도 그는 낭만주의의 아버지 중 한 명으로 여겨지고 있으며, 바로 여기에 어떤 불가사의함이 있다."[25] 벌린이 칸트에게서 낭만주의의 뿌리를 찾는 작업은 칸트의 윤리학과 관련이 있다.[26] 벌린에 따르면 낭만주의자와 계몽주의자 모두

30년전쟁의 여파로 자신의 내부로 도피해 들어갔다.[27] 그곳에서 칸트가 주장한 인간의지의 내재적 자율성이 등장했다. 칸트는 계몽이라는 말을 인간 스스로가 자신의 삶을 결정하는 능력이며, 타인의 속박으로부터 해방되는 것이라고 생각했다. 그런 철학 속에서 인간의 모든 조건이 외부세계에 의해 결정된다는 자연과학의 결정론은 배척된다. 그리고 바로 그곳에서 뉴턴의 근대과학과 유클리드기하학을 철학적 기초로 삼으려 했던 계몽주의자 칸트가 낭만주의의 뿌리가 되는 것이다. 계몽은 낭만의 뿌리가 되고, 낭만은 계몽의 뿌리가 되었다.

화학자와 생물학자
– 낭만주의도 계몽주의도 아닌

근대과학으로부터 계몽주의가 탄생하는 과정과 그에 대한 반발로서 낭만주의의 뿌리를 다루는 벌린의 작업은 방대하고 세밀하다. 하지만 관념사의 관점에서 근대를 바라보는 것은 – 물론 벌린은 사회사에도 충분히 관심을 쏟고 있지만 – 과학의 역사가 지닌 풍부하고 다양한 모습을 놓치게 만들 수 있다. 이미 살펴보았듯이 데카르트와 뉴턴, 그리고 라이프니츠의 기계론은 모두 달랐다. 심지어 라이프니츠의 형이상학에는 낭만주의의 흔적이 남아 있었다.[28]

벌린은 계몽주의의 기획을 지나치게 단순하게 요약했다. 하지만 계몽주의의 내부는 그렇게 단순하게 구획될 수 있는 것이 아니다. 데카르트, 말브랑슈Nicolas Malebranche, 라이프니츠, 스피노자Baruch de Spinoza로 대표되는 17세기의 계몽주의자는 확실성 추구의 시대정신 속에서 사고했다. 그들의 최고 목표는 철학적 체계를 건설하는 일이었다. 그들 중에서 낭만주의자들이 공통의 적으로 생각했던 인물은 데카르트다. 왜냐하면 그는 절대적 확실성이라는 불가능한 목표를 추구했기 때문이다. 데카르트는 수학적 원리와 연역의 체계를 통해 확실성을 추구했다.[29]

하지만 18세기 계몽주의 철학에서는 이러한 연역의 증명 방식이 포기되었고, 자연과학의 방법을 토대로 철학적 방법의 해결책이 모색되었다. 즉, 18세기에 이르러 계몽주의가 보여준 철학적 방법의 모태는 데카르트에서 뉴턴으로 옮겨가고 있었다.[30] 수학에서 물리학으로의 변화, 공리와 이론의 절대적 도그마에서 경험과 관찰로의 이행이 17세기와 18세기 계몽주의를 구분하는 기준이 된다. 계몽주의의 합리성을 수용하면서도 낭만주의적 예술관을 수용하고 있는 카시러Ernst Cassirer는 낭만주의자가 계몽주의적 전제주의에 대항하여 개인과 민족의 차이에 주목하는 것에 대해 깊은 경외를 품었다. 카시러가 동경했던 특성이 낭만주의의 매력이기도 하다. 그리고 그런 뿌리는 현대에 이르기까지 인문주의자의 공통분모로 남아 있다.

뉴턴의 근대과학이 18세기 계몽주의라는 시대정신의 모태가 되었음은 분명하다.[31] 18세기의 계몽주의를 뉴턴이라는 인물로 환원할 때, 낭만주의라는 거센 반발의 뿌리가 명확해지는 것도 사실이다. 하지만 역사를 이렇게 단순화시킬 때 뉴턴식 과학을 거부한 또 다른 과학자들의 모습, 즉 생리학사와 의학사, 화학사는 역사적 공간에서 자리를 잃고, 우리는 그 학문에 속했던 학자들을 역사 속에 밀어넣을 수 없게 된다. 분명 로크라는 사회과학의 아버지를 비롯해서 정치, 경제, 종교 등 여러 분야에 걸쳐 뉴턴의 성공은 광범위한 영향력을 행사했다(더 자세한 내용은 4장에서 다룬다). 뉴턴의 역학은 손쉽게 사회현상으로 확대되었고, 그것이 계몽주의라는 사조로 나타났다. 하지만 화학의 역사는 이러한 해석에 반대한다.

화학자들은 왜 뉴턴의 영향력에서 다른 분야보다 자유로울 수 있었을까. 그 원인에 대한 정답은 존재하지 않는다. 하지만 타당한 가설은 제시할 수 있다. 분명 뉴턴의 영향에 의해 화학 분야에는 파라셀수스 Philippus Paracelsus의 신비주의적 연금술이 자취를 감추고 원자론 혹은 입자론이 득세하게 되지만, 18세기의 화학자가 실제로 다루어야만 했던 대상은 원자나 입자가 아닌 복합물이었다.[32] 따라서 프리스틀리, 라부아지에Antoine-Laurent de Lavoisier를 거쳐 돌턴John Dalton을 향해 화학이 성립하는 과정 속에는 원소에 대한 화학자의 관심이 끊임없이 나타나게 되는 것이다.[33] 나아가 실제로 화학의 선구자들의 마음을 사로잡고 있는 관심사는 단순한 화학반응이 아니라, 호흡, 영양, 배설과 같은 생리학적 기제였다.[34] 결국 뉴턴의 영향을 받은 원자론과 입자적 기제는 처음부터 화학자의 관심을 끌지 못했다. 왜냐하면 화학자의 관심사는 화학반응을 하나의 법칙으로 설명하는 것이 아니었기 때문이다. 물론 화학자 중에서도 뉴턴의 전통을 따른 이들이 있었지만, 그들의 화학은 완전히 다른 방향에서 성공을 거두고 근대화학의 길에 들어서게 된다.[35]

뉴턴의 영향력이 자연과학 외부에서 지대한 영향력을 행사하고 있던 시기에도, 대부분의 생물학자는 뉴턴의 영향력 범위 바깥에서 활동하고 있었다. 그들은 분명 뉴턴주의적 근대과학의 위력에 대해 누구보다 잘 알고 있었지만, 생물학이 독자적으로 걸어온 전통 속에는 뉴턴주의가 쉽게 장악할 수 없는 독특한 측면이 존재하고 있었다. 그 이유 중 하나가 아리스토텔레스의 영향력이었다. 분명히 뉴턴의 기계론은 아리스토텔레스의 운동학을 거부하면서 성립되었고, 뉴턴이 아리스토텔레스적 과학을 거부한 덕분에 고전역학은 근대학문의 길로 들어설 수 있었다. 18세기까지도 생물학은 독립적인 학문의 분과로 자리 잡지 못하고 있었지만, 근대과학으로서 생물학의 모습은 서서히 형성되고 있었다. 하지만 뉴턴 이후에도 아리스토텔레스적 생물학은 여전히 큰 위력을 발휘하고 있었다.

예를 들어, 데카르트는 동물의 발생을 정자와 난자 사이의 화학작용으로 간주하고, 동물-기계론을 주장했다. 그는 자신의 운동학을 확장시켜 심지어 발생학의 후생설後生說을 주장하기도 했다. 데카르트는 뉴턴주의와 비슷한 기계론의 입장에서 생물학에 접근했고, 그의 생물학은 당시 대부분의 생물학자의 생각과는 판이하게 달랐다. 결국 심장의 혈액순환설을 둘러싸고 데카르트와 하비William Harvey는 심각한 논쟁을 벌이게 된다. 그리고 논쟁의 승자는 데카트르가 아닌 하비로 결정된다. 하지만 우리가 더욱 중요하게 생각해야 할 문제는, 데카르트와 하비의 논쟁 구도 속에 아리스토텔레스적 생물학과 기계론, 생기론이 복잡하게 얽혀 나타난다는 점이다. 즉, 뉴턴과 데카르트 시대의 생물학은 기계론으로도 생기론으로도 설명하기 힘든 독특한 특성을 지니고 있었다. 따라서 당시의 생물학을 어느 하나의 관점으로 바라보는 것은 역사를 지나치게 단순하게 구획 짓는 일이 될 것이다.[36] 나아가 18세기 대부분의 생리학자는 데카르트의 동물-기계 생리학을 받아들이면서도 후성설後成說을 거부하고 전성설前成說을 주장했다. 그리고 생명 현상에 데카르트와 뉴턴의 기계론으로는 설명할 수 없는 특수성이 존재한다는 당시 생리학자의 신념은 18세기의 유물론자인 라마르크Jean Baptiste Lamarck에게 이어진다.

라마르크는 근대적 의미의 생물학을 처음으로 완성했다고 알려진 인물이다. 그의 책 《동물 철학Philosophie Zoologique ou exposition des considérations relatives à l'histoire naturelle des animaux》이 우리에겐 획득형질의 유전이라는 오명으로만 알려져 있지만 라마르크는 그 이론으로만 알려질 만큼 실패한 생물학자가 아니었다. 획득형질의 유전은 라마르크가 그의 책의 극히 일부에서 주장한 가설일 뿐이었고, 오히려 라마르크는 이 책을 통해 생물학이 추구하는 목표와 방향을 명확히 정리하려고 했다. 그는 이렇게 말한다.

> 생물학은 지상계 물리학의 세 가지 분야 중 하나이다. 생물학은 살아 있는 물체와 특히 그 조직화에 관계된 것들을 포함하고, 그들의 발생학적 과정과 지속적인 생기의 움직임으로부터 야기되는 구조적 복잡성 및 특별한 기관을 만들어내는 경향, 중심에 초점을 맞춤으로서 생명체를 주변으로부터 격리시키는 것들을 다루는 학문이다.[37]

라마르크는 현대적 의미의 생물학을 처음으로 제시하고 그 방향을 제시한 인물이다. 그렇기 때문에 라마르크는 계몽주의의 유행 속에 프랑스에 들어왔던 기계론을 어떤 방식으로든 받아들일 수밖에 없었다. 근대과학의 모범은 뉴턴식 기계론이었고, 생물학이 근대적 학문으로 거듭나기 위해서 필요한 건 바로 뉴턴이라는 생각을 할 수밖에 없기 때문이다. 라마르크는 분명 당시 유행하던 생물학의 생기론에 영향을 받은 인물이었다. 하지만 라마르크는 기본적으로 생명체든 무기체든 모두 동일한 물리적 법칙에 의해 설명될 수 있다고 결론 내린다. 그럼에도 라마르크가 데카르트와 뉴턴식의 기계론을 그대로 받아들인 건 아니다.[38] 그는 물리화학의 전통 속에서 라플라스Pierre Simon Laplace와 라부아지에에게 승리를 가져다준 방법론을 채택했다. 이를 위해 우선 라마르크는 《동물 철학》을[39] 통해 무생물과 생물을 구분할 수 있는 근거를 마련한다. 그것이 바로 '조직화'의 원리다.[40] 그는 생명체와 무기체가 모두 똑같은 물질로 구성되어 있지만, 생명현상은 일정한 방향으로 '사물의 질서'를 통제하는 조직화의 능력을 지니고 있다고 말한다. 그런 의미에서 라마르크는 분명 생기론자들처럼 일종의 생명에 특수한 힘을 언급하고 있는 셈이다. 하지만 그의 '생명력'은 생기론자가 말하는 것과는 전혀 다른 종류였다. 그는 물리적 법칙이라는 제한 조건 내에서만 생명력을 말하고 있기 때문이다.

라마르크는 이처럼 생기론의 전통을 흡수하면서도 생명현상 역시 물리법칙에 의해 설명될 수 있다고 주장함으로써 19세기 말 완성되는 생물학의 기초를 세웠다.[41] 데카르트에서 뉴턴으로 이어지는 기계론적 세계관에 대한 라마르크의 특수한 반응은 실험의학의 기초를 세운 클로드 베르나르Claude Bernard에게서도 그대로 나타난다. 베르나르 역시 계몽의 시대정신 속에 있었지만, 라마르크처럼 생물학의 고유성을 포기하지 않았다. 라마르크가 조직화를 내세웠다면 베르나르는 '항상성'을 내세웠다. 그는 철학과 역사학을 배격했지만 그것은 역으로 철학과 역사학을 이해하고 있었기에 가능한 작업이었다.[42]

앞에서 잠시 언급되었지만 18세기를 장식했던 생기론자들 또한 계몽주의와 낭만주의 어느 한편으로 나누기 힘든 전통에 서 있다. 비록 20세기로 접어들면서 생기론은 흔적도 없이 사라지게 되지만, 생기론의 전통은 생물학의 고유성을 지키면서 기계론적 생물학과 합류하고 결국 유기체적 생물학을 완성시키는 데 일조했다.[43] 나아가 낭만주의가 번성했던 바로 그 독일에서 생물학은 기초를 닦았고 번성했다.[44] 이를 낭만주의 과학으로 부르는 것은 과학의 역사성과 분과 다양성을 무시하는 것이지만, 생물학의 전개 과정은 낭만주의와 계몽주의의 틀로 포섭될 수 없는 독특한 전통의 한 단면을 보여주는 단적인 예가 된다.[45] 이사야 벌린이 오랜 시간 추적했던 낭만주의의 뿌리 속에도, 물리학의 영향력 속에서 새로운 분과학문으로 자라난 화학과 생물학의 역사 속에서도, 스노가 말한 두 문화의 구분은 보이지 않는다. 오히려 서로 다른 사상의 충돌과 갈등 속에서도, 적을 알기 위해 끊임없이 노력한 르네상스인의 모습을 더욱 많이 만나게 될 뿐이다.

4장

계몽의 갈등: 물리학과 화학은 동일한 과학인가

화학을 둘러싼 프랑스 계몽주의 사상가들의 갈등[1]

신학자 뉴턴과 볼테르의 과학자 뉴턴, 그 복잡한 상호작용에 대하여

나는, 어떤 점에서도 데카르트의 철학과 뉴턴의 철학을 진정하게 비교할 수는 없다고 생각한다. 전자의 철학은 시론試論이며, 후자의 것은 걸작이다. 그러나 우리를 진리의 길로 이끌어준 사람은 아마도 이러한 길을 오래전부터 걸어왔던 사람일 것이다.

데카르트는 장님들에게 눈을 뜨게 해주었다. 눈뜬 그들은 고대인의 과오와 그들 시대의 잘못을 발견할 수 있게 되었다. 그가 개척해낸 길은 그의 사후에 넓고도 광활하게 변모했다. 자크 로(1629~1672)의 작은 저서가 얼마 동안은 완벽한 물리학이었다. 오늘날 유럽 학술원들의 모든 학문적 집적集積은 체계적 이론 하나 제대로 착수하지도 못하고 있다. 그런데 데카르트는 그와 오늘날 사이의 간극을 넓게 벌려놓음으로써 스스로 무한한 자리를 차지하고 있다. 그런 까닭에 이제 뉴턴이 어떤 간극을 벌려놓았는지를 살펴보아야겠다. **볼테르,**

「데카르트와 뉴턴에 대하여」 중에서[2]

많은 사람이 프랑스 계몽기를 '철학자의 세기'라고 부른다.[3] 프랑스혁명의 근간이 된 계몽사상의 배후엔 영국의 위대한 두 지적 거인, 뉴턴과 로크가 자리 잡고 있다. 흔히 18세기 프랑스 계몽주의 사상에 큰 영향을 미친 두 축으로 뉴턴의 자연과학 혹은 고전역학과 로크의 형이상학 혹은 정치사상이 꼽히는데, 이는 바로 이 두 영국 사상가를 본인의 지적 영웅으로 삼고, 이들을 프랑스에 소개한 '통역자'의 역할을 자처한 볼테르Voltaire 때문이라고 봐도 과언은 아닐 것이다.[4] 프랑스에서 태어나 잠시 영국에 체류하며 뉴턴의 장례식에도 참여하기도 했던 볼테르는, 태양왕 루이14세로 대변되는 프랑스의 전횡적 군주제와 독단적인 가톨릭 교단의 횡포에 맞서는 사상적 지원군을 영국에서 찾게 된다. 그리고 바로 그 두 사상가가 뉴턴과 로크였던 셈이다. 볼테르는 종종 영국을 '대담한 철학자들의 나라'라고 불렀다. 프랑스에 자유주의적 사상을 불어넣기 위해서 볼테르에게 필요했던 것은 바로 이 두 영국 신사의 급진적이고 대담한 생각이었기 때문이다. 바로 그 뉴턴과 로크 사상의 배후에 근대과학이 자리 잡고 있다.[5]

볼테르를 유명하게 만든 책 중 하나인 《철학서한Lettres philosophiques sur les Anglais》을 통해 프랑스에서 모든 생각의 판단 준거로 여겨지던 독단이 볼테르가 직접 관찰하고 경험한 영국의 현실을 통해 파괴된다. 그런 파괴적 혁신의 핵심엔, 모든 논의의 중심에 '신'을 놓았던 프랑스 사상가들에 대한 볼테르의 적의가 숨어 있다. 영국 사회에서 벌어지고 있던 여러 정치사회적 변화를 경험한 볼테르는, 그런 자유의 배후에 이성의 힘이 존재하고 있음을 깨달았고, 그 이성의 힘을 추동하는 원동력은 바로 근대과학임을 믿어 의심치 않았다. 볼테르의 《철학서한》이 철학서라 불리기엔 논증의 구조와 무게가 덜하다는 비판이 있지만, 철학자가 아니라 '필로조프philosophes', 즉 현재적 의미의 자유사상가[6]라 불리길 주저하지 않았던 볼테르의 입장에서 그 책의 목표는 완성된 철학적 체계의 구축이 아닌, 중세에 머물러 있는 프랑스 사회를 진보시키는 데 있었기 때문에 아무런 문제가 되지 않는다. 볼테르는 영국의 지성을 사용하여 프랑스의 고루한 전통과 그 전통의 기반이 되는 사상을 박살내려 했다.

볼테르는 그의 수필 「데카르트와 뉴턴에 대하여」에서 영국과 프랑스를 대표하는 두 지적 거인에 대해 이렇게 간단하게 묘사하는데, 이는 18세기 유럽에서 이 두 사람이 어떤 위치를 차지하고 있었는지 잘 알게 해주는 문장이다.

> 런던에서 데카르트를 아는 사람은 아주 극소수에 불과하다. 그의 작품은 실제에 무용하게 된 것이다. 또한 뉴턴을 읽는 사람도 역시 극소수일 뿐이다. 그를 읽고 이해하기란 대단한 지식의 무장이 필요하기 때문이다. 그러나 모든 사람이 이 두 사람에 대해서 이야기한다.[7]

뉴턴이 등장하기 전까지 유럽 지성사에서 데카르트의 영향력은 절대적이었다. 그의 《방법서설Discours de la méthode》은 유럽의 혼란한 정치적 상황에서 당대의 지식인에게 돌파구를 제공했고, 절대적 진리를 찾으려는 그의 시도는 확실성 추구의 시대정신을[8] 대표한다.[9] 하지만 절대적 진리를 찾으려던 그의 노력은 심신이원론처럼 경험에 근거하지 않은 독단적 이론으로 귀결되었고, 볼테르가 살던 프랑스에서 데카르트의 이론은 일종의 도그마처럼 여겨지고 있었다. 앞에서 설명했듯이, 독단의 시대를 깨고 계몽주의가 시작될 수 있었던 배후에는 영국적 기원이 존재한다. 뉴턴이 1687년 출판한 《자연철학의 수학적 원리Philosophiæ Naturalis Principia Mathematica》(이후 《원리》)는 가설이나 독단을 사용하지 않고 이론적이면서도 실험적인 방법의 추구를 통해 자연의 원리를 알아낼 수 있음을 보여주었고, 뉴턴의 고전역학은 유럽 지성사 전체에 엄청난 파장을 불러일으켰다. 바로 그 뉴턴의 승리, 즉 실험과학과 이론과학을 결합해 지금도 과학자가 과학적 방법론의 기본으로 사용하는 지침서를 만들었던 17세기를 근대과학의 성립이라고 부른다.

볼테르를 비롯한 계몽주의자들은 바로 이런 뉴턴의 지적 승리를 경험한 세대였고, 뉴턴이 고전역학에서 이룬 성공을 인간과 사회에도 적용할 수 있으리라고 생각한 사상가들이었다. 뉴턴의 과학적 방법론은 인간의 이성에 대한 신뢰를 바탕으로 사회의 진보를 이끌 수 있는 무기가 되었고, 볼테르가 뉴턴을 전파한 프랑스에서 그 사상은 여러 학자에게 다양한 방식의 영향력을 발휘했다. 우리가 흔히 18세기 프랑스의 계몽사상가라고 배웠던 볼테르(1694~1778), 루소(1712~1778), 또한 백과전서파의 디드로Denis Diderot(1713~1784)와 달랑베르Jean-Baptiste Le Rond d'Alembert(1717~1783) 등이다.

볼테르를 비롯한 18세기 프랑스의 계몽사상가는 대부분 독단적인 종교와 형이상학 모두에 반기를 든 자유사상가였다.[10] 따라서 볼테르처럼 자연과 이성으로 신을 대체하려던 이신론자에게 뉴턴의 《원리》는 계몽을 위한 좋은 무기로 보였다. 하지만 아이러니하게도 볼테르가 프랑스에 수입했던 뉴턴 자신은 독실한 기독교인이었을 뿐 아니라 신학에도 관심이 컸던 과학자였다. 예를 들어 뉴턴의 《원리》 2판의 서문을 쓴 수학자 로저 코츠Roger Cotes는 이렇게 썼다.

> 우리가 주위의 현상이나 운동에서 관찰할 수 있는 것처럼 이 세계는 신의 완전한 자유의지에 의해서 유지되고 지배된다. 바로 이 신으로부터 우리가 자연법칙이라고 부르는 것들이 흘러나오는데, 그것들은 적절한 도구일 뿐 필연적인 것은 아니다. 따라서 우리는 불확실한 추측이 아니라 관찰과 실험을 통해서 그러한 법칙들을 추구해야 한다.[11]

코츠는 서문에서 뉴턴이 이 책을 통해 의도했던 것, 즉 신의 섭리성을 강조하고 있다. 실제로 알려진 바에 따르면 뉴턴이 남긴 기록 중에서 과학과 수학에 대한 글보다 신학과 종교에 대한 글이 더 많다. 그리고 뉴턴은 과학이나 신학과 비슷한 정도로 연금술에 관심이 많은 마지막 연금술사이기도 했다. 그럼에도 뉴턴이 개인적으로 신을 믿었다는 사실은 이 책을 받아들인 볼테르와 프랑스 계몽사상가들에겐 아무런 제약이 되지 않는다. 왜냐하면 뉴턴의 승리가 실제로 그들에게 미친 영향력은 이 책의 핵심적인 내용, 즉 뉴턴이 고전역학의 원리를 확립할 수 있었던 과학적 방법론에 있기 때문이다. 뉴턴은 《원리》의 서문에 이렇게 썼다.

> 나는 기술이 아니라 철학을, 인공적인 힘이 아니라 자연의 힘을 설명하고자 한다. 즉, 낙하시키는 힘과 부상하게 만드는 힘, 탄성력, 유체의 저항, 그 밖에 다른 형태의 끌어당기거나 밀치는 힘들이 주요 연구 대상이다. 따라서 나는 이 책이 철학의 수학적 원리에 관한 것이라고 생각

한다. 왜냐하면 철학의 모든 문제가 바로 이러한 힘에 관한 것이기 때문이다. 다시 말하자면, 운동현상으로부터 자연의 여러 가지 힘을 연구하고, 이렇게 해서 알게 된 힘으로부터 다른 자연현상을 설명하자는 것이다.[12]

뉴턴의 《원리》를 소개하는 논문에서 과학사가 김동원은 이 구절을 다음과 같이 해석한다.

> 여기서 뉴턴은 그의 새로운 과학(또는 철학) 방법 – 현상으로부터 수학적 법칙을 유도해서 그것을 다시 다른 자연 현상에 적용하는 방법 – 을 분명하게 제시하고 있다. 이 방법은 뉴턴이 항상 의식적으로 배격하고 있었던 데카르트식의 방법과는 달리, 순전히 이성에만 의존한 것이 아니라 관찰과 실험의 역할에 많은 여지를 남기고 있었다. 그리고 바로 이러한 이성과 경험 간의 균형이 당대뿐만 아니라 후대의 과학자와 철학자 들로 하여금 뉴턴의 방법론을 칭송하고 따르게 했던 주요한 원인이었다.[13]

볼테르는 샤틀레 후작부인Emilie du Chatelet의 도움으로 뉴턴의 저작을 프랑스에 번역하는 데 성공했고,[14] 바로 이 작업을 통해 프랑스에서 큰 영향력을 갖게 된다. 하지만 볼테르가 뉴턴의 사상으로만 프랑스를 개혁하려고 했던 건 아니다. 그에게 뉴턴은 과학적 방법론이라는 무기를 제공해준 인물로 기능하고 있었고, 바로 뉴턴이 볼테르에게 남긴 핵심적인 영향력 또한 과학적 방법론이었다고 해도 과언은 아닐 것이다. 실제로 앞으로 살펴볼 다양한 프랑스 계몽사상가의 과학에 대한 태도 중에서 볼테르야말로 가장 현대적인 의미의 과학적 태도를 지니고 있었다는 점이 자연스럽게 드러날 텐데, 이는 볼테르가 뉴턴을 받아들인 방식이 결과주의적 과학이 아니라 '과정으로서의 과학'이었기 때문에 가능했던 것이다.[15] 볼테르는 평생 동안 완성된 체계나 궁극적 원리에 집착하지 않고 일관된 태도를 유지했다. 그는 "과학은 완벽한 체계를 세우지 않는다"고 말했고, "과학의 주장은 언제나 잠정적이며 개연성에 그 기초를 두고 변경될 수 있음을 인정"해야 한다고 주장했다. 볼테르에게 뉴턴은 가설이나 독단 없이, 합리적이고 경험적이며 실험적인 방법만으로 진실을 밝혀낼 수 있다는 태도의 기반이었다. 볼테르는 자연과학의 주제뿐 아니라, 대부분의 학문 분야에 관심을 보였지만, 그의 일생을 관통하는 학문적 태도는 바로 뉴턴의《원리》에서 도출된 과학적 방법론이었다.[16]

하지만 볼테르의 주된 관심사는 우주나 자연보다는 인간과 사회였다. 그리고 바로 그 이유를 놓고 생각해보면, 도대체 왜 볼테르가 뉴턴의 저작을 프랑스에 소개하기에 앞서《철학서한》을 통해 베이컨과 로크를 앞세우는지 가늠해볼 수 있다. 베이컨의 경험주의적 태도를 통해 신성시된 종교를 비판하고 지적 허영에 빠진 프랑스 지성을 조롱한 볼테르는, 로크를 소개하면서는 더욱 과감하게 이들을 공격하기 시작한다. 그리스철학자에서 데카르트와 말브랑슈에 이르기까지, 영혼이라는 개념에 대한 '소설'을 쓴 철학자를 실컷 소개한 후에 볼테르가 소환하는 철학자는 바로 존 로크다. 그는 이렇게 말한다.

> 그토록 많은 추론가가 영혼에 관한 소설을 쓰고 나니까, 영혼에 관한 이야기를 신중하게 한 현자가 나타났다. 로크는 훌륭한 해부학자가 인

체의 추동력을 설명하는 것처럼 인간에게 인간의 이성을 자세히 설명했다. 그는 어디서나 자연학의 빛(지식)의 도움을 받았고, 때로는 감히 단정적으로 말하기도 하지만 의심을 감행하기도 한다. 우리가 알지 못하는 것을 불쑥 규정하는 대신 우리가 알고자 하는 것을 단계적으로 점검한다.[17]

썩어빠진 프랑스 사회를 혁명하고 싶어했던 볼테르에게 뉴턴은 투쟁의 무기를 제공했고, 로크는 사상의 기반을 제공했다. 특히 법과 사회제도에 관심이 많았던 로크의 저작은 볼테르가 자주 인용하면서 계몽주의 사상을 확립하는 데 더욱 결정적인 영향을 미쳤다.[18]

볼테르의 화학에 대한 적대감, 그리고 전투적 화학자 돌바크

우리 데카르트주의자들의 나라에서 삼라만상은 사람들이 거의 이해하지 못하는 충돌에 의해 일어나는 데 반해, 뉴턴의 나라에서는 이 또한 그 원인을 알 수 없는 인력을 통해 일어난다. 파리에서 당신은 지구를 수박 같은 모양으로 상상하는 데 반해, 런던에서 사람들은 지구의 두 극이 평평한 모양이라고 이해한다. 데카르트주의자에게 빛은 대기 중에 존재하고, 뉴턴주의자에게 빛은 6분 30초 만에 태양으로부터 지구에 도달한다. 당신들의 화학은 온갖 종류의 산, 알칼리 그리고 미세입자로 모든 실험을 수행한다. 인력은 영국의 화학까지 지배하고 있다.[19]

볼테르는 1743년 출판된《철학서한》에서 당시 신생 학문이면서 활발하게 발전하고 있던 화학을 부정적으로 기술한다. 그는《철학서한》에 실린 이 글에서 데카르트의 '소용돌이 이론'이라는 황당한 주장을 비판하는 동시에, 당대의 화학자들이 연구하던 산과 알칼리염 등에 대한 구분을 끼워 비판하고 있다. 볼테르가 살던 18세기 중반은 화학이 막 근대과학으로 발전하던 시기였고, 연금술과 화학이 공존하고 있었지만 다양한 실험도구를 통해 영국의 로버트 보일Robert Boyle 같은 화학자의 기체화학 연구는 이미 확립된 분야이기도 했다. 프랑스에서 가장 영국통이었던 볼테르가 이런 사실을 모를 리 없었을 것이다. 화학이 볼테르가 증오하던 데카르트의 이론과 동류로 취급된 배경에는 볼테르 자신이 충실히 따르려고 노력했던 '과정으로서의 과학'이라는 과학적 방법론의 원리와, 볼테르라는 위대한 사상가조차 비껴갈 수 없었던 지식인의 인간적 측면이 녹아 있다.

볼테르는 필로조프로 다방면에 관심을 가진 인물이었다. 우리에겐 문학작품이나 그의 정치콩트 등으로만 유명하지만, 실제로 화학자 부르하버Herman Boerhaave의 실험실에 체류하며 불의 질량을 측정하려고 노력한 아마추어 화학자이기도 했다. 당시 자연과학 분야의 가장 중요한 질문은 불의 질량에 대한 것이었고, 볼테르는 사비를 털어 실험기구까지 구입해가며 이 문제를 풀기 위해 노력했다. 하지만 자신이 잠시 머물렀던 부르하버의 실험 결과와 자신이 수행한 실험 결과가 계속해서 다르게 나온다는 걸 알게 된 이후, 볼테르는 자신의 실험 결과와 일치하는 결과를 낸 화학자 레므리Nicolas Lemery의 편을 들며, 불에는 질량이 있다고 주장하기 시작했다. 볼테르가 불에 질량이 존재한다고 주장한 이유는, 불이 자연계의 원소인 한에서 반드시 뉴턴 만

유인력의 법칙을 따라야 하므로 반드시 질량이 있다고 생각했기 때문이다.[20]

볼테르가 독실한 뉴턴주의자라는 사실이 그의 이런 주장에 영향을 미쳤음은 분명하다. 게다가 볼테르에겐 직접 수행한 실험 결과도 있었기 때문이다. 하지만 당시 뉴턴의 고전역학적 방법론에 심취해 있던 프랑스 계몽주의 사상가 대부분은 언뜻 보기엔 복잡하고 원리가 잘 설명되지 않는 것처럼 보이는 화학을 무시하고 있었다. 이런 무시는 왕립 과학아카데미의 종신서기였던 퐁트넬Bernard Le Bovier de Fontenelle이 화학에 대해 쓴 다음 글을 보면 확실히 드러난다.

> 화학은 가시적인 조작을 통해 물체를 염이나 황 등의 뚜렷한 원原성분으로 분해한다. 그러나 물리학은 섬세한 사변을 통해 화학이 물체에 대해 작용하는 것처럼 이 성분 자체를 대상으로 삼는다. (중략) 화학의 정신은, 여러 성분이 서로 섞여 있는 혼합물을 닮아서 좀 더 혼란스럽고 보다 복잡하게 얽혀 있다. 물리학의 정신은 보다 간결하고 보다 명료하며 경쾌한 데가 있어서 제일원인으로 거슬러 올라가나, 화학의 정신은 궁극적인 탐구에 이르지 못한다.[21]

볼테르는 여기서 한 걸음 더 나아간다. 그는 자신이 직접 실험하고 확인한 불의 질량 문제를 다루는 화학 전체에 불만을 표출하는데, 심지어 그 문제를 '화학의 원죄'라고까지 표현한다. 볼테르가 말하는 화학의 원죄란 "너무 많이 알려고 하는 앎의 욕망에 있다."[22] 자연을 근본에서 아는 일은 중요하지만, 그렇기 위해서는 반드시 "정연하고 신중하게 실행되어야" 하는데, 뉴턴의 물리학은 그렇게 수행되었지만,

화학은 그렇지 않다는 것이다. 바로 이 지점에서 근대과학의 성과를 과학적 방법론의 출현이라는 측면에서 최초로 인식한 사상가 볼테르는 무너진다. 볼테르는 이성을 통해 종교와 형이상학의 독단을 제거하려고 했고, 이 목표를 위해 근대과학의 성취가 필요하다는 사실을 포착한 뛰어난 시대정신의 소유자이자 과학의 성취가 잠정적인 것이라는 점까지 인지한 지성이었다. 하지만 그런 볼테르에게 뉴턴은 지나치게 거대한 지적 성취의 산물이었을지 모른다. 뉴턴의 권위는 볼테르가 프랑스 사회를 개혁하는 데 분명히 도움을 주었지만, 반대로 뉴턴이라는 제약은 볼테르에게 새롭게 탄생하고 있던 화학이라는 학문을 무시하게 만드는 눈가리개로 작용했던 것이다.

볼테르와 동시대를 살면서도 뉴턴주의가 아니라 화학으로부터 사회 개혁의 기반을 찾으려 했던 계몽사상가들이 있다. 우리는 이름이 아니라 '백과전서파'라는 학파로만 그들을 기억한다. 인터넷이 발달한 요즘에는 백과사전이란 그다지 의미 없는 지식 전달의 수단이 되었다. 《브리태니커 백과사전》의 권위를 위키백과가 넘어선 지 오래되었고, 이젠 누구나 위키백과를 통해 백과사전 편찬에 참여할 수 있는 시대가 되었다. 하지만 1746년 드니 디드로가 계약서에 서명을 하고 1772년 마지막 도판본이 출판되는 25년 동안, 당대 최고의 계몽사상가 140여 명이 총동원된 《백과전서Encyclopédie, ou dictionnaire raisonné des sciences, des arts et des métiers》 편찬은, 지식을 통해 좁게는 프랑스에서 넓게는 세계 전체를 변화시키려는 당대 지식인의 열망이 담긴 엄청난 작업이었다. 《백과전서》는 본권 17권, 도판본 11권으로 구성되어 있고, 무려 71,818개의 항목을 담고 있으며, 18,000쪽에 이를 정도로 방대하다. 《백과전서》는 4,500여 질이 선예약되었고, 총 25,000여 질이

유럽 전체에 팔려 나갔다.[23] 《백과전서》가 프랑스의 개혁과 이후 벌어질 프랑스혁명의 인식적 기원이 되었다는 점은 두말할 나위가 없을 것이다.

바로 이 《백과전서》를 기획하고 지속적으로 편찬했던 주요 인물이 돌바크Paul Henri Dietrich d'Holbach, 디드로, 달랑베르 등이었다. 이 중 돌바크와 디드로는 열렬한 유물론자였고, 실제로 《백과전서》 편찬을 주도했던 단짝으로 알려져 있다. 특히 폴 앙리 디트리히 돌바크 남작은 독일의 부유한 상인 집안에서 태어나 프랑스로 귀화한 인물로, 자신의 집에 살롱을 열어 당시 계몽주의 사상가의 토론장이자 사교장 역할을 한 것으로 유명하다. 돌바크는 《백과전서》 2권의 서문을 썼으며, 훗날 《자연의 체계Système de la Nature ou Des Loix du Monde Physique et du Monde Moral》를 출판해 자신의 사상을 알렸는데, 이 저술을 통해 화학에 대한 그의 지대한 관심을 엿볼 수 있다. 또한 디드로는 수학자였던 달랑베르와는 달리 경험과 실험을 더욱 중시하는 실험과학자의 태도를 《백과전서》에 투영한 실질적인 백과전서파의 주도자로, 생물학과 화학에 천착하며 그의 계몽주의 사상을 발전시킨 것으로 알려져 있다.

이 두 사람이 화학에 관심을 가졌던 정확한 동기는 알 수 없다. 하지만 이들의 저작을 살펴보면 그 이유가 충동적이거나 감정적이라기보다는 기본적으로 뉴턴주의적 기계론이 노정한 한계를 인식하고 화학이라는 새로운 학문을 따라 생명의 발생과 같은 복잡한 문제를 풀어보려는 노력이었음을 알 수 있다. 돌바크와 디드로 등이 화학에 관심을 갖게 만든 생각의 기저에는 '생명'이라는 현상을 두고 기계론과 유기체론이 갈등해온 역사가 고스란히 녹아 있다.[24] 특히 물질과 운동만으로 세상을 모두 설명하려고 했던 기계론의 독단이 생명현상을 설명하는 데까지 동원되는 것에 못마땅해하던 18세기의 과학자 중에는, 자연의 내부에 존재하는 생명력의 존재를 찾고 이를 과학적으로 설명하기 위해 애쓰는 사람이 많았다. 이들 중 신비주의에 경도된 이들은 생기론자가 되었지만 돌바크와 디드로 같은 유물론자는 '물질의 변화'와 '생명의 발생'과 같은 과학적 문제를 해결하기 위해 화학이라는 학문에 관심을 갖기 시작했다. 반면, 뉴턴주의 기계론의 화신이었던 볼테르에게 돌바크와 디드로가 끌어들인 화학과 유물론의 제휴는 의심스러운 것이었으며, 타당한 근거를 결여한 것으로 보였다. 왜냐하면 스스로를 창조하는 자연이라는 개념이 뉴턴의 우주에서 허용되지 않기 때문이다. 특히 무신론자가 아니라 이신론자로서 세계의 탄생에 −그것이 꼭 신은 아닐지라도− 지성적인 존재가 개입했다고 생각하던 사상가들은 뉴턴주의와 자연신학의 원리에 반하는 것으로 보이는 화학에 선뜻 동의하기 어려웠다.

돌바크, 디드로, 18세기 생물학/화학의 유물론자[25]와 볼테르의 갈등

아이러니하게도 뉴턴주의의 화신이자 프랑스 계몽주의의 중심이었던 볼테르가 끝까지 근대과학으로서의 지위를 부여하지 않았던 화학은, 볼테르보다 50년 늦게 프랑스에서 태어나 플로지스톤설phlogiston theory을 폐지하고 산소의 작용과 화학반응에서의 질량보존의 법칙 등을 확립한 앙투안 라부아지에에 의해 근대과학의 지위를 획득한다. 라부아지에가 시도한 화합물 명명법은 현대화학에까지 이어지는 전통이 되었고, 그에 의해 시도된 정량적 방법론으로 인해 화학은 그 누구도 의심할 수 없는 근대과학의 대열에 진입하게 되었다. 여기서 중요한 점은 바로 볼테르가 만든 시공간에서 라부아지에가 화학을 근대적 학문으로 정립시킨다는 것이다.[26] 일찌감치 근대과학의 성취와 그 가능성에 눈을 떴던 볼테르조차 뉴턴주의라는 독단에 사로잡혀 여러 과학이 생겨날 수 있음을 인정하지 못했던 것이다.

학제간 연구 정신과 과학의 분과 다양성에 대해 전문적으로 연구를 시도했던 과학철학자 이상하는 볼테르가 보여주는 17~18세기 근대과학의 대립과 갈등 양상을 다음과 같이 표현했다.

> 19, 20세기 학제간 연구 정신의 핵심은 무엇인가. 오래전부터 과학자들은 서로 발상을 교환해오지 않았는가. 물론 그렇다. 그러나 17, 18세기에는 기계론이라든가 유기체론과 같은 세계를 이해하는 방식, 곧 발견에 개입하는 과학자들의 관점들은 서로 대립적 경쟁관계를 맺었다. 그 결과, 과학 공동체도 문제의 공유보다는 그러한 관점에 따라 세력을 형성했으며, 어느 하나의 관점만이 유일하고 올바른 것이라는 독단론이 많은 과학자들을 지배했다. 그러나 19세기를 접어들면서 상황은 바뀐다. 과학과 기술이 결합하는 과정에서 귀족층에 종속되어 있던 과학은 대중에게 확산되기 시작했다. 무엇보다 과학의 분과 다양성이 축적되었다. 과학자들은 이념이나 관점보다는 문제를 공유하는 것이 더 중요하다는 것을 인식하기 시작했고, 기존의 분과들이 합성되어 유기화학, 생화학과 같은 합성 분과들이 탄생했다. 문제가 관점에 우선한다는 의식이 성장하면서 비로소 '연구 공간'이라는 개념이 정착한 것이다.

연구 공간 내에서 과학자들의 여러 관점은 서로 '거래 관계'를 맺는다. 구조가 발달보다 더 중요한 연구 공간에서 구조의 관점이 주축이 될지언정 다른 관점을 배척시킬 수 없을 정도로, 공동 협력이라는 것이 연구의 미덕이 된 것이다. 문제 해결을 위해 연구 공간 내에서 서로 이질적인 관점들이 거래 관계를 맺게 된다는 것은 19, 20세기 학제간 연구 정신을 대표하는 것이며, 그것이야말로 '분과 지속', '새로운 분과 창출', '분과 다양성 확보'라는 학제간 연구의 세 특성에 대한 중심축인 것이다.[27]

이상하의 말처럼 볼테르와 돌바크가 활동하던 18세기의 과학자 사회는 해결하고자 하는 문제보다 관점의 차이가 학파를 구분하는 중심축이었다. 볼테르에게 그 관점의 중심엔 뉴턴주의가 놓여 있었고, 당시 대부분의 계몽사상가 또한 볼테르의 뉴턴주의가 지닌 권위를 의심하지 않았다. 하지만 만약 현재의 관점에서 과거를 평가하는 일이 가능하다면, 우리는 볼테르보다 돌바크와 디드로가 현대적인 의미에서 과학의 학제간 연구 정신과 과학의 분과 다양성에 더 가까운 과학자라고 말할 수 있을 것이다. 그렇다고 해서 돌바크가 뉴턴주의 기계론을 거부한 것은 아니다. 돌바크는 유물론자였고, 자연계에 대한 신의 개입을 허용하지 않는 무신론자이기도 했다. 그는 "존재하는 모든 것의 광대한 집합체로서 세계는 어디에서나 우리에게 물질과 운동만을 보여줄 뿐이다"라는 말로 그가 바라보는 자연의 체계에 대한 관점을 설명한다.[28] 그러나 돌바크는 그 운동이 주어진 것인지 아니면 물질에 내재한 본성인지에 대한 관점에서 볼테르와 대립한다. 돌바크에게 물질의 운동은 물질의 본성이다.

> 무한한 방식으로 조합된 매우 다양한 물질은 쉼 없이 다양한 운동을 주고받는다. 우리가 보기에 이러한 물질의 서로 다른 속성, 서로 다른 조합, 그리고 이것들의 필연적인 귀결로서 물질의 매우 다채로운 활동 방식이 존재의 본질을 이룬다. 그리고 이러한 다양한 본질로부터 이 존재들이 점유하고 있는 상이한 질서, 배열, 체계가 유래하며, 이것들의 전체를 우리는 자연이라고 부른다.[29]

돌바크는 그의 책《자연의 체계》대부분을 물질의 운동 자체가 물질의 본성이라는 그의 관점을 논증하는 데 할애하고 있으며, 이 과정에서 당시 화학의 최신 발견을 적극적으로 끌어들이고 있다. 돌바크의 책은 화학의 발견들과 용어들의 향연장이며, 그는 '부패'나 '발효'와 같은 당시 화학의 최신 개념을 총동원해서 능산적인 자연의 모습을 독자에게 제시하고 있는 것이다. 볼테르가 뉴턴의 우주를 위협할까 두려워했던, 이들 화학으로 무장한 18세기 계몽사상가들의 관점에는 타당한 근거가 있었다. 그 근거는 바로 막 발전하고 있던 화학의 발견들이었고, 또한 뉴턴주의 기계론이 설명조차 하지 못했던 배아의 발생과 같은 문제였다. 실제로 볼테르는 뉴턴주의에 대한 강박 때문에 생명체 역시 뉴턴식 기계론을 따라 발생한다고 주장했으며, 따라서 배아의 발생에서 전성설을 지지했다. 배아 자체에는 생명을 탄생시킬 수 있는 능력이 존재하면 안 되었기 때문이다. 최초의 시간 이후에 자연에 개입하지 않는 지성적 존재를 가정했던 볼테르의 이신론은 근대화학의 발전 앞에 무너지기 시작했다.

돌바크의 살롱과 계몽주의 사상에서 백과전서파의 급진성

돌바크는 독일에서 프랑스로 넘어온 후에 자신의 집에서 당대 최고의 지식인을 초대해 살롱을 열었다. 돌바크의 살롱은 일주일에 두 번씩 30여 년간 지속되었다고 알려져 있으며, 이곳을 드나들었던 사람으로 디드로, 루소, 엘베시우스Claude Adrien Helvetius, 바르테즈Paul-Joseph Barthez, 브넬Gabriel-François Venel, 루엘Rouelle, 루Augustin Roux, 다르세Jean Darcet, 뒤클로Duclos, 레날Guillaume Thomas François Raynal, 쉬아르Jean-Baptiste-Antoine Suard, 불랑제Boulanger, 마르몽텔Jean-François Marmontel, 생랑베르Saint-Lambert, 라콩다민Charles Marie de La Condamine, 샤스텔뤼François-Jean de Chastellux 등이 있고, 외국인으로는 회의주의자로 유명한 흄David Hume을 비롯해서 윌크스John Wilkes, 스턴Laurence Sterne, 프랭클린Benjamin Franklin, 갈리아니Ferdinando Galiani 등이 드나들었다고 한다. 당시 프랑스에는 다양한 살롱이 존재했는데 대부분 귀부인이 운영하는 형태였다. 서정복의 연구에 따르면 18세기에 크게 유행했던 프랑스의 살롱은 "단순한 사교장이나 오락장 정도가 아니고 남녀노소 그리고 신분과 직업의 벽을 깬 '대화'와 '토론' 장이었으며 또한 '문학 공간'으로서 계몽사상의 산실이자 중계소였으며 프랑스혁명의 사상적 기반을 마련하는 중대한 역할을"[30] 담당한 공간이었다. 특히 살롱은 대부분 여성이 개장하고 운영했는데, 바로 그 이유 덕분에 여성의 해방과 사회활동의 출발지가 될 수 있었다. 초기 살롱은 주로 문학을 통해 사교장의 역할을 수행했지만, 18세기 후반으로 갈수록 예술과 도덕만이 아니라 과학, 정치, 사상, 사회문제 같은 주제를 다루기 시작했다. 프랑스 계몽주의 사상이 프랑스혁명을 향해 다가가면서, 살롱은 사교장을 넘어 '정치적 집단'으로 변모하기 시작했다.

살롱이 정치집단화되면서 프랑스 계몽사상의 중심지가 되었다는 것도 흥미롭지만, 당시 프랑스에서 전통 교리를 주장하던 낡은 학자들이 대학을 점령하고 있었다는 사실을 떠올리는 것도 중요하다. 바로 그런 고루함에 대한 반동으로 살롱은 자연스럽게 과학적 합리주의와 종교적 회의주의의 중심지가 되어갔다. 이런 살롱들 중에서 특히 돌바크와 디드로의 살롱은 전투적 유물론자와 무신론자의 집결지이자 사상적 결투장이었다.[31] 바로 그 급진적 살롱의 주인이 바로 돌바크였고, 돌바크의 살롱에 초대받는다는 것은 일종의 철학인증서처럼 여겨졌다고 한다. 그리고 가톨릭교회를 거스르는 것이 마치 군사독재정권 시절 민주화를 주장하는 것처럼 죽음을 무릅쓰는 일이었던 당시를 생각해보면, 돌바크가 급진적인 유물론과 무신론을 체계화한 자신의 책《자연의 체계》를 런던에서 가명으로 출판한 이유를 짐작해볼 수 있다.[32] 돌바크는 당시로서는 엄청나게 급진적이었던 자신의 사상을 책 속에서 이렇게 표현한다.

> 인간은 자연의 작품이다. 인간은 자연 속에 존재하며 자연의 법칙에 예속된다. 인간은 자연의 법칙에서 벗어날 수 없으며, 생각 속에서도 그것을 넘어설 수 없다. 인간이 눈에 보이는 세계 너머로 뛰어나가려 하는 것은 헛일이다. 무섭고 거역할 수 없는 필요에 의해 되돌아오지 않을 수 없다. 인간은 자연에 의해 형성되었기 때문에 자연의 법칙에 둘러싸여 있다. 그 거대한 전체 너머에는 아무것도 없다. 인간은 그것의 일부이며 그것의 영향을 체험한다. 인간의 환상이 자연 위에 있거나 자

연과 별개의 것으로 그리는 것은, 언제나 그가 이미 본 것에 따라 구성된 허깨비에 불과하다. 그것들이 차지하고 있는 장소나 그것들의 행동방식에 대해 어떤 분명한 관념을 형성하는 것은 불가능하다. 왜냐하면 만물을 포함하고 있는 자연의 바깥에는 아무것도 없고 또 있을 수 없기 때문이다. 그러므로 자연이 인간에게 거부한 행복을 줄 수 있는 존재를 인간 세상 바깥에서 찾는 대신, 이 자연을 연구하고, 자연의 법칙을 배우고, 자연의 힘에 대해 숙고하고, 자연이 가하는 불변의 법칙을 관찰하라. 인간이 이러한 발견을 그 자신의 지복을 위해 적용하도록 하고, 그 어떠한 것도 변화시킬 수 없는 자연의 가르침을 조용히 따르도록 하라.[33]

돌바크의 무신론을 연구한 김응종의 말처럼 "돌바크는 무신론을 감추거나 위장하지 않았다." 돌바크의 논지는 너무나 분명해서 오해의 소지조차 남기지 않는다. 그는 볼테르처럼 이신론의 숲으로 숨어 가톨릭교회와 계몽사상 사이에서 조화를 이루려는 시도조차 하지 않는다. 그의 사상은 한마디로 "'신'은 존재하지 않는다. 오로지 '자연'만이 존재할 뿐이다"로 요약할 수 있다. 돌바크는《자연의 체계》를 통해 기독교의 신을 자연으로 대체했다. 돌바크의 급진적인 사상을 지탱하는 근거는 근대화학이 발견한 현상과 그 원리에서 도출되었고, 돌바크에게 화학은 자연이 스스로 생성하는 법칙을 마련해주는 위대한 학문이었다. 돌바크는 기독교의 창세기를 염두에 둔 듯, 우주의 탄생을 이렇게 설명한다.

'우연'이 우주를 만든 것은 아니다. 그것은 스스로 존재한다. 자연은 필연적으로 영원히 존재한다. 자연은 전능하다. 왜냐하면 만물은 자연의 에너지로 생성되기 때문에. 자연은 동시에 어디에든지 편재해 있다. 왜냐하면 자연은 모든 공간을 채우기 때문에. 자연은 부동이다. 왜냐하면 자연이 통째로 자리 이동을 할 수 없기 때문에. 자연은 불변이다. 왜냐하면 자연의 형태는 변할 수 있어도 본질은 변할 수 없기 때문에. 자연은 무한하다. 왜냐하면 자연은 어떠한 한계도 없기 때문에. 자연은 완전하다. 왜냐하면 자연은 모든 것을 내포하고 있기 때문에. 요컨대 자연은 형이상학자들이 말하는 일체의 추상적인 속성을, 신학자들이 말하는 일체의 도덕적인 자질을 가지고 있으며, 여기에는 어떠한 충돌도 없다. 왜냐하면 모든 것의 조합체는 필연적으로 모든 속성을 지니는 것이기 때문이다.[34]

돌바크의 《자연의 체계》는 '자연'을 '신'으로 대체하려는 확실한 목표를 위해, 마치 신을 찬미하듯 자연을 찬미하면서 종결된다. 사회의 진보를 가로막는 기독교를 대체하기 위해 돌바크는 '자연 종교'를 만들려고 한 셈이다.

오, 자연! 모든 존재의 지배자여! 그리고 자연의 숭고한 딸인 덕, 이성, 진리여! …. 우리의 정신으로부터 오류를, 우리의 마음으로부터 악함을, 우리의 발걸음으로부터 혼란을 몰아내십시오. 지식이 그 유익한 지배력을 확장하도록, 선함이 우리의 영혼을 사로잡도록, 우리의 가슴 속에 평안이 깃들도록 해주십시오.[35]

돌바크의 살롱에서 논의되던 근대화학과 유물론이 마음에 들지 않았던 볼테르는 "이 책은 모든 사람을 겁나게 하지만, 모든 사람이 읽기를 원한다"고 말했는데, 거기에서 그치지 않고 「자연의 체계에 대한 답변」을 써서 돌바크의 《자연의 체계》가 누리던 유명세를 차단하려고 노력했다. 볼테르는 돌바크를 알게 된 초기에 그를 스피노자보다 우월하다고 평가했지만, 이후 뉴턴주의와 돌바크의 사상이 대립한다는 점을 깨닫고 나서부터 돌바크의 사상이 "대단히 잘못된 물리학에 기초한 장황한 허식"이라고 비판했다고 한다.[36] 볼테르가 돌바크를 비판하게 된 계기는 복합적이었을 것이다. 뉴턴주의에 기계론에 대한 돌바크의 반발과, 그의 전투적이고 급진적인 무신론 모두가 볼테르의 적대감에 기여했을 것이다.

돌바크에 앞서 체계적인 무신론을 전개한 스피노자조차 우회적으로 신의 존재를 인정했고 기독교 교회에서 무신론자라는 비난을 받지 않았지만, 돌바크는 달랐다. 그에게 종교는 사기였고, 그의 무신론은 반신론을 넘어 반종교론으로 확장되었다. 돌바크의 살롱을 방문했던 회의주의자 흄조차 영국과 달리 프랑스에 이렇게 많은 무신론자가 있다는 사실에 놀랐다고 전해진다. 하지만 돌바크는 정치혁명을 주장하거나 지지하지 않았다. 그는 사회의 개혁이 이성과 계몽 그리고 시간을 통해 자연스럽게 일어날 것이라고 생각했다. 그에겐 혁명이 아니라 개혁이 더 자연에 가까운 현상이었음이 분명하다. 하지만 아이러니하게도 돌바크의 급진적인 무신론은 이후 프랑스혁명의 진행에 사상적인 영향을 미치게 된다. 돌바크가 의도했든 아니든, 신에 대한 거부를 국왕에 대한 거부로 해석하는 일은 프랑스혁명을 이끈 사람들에게 자연스러웠기 때문이다. 돌바크의 사상적 급진성은 프랑스혁명의 급진성에 기여했다.

장 자크 루소의 화학과 식물학, 계몽사상과 과학의 복잡한 관계

돌바크의 살롱은 철학자의 집이라고 불렸고, 그의 사상은 당대의 모든 사상가를 통틀어 가장 급진적이었다. 그 때문인지는 몰라도 돌바크라는 급진적인 사상가를 감정적으로 질시하고, 사상적으로 적대시했던 건 볼테르만이 아니었다. 돌바크의 살롱에 자주 드나들었던 루소는 그의 유명한 책《에밀Emile ou de l'education》에서 사부아 보좌신부의 입을 통해 이신론을 주장하는데, '돌바크 패거리'라는 표현을 통해 살롱에 드나들던 돌바크와 계몽사상가 전부를 매도하는 발언을 한다. 돌바크의 살롱에서 그와 오랫동안 교류했던 루소가, 도대체 왜 돌바크를 비난했는지 이해하기는 어려운 일이다. 하지만 우리에게 알려져 있는《사회계약론Du Contrat Social》의 저자이자 정치사상가로만 알려진 루소를 넘어, 당대의 과학에 큰 관심을 가지고 있었던 그의 학문적 계보를 살펴보면 왜 돌바크를 질시하고 비판했는지 가늠해볼 수 있을지 모른다.

흔히 루소가 주장한 인민주권론은 프랑스혁명의 기초가 되었다고 알려져 있다. 하지만 루소는 문명을 격렬하게 비판했으며 인간 이성에 대한 신뢰를 기반으로 사회를 진보시키려 했던 프랑스 계몽주의 사상가들과 달리 감정을 중요하게 생각한 사상가였다. 이런 루소를 향해 볼테르가 그는 "인간을 네 발로 기는 짐승으로 되돌아가게 하려고 한다"며 비판했다는 건 유명한 일화다.[37] 루소가 그의《사회계약론》을 통해 주장한 자연상태론은 영국의 토머스 홉스가《리바이어던Leviathan》에서 주장한 '만인의 만인에 대한 투쟁' 상태와도 다를 뿐 아니라, 로크가 《통치론Two Treatises of Government》에서 주장한 평등하고 독립된 존재들로 이루어진 자연법의 상태와도 다르다.[38] 루소는 "본래 선하게 태어난 인간은 사회와 문명에 의해 타락했다"고 주장했고, 이런 주장을 담은 그의 「학문 및 예술에 관한 논고」는 현상공모전에서 당선된다.[39] 루소가 자신의 두 논고를 발전시켜 출판한 《사회계약론》은 "인간은 태어나면서 선하고, 사회는 그를 타락시킨다"는 문장으로 시작된다. 루소는 이 책에서 사회가 만들어지고 소유권이 출현하면서 인간불평등의 기원이 시작되었다고 주장한다.

《사회계약론》의 저자 루소는 흔히 당대의 과학 이론에 무지했다고 알려져 있다. 하지만 어린 시절 외삼촌 댁에서 독학했던 루소가 쓴 시에는 당대의 과학자와 수학자의 이름이 총망라되어 있다.

나는 때로 라이프니츠, 말브랑슈, 뉴턴과 함께
이성을 숭고한 어조로 높여 보고
물체와 사유의 법칙을 연구한다
로크와 관념들의 역사를 연구하고
케플러, 월리스, 바로우, 레노, 파스칼과 함께 아르키메데스를 앞질러
로피탈이 되어본다
나는 때로 문제를 자연학에 적용하며
체계의 정신을 연습해본다
데카르트와 그의 미망을 더듬어본다.
숭고하기는 하지만 경박한 소설 같은 그의 미망을. 나는 곧 부정확한
가설을 버리고
플리니우스, 뉴벤티트의 도움을 받아

생각하고, 눈을 뜨고, 바라보는 법을 배운다[40] (후략)

루소가 화학에 지대한 관심을 가졌다는 사실은 잘 알려져 있지 않다. 루소는 《고백록Les Confessions》에서 화학에 대해 자주 언급한다. 그리고 이 책에서 그는 화학에 대한 관심을 이렇게 표현한다.

나는 화학에 끌렸다. 루엘 씨 댁에서 프랑쾨유 씨와 같이 여러 차례 화학 강의에 참석했다. 겨우 그 기본 원리를 알게 되자 우리는 그럭저럭 이 과학에 대해 서투른 글을 종이 위에 쓰기 시작했다. (중략) 나는 화학에 관한 공부[…]를 중단하지 않았다.[41]

루소의 표현을 따른다면 식물학과 화학과 해부학은 의학이라는 거대한 이름 아래 뒤범벅되어 있었지만, 그는 폭발사고로 죽을 뻔한 위기를 넘기면서도 화학 실험에 대한 흥미를 잃지 않았다. 심지어 루소는 프랑쾨유를 도와《화학 강의》라는 저서를 집필하려고 시도하기까지 한다. 비록 완성하지 못했지만, 이 책에서 루소는 당대 저명한 화학자인 융터, 베커, 슈탈과 부르하버 등의 저작을 발췌하고 요약하며 화학에 몰두했던 그의 궤적을 보여주고 있다. 루소가 쓴《화학 강의》의 앞부분에는 화학에 대해 그가 생각하는 바를 요약한 구절이 있다. 그는 이렇게 말한다.

우리 자신에 대한 지식, 다시 말하면 우리의 몸과 우리를 둘러싼 존재에 대한 지식은 우리 신체를 보존하고, 편의를 도모하고, 즐거움을 마련하는 데 대단히 유용하다는 점에 있어서는 모두가 한 의견이다. (중략) 화학이라는 이름으로 불리는 자연학의 분과는 사정이 동일하지 않다. 저명한 철학자 여럿이 이 학문에 빛을 보게 했고, 이로부터 건강이나 교육에 있어서 끌어낼 수 있는 이득이 크며, 기예를 풍성하게 했던 숱한 멋진 발견이 이루어진 것이 사실이나, 공부를 많이 했던 사람조차 오늘날에도 여전히 화학을 무용하고 공상적인 연구로 간주한다. 화학 연구 대부분이 추구하는 목적이란 그저 애초에 가능하지 않은 [물체의] 변형에 있거나 몸에 좋지 않은 약藥을 만드는 데 있을 뿐이라고 생각하기 때문이다.[42]

루소는 인간에 대한 지식이 유용해야 한다는 점에 동의하면서, 화학이 아직 루소의 시대에 그런 학문적 유용성을 획득하지 못했다고 평가한다. 루소의 시대에 화학은 연금술과 근대화학이 혼재되어 있었고, 이런 상황이 라부아지에나 프리스틀리 같은 화학자의 등장으로 풀리는 건 18세기 말의 일이다. 따라서 루소가 화학의 상황을 평가한 앞 구절은 지금 읽어도 상당히 적확한 표현이라고 말할 수 있다. 루소는 여기서 한 걸음 더 나아가, 그럼에도 왜 지금 화학이 그토록 중요하게 여겨져야 하는지를 논증한다. 루소의 논증은 돌바크가 화학에 관심을 가졌던 이유와 동일하며, 볼테르가 화학을 업신여겼던 이유와도 동일하다. 루소는 이렇게 말한다.

[기존 자연학(물리학)]에서는 물체를 오로지 운동과 형태 및 다른 비슷한 변형을 통해서만 고려하기 때문에 이로써 우리는 물체 상호 간에 일어나는 몇 가지 결과를 올바로 판단하는 법을 배우게 된다. 하지만 물리학은 말하자면 물체의 표면과 거죽만을 연구하기 때문에 그 자체

만으로는 물체를 내적으로 알 수도 없고 물체의 실체가 무엇인지도 전혀 알 수 없다. 화학은 바로 이러한 연구에 집중하므로 자연학 분과 전체를 통틀어 가장 중요하다. 자연이 있다면, 즉 자연을 구성하는 물체가 있다면 이에 다다를 수 있는 방법은 바로 [물체를 구성하는] 요소들을 분석하고 이해하는 것이다.[43]

볼테르가 뉴턴이라는 거인 때문에 멈춰서야 했고, 돌바크가 그의 무신론을 주장하기 위해 찾아냈던 화학의 강력한 위력을, 루소도 스스로 찾아낸 것이다. 루소는 기존의 자연과학, 즉 뉴턴의 물리학만으로는 물질과 생명의 내부에서 벌어지는 현상을 연구할 수 없다는 사실에 동의했다. 물질의 변화와 생명의 발생이라는 문제를 풀기 위해선 새로운 과학이 필요했고, 그 과학은 바로 화학일 수밖에 없었던 것이다. 바로 이런 화학에 대한 이해의 연장선상에서, 루소는 사회를 뉴턴주의식 기계론으로 파악하려는 시도를 거부한다. 사회는 개인을 구성 단위로 삼는 기계장치가 아니며, 사회를 작동시키는 힘은 사회의 외부가 아니라 사회의 내부를 구성하는 개개인에게서 찾아야 한다고 루소는 생각했다. 루소는 화학에 대한 이해를 그가 향후 주장하게 되는 사회계약론에 자주 등장시켰다. 예를 들어 그는 폭군의 지배를 받는 사회와 만장일치의 합의를 통해 성립된 공화국의 차이를 설명하면서 '해체' 혹은 '용해' 등의 화학적 비유를 든다. 루소의 저작에서 화학적 비유를 찾는 건 그리 어려운 일이 아니다. 그는 기계론의 힘과 다른 화학적 힘의 존재를 빌려 사회를 결속시키는 힘을 논증하고, 혼합물과 복합물의 차이를 통해 개개인의 결합이 만드는 사회의 특성을 설명한다. 루소의 화학에 대한 관심을 연구한 과학사가 이충훈은 루소와 화학의 관계를 이렇게 설명하고 있다.

> 루소는 그의 시대에 비약적 발전을 보인 화학에 관심을 가졌다. 이는 단지 그가 이 새로운 학문에 단순한 호기심과 흥미를 느꼈다는 점에 그치지 않는다. 지난 세기에 세상의 질서를 발견하고 이를 종교적으로 해석하는 데 기여했던 기계론이 부딪힌 한계를 화학과 같은 실험과학으로 극복하고자 하는 일련의 학문적 노력이 루소뿐 아니라 동시대 여러 문인을 자극하고 고무했던 것이 사실이다. 이 시대에 인간에 대한 새로운 연구가 시작되었으며, 연구가 진행되면서 문인과 과학자는 이전 시대까지 인간을 설명하고 규정하기 위해 사용되었던 용어들이 부정확하고 모순됨을 깨달았다. 이 새로운 연구 성과를 반영하기 위해 루소와《백과전서》의 집필자들은 스콜라철학과 데카르트주의 기계론의 용어와 분명히 구분되며, 새로운 연구 방향까지 제시해줄 수 있는 용어를 끊임없이 찾았다. 현대의 시각으로는 충분하다고 볼 수 없을지 모르지만 이러한 암중모색이 계몽주의 문학과 철학이 후세로 물려준 성과임은 부정할 수 없다. 이런 맥락에서 루소가 비록 모호하게 해석될 여지가 많으나, 당시 화학에서 사용되던 '용해', '집합체', '연합체' 등의 용어를 사용했음에 주목해보면서 우리는 루소 사상의 풍요로움과 확장가능성을 다시금 확인해볼 수 있을 것이다.[44]

이충훈은 루소의 화학에 대한 이해가 "17세기 과학혁명의 적자였던 기계론을 거부하는 동시에 새로운 '실험과학'의 가능성을 승인하기 직전의 학문 상황을 반영하고 있다"고 본다. 루소도 돌바크와 동일하게 뉴턴식 기계론의 한계와 근대화학의 요체를 이해하고 있었던 것이다. 하지만 루소는 돌바크나 디드로처럼 근대화학이 보여주는 물질 내부의 변화를 사회현상을 설명하는 데 사용하지 않았고, 따라서 유물론과 무신론까지 나아가지는 않았다. 이런 루소의 사상적 궤적이 그의 개인적 취향이나 성장 배경에 따른 것인지, 아니면 시대적 상황과 맞물려 있는 것인지는 확실하지 않다. 하지만 훗날 루소가 "나는 식물학에 미쳤다"라고 고백하며 심지어 세밀한 식물도감을 만들어 《식물학 기초에 관한 편지Lettres Elementaires Sur La Botanique》를 펴낸 사실과, 루소가 과학으로서의 식물학이 아니라 식물과 자신의 사랑을 강조하는 것을 생각해볼 때, 루소라는 인물의 개인적인 성향이 그의 과학에 대한 관점에 영향을 미쳤을 가능성도 배제할 수 없다.[45]

볼테르와 돌바크, 루소 모두가 화학의 발전을 인지하고 있었지만 화학에 대한 그들의 관점과 사상은 제각기 달랐다. 볼테르는 화학실험실까지 만들 정도로 열정적으로 화학에 몰두했지만 화학이 뉴턴주의적 기계론의 권위를 위협한다는 사실을 깨닫자마자 화학에 적대적인 태도를 보였고, 이런 적대감은 돌바크에 대한 적의로 표현되었다. 돌바크는 당시 프랑스 사회에서 절대적 권위를 지니고 있던 종교의 권위를 해체하기 위해 기독교적 신의 지위를 자연으로 대체하려 했다. 데카르트의 이신론과 뉴턴의 기계론은 모두 어떤 방식으로든 신을 가정하고 있었기 때문에 돌바크가 무신론을 주장하기 위해선 새로운 권위를 지닌 학문이 필요했고, 그 학문은 반드시 신의 개입 없이도 자연이 완전무결함을 증명해줄 수 있는 것이라야 했다. 돌바크에게 화학은 그런 정당성과 명분, 근거와 권위를 제공하는 과학이었다. 루소 또한 화학이 가진 강력함을 초기에 인지한 인물이었다. 《사회계약론》을 비롯해서 루소의 저작에 자주 등장하는 화학적 비유는 루소가 단지 화학에 대해 가벼운 관심을 넘어, 루소의 사상에 화학의 개념이 큰 영향을 주었음을 암시하고 있다. 하지만 루소는 돌바크처럼 무신론을 주장하는 데까지 나아가지는 않았다.

볼테르와 돌바크가 대립했던 것처럼 루소와 볼테르도 대립했다. 1756년 리스본 대지진에 관해 쓴 글에서 볼테르는 신의 섭리를 정면으로 불신하는 뉘앙스를 풍겼고, 루소는 볼테르를 향해 무신론적 입장을 옹호했다고 비난했다. 루소는 리스본의 재앙이 신의 섭리 때문이라고 주장할 필요가 없으며, 협소한 지역에 몰려 살던 사람들의 어리석음 때문이라고 말했다. 그런 루소에게 볼테르는 "사실 저는 당신이 밉습니다. 당신이 그렇게 만들려고 했기 때문이지요. 그러나 당신이 원했다면 나는 기꺼이 당신을 사랑했을 겁니다. 당신을 향한 내 마음에 가득 찬 모든 감정 가운데 거부할 수 없이 남아 있는 것은 당신의 뛰어난 재주에 대한 탄복과 당신의 저술에 대한 애착뿐입니다. 만약 당신의 재주 외에 내가 존경할 수 있는 것이 아무것도 없다 해도, 그것은 나의 잘못은 아닙니다"[46]라고 말했다. 계몽사상가들 사이엔 새로운 시대를 열망한다는 공통점 외에는 오직 다양성과 개성만이 존재하고 있었다. 그리고 그들 사이에서 가장 일치하기 어려운 사상적 차이의 중심에는 물리학과 화학에 대한 이해가 자리하고 있었다.

5장

잊혀진 백과사전:

프랑스대혁명에서 근대과학의 역할은 무엇인가

잊힌 백과전서파의 과학 그리고 프랑스혁명의 이론적 기원[1]

반계몽주의자로서의 루소, 그리고 디드로

사유재산이 불평등을 낳으니 사유재산이야말로 만악의 근원이다. 그러나 루소는 같은 해에 출판된 《정치경제론Économie politique》에서는 소유권을 신성한 권리라고 말함으로써 독자들을 혼란스럽게 한다. **박윤덕**[2]

이와 같이 루소의 사도인 로베스피에르는 혁명의 사회적 성격을 보지 못한 채 정치적 접근만을 시도했다. 그러나 1793년 말 관용파 및 격앙파와의 권력투쟁의 와중에, 내외의 반혁명과 그로 인한 사회경제적 위기에 대처하기 위해서 '혁명정부'를 수립해야 했을 때, 로베스피에르는 장차 '마르크스, 앵겔스, 레닌이 평화시의 입헌정부와 전시 혁명정부의 구분을 계급투쟁에 적용하면서 계승하고 발전시킬' 원칙을 밝히면서 다음과 같이 고백한다. "혁명정부의 이론은 그 이론을 낳은 혁명

만큼이나 새로운 것이다. 이 혁명을 결코 예견하지 못했던 정치적 저자들의 책 속에서 그 이론을 찾아서는 안 된다.[3]

수많은 계몽사상가 가운데 프랑스를 빛낸 위대한 인물을 기리는 전당, 팡테옹에 안치된 사람은 미라보Honoré Gabriel Riqueti Mirabeau, 볼테르, 루소다. 이들 중 방탕한 삶을 살며 왕실과 의회 사이의 대화 창구 역할을 했던 기회주의자 미라보의 유해는 미라보 사후에 그와 왕실의 결탁 관계가 로베스피에르Maximilien François Marie Isidore de Robespierre에 의해 발각되어 팡테옹에서 철거되었으니,[4] 결국 계몽사상가 중에서 팡테옹에 안치된 사람은 루소와 볼테르뿐인 셈이다. 볼테르가 루소보다 3년 먼저 안치되었고, 이들의 안치는 프랑스혁명이라는 새로운 종교가 볼테르와 루소를 성인으로 인정했다는 뜻으로 해석할 수 있다. 1792년 자코뱅파는 루소, 볼테르, 미라보, 프랭클린을 위한 축제에서 볼테르와 루소를 이렇게 비교했다.

오, 불멸의 루소! 당신의 《사회계약론》은 철학자들의 찬미를 받는 동시에 전제군주들을 창백하게 만든 숭고한 '인권선언'의 초석 이었습니다. 오, 위대한 볼테르! 무한히 넓고 깊은 천재, 당신은 광신과 편견의 어두운 동굴에 철학의 횃불을 비추었으며, 새로운 헤라클레스로서 학문의 몽둥이를 들고 광신자들과 두건 쓴 사기꾼들의 끝도 없이 되살아나는 머리를 박살냈습니다.[5]

볼테르는 가톨릭교회의 광신을 무너뜨리고, 교회의 박해를 받던 인물의 구명운동에 뛰어든 점을 비롯해서 《관용론Traite Sur La Tolerance》

과 《철학사전La raison par alphabet》 등의 저술을 통해 프랑스혁명에 기여했다는 점이 인정되었다. 체계적인 철학자는 아니었지만 실천적 지식인으로서의 볼테르는 광신을 무너뜨리는 것뿐 아니라, 이를 통해 전제정치의 토대가 되었던 종교의 권위를 무너뜨렸다. 볼테르는 충분히 팡테옹에 들어갈 자격이 있는 계몽사상가였다.

하지만 루소는 조금 달랐다. 루소는 볼테르처럼 프랑스혁명 시기 이전부터 유명했지만, 《사회계약론》의 루소라기보다는 《에밀》의 루소였다. 라카날Joseph Lakanal은 "《사회계약론》이 프랑스혁명을 알려준 것이 아니라 프랑스혁명이 《사회계약론》을 우리에게 설명해주었다"고 말했다. 《사회계약론》은 지나치게 난해했으며, 혁명에 동참한 대중에게 제대로 이해될 수 없었다. 특히 루소가 문명, 과학, 문학, 예술 등을 도덕의 적으로 설정했다는 사실 자체가 계몽사상가에겐 이해할 수 없는 일로 받아들여졌다. 볼테르는 잘 알려진 것처럼 루소를 혐오했는데, 그를 "악의적인 재담꾼, 통상적인 헛소리, 부조리한 저자, 매독 걸린 촌놈, 마귀 들린 자가 지어낸 끔찍한 소설" 등의 적나라한 표현으로 비난했다.[6]

루소는 여러 가지 측면에서 존경받기 어려운 사람이었다. 우선 인간 루소는 《고백록》에서 많은 것을 고백했지만, 음부노출증이 있고 이 때문에 맞을 뻔한 일도 있었던 성도착자였다. 심지어 그는 음부노출증을 마치 자랑스러운 버릇처럼 《고백록》에 적어놓았다. 그는 파리의 하숙집에서 만난 하녀와 23년의 동거 끝에 겨우 결혼을 했고 다섯 명의 자녀를 낳았는데, 이 아이들을 모두 고아원에 보내버렸다. 이유는 너무 소란스럽고 양육비가 많이 들기 때문이었다. 볼테르는 루소가 자식을 모두 고아원에 보내놓고도 《에밀》과 같은 자연주의 아동교육론을 썼다는 사실에 분개했다. 볼테르에게 루소의 저술은 위선이었다.[7] 루소의 유명세는 《에밀》의 성공과 큰 관련이 있었다. 그의 정치사상서 대부분은 대중이 읽기엔 지나치게 난해했으며, 루소는 《에밀》 이후에도 《신엘로이즈Julie, Ou La Nouvelle Helois》 같은 서간체 연애소설로 계속해서 대중적인 성공을 거두기 때문이다. 심지어 프랑스혁명의 세 주인공 가운데 한 명인 로베스피에르는 루소를 '신과 같은 분'이라고 숭배했다. 도덕과는 거리가 먼 삶을 살았던 루소가, 프랑스혁명의 성소인 팡테옹에 안치된 것도 모자라, 죽고 나서는 성인의 반열에 오른 것이다.

루소의 사상은 불온할 뿐만 아니라 과학적 근거조차 결여되어 있다. 사상가 개인의 인격적 완결성이 그 사상의 건강성에 어떤 영향을 미치는지 알 수 없지만, 누구도 히틀러의 《나의 투쟁Mein Kampf》으로부터 인류 진보를 위한 사상을 도출하려 하지 않는다. 그렇다면 루소의 《사회계약론》이 근대적 계몽사상을 담고 있음에도 불구하고, 우리는 그의 저작과 위명에 대해 충분히 의심해볼 필요가 있다. 프랑스혁명의 대표들은 볼테르와 루소를 잘 아는 것처럼 행동했지만, 그들에게 더욱 큰 영향력을 행사한 인물은 볼테르였다. 볼테르의 "미신을 타도하자"라는 말은 혁명가들에게 직접적으로 다가왔으며, 루소의 지지자들은 그의 《사회계약론》이 아니라 《신엘로이즈》를 더욱 선호했다고 알려져 있다. 즉, 역사학자 샤르티에Émile-Auguste Chartie의 명제처럼 루소에 관해서라면 프랑스혁명이 계몽사상의 산물인 만큼 계몽사상 또한 프랑스혁명의 산물일지 모른다.[8] 루소의 《사회계약론》이 주목을 받게 된 것은, 혁명가들이 헌법 제정을 논의하면서 루소의 《사회계약론》을 표절해 사용하면서부터였다. 루소는 바로 그 순간이 되어서야 혁명가들에게 사회의 진정한 토대를 발견한 인물로 칭송받았다.

루소를 숭배했던 프랑스혁명의 주역 로베스피에르는 루소가 설파한 덕의 공화국을 구현하고자 했고, 루소가 제시한 이상사회의 모델인 스파르타를 프랑스에 재현하려 했다. 로베스피에르의 루소에 대한 집착은 프랑스혁명이 공포정치로 나타나는 계기가 되었고, 이 공포정치가 열월파 국민공회의 열월정변으로 인해 청산되면서 프랑스혁명에 대한 루소의 영향력 또한 사라지게 된다. 계몽사상과 루소의 관계를 연구한 김응종은 그의 논문 말미에서 이렇게 우리에게 질문을 던진다.

> 루소는 계몽사상가인가? 루소는 동시대의 계몽사상가들과 적대적인 관계를 유지했으며, 그들로부터 부당한 박해를 받고 있다는 피해 의식에 시달렸다. 계몽사상가들이 '이성'을 우대한 반면 루소는 '감성'을 우대했고, 계몽사상가들이 '문명'을 추구한 반면 루소는 '자연'으로의 회귀를 주장했다. 루소는 후기 계몽사상가 혹은 계몽사상의 이단자로 불리지만, 어쩌면 반계몽사상가로 규정하는 것이 계몽사상과 프랑스혁명의 관련성을 논하는 데 필요할지 모른다는 생각이 든다. 공포정치를 계몽사상의 영향으로 보는 것은 계몽사상 전체를 부정적으로 보게 만들 위험이 있기 때문이다.[9]

루소와 돌바크를 모두 알고 지냈으며 돌바크의 살롱에 자주 드나들었던 마르몽텔은 《에밀》에서 돌바크를 비난한 루소의 행동을 이해할 수 없었고, 이런 글을 남겼다고 한다.

> 돌바크의 집은 철학자라고 불리던 사람들의 집결지였다. 그 안식처의 불가침적인 성스러움이 정직한 영혼들에게 고취시킨 안전 의식 속에서 돌바크와 그의 친구들은 루소를 그들의 마음속 깊은 곳으로 받아들였다. 그런데 루소가《에밀》에서 그들을 어떻게 묘사하고 있는지 보라. 물론 그가 그들의 모임에 가져다 붙인 무신론이라는 단어가 진실의 일단을 지니고 있다고 해도, 그것은 불쾌한 일이다. 대다수의 경우에 그것은 중상모략이다. 루소도 그것을 잘 알고 있다.[10]

프랑스 계몽사상가의 일원이자 프랑스혁명의 사상적 기반을 제공한 것으로 알려진 루소이지만, 그는 반계몽주의자에 가까운 인물이었다. 그리고 이는 다른 계몽사상가와 다르게 루소가 과학에 취한 관점에서도 마찬가지였다. 분명 루소가 그의 생애 초반에 화학에 대해 관심을 가졌던 것은 사실이지만 그의 성취는 그다지 대단하지 않았다. 특히 그는 화학에 대한 초기의 관심보다 식물학에 더 지대한 관심을 보였다. 특히 루소는 수학과 관련된 분야에 대해서는 완전히 무관심했으며, 수학적 세계관을 혐오한 것으로 보인다.[11] 과학을 대하는 루소의 태도가, 그의 계몽사상을 반동적으로 만들었는지는 확실하지 않다. 하지만 그 관련성을 완전히 부인하기 어려운 것은, 당대의 과학적 지식을 치열하게 고민하고 받아들였던 다른 계몽사상가의 사상적 건강성과 루소 사이의 괴리를 부정하기란 어렵기 때문이다.

돌바크의 살롱에 드나들면서도 돌바크를 시기하고 비난했던 루소와는 달리 디드로는 살롱의 고정 출입자였으며 돌바크의 평생 지적 동반자였다. 돌바크는 스스로를 디드로의 분신이라고 부를 정도로 그를 신뢰했다. 돌바크는 디드로의《백과전서》에 많은 글을 기고했으며, 재정적으로도 큰 도움을 주었다. 디드로는 동료로부터 '그 철학자'로 불릴 정도로 사상의 폭과 깊이를 인정받았다. 디드로는 유물론자였고 무신론자였다. 그러나 그는 자신의 무신론을 돌바크처럼 적극적으로 설파하지는 않았고, 팡테옹에도 안치되지 못했다.

18세기 유물론의 화학적 상상력, 돌바크와 디드로의 급진적 사상

디드로는 실제로 《백과전서》의 대부분을 집필한 지휘자였다. 《백과전서》의 편찬 초기에 디드로와 함께 집필을 주도했던 사상가는 바로 달랑베르였다. 달랑베르는 수학자이자 물리학자였고, 해석역학의 기초를 구축한 인물인 동시에 《백과전서》의 서문과 수학 분야를 집필하던 인물이다. 하지만 디드로는 《백과전서》를 한창 집필하던 시기에 볼테르에게 보내는 편지에서 "수학의 시대는 이미 지났다"라고 선언한다. 뉴턴의 숭배자였던 볼테르와 수학자 달랑베르를 명시적으로 겨냥한 이 편지는 디드로가 볼테르와 거리를 둘 목적으로 보냈다고 전해진다.[12]

디드로와 함께 《백과전서》의 편찬의 주역이었던 달랑베르는 어린 시절부터 수학에 뛰어난 재능을 보였던 수학자이자 물리학자였으며, 볼테르와 함께 제네바에 머물면서 극장의 건립을 지지했다는 이유로 루소로부터 「연극에 관해 달랑베르에게 보내는 편지」라는 반박문을 받고 대립하기도 했던 프랑스의 계몽사상가였다.[13] 1758년 초에 《백과전서》의 편집을 포기하지만, 그는 이후에도 간단히 《백과전서》

의 집필을 도운 것으로 알려져 있다. 달랑베르는 "우리의 세기는 특히 철학의 세기라고 불려졌다"는 선언으로 유명하며,[14] 그가 쓴《백과전서》의 서문은 귀스타브 랑송Gustave Lanson에 의해 "이것은 과학의 기원에 대한 넓은 견해이며 이성과 진보의 세기인 18세기의 변호이다"라고 칭송되었다.

> 우리가 대중 앞에 내놓는 백과사전은 그 제목이 알려주듯 일군의 문인의 저작이다. 우리가 비록 그 안에 속하지는 않더라도 그들은 모두 높은 평가를 받는 인사이며 또한 그만한 평가를 받을 만하다고 확신할 수 있다고 믿는다. 현명한 자만이 할 수 있는 판단을 내리고자 하는 것은 아니지만, 적어도 모든 일에 앞서 이 거대한 기획의 성공을 헛되이 할 수 있는 반론을 제거하는 것은 우리의 의무이다. 따라서 우리는 우리의 힘에 벅찬 이 무게를 우리 홀로 지려는 경솔함을 행하지 않으면서, 편집자로서의 우리의 기능은 주로 상당한 부분이 우리에게 완전히 제공된 자료를 정리하는 데 있다고 선언한다.[15]

《백과전서》의 집필에 참여한 수학자는 달랑베르만이 아니었다. 흔히 계몽주의 시대의 정치인이자 교육사상가로만 알려진 콩도르세Marquis de Condorcet 또한《적분론Essai sur le calcul intégral》의 저술로 어린 나이에 달랑베르에 의해 프랑스 과학원에 발탁되었던 수학자였고, 이후《백과전서》의 경제 및 재정 문제에 관한 집필을 담당하게 된다. 콩도르세 또한 계몽사상에 심취했던 인물로 그는 "도덕과학, 정치과학 등 지극히 애매한 사회에 관한 과학에 수학을 적용함으로써 그것을 엄밀한 과학의 영역에 올려놓자"는 과감한 주장을 했던, 과학과 이성의 화신이었다. 콩도르세는 프랑스혁명이 터지자 혁명에 동참했으나, 파벌 싸움에 밀려 감옥에서 쓸쓸한 죽음을 맞는다. '화법 기하학'의 원리를 창안한 몽주Gaspard Monge 또한 수학자이자 파리 과학원의 회원이었고, 달랑베르, 콩도르세, 라플라스 같은 수학자뿐 아니라 과학자 라부아지에와도 공저를 했을 정도로 다재다능한 인물이었다. 몽주 또한 혁명에 동참했으며 군수공장의 최고책임자로 활약했다. 이 외에도 무한소산법의 카르노Nicolas Léonard Sadi Carnot를 비롯해서 수치방적식 해법의 선구자인 푸리에Jean-Baptiste Joseph Fourier 등도 모두 수학자로 유명했음에도 혁명에 동참한 인물이다. 오직 라플라스만이 혁명기와 그의 생애 내내 기회주의자의 면모를 보였다. 「혁명의 길을 선택한 수학자들」이라는 글에서 안재구는 프랑스 계몽주의 시기와 프랑스혁명에서 수학자들의 일대기를 이렇게 요약한다.

> 프랑스대혁명이란 격동기 속에서 수학자들의 삶은 여러 모습이지만 그들의 학문은 찬란하다. 이 시기 학문의 발전은 혁명정부와 나폴레옹이 설립한 에콜 폴리테크니크, 과학원 등이 중심이 되었고 사회 개혁과 생산력 발전에 의하여 추동되었다. 변혁기에는 사회 발전도 급격하지만 학문도 그 발전이 비약적이다. 사회 발전의 격동기는 사람의 창조성을 크게 추동해주기 때문이다.[16]

프랑스 계몽주의 시기, 프랑스는 다른 자연과학 분야의 발전과 맞물려 수학 분야에서도 비약적 발전을 보이고 있었다. 하지만 디드로는 달랑베르를 겨냥해 수학적 세계관을 비난하는 선언으로 달랑베르가 《백과전서》의 집필을 포기하는 계기를 만든다. 디드로는 데카르트주의의 한계를 뛰어넘고 싶어했고, 이를 위해 그의 시대에 발전하던 자연사, 화학, 생리학 등 실험과학 분야에 천착하게 된다. 그는 "천재의 재능과 직관으로, 변함없는 영원한 우주의 원리를 간단한 수식으로 환원하는 대신, 끈질긴 실험과 성실한 관찰을 통해 얻은 지식을 정리, 분류, 종합하는 장인匠人의 능숙한 '손(기술)'을 믿는"[17] 방법을 선택했다.

디드로가 실험과학의 방법론으로 사회 개혁을 이루려 했던 이유 중 하나는 수학적 세계관이 당시의 지배적인 신학적 세계관과 맺고 있는 불온한 관계를 인식했기 때문이다. 디드로는 데카르트주의가 추구한 지식의 확실성이 일종의 신앙의 과학화 혹은 과학의 신앙화로 이어진다고 여겼다. 하지만 데카르트주의와 뉴턴주의 기계론은 배아의 발생이나 물질의 변화처럼 세계의 변화무쌍함을 설명해내는 데 실패하고 있었다. 이미 데카르트의 시대에도 네덜란드의 화학자 반 헬몬트는 화학을 통해 생명의 원리를 설명하고자 했다. 당시 반 헬몬트는 동물열을 음식의 발효 과정과 같은 원리로 설명했으며, 호흡과 맥박은 열을 온몸으로 전달하는 과정이라고 설명했다.[18] 디드로의 시대엔 데카르트의 시대보다 훨씬 발전한 화학의 발견이 있었고, 의사이자 화학자였던 브넬은《백과전서》의 '화학' 항목에서 화학과 당대의 기계론의 미묘한 갈등을 이렇게 표현하고 있다.

> 화학자들은 사실과 모순되지 않는다면 어떤 기계론적 설명도 수용할 것이다. 예를 들어 화학자로서는 기포발생 및 발효의 메커니즘이 탄성을 지닌 단단한 입자들의 상호작용임을 확인할 수 있다면 [...] 기쁘겠다. (중략) 그러나 천재적인 것이면서 자의적이기도 한 이러한 설명은

기포 발생과 발효의 운동의 원인이 대단히 가볍고 팽창력을 가진 물체가 배출되면서 이루어진다는 점을 명백히 보여주는 사실에 비추어보면 모순된다. 그 물질의 배출은 친화력의 일반법칙을 따르는데, 이 법칙은 기계론과는 전혀 어울리지 않는 것이다.[19]

돌바크와 디드로는 《백과전서》를 집필하면서도 화학과 생리학의 최신 발견을 근거로 그들의 무신론적 유물론을 완성하려는 노력을 멈추지 않았고, 영국의 생리학자 톨랜드John Toland를 번역하는 등의 노력을 기울였다. 그들이 전투적이고 급진적인 유물론을 주장할 수 있었던 근거에는 뉴턴의 기계론이 아닌 화학과 생리학이라는 실험과학의 방법론과 발견이 존재했고, 바로 그런 맥락에서 돌바크와 디드로는 생명과 발생의 문제에 천착하게 된 것이다. 돌바크와 디드로의 저술에서 '발효'와 '부패'와 같은 화학적 개념이 등장하는 이유는, 화학이 다루던 과학적 문제가 돌바크와 디드로의 유물론적 세계관을 정당화해주는 근거를 제공하는 핵심이었기 때문이다.[20] 돌바크가 "발효와 부패가 생명을 가진 동물을 만들어낸다"라고 선언할 수 있었던 건 그 시대 화학의 발전에 대한 그의 믿음과 확신 때문이었다.

데카르트주의의 기계론도, 뉴턴주의 기계론도, 물질과 운동의 근본 원인으로서의 초월적 존재를 가정할 수밖에 없다. 하지만 돌바크와 디드로는 바로 이 근본 원인이 초월적 존재가 아니라 세계 내부에 존재하는 것이라고 믿었다. 이런 급진적 유물론은 당대의 신학적 세계관과 정면으로 충돌했으며, 반종교적인 것으로 간주되었다. 급진적인 사상가 돌바크와 디드로는 막 부상하고 있던 화학과 생리학의 도움을 얻으며, 자신들의 전투적 유물론을 정당화해나갔다. 화학과 생리학은 프랑스 계몽주의 시기 백과전서파의 정치사상과 세계관에 확고한 토대를 제공했다. 돌바크와 디드로는 당대의 시대정신에 가장 충실한 인물이었다. 신 없는 세상을 꿈꾸던 이 전투적 유물론자에겐 새로운 윤리학이 필요했으며, 화학은 바로 그들의 훌륭한 윤리학 교과서였다. 돌바크와 디드로의 화학에 대한 관심을 연구한 이충훈은 우리에게 잘 알려지지 않은 이 두 위대한 과학자이자 사상가에 대해 이렇게 썼다.

> 그래서 유기체의 삶과 죽음, 운동과 노쇠에 대한 디드로와 돌바크의 이념은 유기체들의 결속과 와해, 상호작용과 투쟁의 장으로서의 공동체와 사회에 대한 이념으로 곧바로 이어진다. 결국 이들이 분자, 혹은 개체들의 '정지' 상태가, 그들 간에 끊임없는 상호작용이 이루어지는 과정이고, 일정한 조건이 형성된다면 그 개체들이 이전과는 완전히 다른 방식으로 결합할 수 있다고 확신할 때, 이는 곧 다가올 프랑스혁명을 예고하고 있는 것이라고 볼 수 있지 않을까?[21]

디드로의 생물학적 유물론과 프랑스 계몽주의의 시대정신

프랑스 정부는 계몽사상가 디드로 탄생 300주년을 맞이해 2013년을 디드로에 대한 국가 기념의 해로 정하고 다양한 행사를 진행했다. 하지만 한국에서 디드로는 그저 백과전서파의 일원으로나 알려져 있을 뿐이다. 디드로의 저작은 대부분 《백과전서》에 속해 있고, 사후에 출판되었으며, 따라서 그는 볼테르나 루소처럼 팡테옹에 안치되는 영광도 누리지 못했다. 디드로는 변화무쌍한 기질을 지녔다고 회자되는데, 그 이유 때문인지는 몰라도 당대의 지식인에게 그다지 환영받지 못했다. 하지만 20세기 중반부터 그에 대한 심도 있는 저작이 출판되기 시작했으며 로베르 모지Robert Mauzi는 "우리에게는 프랑스의 18세기가 볼테르나 루소의 세기만이 아니라, 어쩌면 우선적으로 디드로의 세기였"[22]을지 모른다고 말했을 정도로, 디드로는 계몽주의 시대의 가장 역동적이고 근대적인 인물이었다.

그다지 풍족하지 못한 젊은 시절을 보낸 디드로는 돌바크와《백과전서》를 만나면서 날개를 달았다. 디드로는 열정적으로 미친듯이 이 작업에 몰두했으며, 그가 쓴《백과전서》의 '취지서'에는 다음과 같은 문장이 보인다.

> 학문의 쇄신 이후 우리 사회에 퍼져나갔던 보편적인 광명은 부분적으로는 사전 덕분임을 부인할 수 없을 것이며, 이 과학의 씨앗으로 인해 부지불식간에 인간 정신은 더 깊은 지식을 받아들일 준비를 하게 된다.[23]

디드로는 하루에 14시간 이상 일하며 집필에 매진했으면서도 돌바크와 함께 구축한 유물론적 철학을 바탕으로 다양한 철학, 문학, 예술의 세계를 구축해 나갔다. 그의 책《자연의 해석에 대한 단상들Pensees sur l'interpretation de la nature》을 비롯해서 '달랑베르의 꿈' 3부작을 통해, 디드로는 모든 것은 물질이며, 이 물질의 변화가 세상의 근본 원리임을 천명하게 된다. 디드로는《백과전서》의 편찬자였던 것만큼이나 방대한 분야에 관심을 두고 다양한 분야의 저술을 남겼지만, 그의 저술을 관통하는 중심에는 기독교 신앙과 전통 그리고 권위의 굴레로부터의 해방이라는 주제가 놓여 있으며, 디드로가 이런 주장을 하는 근거엔 언제나 실험과학의 방법론과 과학적 법칙이 존재하고 있었다. 그리고 이러한 방식을 통해 디드로는 인간의 사회정치적 평등의 원리를 도출하려고 노력했다. 무신론을 전면에 내세운 돌바크에 비해, 디드로의 무신론은 보다 유연했고, 때로는 유물론을 거부하는 것처럼 보이기도 했다. 하지만 디드로의 생물학적 유물론을 연구한 장세룡은 이렇게 말한다.

> 나는 디드로가 유물론을 부정한 것이 아니라 독단을 견제하고 세계를 다양성으로 바라볼 필요를 강조한 것으로 받아들인다. 물론 디드로가 전망한 유물론적 보편도덕론이 계몽사상의 시대적 한계를 내포하는 것도 사실이지만, 그것은 당대 유럽의 독단적 도덕과는 거리가 있다. 진정한 도덕은 사회 정의를 실현하여 구성원들에게 보편적 행복을 제공해야 한다는 디드로의 입장은 확고했고, 분자생물학에 근거한 보편 감성의 유물론은 그 토대였다.[24]

디드로가 평생 천착했던 유물론의 토대에는 실험과학이 존재하고 있었다. 볼테르, 루소, 디드로 모두 데카르트주의를 비판했지만, 디드로처럼 유물론과 실험과학이라는 확고한 토대로 데카르트주의를 전복하려 했던 이는 드물다. 볼테르는 뉴턴의 권위에 기대어 있을 뿐이었고, 루소는 잠시 화학의 권위를 빌려 데카르트를 비판했지만, 과학을 제대로 해석할 능력이 없었고 곧 과학에서 멀어져 버렸다.[25] 오직 디드로만이 당대의 과학으로부터 사회 변혁의 불씨를 발견했으며 그의 생각은 그의 한마디로 요약될 수 있다.

> 해부학자, 자연학자, 생리학자이자 의사가 되지 않고서는 훌륭한 형이상학자 또는 도덕자가 되기는 몹시 어려운 일이다.[26]

디드로는 루소를 발견하고 그를 《백과전서》의 집필에 참여시킨 인물이기도 하다. 1749년 디드로는 당시의 세태를 풍자한 「눈먼 자에 대한 편지」를 쓰고 뱅센의 아성에 투옥되었는데, 제네바에서 태어나 무명 음악가로 방황하다 파리의 살롱에 막 드나들던 루소는 디드로의 소문을 듣고 뱅센에 면회를 왔다. 바로 그 면회 길에서 루소는 디종 아카데미의 논문 현상공모전을 발견했고, 디드로에게 "학문의 기예와 발전은 인간 본성을 순화하는 데 이바지했는가"에 대해 묻는다. 이 질문에 대해 부정적으로 글을 써보라는 조언을 했던 사람이 바로 디드로였다. 루소는 결국 그의 《사회계약론》의 기초가 되는 논문으로 디종 아카데미의 공모전에 당선되었고, 이후 문명이 인간 본성을 타락시켰다는 루소의 중심 테제가 된다.[27] 그런 루소는 훗날 반계몽주의자가 되고 아이러니하게도 프랑스혁명의 상징이 되어 팡테옹에 안치되고, 디드로는 프랑스혁명에서 잊힌 사상가로 남겨진다. 역사란 공정하지 않은 것이다.

디드로와 돌바크처럼 당시 막 발전해가던 화학과 생물학으로부터 기독교의 전통적 권위를 해체하고, 새로운 사회의 진보를 열망하던 계몽사상가는 한두 명이 아니었다.[28] 그들 중 라메트리Julien Offray de La Mettrie는 "도덕과 종교가 귀족계급과 고위 성직자들의 이익에 봉사하고 그들의 물리적인 억압을 지탱해주기 위해 고안된 것이며 인민들에게 자연적인 본능과 기존의 사회에 대하여 적대적인 직관을 억제하도록 가르치고 있다"[29]는 생각을 지닌 급진적 사상가였다. 라메트리 역시 돌바크처럼 전투적으로 신의 존재를 거부했으며, 의사였던 자신의 경험과 그 시대의 해부학, 생리학의 지식을 총동원해서 "종교의 그늘 아래에 남아 있던 '인간'을 자연의 한 부분으로 끌어냈다."《인간기계론L'Homme Machine》에서 이런 주장을 펼치면서도 라메트리는 실험과학자로서의 태도를 일관되게 유지했는데, 그는 "경험과 관찰이 우리의 유일한 안내자가 되어야 한다. 경험과 관찰은 철학자인 의사의 증언을 통해서 얻어질 수 있는 것이며 의사가 아닌 철학자의 작업에 의해서는 알 수 없다"[30]는 말로 그의 철학적 태도를 설명했다. 하지만 라메트리는 1751년 갑자기 사망했고, 당대의 계몽주의자와 깊은 교류를 할 수 없었다. 그 이유 때문인지는 몰라도, 라메트리의 급진적 철학은 디드로에 의해 '부도덕한 자'라는 비난을 들었으며, 돌바크는 '광란자', 볼테르는 '미친 자'라고 불렀다.

프랑스 계몽사상에서 백과전서파의 의미 그리고 과학의 사회성

"모든 혁명에는 이론서가 있었듯이 프랑스혁명도 예외는 아니었다." 프랑스대혁명까지 이르는 과정에 다양한 원인과 조건이 필요했지만, 프랑스대혁명의 사상적 기반이《백과전서》라는 점에는 연구자 간에 큰 이견이 없다.[31]《백과전서》는 원래 런던에서 챔버스가 출판한두 권짜리 《백과사전》을 번역하려는 시도에서 출발했다. 하지만 이 번역 작업을 프랑스 계몽사상가들을 총동원해서 새로운 《백과전서》의 편찬 작업으로 전환시킨 인물이 디드로였다. 《백과전서》는 당대의 학문과 예술에 대한 사전이면서 그 이전까지 진지한 학문적 성찰의 대상이 아니었던 사물까지도 과학적 서술의 대상으로 삼았다. 예를 들어 디드로는 살구나무에 대해 기술하면서, 살구잼을 만드는 방법까지 자세히 도판과 함께 기술했다.[32] 하지만 《백과전서》의 가장 급진적인 측면은 이 저술이 목표로 했던 정치와 종교라는 두 체제의 개혁에서 찾을 수 있다. 디드로와 달랑베르는 프랑스의 현실을 개혁하고 싶은 열망을 《백과전서》에 담았고, 이런 그들의 노력은 급진적이고 심지어 반체제적으로 보였을 것이다. 예를 들어 《백과전서》는 종교의 권위에 대한 거부를 사전을 알파벳 순서로 편집하는 것으로 표현했다. 《백과전서》 이전의 사전은 주로 주제별로 항목을 나열했는데 만약 《백과전서》가 주제별로 항목을 나열한다면, 그 제1의 항목은 시대적 상황에 맞게 신학이 되어야 할 것이었기 때문이다. 디드로의 급진성은 그가 쓴 5권의 서문에 잘 드러난다.

> 무엇보다도 결코 잊지 말아야 할 점은, 우리가 지구상에서 인간이라는 생각하고 관조하는 존재를 쫓아내 버린다면 이 자연이라는 감동적이고 숭고한 광경은 한낱 슬프고 소리 없는 장면에 지나지 않을 것이라는 점이다. 우주는 입을 다물고 침묵과 밤이 세상을 뒤덮을 것이다. 모든 것은 거대한 외로움이 되고 거기서 아무도 관찰하지 않은 현상이 어둠 속에서 소리 없이 진행될 것이다. 바로 인간이 있기에 만물의 존재가 관심을 끄는 것이다. 그렇다면 만물을 기술하는 데 있어서 이 점

> 말고 무엇을 목표로 삼을 것인가? 인간이 이 우주에서 차지하는 위치와 마찬가지 자리를 우리는 이 저작에서도 인간에게 부여해야 하지 않겠는가? 인간을 이 저작의 공통된 중심점으로 삼아야 하지 않겠는가? 이 무한한 공간에 우리가 수많은 점을 이어나갈 무한한 선을 출발시킬 만한, 이보다 더 나은 중심점을 찾을 수 있는가? 인간을 중심점으로 삼을 때, 만물에게서 인간으로, 인간에게서 만물로 얼마나 생기 넘치고 부드러운 반작용이 생겨나는가?[33]

《백과전서》에는 수백명의 집필진이 참여한 것으로 기록되어 있다. 하지만 이름을 밝힌 저자는 약 150명에 불과하다. 디드로는 대부분의 항목을 당시 그가 찾을 수 있던 가장 능력 있는 전문가에게 맡겼고, 직접 그 항목을 감수했다. 《백과전서》의 총지휘자는 디드로였고, 오직 디드로만이 이 방대한 항목의 대부분을 감수할 능력이 있었다. 달랑베르가 수학 및 수학적 과학의 분야를 집필하고 감수한 것 외에는 《백과전서》에는 대부분 디드로의 손길이 묻어 있다고 해도 과언이 아니다. 니콜 하워드Nicole Howard는 《백과전서》의 편찬에서 디드로의 역할을 이렇게 설명한다.

> 볼테르의 독창성은 희박하고, 루소는 대체로 파괴적인 데 비하여 디드로의 정신은 많은 미개척의 경지에 새로운 길을 열어 놓았다. 그는 최초의 심리소설가이며, 최초의 진화론을 믿는 생물학자이며, 최초의 일관성 있는 유물론자였다. 그의 예술시론은 보다 새롭고, 그의 과학은 보다 종합된 것이며, 종교 및 과학에 대한 그의 원칙은 어떤 다른 철학자보다도 급진적인 것이었다. 그의 다재다능은 놀랄 만하였다.[34]

《백과전서》의 1권은 당시 정부가 추진하던 중상주의 정책에 부합하는 출판사업으로 여겨져 장려되었고 심지어 지원되기까지 했다. 하지만 2권이 발표된 1752년 이후, 예수회의 고발이 이루어졌고, 파리대학은 집필자인 프라데스Jean-Martin de Prades 신부의 학위를 취소했으며, 가톨릭교회는 모든 사항의 사전 검열을 정부에 요구했다. 이에 정부는 이미 출판된 두 권의 발행 및 배포 정지 명령을 내렸고, 모든 원고를 압수하라고 명령했다. 정부와 교회가 내세운 《백과전서》 판매 금지의 이유는 "책이 왕권을 파괴하며 독립 반란의 기풍을 조장하며, 애매 막연한 어휘로서 오도 및 부패한 도덕심의 근거를 만들며, 무종교와 불신을 퍼뜨린다는"[35] 것이었다. 디드로는 말제브르Chrétien Guillaume de Lamoignon de Malesherbes의 도움으로 이를 미리 알고 원고를 빼돌렸지만, 이후에도 《백과전서》에 대한 박해는 계속되었다. 프랑스 지배계급의 온갖 탄압에도 불구하고 《백과전서》는 1780년 35권의 초판으로 완성되었고 1832년 마지막 권이 출판되어 총 166권으로 완간되었다.

프랑스에서 《백과전서》는 온갖 박해를 겪으면서도 프랑스대혁명의 불씨를 만들었고, 그 혁명의 결과물로 완성되었다. 《백과전서》는 유럽 각국으로 번역되었지만, 그 번역과 수용 과정은 그다지 성공적이지 못했다. 영국은 《백과전서》를 적극적으로 번역하기보다는 《브리태니커 백과사전》을 발전시키는 계기로 삼았고, 러시아 지식인은 자국의 이해 관계에 따라 선별적으로만 번역했다. 특히 독일의 낭만주의적 지식인은 《백과전서》에 극단적인 혐오의 감정을 서슴없이 드러냈는데, 이를 상징적으로 보여주는 것이 독일의 대문호 괴테의 반응이다. 낭만주의의 대표적 인물인 괴테의 이 말에서, 다시 이사야 벌린이 묘사한 '낭만주의의 뿌리'로 되돌아가게 된다. 물론 괴테가 살던 독일에서 마치 볼테르가 뉴턴을 수용한 것처럼 칸트가 뉴턴과 계몽주의를 수용하지만, 괴테의 이 말을 통해 우리는 계몽주의가 프랑스에서 확산되는 순간에도 과학을 둘러싼 유럽 각국의 지식인의 관점이 균일하지 않았음을 쉽게 알 수 있다.

> 우리가 백과전서파의 철학자에 대해 말하는 것을 들었을 때 또는 우리가 그들의 거대한 작품 중 한 권을 펼쳤을 때, 우리는 거대한 공장의 셀 수 없이 많은 둥근 틀과 직업 사이를 산책하는 것 같은 감정을 갖게 된다. 이해할 수 없는 복잡한 설비 앞에서 뇌를 괴롭히듯 눈을 괴롭히는 이 기계장치의 부르릉거리는 소리, 덜컹거리는 소리를 듣고 한 조각의 천을 만들기 위해 필요한 이 모든 것을 생각하게 될 때 우리는 우리가 입고 있는 옷에 정나미가 떨어지는 것을 느낀다.[36]

그럼에도 우리는 디드로가 주도했던 《백과전서》 운동 속에, 얼마나 깊게 근대과학의 정신이 녹아 있는지 깨달아야만 한다. 근대과학은 그 탄생의 순간부터 결코 사회 변혁과 동떨어져 있지 않았다. 뉴턴은 자신의 의도와는 상관 없이 볼테르에게 사회 변혁의 기반을 제공해주었고, 볼테르는 과학에 대한 관점을 두고 같은 계몽사상가인 돌바크, 디드로, 루소 모두와 반목했다. 돌바크는 막 발전하고 있던 근대화학에서 유물론의 씨앗을 발견했고, 디드로는 생리학에서 새로운 혁명의 불씨를 찾았다. 계몽사상가의 과학에 대한 관점은 조금씩 달랐지만, 적어도 그들 모두가 과학을 단순한 도구적 학문이라고 사고하지 않았음은 분명하다. 또한 그들에게 과학은 단순한 자연의 발견이 아닌, 자연과 사회를 발견하는 치열한 태도로 받아들여졌다. 그리고 바로 이 점에서 디드로는 근대과학이 계몽주의에 미친 진정한 영향력의 실체를 보여주는 인물인지 모른다.

> 우리《백과전서》가 다만 하나의 철학의 세기의 기도라고 우리는 알고 있다. 이 시대가 동트고, 인간의 지식을 미래에서 완성시킬 사람의 이름을 불후불멸의 것으로 만드는 반면, 이러한《백과전서》의 명성은 우리들 자신의 이름을 기억하게 하는 데 욕되지 않을 것이다. 모든 것은 예외 없이 또 누구의 감정에도 구애됨 없이 검토되고 토론되고 조사되어야 한다.[37]

6장

계몽의 과학적 해부: 계몽주의는 하나의 사상인가

프랑스 계몽주의 사상가들의 다양성과 그들의 과학[1]

과학으로 해석한 계몽사상의 지도

그러나 18세기 계몽사상가들의 다양한 저서와 경력을 살펴보면, 그 주장과 성향이 서로 달라 이를 하나로 범주화하기 어렵다. 계몽사상은 오랜 시간 동안 전개되었기 때문에 시기적으로 이들을 1 · 2 · 3세대로 구별하기도 하고, 지리적으로는 프랑스에서 시작하여 유럽 전역으로 퍼져나갔기 때문에 개별 사상가들의 출신 국가별로 그 차이를 설명하기도 한다. 또한 종교적 측면에서도 이신론적인 태도로 기독교에 비판적 모습을 드러낸 사상가가 있는가 하면, 무신론을 지탄하거나 기독교식 교육을 옹호한 이들도 존재한다. 사회를 바라보는 시각에서도 민주주의를 발전시키는 기틀을 세운 이들이 있는가 하면, 여전히 왕조 체제를 옹호하는 이들도 존재했다. 노예제도에 대해서도 이를 비판한 콩도르세가 있는 반면, 흑인에게서 풍기는 악취에 대해 긴 사설을 늘어놓았던 칸트가 있다. 철학적 입장에서도 유심론자들이 많았지만 후반으로 가면 돌바크 같은 유물론자들도 등장했다. 여기에 중상비방문libelles과 포르노그라피를 통해 절대왕권을 공격한 삼류 작가들까지 가세하면 계몽주의자들의 층위는 더욱 다양해진다. **김보영**[2]

18세기에서 19세기 전반기까지 유럽 과학의 중심은 프랑스였고, 이때 프랑스는 계몽주의 사상가의 등장과 프랑스대혁명을 통해 격동적인 시기를 보냈다. 계몽주의의 기원엔 뉴턴의 고전역학이 놓여 있었지만, 수학적 방법론과 실험적 방법론 사이에서 수학적 방법론에 조금 기울어 있던 뉴턴주의 기계론에 대해 프랑스 계몽사상가의 관점은 한결같지 않았다.

이미 다루었듯이 철저한 뉴턴주의자 볼테르는 물리학의 절대적 권위를 신봉했으며, 수학자였던 달랑베르 또한 뉴턴의 후계자로 수학적 방법론을 옹호하는《백과전서》의 집필자였다. 루소는 수학에 대해 거의 알지 못했으며, 화학에 관심을 보였지만 그 이해도 어떤 성취에 이르지 못하고 말년엔 식물학에 천착하게 된다. 돌바크와 디드로는 뉴턴주의 물리학이 아니라 화학과 생리학으로부터 사회 변혁의 가능성을 찾았고, 이를 통해 생명의 발생과 물질의 변화로부터 사회 개혁의 정당성을 발견했다. 이들 계몽사상가는 문학이나 예술에 대한 관점으로도 자주 대립했지만,[3] 그들의 대립이 격화되었던 가장 중요한 원인의 기저엔 그들의 시대에 발달하던 근대과학을 둘러싼 관점이 자리잡고 있었다.[4]

디드로 대 달랑베르

디드로와 달랑베르의 대립은 실험과학 대 이론과학, 혹은 생물학 및 화학 대 물리학 및 수학, 혹은 경험주의적 세계관 대 합리주의적 세계관의 갈등을 보여준다는 의미에서 프랑스 계몽사상기를 살펴보는 데 매우 중요한 의미를 지닌다. 달랑베르는 초기《백과전서》의 주요 편집자였고, 달랑베르가 쓴《백과전서》의 서문에는 그가 바라보는 사회 변혁을 위한 과학적 방법론의 핵심이 담겨 있다. 그는 이렇게 말한다.

> 수학적 지식을 사용한다는 것은 천문학에서보다 우리를 둘러싼 지상의 물체들을 검증하는 데에 더 중요했다. 삼체 문제에서 우리가 관찰한 모든 속성들은 우리가 접근할 수 있는 것들 사이에 관계를 맺는다. 이러한 관계를 알거나 발견하는 것은 우리가 도달해야 할 유일한 목표이고 우리가 제기해야 할 문제이다.[5]

달랑베르의 글은 뉴턴주의가 유행하던 당시 프랑스 계몽사상가의 주류 사고를 반영한다. 달랑베르와 같은 프랑스의 수학적 철학자는 대부분 수학적 방법론을 사회에 적용하는 것이 사회 개혁을 위한 최선이라고 여겼다. 실제로 프랑스에선 다양한 분과학문에 뉴턴의 방법론을 적용하려는 시도가 존재했지만 달랑베르와 디드로가 살던 시대에는 이미 생명의 발생과 같은 문제에서 뉴턴 역학의 적용이 실패하는 사례가 속출하고 있었다.[6] 디드로는 바로 이 시기에 새로운 과학으로 여겨지던 화학과 생리학의 전개를 눈여겨본 인물이다. 1758년 그가 볼테르에게 "수학의 지배는 끝났다"라고 말한 데에는 계몽사상가로서 사회 변혁을 위해 뉴턴주의 기계론보다 더 나은 과학적 방법론을 찾아야 한다는 그의 의지가 담겨 있다. 뉴턴주의가 철학으로 넘어와 성립된 기계론은 과도하게 모든 분야에 적용되고 있었고, 디드로는 은연중에 최초의 지성적 존재를 가정하는 기계론을 극복할 대안을 화학에서 찾았던 것이다.[7]

하지만 달랑베르는 디드로가 감히 수학의 시대가 끝났다고 선언한 것을 인정할 수 없었고, 특히 디드로의 급진적 유물론과 화학에 대한 강조를 수용하지 않았다. 디드로와의 이런 갈등은 달랑베르 개인의 문제와 겹쳐 그가《백과전서》편찬을 관두는 계기가 된다. 달랑베르처럼 수학자로 경력을 시작했던 콩도르세 또한 수학적 연구 방법의 중요성을 강조했는데, 그는 디드로가 수학을 비난했듯이 "실험적 연구 방법은 사교장에서 대중의 관심을 끌기 위한 것"이라고 비난하며 수학의 위대함을 강조했다. 디드로와 비슷한 과학적 태도에서 자연사를 탐구했던 프랑스의 위대한 진화론자 뷔퐁Georges-Louis Leclerc de Buffon 역시 물리학에 과도하게 수학이 사용되는 행태를 비난했고, 수학에 대한 이런 강조가 오히려 분과과학을 자연에서 멀어지게 하며, 지나친 추상화로 인해 자연에 대한 잘못된 관점을 갖게 될 수 있음을 강조했다.[8] 하지만 콩도르세는 "수학자를 제외하면 프랑스 과학원에서 유용한 일을 하는 사람은 아무도 없다"는 말로 이들을 완벽하게 무시했고, 심지어 실험물리학은 그저 '사소한 실험'에 불과하다는 말로 실험과학 전체를 모욕했다.[9] 달랑베르나 디드로가 수학과 실험과학 사이의 균형을 두고 갈등한 것은 사실이지만, 그런 논쟁은 근대과학의 분과 다양성이 성장하던 18세기 유럽에선 지극히 당연한 일이었다.

볼테르 대 루소

볼테르는 당시 프랑스에서 과학의 대변자이자 뉴턴주의의 화신이었다. 반면에 볼테르와 함께 팡테옹에 안치된 루소는 이성보다 감정이 중요하다고 설파하면서 문명이 인간성을 타락시킨다고 주장한 반계몽주의자였다. 훗날 프랑스대혁명의 기수들이 루소의 연애소설에 감화되어 그의《사회계약론》에서 새로운 사회의 기틀을 찾게 되지만, 루소의 사상은 근대과학의 성취와 과학적 방법론으로부터 사회 개혁의 뿌리를 찾으려던 18세기 프랑스 계몽주의 사상가와 결이 다르다. 어쩌면 루소는 프랑스 계몽사상가 사이에서 이단이었으며, 오히려 독일 낭만주의의 뿌리로 읽어야 하는 문제적 인물일지도 모른다.

볼테르는 사회 개혁을 위한 방법론의 확고한 근거를 과학에서 찾았다. 그리고 볼테르가 파악한 과학의 위력은 그 방법론에 있었다. 그가《관용론》에서 보여준 "극단적이거나 완벽한 것을 추구하는 태도를 경계하며 과학적인 태도를 견지하는" 방식은 볼테르가 이미 당대에 근대과학이 이룬 성취의 핵심을 꿰뚫고 있었음을 보여준다. 프랑스 계몽주의의 효시라고 불러야 마땅할 볼테르의 두 날개는 뉴턴의 고전역학과 로크의 정치사상이었다. 계몽사상가가 중요시했던 이성의 빛은 바로 이 두 날개로부터 나왔다. 그리고 그 기저에는 수학과 실험적 방법의 균형을 통해 근대과학을 완성한 뉴턴의 성공이 자리 잡고 있었다. 볼테르는 뉴턴의 신학에 대한 관심이나 그의 연금술에 대한 관심과 같은 학문적 내용보다, 뉴턴의 고전역학이 성공할 수 있었던 방법론적 기반과 그 방법론을 적용해 변화시킬 수 있는 인간 세상에 더 큰 관심을 보였다. 표현이 과격하고 거칠긴 했지만, 볼테르의 사상적 태도는 과학적으로 균형이 잡혀 있었다.

하지만 이미 살펴보았듯이 루소의 사상 속에서 과학은 겉돌고 있었다. 루소는 음악가로 경력을 시작했고, 삶의 어느 순간 화학에 지대한 관심을 보였지만, 논문 현상공모전에서 문명을 거부하는 궤변적 논증으로 당선된 이후엔 그런 태도를 그의 삶 내내 유지했다. 잠시 화학에 내비친 관심을 제외하면 당시의 주도적 과학의 발견들에 무관심했고, 수학에 아무런 관심이 없었다. 볼테르가 루소의 책에 대해 "인간 종족에 적대적인 당신의 책"이라든가 "우리 인간을 전부 바보로 만들려는 계획에 그토록 총명한 기지가 발휘된 적은 없었다"라든가 "당신의 책을 읽은 어떤 독자는 네 발로 기어다니기를 간절히 바랄 것입니다"라든가 하는 표현을 사용한 이유에는, 반과학적이고 근거조차 없으며 이성을 거부하는 듯한 루소가 당시 프랑스 사회의 진보에 위협이 될 것이라는 인식이 깔려 있다.

계몽사상의 과학적 지형도

디드로와 달랑베르는 수학적 방법론과 실험적 방법론의 우위를 두고 갈등했고, 볼테르와 루소는 이성과 감정 사이의 우위를 두고 갈등했다. 하지만 이들의 갈등 양상은 사뭇 다르다. 이들 중 루소를 제외한 셋은 모두 이성과 과학을 중시하는 계몽사상가로 묶일 수 있지만, 루소는 아니기 때문이다. 디드로와 달랑베르의 갈등은 근대과학의 성취를 존중하는 가운데 이루어진 것이지만, 볼테르와 루소의 갈등은 근대과학의 성취를 부정하려는 루소를 볼테르가 비판한 것에 가깝다. 최내경은 이런 갈등과 대립이 훗날 볼테르에서 에밀 졸라Émile Zola를 거쳐 이성과 실천을 중시한 진영으로, 루소에서 프랑스대혁명을 거쳐 개인주의적 전통과 공화주의적 전통의 자산이 되었다고 설명한다.

물론 이런 갈등이 톨레랑스Tolérance라는 프랑스 문화의 관용과 다양성의 기원이 되었는지도 모른다. 하지만 이들의 대립 구도에서 루소만 제외하면, 18세기 역사 속에서 복잡해 보이는 계몽사상가의 지형도는 의외로 쉽게 구별된다. 달랑베르와 디드로 그리고 볼테르의 갈등은 근대과학 내에서의 갈등이었고, 루소와 나머지 사상가의 갈등은 스노가 말한 두 문화의 갈등과 비슷한 양상이었다. 이런 구도로 살펴보면 디드로와 루소 사이의 갈등이 설명된다. 디드로가 보기에 루소는 계몽사상가가 아니었던 것이다. 또한 달랑베르가 《백과전서》 집필을 관두긴 하지만 달랑베르, 디드로, 볼테르가 《백과전서》의 편찬에 끝까지 관여했던 반면, 루소는 백과전서파를 완전히 떠난 이유도 쉽게 설명할 수 있다. 루소는 계몽주의자의 군대에 잠입했던 낭만주의의 스파이였던 셈이다.[10]

최내경은 프랑스 문화에서 나타나는 다양성의 문화적 가치를 18세기 계몽주의 사상가의 다양성에서 찾으려 했다. 물론 그 노력은 절반의 성공이었지만 그가 보여준 계몽사상가의 지도에는 생각해볼 만한 지점이 있다.

〈그림 2〉에서 중심에 놓인 사각형은 뉴턴 과학의 대변자 볼테르다. 그리고 이 그림에서 삼각형으로 표현된 루소는 근대과학이라는 범주 안에서 대립했던 볼테르, 디드로, 달랑베르와 떨어져 있다. 루소는 계몽주의의 이단아가 아니라 낭만주의의 스파이였다. 최내경은 이들의

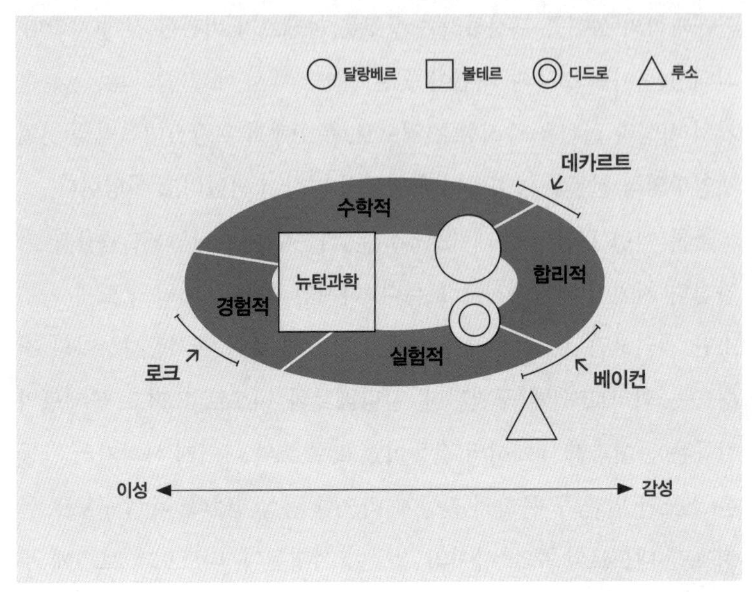

그림 2 18세기 계몽사상의 대립 양상

대립을 이렇게 표현한다.

> 18세기 프랑스 지적 환경에서 이성 중심과 감성 중심의 경향이 뚜렷이 구분되어 존재했다. 계몽의 시대에 큰 영향력을 행사했던 볼테르와 루소는 서로 대립적인 양상을 보였지만 프랑스 근대성의 성립 과정에서 이러한 상반된 가치관은 적대적이거나 비타협적이지 않았다. 대혁명의 주역들은 이들 두 사람을 모두 자신들의 정신적 기반으로 받들어, 팡테옹에 그들의 유해를 안장했는데 그 전개 과정은 가역적이었다. 한쪽이 선행되어 우세한 상황에서도 그 나머지는 분명히 역할을 수행하며 상대를 보완했다. 또 그 상호작용의 방식은 동적이었다. 대립적 요

소가 각기 양방향에서 서로에게 작용하여, 마치 정체된 듯한 평형의 시기에도 지속적으로 작동하는 동적 과정이었다. 18세기는 각기 대립적 문화 요소가 가역적으로 작용하며 동적으로 활발히 전개되었던 시기였으며 당 시대의 살롱 등 문화의 장은 이것이 가능한 환경을 제공하였다.[11]

루소를 포함하더라도 이들 계몽사상가들의 사고방식을 지배하던 학문이 근대과학이었음은 의심의 여지가 없다. 물론 그들이 사상을 표현한 방식은 당대의 주류였던 문학작품의 형식이었지만, 18세기 근대과학의 빠른 발전은 이들 모든 사상가에게 일종의 제한으로 작용했다. 그 제한은 문명과 근대과학의 성취를 부정하던 루소에게도 적용된다.[12] 근대과학의 성취를 알지 못했다면, 루소가 문명을 타락의 원인으로 돌리는 발상을 할 수 없었을 것이기 때문이다. 낭만주의자가 계몽주의에 대한 반동으로 탄생했듯이, 루소 또한 계몽주의 초기의 사상에 대한 반동으로 그의 자연주의적 사고를 발전시켰다는 설명엔 설득력이 있다.[13] 최내경은 프랑스 계몽사상가의 과학에 대한 존중을 이렇게 표현했다.

계몽사상가들은 통일적이지 않은 각자의 사상을 펼쳐 보였고 이는 당 시대 지식인 사회가 자신들의 동력으로 작용했던 과학을 바라보고 수용하는 방식의 차이를 반영한 것이었다. 수학과 역학에 대한 시각에서 달랑베르와 디드로는 서로 대립적이었고 수학적 체계에 고정된 시선과 수학적 한계를 바라보며 사상적 대립으로 서로에게서 멀어졌다. 뉴턴 과학을 기반으로 하는 이성의 힘을 오로지 지지했던 볼테르와 창의

적 감각으로 감성의 시대를 열었던 루소의 갈등은 당 시대에 가장 대표적인 대립 양상이었다.[14]

프랑스대혁명 속의 과학은 왜 잊혔을까?

우리는 지금까지 영국의 물리학자이자 소설가 스노가 던진 '두 문화'라는 질문을 따라, 과연 그런 문화가 존재했는지를 탐구해왔다. 스노로부터 단 한 세대만 올라가도 '두 문화'라는 간극은 완벽하게 해소된다. 또한 스노의 세대조차 '두 문화'라고 부를 만한 간극은 존재한다고 말하기 어려웠다. 스노의 의도가 '두 문화'라는 가짜 개념을 만들고 과학의 긍정적인 역할을 강조하려 했다는 점은 명확하다. 하지만 그는 역사적 탐구를 수행하지 않았다. 그가 살던 영국의 바로 옆에서, 불과 100여 년 전에 벌어졌던 과학과 인문학의 충돌과 융합의 역사에 대해 스노는 단 한마디도 말하지 않는다. 그곳엔 언제나 과학이 있었다.

토머스 핸킨스Thomas Hankins의 책 《과학과 계몽주의Science and the Enlightenment》는 계몽주의 시대에 발전하고 있었던 과학의 모습을 다룬다. 그곳엔 수학과 정밀과학이, 실험물리학이, 화학이, 자연사와 생리학이, 그리고 도덕과학이라 부를 수 있는 사회과학의 원형이 존재하고 있었다.[15] 하지만 핸킨스가 계몽주의 시대에 기능하고 있었던 과학을 다루는 방식은 지나치게 선형적이다. 수학으로 시작해서 도덕과학으로 논의를 마무리하는 그의 방식이야말로 수학을 과학의 정점에 두고 과학의 여러 분과를 서열화했던 낡은 사고방식이다. 이미 18세기에 그런 서열화는 불가능했다.

뉴턴주의가 풀지 못하는 물질과 생명의 문제를 해결하면서 화학과 생리학은 근대과학의 모습을 갖추기 시작했고, 그 발전의 양상은 뉴턴의 고전역학이 등장하던 방식과 판이하게 달랐다. 또한 핸킨스가 도덕과학자로 분류한 몽테스키외와 루소 등의 사상가를 그렇게 부를 수 있다면, 우리가 이미 살펴본 디드로와 돌바크, 볼테르와 루소 또한 도덕과학자로 분류해야 한다. 또한 반대로 우리가 만약 18세기 계몽사상가의 과학에 대한 치열한 관심과 과학이 그들에게 쳐놓은 제한을 인식한다면, 몽테스키외와 루소 또한 실험물리학자와 식물학자로 부를 수 있을 것이다.

20세기 중반 프랑스에선 팡테옹에 안장된 볼테르와 루소 대신 백과전서파의 일원이 재조명되었다. 프랑스 지식인은 프랑스대혁명의 이론적 기반을 제공하고서도 그 혼란스러운 격동기에 난해하다는 이유로 대중에게서 멀어진 백과전서파의 인물을 재발견했고, 이들에게서 계몽사상의 중심 원리를 찾았다. 그것은 근대과학의 성취에 대한 존중과 과학의 방법론으로 사회를 개혁하겠다는 사상적 원리였다. 돌바크와 디드로는 종교의 독단적 권위와 왕권의 잔인한 통치를 청산할 수 있었던 프랑스 계몽사상의 이론적 기반이 바로 실험과학의 정신이었음을 삶으로 증명한 사상가다.

문제는 프랑스 계몽주의의 역사를 수입하는 한국에서 더욱 심각해진다. 뒤에서 더 자세히 다루겠지만 한국의 인문사회과학계는 서양철학을 편향적으로 수입해왔기 때문이다. 예를 들어 인터넷에서 흔하게 발견할 수 있는 대학교의 프랑스 계몽주의 강의록에는 근대과학의 역할이 거의 드러나지 않는다.[16] 그곳에서 볼테르는 극작가로 먼저 소개되고, 이후 《관용론》의 저자로, 그리고 바로 볼테르의 《캉디드Candide, ou l'Optimisme》라는 소설의 내용이 전개된다. 뉴턴이 등장하기는 하지만 도대체 왜 볼테르가 뉴턴과 대립했던 라이프니츠 철학에 대항했는지에 대한 내용은 찾아볼 수 없다. 한국의 대학교육은 볼테르를 뉴턴의 고전역학을 무기로 프랑스 사회의 독단을 제거하려던 인물로 그리지 않는다. 볼테르는 한국 대학 강단의 교수에게 극작가 혹은 정치콩트를 쓴 소설가일 뿐이다. 그곳엔 근대과학이 볼테르라는 사상가를 변화시킬 수 있었던 역사적 맥락이 없다.

계몽주의의 기원을 다룬 가장 방대한 저술은 역사학자 피터 게이Peter Gay의 《계몽주의의 기원The Enlightenment: An Interpretation》이다.[17] 이 책은 총 두 권으로 구성되어 있는데 제1권의 부제는 '근대적 이교의 탄생The Rise of Modern Paganism'이고 제2권의 제목은 '자유의 과학The Science of Freedom'이다. 1권은 계몽주의의 기원을 다루며 계몽사상가 중 일부와 고대철학의 관계를 주로 저술했다. 이 책에서 피터 게이는 계몽사상가를 "그들의 이론, 기질, 환경 세대 면에서 보여준 다양함과 내적 분열에도 불구하고" 그들 대부분이 "모두 한결같이 고전 고대에 대한 호소, 그리스도교와의 긴장 관계, 그리고 근대성의 추구 등이 변증법적으로 상호작용하는 것을 경험"한 인물로 표현하고 있다. 피터 게이는 1권에서 계몽사상가의 가톨릭교회에 대한 반발을 중심으로 그들이 종교적으로 어떻게 고대 다신교에 의존할 수밖에 없었는지를 다루었고, 당연히 이 책의 부제인 '근대적 이교의 탄생'처럼 주요 내용은 계몽사상가의 종교적 태도에 국한될 수밖에 없다. 즉, 피터 게이의 책 1권은 근대과학이 계몽사상가에게 미친 영향에 대해 거의 논의하지 않는다.

피터 게이의 책에서 근대과학의 역할이 본격적으로 논의되는 건 2권부터다. '자유의 과학'이라는 부제가 붙은 이 책에서 피터 게이는 종교적으로는 고대의 다신교를 기반으로 했던 이들 계몽사상가가 학문적 방법론과 투쟁의 무기를 고르는 데 얼마나 치열하게 근대과학에 집착했는지를 적나라하게 보여준다. '자유의 과학'의 차례만 훑어보아도 1권과 2권이 다루는 분야가 얼마나 다른지 명백하다. 《계몽주의의 기원: 자유의 과학》의 차례는 다음과 같다.

제1장 신경의 회복

1. 근대의 전도: 신경의 회복

2. 계몽주의: 의학과 치료

3. 시대의 영혼

제2장 진보: 경험에서 계획으로

1. 서신의 공화국

2. 과거에서 미래로: 거대한 재설정

3. 희망의 지리학

제3장 자연을 이용하기

1. 계몽주의의 뉴턴

2. 뉴턴의 신을 제거한 뉴턴의 물리학

3. 자연의 문제적인 영광

제4장 과학자

1. 계몽주의자

2. 마음속의 뉴턴들

2. 무산계급을 위한 신앙

3. 장자크 루소: 도덕적 사회의 도덕적 인간

결어: 실행 중인 기획18

한국에서 프랑스 계몽사상가와 근대과학의 상호작용 및 그들의 근대과학에 대한 다양한 관점을 찾아보기 어려운 이유는, 피터 게이의 《계몽주의의 기원》 2권이 번역되지 않은 이유에서 찾을 수 있다. 대우학술재단이라는 재정적으로 풍요로웠던 재단이 나섰음에도 피터 게이의 책 2권을 번역할 만한 인문사회과학자는 한국에 존재하지 않았던 것이다. 이런 현실 속에서 한국의 독자는 프랑스 계몽주의를 그저 극작가와 소설가, 그리고 예술가의 살롱 문화와 토론으로만 이해할 수밖에 없다. 우리가 살고 있는 21세기의 정치사회적 제도의 기반은 영국과 프랑스에서 벌어진 여러 혁명에 기대고 있다. 그리고 프랑스 계몽주의를 중심으로 살펴본 정치사회적 변화의 기저에는 17세기에 등장한 근대과학의 영향력이 자리 잡고 있었다. 우리가 생각하는 것보다 훨씬 더 강력하게, 근대과학은 등장부터 지금까지 학문의 성립과 존속에 영향을 미쳤으며, 바로 그런 영향력을 통해 우리의 생각을 바꾸어놓을 수 있었던 것이다.

7장

과학의 자장 속에서:
과학은 어떻게 우리의 생각을 바꾸어왔는가

뉴턴에서 애덤 스미스로:
우리가 몰랐던 학문의 반쪽 역사

이사야 벌린이 다루지 못한 문제들
- 계몽주의 이후의 궤적

이와 같은 《원리》의 내용이 18세기를 통해서 인정받게 된 것은 뉴턴의 승리이자 뉴턴 과학을 제대로 소화해낸 프랑스 과학계의 승리라고 할 수 있다. 이미 18세기 중엽이 되면, 영국은 뉴턴 시대의 화려한 영광의 뒤안길에 처한 반면 프랑스 과학은 한창 융성할 때였다. 영국이 뉴턴 사후 지도자가 없는 상태에서 과학의 대중화 쪽으로 흐르는 동안, 프랑스에서는 과학 아카데미를 중심으로 뉴턴 과학을 더 정밀하게 수학화하고 검증하는 작업을 착실하게 진행시켰던 것이다. 이 점에서 《원리》가 18세기 프랑스 과학의 발전에 끼친 공헌은 매우 크다고 할 수 있다. (중략) 뉴턴이 《원리》를 집필하면서 그렇게도 공격하고 신경을 썼던 데카르트 후손의 손에 의해서 《원리》가 지향했던 체계가 완성되었다는 것은 확실히 역사의 아이러니가 아닐까? **김동원**[1]

앞에서 우리는 뉴턴의 고전역학과 근대과학의 발전이 볼테르와 디드로 등의 계몽사상가를 통해 프랑스혁명이라는 거대한 사회 변혁의 이론적 기반을 제공했음을 살펴보았다. 과학 이론이 사회 변화에 직접적으로 개입하는 일은 드물다. 뉴턴이 천상계와 지상계 모두 설명하는 법칙을 발견했다고 해서,[2] 당장 유럽에서 기독교 신학이 무너지지 않았듯이 – 오히려 뉴턴은 열렬한 신학자이기도 했다 –, 과학자의 발견과 이론이 사회 변혁을 직접 이끄는 일은 거의 없다. 근대과학은 먼저 그 학문적 방법론의 위력을 통해 주변 학문에 직접적인 영향을 주었고, 이로 인해 17세기 이후 근대학문의 지형도는 근대과학과의 관계 설정을 통한 상호작용과 갈등의 역사로 설명할 수 있다. 이렇게 과학 주변의 학문, 예를 들어 도덕과학이라 불렸던 분과에 속하는 경제학, 사회학, 윤리학, 법학 등의 인문사회과학 분과학문은 근대과학의 자장 속에서 지금까지 발전 중이다. 실제로 사회가 과학에 의해 영향을 받는 경로는, 바로 이런 과학 주변에서 인간과 사회를 탐구하는 학문을 통해서다. 과학은 지성사를 통해 우리의 삶 속으로 다가오는 경우가 많다. 과학에 의한 사회 변화는 대부분의 경우 그런 방식으로 이루어졌다.

바로 그런 의미에서 과학은 근대 세계를 축조한 기반이었고, 세계를 진보시킨 사상의 토대였다. 현대사회의 과학자에게선 상상도 할 수 없는 사회혁명가의 모습이 18~19세기 과학자에게 나타나는 이유는, 당시 세계를 거대하게 변화시키던 계몽주의의 유산 속에 과학적 방법론과 과학의 위대한 발견이 너무나 당연하게 자리 잡고 있었기 때문이다. 근대사회의 기반을 만든 사상적·제도적 기반은 18세기 계몽주의의 유산이다. 우리는 근대과학이 주조한 계몽주의, 계몽주의가 주조한 도덕과학, 도덕과학이 축조한 제도 속에서 살아간다. 계몽주의는 현상과 사물을 인간이 가지고 있는 합리적 인식능력을 활용해 규명하려는 노력이다. 현재 인류가 안정적인 정치체제를 지니고 자유롭게 살아갈 수 있는 기반을 마련해준 사상은 르네상스의 인문주의가 아니라 과학혁명으로 등장한 계몽주의다. 삼권분립라는 정치제도, 평등과 인권에 대한 헌법적 합의, 선거를 통한 간접민주주의 모두 계몽주의의 산물이다. 르네상스적 인문주의는 예술적이고 귀족적인 취향으로 변질되어 역사의 변혁을 이끌어내지 못했고, 이후 이루어진 종교개혁은 사회를 개혁하기는커녕 오히려 교황 대신 왕이 지배하는 근대국가의 성립에 일조했을 뿐이다.

계몽주의는 분명한 목표를 가지고 수행되었다. 그건 기존에 추앙받던 권위에 대한 철저하고 합리적인 의심이었고, 동시에 이를 통한 사회의 진보였다. 이사야 벌린은 낭만주의의 기원을 다루면서 계몽주의를 일별한다. 하지만 낭만주의가 현대 세계의 문명적 기반에 기여한 건 거의 없다. 물론 누군가는 낭만주의적 철학이 우리의 윤리적 관점에 영향을 미쳤다고 이야기하고 싶겠지만, 우리가 공동체 속에서 향유하는 도덕과 윤리는 우리의 진화적 특성과 오랜 역사 속에서 보통 사람이 축적해온 지혜의 결과이지 몇몇 철학자의 저술에서 등장한 사상의 결과가 아니다. 삶의 질이 나아질수록, 사람들은 자신이 향유하고 있는 물질적 기반에 감사하기보다는 정신적 즐거움을 주는 고급교양에 천착하는 경향이 있다. 따라서 근대과학과 과학기술이 선사한 물질적 풍요와 계몽주의가 축조한 합리적인 사회제도에 대해, 대부분의 사람은 전혀 그 존재의 가치를 인지하지 못하거나, 오히려 루소처럼 그 해악을 토로하는 경우가 많다. 하지만 인류 생존의 기반으로서의 근대과학과 계몽주의의 지위에 대해, 일반인은 물론 특히 인문사회과학을 연구하는 이들은 학문의 역사를 심각하게 다시 공부해볼 필요가 있다. 특히 한국의 대학 커리큘럼에 경도되어 마치 인문학이 모든 학문의 왕인 것인냥 주입받은 학자들이라면 더더욱 그럴 필요가 있다. 우리가 누리고 있는 이 모든 문명의 풍요로움은 과학과 과학의 사상적 기반인 계몽주의가 이룬 결실이기 때문이다.

사회과학 등장의 배경으로서의 계몽주의와 근대과학

사회과학Social Science을 '사회에 관한 과학'이라 한다면, 이는 사회를 과학적으로 보는 노력이 나타나면서 가능했다. 달리 말하면 사회과학은 '사회를 보는 근대적 관점a modern way of thinking about society'의 등장과 더불어 시작되는바, 이 새로운 관점은 곧 계몽주의를 말한다.[3]

사회과학이 '과학'이라고 불리는 기원에는 계몽주의의 영향이 있다. 이미 살펴보았듯이 18세기 계몽사상가들의 사상적 층위는 다양했지만, 그들은 모두 근대과학의 자장 아래서 사물과 현상을 인간이 지닌 합리적 인식능력을 통해 규명할 수 있다는 데 동의했다.[4] 바로 "이런 점에서 계몽주의에 대한 이해는 사회과학의 등장과 발전을 이해하는 데 중요한 전제가 된다."[5]

계몽주의는 일종의 철학 운동이었다. 하지만 르네상스나 종교개혁 시대의 철학과는 달리 "이성의 자유로운 그러나 종종 무비판적인 사용, 권위나 전통적인 교리 및 가치에 대해 적극적인 회의, 개인주의 경향, 보편적인 인간적 진보에 대한 이념과 과학에서 경험적 방법에 대한 강조"[6]를 기반으로 하고 있었다. 철학 운동으로서의 계몽주의가 확산되면서 자연은 물론 인간 사회에 대한 과학적이고 합리적인 탐구가 촉진되기 시작했다. 계몽사상가는 이성, 경험주의, 과학, 보편주의, 진보, 관용, 자유, 인간 본성의 단일성, 세속주의 등의 주제를 합리적 이성의 틀 안에서 자유롭게 다루었다. 뉴턴주의에 대한 수용으로 시작된 프랑스의 계몽주의는 인식론, 경제학, 사회학, 정치경제학, 법률 개혁과 같은 전문화된 분과로 발전해나가기 시작하면서 프랑스를 넘어 뉴턴의 조국 영국으로도 퍼져나갔다.

이렇게 근대과학으로부터 계몽주의를 거쳐 확장된 사회과학은 태생부터 계몽주의적 진보 개념을 지침서로 탑재했다.[7] 즉, 사회과학은 그 시작부터 "합리적이고 경험에 기반한 지식의 적용을 통해서 인간을 좀 더 행복하게 만들고 그들을 잔인함, 부정의, 독재로부터 자유롭게 할 사회적 제도를 만들 수 있다는 관념"[8]에 뿌리를 두고 있는 것이다. 칸트가 뉴턴의 고전역학에 대한 반응으로 《순수이성비판Kritik der reinen Vernunft》을 저술했다는 건 유명한 얘기다. 하지만 이사야 벌린은 계몽주의를 정의하고 스스로를 계몽주의자라고 밝힌 칸트가, 실제로는 낭만주의의 아버지라고 말했다. 그리고 칸트는 루소를 '도덕 세계의 뉴턴'이라고 불렀던 철학자다.

칸트는 복합적인 인물이다.[9] 그는 분명 경험과 이성 모두에게서 확실한 진리가 가능함을 증명하려 했고, 바로 이것이 《순수이성비판》을 통해 칸트가 해결하려고 시도했던 질문이다. 칸트의 입장을 그처럼 강력하게 만드는 것은 칸트의 저술들이 지닌 과학적 배경에 있다. 칸트는 데카르트처럼 확실성을 추구했지만, 사변철학에 머물지 않고 그가 취할 수 있었던 근대과학의 모든 성과를 활용했다. 철학을 종합했다는 칸트 역시 근대과학의 자장 아래에 놓여 있었다. 칸트 본인이 논리학과 형이상학뿐 아니라 수학적 물리학, 인간학, 지리학, 인류학 등에 대해 강의했던 인물이었다. 그는 《순수이성비판》과는 별도로 1886년 "이미 증명된 자연과학의 보편적 원리의 전제하에서 어떻게 물리학의 대상에 대한 선험적 인식이 이루어지는지를 밝히고 있는 《자연과학의 형이상학적 기초Metaphysische Anfangsgründe der Naturwissenschaft》를 출판"한다. 칸트는 노년기에 이르러 "'자연학의 형이상학적 기초에서 물리학으로 넘어감'이라는 저술을 위해 마지막 힘을 다하지만 결국 이 작품은 완성을 보지 못했고 미완성의 원고는 《유고》라는 제목으로 그의 사후에 출판"[10]된다. 칸트는 자연과학을 통해 철학에 입문했고, 근대과학의 자장 아래서 그의 인식론과 윤리학 모두를 정초했으며, 죽을 때까지도 근대과학과 윤리학의 관계를 고민했던 인물이었다.

근대과학이 사회과학에 미친 영향을 탐구한 조명래는 과학이 이 과정에서 얼마나 중요한 역할을 수행했는지를 다음과 같이 표현했다. 과학은 사회 개혁과 진보의 가장 친절한 안내자였으며, 과학을 멀리하는 진보란 존재할 수 없다.

> 사회과학의 기본 개념은 계몽주의적 진보 개념, 즉 '합리적이고 경험에 기반한 지식의 적용을 통해서 인간을 좀 더 행복하게 만들고 그들을 잔인함, 부정의, 독재로부터 자유스럽게 할 사회적 제도를 만들 수 있다는 관념'에 뿌리를 두고 있다. 과학은 이 과정에서 18세기 인간에게

중요한 역할을 수행했다. 칸트가 '루소를 도덕 세계의 뉴턴'이라 부를 정도로 사회에 대한 인식에서 과학은 중요한 요소로 간주되었고, 근대 사회과학의 출현은 바로 이러한 과학적 인식의 소산이었다.[11]

스미스, 로크, 몽테스키외, 헤겔, 근대과학이 축조한 현대 세계

스미스

사회과학 대부분은 근대과학의 성취와 계몽사상에 뿌리를 두고 있다. 근대과학의 탄생 이후 19세기와 20세기를 지나 현대에 이르기까지, 대부분의 근대학문은 근대과학의 직간접적인 영향을 받았다. 경제학도 이 영향력에서 자유롭지 않다. 특히 고전주의 경제학은 고전역학의 판박이라 할 정도로 방법론에서 관점까지 물리학을 닮아 있다. 애덤 스미스는 그의 제자들로부터 '도덕과학의 뉴턴'이라고 불렸다. 특히 그는 책《천문학사History of Astronomy》에서 뉴턴이 만든 체계를 칭송한다.

최고의 천재이자 성인인 아이작 뉴턴이 행성들의 운동을 이토록 익숙한 연결 원리로 연결할 수 있음을 발견했을 때, 우리는 일찍이 철학이 일궈내지 못한 가장 행복하고 위대하며 가장 경이로운 개선이 이루어졌다고 말해도 좋을 것이다. 이러한 연결 원리는 우리의 상상력이 그것들에 주목했을 때 우리가 느꼈던 어려움들을 완전히 제거했다.[12]

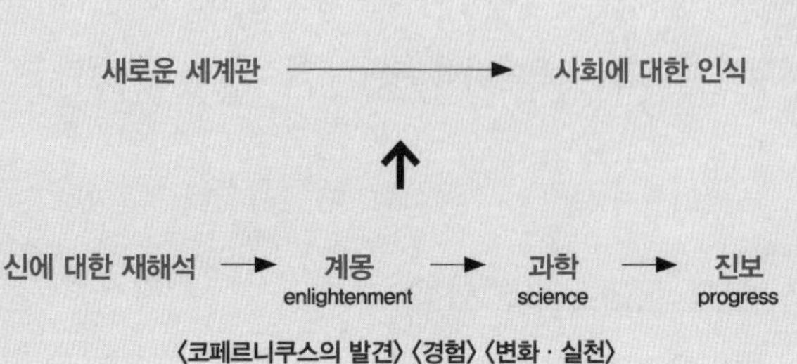

그림 3 계몽, 과학, 진보의 관계[13]

뉴턴에 대한 그의 칭송은 《수사학과 문학에 대한 강의Lectures on Rhetoric and Belles Lettres》에도 등장한다.

자연철학이나 그와 비슷한 다른 과학에서와 같은 방식으로, 우리는 아리스토텔레스처럼 모든 현상마다 하나씩 새로운 원리를 부여하면서 현상들이 우리에게 보여지는 순서대로 이런저런 다양한 분야를 섭렵할 수 있고, 뉴턴의 방식대로 최초에 알려졌거나 입증된 원리를 가정하여 그로부터 몇몇 현상들을 설명하고 동일한 사슬로 현상들을 모두 연결할 수도 있다. 후자를 우리는 뉴턴적 방법이라고 부를 수 있다. 이것은 분명 가장 철학적인 방법이며, 도덕이든 자연철학이든 모든 과학에

있어서 아리스토텔레스의 방법보다 훨씬 정교하고, 그런 이유로 더욱 매력적이다.[14]

애덤 스미스가 뉴턴을 흠모했다고 해서 그의 경제학적 방법론이 뉴턴의 고전역학을 닮았다고 말하기는 어렵다. 17세기에 고전역학이 등장한 이후 물리학에는 지속적인 발전이 있었고, 경제학이 풀고자 하는 문제의 해결에 고전역학의 방법론이 실용적일지 아닐지는 알 수 없기 때문이다. 과학사가 버나드 코헨Bernard Cohen은 18세기에 등장한 사회과학이 뉴턴의 분석법을 제대로 도입하지 못했다고 말한다. 그럼에도 만유인력과 같은 힘과 법칙의 도입을 통해 사회현상을 설명하려 했다는 측면에서, 뉴턴적 패러다임은 경제학의 발전에 영향을 미쳤다. 즉, "뉴턴이 18~19세기 사회과학에 미친 영향은 뉴턴의 과학적 방법이었다기보다는 만유인력이나 중력법칙과 같은 뉴턴 체계의 주요 개념과 법칙들의 총체"[15]였던 셈이다. 스미스의 경제학 이론에 등장하는 자연 질서와 이러한 질서에 수동적으로 순응하지 않는 인간의 존재는, 스코틀랜드 생기론의 전통 속에서 뉴턴을 받아들였던 애덤 스미스의 경제학에 어떻게 뉴턴주의가 경제학의 발전에 자장으로 작동했는지를 알려준다. 스미스가 받아들인 뉴턴과 뉴턴주의는 그의 경제학에 분명히 영향을 미쳤지만, 그 영향력은 복잡한 양상으로 나타났다.[16]

로크

존 로크는 볼테르가 뉴턴 외에도 정치사상을 펼치기 위한 근거로 받아들인 인물이다. 로크는 문학으로 석사 학위를 받았지만 옥스퍼드에 새로 도입된 실험과학에 자극을 받아 화학 실험과 의학에 더 큰 관심을 보였고, 당시 실험의학을 향해가고 있던 의학 접근법에 관심을 갖고 의학과 화학에 매진했다.[17] 즉, 우리가 아는 정치사상가 로크의 젊은 시절 관심사는 의학과 화학이었고, 로크는 부유한 귀족이자 근대화학의 아버지이기도 한 로버트 보일이 만든 젊은 과학자의 모임에도 참여할 정도로 열렬한 과학도였던 것이다. 이후 로크는 시간이 날 때마다 의학 연구를 계속해나갔다.

섀프츠베리 백작Earl of Shaftesbury을 도와 휘그당의 일을 돕던 로크는 과중한 업무로 중병을 얻고 이후 휘그 세력이 무너지자 네덜란드로 망명한다. 그의 《통치론》은 국민의 저항권을 옹호하는 불온서적이었다. 그는 5년 반의 망명 생활을 마치고 56세의 나이로 귀국했다. 정부의 한직을 맡은 그는 이후 저술에 매진했고, 그의 3대 저작인 《관용에 관한 편지A Letter concerning Toleration》, 《통치론》, 그리고 《인간지성론An Essay concerning Human Understanding》을 모두 출판한다. 로크가 에식스에 있는 오트스라는 이름의 저택에 머물며 저술에 몰두하던 시기에 로크를 자주 방문하던 인물이 뉴턴이었다. 그들은 과학을 포함한 많은 주제에 대해 의견을 나누었다고 전해지는데, 주로 신학에 관한 주제였다고 한다.[18]

또한 세간에 알려진 것과 달리, 뉴턴이 로크에 미친 영향보다 로크가 뉴턴에게 미친 영향이 더욱 컸던 것으로 확인된다. 로크는 데카르트의 과학 체계에 불만이 많았고, 뉴턴식의 합리적 실험과 관찰의 과학 연구 방법을 지지했지만, 그렇다고 해서 뉴턴식 과학 방법론을 자신의 연구에 동원하지는 않았기 때문이다.[19] 오히려 로크는 뉴턴의 고전역학뿐 아니라 로버트 보일의 화학 등 당대의 과학 지식 대부분을 적극적으로 받아들여 그의 학문을 완성했던 것으로 보인다.

몽테스키외

몽테스키외는《법의 정신De l'esprit des lois》이라는 저술과 함께 현대적 의미의 삼권분립론을 제창한 것으로 알려져 있다. 그의 사상은 프랑스대혁명은 물론 미국독립혁명에도 지대한 영향을 미쳤고, 그가 제기한 문제는 근대 정치의 발전 및 변화 과정에서 지속적인 준거점의 역할을 해왔다.[20] 하지만 몽테스키외 또한 프랑스 계몽사상의 자장 아래 놓여 있었었고, 당대 진보적 지식인의 궤적을 따라 1716년 보르도 아카데미에 가입, 1719년에는 지구의 자연사 프로젝트를, 1720년 물체의 중력의 원인에 관한 논고와 물체의 투명성의 원인에 관한 논고 등을 작성하며 과학자로 경력을 시작했다. 이후 1721년에 그는 이전과는 전혀 다른 방향의 저술인《페르시아인의 편지Lettres persanes》라는 서한체 소설을 익명으로 출판하고, 이 소설은 프랑스 계몽사상 특유의 정치문화비평서로 당시 대단한 성공을 거두었다.[21] 몽테스키외의 정치사상은 근대를 넘어 현대적이었다. 그는 이미 18세기에 흑인 노예무역을 비판했고, 이에 대해 심지어 그와 사이가 좋지 않았던 볼테르조차 "몽테스키외는 배운 것에서 거의 항상 틀렸었다. 왜냐하면 배운 것이 없기 때문이다. 하지만 그는 광신도와 노예제의 옹호자와 싸울 때는 거의 항상 옳았다"고 말할 정도였다.

몽테스키외의《법의 정신》은 과학으로서의 정치학을 추구한 작품이다. 이 작품은 현대 정치체제의 기원에 지대한 영향을 미쳤으며, 사변철학이 아닌 실험과학의 귀납적 방법을 인류 역사에 적용해 얻은 성과다. 몽테스키외는 법에 대한 연구가 "선험적 원리에 의거해 인류의 법과 습속을 연구할 수는 없으며, 다양한 민족과 국가가 생활해온 구체적 현실의 상황에서 출발해야 한다"[22]고 믿었다. 실증주의의 창시자 콩트Auguste Comte와 뒤르켐David Émile Durkheim은 몽테스키외를 과학적 정치학의 창시자라고 선언했고, 스피노자나 홉스의 정치학에 비해 몽테스키외의 정치학은 데카르트의 사변적 물리학과 뉴턴의 실험 물리학의 거리만큼 진보된 사회과학이라고 여겼다. 심지어 철학자 알튀세르는 몽테스키외를 '정치학과 역사에서의 뉴턴'이라고 호명했고, 몽테스키외가 "과학적 정치학의 고유한 방법과 대상에 따라 또다시 고전 정치철학자들과 구별"된다고 말했다. 알튀세르의 이러한 비유는 "18세기 초엽부터 알튀세르 자신을 비롯한 20세기 중반의 마르크스주의자들에 이르기까지 실증과학, 특히 뉴턴 물리학이야말로 제 학문의 모델"이었음을 간접적으로 드러내는 발언이며,[23] 20세기 후반에 마르크스주의자로 이름을 날린 알튀세르조차 근대과학의 자장에서 자유롭지 않았음을 보여주는 것이다.[24]

알튀세르는 몽테스키외의 과학적 정치학의 방법론적 측면을 극찬했는데, 왜냐하면 몽테스키외가 사회를 대상으로 하는 물리학을 처음으로 시도했다고 생각했기 때문이다. 알튀세르는 이렇게 말한다.

> '사회물리학'의 이념을 처음 생각해낸 것이 몽테스키외가 아니라 할지라도, 그는 이 대상에 새로운 [뉴턴] 물리학의 정신을 처음으로 부여하여 본질로부터가 아니고 일련의 사실들로부터 출발하여 이 사실들로부터 그것들의 법칙을 끌어내려고 한 최초의 사람이다. (중략) 정치와 역사에 대한 과학을 수립하고자 하는 모든 기획은 우선 정치와 역사가 과학의 대상의 될 수 있다는 것, 다시 말하면 정치와 역사가 과학이 발

견하고자 하는 필연성을 내포하고 있다는 것을 전제한다. (중략) 그런 만큼 역사를 지배하는 필연성이 과학에 의해 파악되기 위해서는 그 이유를 역사를 초월하는 어떠한 질서로부터도 차용하는 일이 중단되지 않으면 안 된다. 그러므로 과학에 그들의 법을 강요하던 도덕과 신학의 제 주장을 과학의 길로부터 제거하지 않으면 안 되었다.[25]

프랑스대혁명 시기, 로베스피에르의 공포정치가 진행되었을 때에는 로베스피에르가 숭배하던 루소가 혁명의 진행에 더 큰 영향을 미쳤다. 하지만 테르미도르 반동으로 자코뱅파와 로베스피에르의 공포정치가 종식된 이후부터는 몽테스키외가 프랑스대혁명의 주요 사상가로 대체된다. 몽테스키외의 정치사상을 연구한 홍태영은 프랑스 계몽주의 시기부터 프랑스대혁명에 이르기까지 루소와 몽테스키외라는 두 사회사상가를 두고 벌어진 긴장을 다음과 같이 표현했다.[26]

루소와 몽테스키외 사이의 사상적 그리고 현실적 긴장은 지속된다. 19세기 프랑스 정치사는 그러한 의미에서 루소와 몽테스키외로 표상되는 세력들, 즉 공화주의자와 자유주의자 간의 대립의 모양을 띠었다고 거칠게 말한다고 해도 크게 어긋나는 것은 아니다.[27]

하지만 몽테스키외의 《법의 정신》을 분석한 진병운은 몽테스키외가 《법의 정신 자료집》에서 남긴 말을 근거로 알튀세르, 뒤르켐, 레몽 아롱Raymond Aron 등의 프랑스 사회사상가의 해석을 뒤집으려 한다.

그리스인과 로마인은 정치와 도덕에 관한 지식을 대단히 찬양하여 그 정도가 일종의 종교적 숭배의 지경에 이르러 있었다. 이에 반해 오늘날 [18세기 전반부]의 우리들은 오로지 물리 과학[자연과학]만을 존경하고 있으며 또 실제로 그것에만 전념하고 있는 실정이어서 정치적 선이나 악은 우리들에게 인식의 대상이라기보다는 일종의 감정[느낌]에 지나지 않는다.[28]

진병운은 몽테스키외의 위의 발언을 근거로 이렇게 단언한다.

이상에서 두 번에 걸쳐 인용한 몽테스키외 자신의《법의 정신》의 골자, 집필 동기, 시대적 배경에 관한 발언에 비추어볼 때, 그를 과학적 정치학의 창시자라고 주장하는 것은 시대착오적 발상이 아닐 수 없다. 몽테스키외는 사실 콩트, 뒤르켐, 알튀세르가 주장하는 것과는 반대로, 자연과학이 학문의 주류를 이루게 된 계몽 시대의 흐름에 거슬러가기로 결정했을 뿐 아니라, 그 시대에는 무시당하고 있으나 고전 시대에는 숭상의 대상이었던 정치와 도덕에 관한 학문에 자신의 필생의 저술로 기여할 것을 결심함으로써 18세기에 본격적으로 시작되어 사실 콩트, 뒤르켐을 거쳐 알튀세르에 이르게 되는 그 시대의 흐름을 바로잡아 보려는 웅대한 포부를 지니고 있었던 것이다.[29]

아무리 진병운의 방식으로 해석하려고 노력한다 해도, 몽테스키외의 발언은 그저 사회사상을 펼칠 때 균형을 잡기 위해서 정치와 도덕에 대한 지식만을 찬양했던 고대 그리스와, 과학만을 존경하는 18세기 사이에서 균형점을 찾아야 한다는 말로밖에 들리지 않는다. 한국 인문사회과학자가 근대과학의 자장 아래서 계몽사상을 통해 근대과학의 방법론을 사회과학에 적용하려 했던 인물을 다룰 때, 그들의 무의식 속에서 어떤 지적 편향이 나타나는지 진병운은 아주 분명히 보여주고 있는 셈이다. 또한 「철학 텍스트들의 내용 분석에 의거한 디지털 지식자원 구축을 위한 기초적 연구」라는 국가과제에 실린 철학자의 목록을 살펴보면, 프랑스 계몽사상을 다루면서 근대과학과의 관계 속에서 중요하게 다루었던 돌바크, 디드로 등의 백과전서파는 물론 심지어 진병운이 언급한 콩트, 뒤르켐을 비롯한 근대 실증주의 철학자는 모조리 제외되어 있음을 알 수 있다.[30] 이 목록엔 계몽사상에서 실증주의를 거쳐 논리경험주의와 현대 과학철학에 이르는 저자는 모조리 제외되어 있고, 20세기 빈학단의 학자들은 물론 빈학단이 존경해 마지 않았던 물리학자이자 철학자 에른스트 마흐Ernst Mach 등은 다루어지지도 않는다. 한국 인문학자들의 철학 편식은 분명한 사실이다.[31]

괴테

우리는 가장 근접한 것을 가장 근접한 것에 연결하거나, 가장 근접한 것을 가장 근접한 것에서 추론하려는 신중함을 수학자에게서 배워야 한다. 우리가 감히 계산을 할 수 없는 경우조차도 우리는 계속해서 마치 우리가 가장 엄격한 기하학자에게 대답할 책임을 지고 있는 것처럼 행동해야 한다. 왜냐하면 수학적 방법이란 그것이 지닌 신중함과 명확함 때문에 바로 모든 주장의 기초가 되기 때문이다. **요한 볼프강 폰 괴테**[32]

독일의 괴테는 그의 소설 《파우스트Faust》나 《젊은 베르테르의 슬픔Die Leiden des jungen Werther》 등을 통해 우리에게는 대문호로만 알려져 있다. 하지만 괴테는 시인이기에 앞서 자연학자로 인정받고 싶어 하던 사상가였고, 그의 전 생애 동안 자연현상에 대한 탐구의 고삐를 늦추지 않았을 뿐 아니라, 뉴턴으로 상징되는 수학적 물리학에 맞서 – 별로 성공적이지는 못했지만 – 다양한 논쟁을 펼쳤다. 생물학사의 전성설과 후성설 논쟁에서 뉴턴주의식 기계론의 전성설을 비판하며 후성설을 주장한 것으로 유명하지만, 한국에서 자연학자 괴테의 모습에 대해 듣기란 어려운 일이다.

괴테는 뉴턴에 대한 열등감 속에 살았다. 뉴턴에 대한 적대감은 그의 책《색채론, 자연과학론》에 이렇게 표현되어 있다.

> 또 다른 일반적인 관찰로 돌아가보자. 단지 분석에만 전념하고 종합을 두려워하는 세기는 올바른 길을 가고 있는 것이 아니다. 왜냐하면 숨을 내쉬고 들이마시는 것과 같이 양자가 합해져야만 학문을 살아 있게 하기 때문이다.
>
> 하나의 가설도 전혀 없는 것보다는 낫다. 왜냐하면 가설이 틀리다는 것이 결코 해로운 것은 아니기 때문이다. 그러나 이 잘못된 가설이 굳어지고 일반적으로 인정받아 일종의 확신이 되면서, 아무도 그것의 정당성을 의심하지 않고 그 확신을 조사할 수 없게 되면 이것이 원래의 재앙이며 우리는 수세기 동안 이 재앙에 시달리게 되는 것이다.
>
> 그 예로 뉴턴의 이론이 언급되었으면 한다. 이미 그가 살았을 적에 그의 학설이 지닌 결함이 제시되었다. 그러나 그가 기여한 기타 위대한 공로와 시민사회와 학계에서 그가 누린 지위로 인해 반대론의 등장이 허락되지 않았다. 특히 뉴턴 이론의 전파와 고착화에는 프랑스인의 책임이 아주 크다. 그러므로 프랑스인은 그들이 범한 실수를 보상하기 위해 19세기에는 그 복잡하고 고착화된 가설의 신속한 분석에 힘써야 할

것이다.[33]

독일 낭만주의의 대표주자였던 괴테는 프랑스 계몽사상가가 뉴턴의 고전역학에서 권위를 얻는 현상을 혐오했고, 뉴턴의 물리학에 결함이 있다는 식으로 계몽주의에 흠집을 내려고 시도했다. 낭만주의자 괴테의 근대과학에 대한 편식과 적대감, 칸트의 《순수이성비판》과 《판단력 비판Kritik der Urteilskraft》에 대해 회고하는 부분에서 구체화된다. 바로 괴테의 다음 말 속에 독일 낭만주의의 기원이 있고, 한국 인문학자의 편향이 바라보는 고향이 존재한다.

칸트의 《순수이성비판》은 이미 오래전에 나와 있었지만 완전히 내 영역 밖에 있었다. 그렇지만 나는 그것에 관한 대화에 몇 번은 참가했었다. 그리고 약간 주의를 기울임으로써 나는 우리들의 자아와 외부세계가 우리들의 정신 생활에 얼마나 기여하는가, 라는 오래되고 중요한 문제가 다시 거론되고 있다는 사실을 알아차릴 수 있었다. (중략) 칸트의 말을 빌려서 다음과 같이 주장하는 모든 친구들에게 전적으로 찬동했다. 즉, 우리들의 모든 인식은 경험과 더불어 시작되지만 그렇다고 해서 모든 인식이 경험에서 유래하는 것은 아니라고 주장하는 모든 친구들에게 전적으로 찬동했던 것이다. (중략) 헤르더는 칸트의 제자였지만 불행하게도 그의 반대자였다. 그리하여 나는 더욱 좋지 않은 상황에 처하게 되었다. 나는 헤르더의 견해에 동의할 수 없었고 또한 칸트를 따를 수도 없었다.

그러는 동안 나는 유기체가 갖고 있는 특성들의 생성과 변형 연구를 열심히 지속했는데, 식물들을 다루는 방법이 안내자 역할을 함으로써 나에게 확실한 도움을 주었다. 자연을 계속해서 분석적 방법으로 보는 한편, 하나의 발전은 살아 있는 신비로운 전체로부터 이루어진다는 사실을 나는 알아차렸다. (중략) 그런데 이제 《판단력 비판》이 내 수중에 들어왔다. 이 《판단력 비판》으로 인해 나는 내 생애에서 아주 즐거운 시기를 맞이하게 된다. 이 책 속에서 나는 내가 하고 있는, 서로 간에 아주 다른 일들이 병렬되어 있는 것을 보았다. 즉, 예술의 산물들과 자연의 산물들이 동일하게 취급되어 있었고, 미학적 판단력과 목적론적 판단력이 서로 교차되면서 밝혀지고 있었다. (중략) 문학과 비교생물학이 동일한 판단력의 지배를 받음으로써 이 둘이 서로 밀접하게 관계되어 있다는 것이 나를 기쁘게 했다. (중략) 내가 내 것으로 만든 방법이 칸트학파의 철학자들의 동의를 얻을 수 없었기 때문에 나는 내 갈 길을 서둘러서 갔었다. (중략) 나는 바로 칸트학파의 철학자들과 비슷해지지는 못했다. 그들은 내 말을 들었을 것이다. 그러나 그들은 나에게 아무런 대답도 주질 못했고 또 도움도 주지 못했다. (중략) 이 역시 얼마나 신기한가 하는 것은 쉴러와 나의 관계가 본격화되면서 비로서 드러났다. 우리의 대화는 시종일관 생산적이거나 이론적이었고 보통은 양자를 합한 것이었다. (중략) 우리들은 우선 대중 철학자들에 의해, 그리고 무엇이라고 불러야 할지 모를 다른 유형의 철학자들에 의해 부당한 취급을 받았기 때문에, 나는 이 말이 조성했던 예술과 학문에 대한 보다 높은 생각을 통해 나 자신을 보다 고상하고 풍족하다고 여길 수 있었기 때문이다. (중략) 추후 나에게 중요한 의미를 지녔던 시기, 즉 지난 세기의 마지막 10년을 나의 입장에서 설명할 수는 없지만 대충 윤곽만이라도 이야기할 수 있는 기회가 주어진다면, 내가 그 당시에 그리고 나중에 피히테, 셸링, 헤겔, 훔볼트와 슐레겔 형제들에게 신세진 것을

감사하는 마음으로 진술할 수 있을 것이다.[34]

인생의 어느 순간 괴테는 과학적 방법론을 포기하고 루소와 같은 길을 걷는다. 그는 이렇게 선언한다.[35]

> 사물을 측정하는 일은 대강의 행위이며, 이 행위가 생명체에 적용될 경우 극히 불완전할 수밖에 없다. 생동하며 존재하는 사물은 그 자신의 바깥에 있는 것에 의해서 측정되는 것이 아니라 생명체 자신이 측정의 척도를 제공해야 한다. 그러나 이 척도는 고도로 정신적인 것이며 감각을 통해서는 발견될 수 없는 것이다. 원을 측정할 때의 직경이라는 척도는 원주에 적용될 수는 없다. 사람들은 인간을 기계적으로 측정하려고 했다. 화가들은 척도 단위의 가장 중요한 부분으로서 머리를 택했다. 그러나 이러한 척도는 말로 표현할 수 없는 미세한 결함을 내지 않고서는 나머지 부분들에 적용될 수 없다.[36]

헤겔

헤겔은 《정신현상학Phänomenologie des Geistes》으로, 또 마르크스와 엥겔스를 비롯한 유물론자에게 철학적 자극을 준 것으로 알려진 철학자다. 하지만 헤겔이 자연철학을 시도했다는 사실은 잘 알려져 있지 않다. 헤겔의 자연철학이 기억되지 않는 이유는 그가 1830년경에 완성한 《철학 학문의 백과사전》이라는 저술 속의 자연철학이 1840년대부터 학계에서 거부되고 심지어 자연과학의 눈부신 발전에 의해 즉각 퇴출되었기 때문이다.[37] 엥겔스만 유일하게 "화학 분야는 헤겔이 밝힌 자연법칙이 대성공을 거둔 영역"이라고 과학사적 평가를 내렸지만, 엥겔스 또한 자연과학의 성취를 지나치게 결과주의로만 받아들이는 오류를 범한 시대적 한계를 품고 있었다. 마르크스와 함께 헤겔을 비판적으로 계승했던 엥겔스는 헤겔의 자연철학에 대해 다음과 같은 잔인한 평가를 내린다.

> 헤겔의 자연철학은 단지 개념 장난이어서 진지하게 다룰 필요가 없으며 기껏해야 위대한 사상가가 미치면 조그마한 혼동으로 만족하려 들지 않는다는 사실을 증명할 뿐이다.[38]

사실 루소에서 괴테를 거쳐 헤겔로 넘어오면, 이들의 철학 속에서 근대과학의 상호작용은 점차 희미해지고 오히려 과학에 대한 적개심만이 드러난다.[39] 그런 의미에서 헤겔을 계몽주의와 낭만주의의 종합자라고 부르는 백훈승의 견해는 근대과학과 계몽주의의 관계에 대한 무지로 완성한 완벽한 착각이고,[40] 헤겔이 낭만주의에 반대했다는 논의만으로 그의 철학사상이 계몽주의적인 것이라고 주장할 수도 없으며[41] 오히려 권대중의 연구처럼 헤겔은 '반낭만주의적 낭만주의'를 추구한 낭만주의의 후손이라고 보는 것이 타당할 것이다.[42]

헤겔의 이런 반계몽주의적인 철학사상에도 불구하고, 자연철학자를 연구해온 철학자 김성환은 억지로 헤겔과 뉴턴 과학 사이의 연관성을 찾으려 한다. 그는 "헤겔의 자연철학을 과학의 역사 속에서 이해하고, 그의 자연철학에도 긍정적으로 자리매김할 수 있는 면이 있다고" 논증하는데, 그가 논문에서 주장하는 내용은 모두 질적이고 개념적인 유사성을 근거로 한 억지 주장으로 보인다. 김성환이 이처럼 억지로 뉴턴과 헤겔을 연결시키려 하는 의도는 다음과 같은 그의 문장

속에 드러난다.[43]

> 이런 맥락을 고려하면 헤겔이 개념 논증 방법을 통해 과학의 이론과 실험이 도달한 지점에서 그 이상의 질문을 '무엇' 또는 '왜'의 형태로 던지는 것은 모두 쓸모없는 일이라고 평가할 수 없고 오히려 철학자가 마땅히 해야 할 일이라고 평가해야 한다.

헤겔이 그의 자연철학을 저술하면서 어쩔 수 없이 뉴턴을 염두에 둘 수밖에 없었다는 것은 역사적 사실일 것이다. 뉴턴은 그만큼 유럽의 지성사에 광범위한 영향력을 지속적으로 미치고 있었다. 그렇다고 해서 김성환의 논증처럼 헤겔의 자연철학이 근대과학사에 편입될 수 있는 건 아니다. 헤겔은 그의 시대에 이미 화려하게 발전하고 있었던 근대과학의 성과에 거의 무지했을 뿐 아니라, 억지로 그 발전을 무시했던 사변철학자였다. 그는 당대의 유행을 따라 어쩔 수 없이 자연철학을 흉내라도 내려고 노력했지만, 근대과학에 대한 충실한 이해가 부족했던 헤겔의 자연철학은 부실한 개념으로 점철될 수밖에 없었을 것이다. 김성환의 억지 논리는 헤겔의 사변철학이 과학적 방법론으로 사용될 가능성에 대해 논하는 데까지 이어진다.

> 자연철학이 '무엇'과 '왜'에 대답하려면 과학의 경험 개념을 넘어서야 한다. 그리고 이 물음에 대한 답은 대개 처음에는 아직 수학으로 기술되지 않는 사변 개념을 끌어들인다. 헤겔이 자연철학의 방법으로 주장하는 개념 논증은 과학의 경험 개념을 철학의 사변 개념으로 개조하는 방법이다.

김성환은 헤겔의 황당한 논증을 옹호하는 자신의 논증에서 분명히 당황하고 있다.

사변 개념은 경험 개념에서 연역되지 않는다. 사변 개념 속에는 경험 개념이 담고 있는 것 이상의 정보가 담겨 있다. 사변 개념의 잉여 정보는 경험 개념의 정보와 무관할 수 없지만 이 정보와 연역 관계를 맺지 않으므로 황당해 보인다. 그러나 황당한 사변 개념은 다시 과학의 경험 개념으로 넘어가는 징검다리가 될 수 있다. 헤겔이 뉴턴 과학을 평가하면서 외부로부터 힘과 내부로부터 힘에 주목하여 물질의 운동을 비기계론적으로 이해하고 열의 본성을 물질이 아니라 물질의 상태로 해석한 것은 개념 논증 방법과 사변 개념의 쓸모를 증명한다.

헤겔의 자연철학을 뉴턴 과학의 지위로 대접하려고 노력하는 김성환의 이 논문은, 왜 철학자가 과학자에게 존경받을 수 없는지를 보여준다.

철학자는 왜 과학자에게 존경받지 못하는가

17세기와 18세기 자연철학자를 꾸준히 연구하고 있는 철학자 김성환은 그의 책《17세기 자연철학》[44]의 서문에 이런 문장을 썼다.

적을 아는 데 20년이 걸렸다. 아직 크게 부족하다. 그러나 적을 존경한다. 이 마음을 책에 담는다.

김성환이 근대과학의 여명기에 등장한 갈릴레오, 데카르트, 뉴턴, 라이프니츠, 홉스 등을 연구했던 이유는 그들을 적이라고 생각했기 때문이다. 그는 서문에서 자신이 생각하는 과학에 대해 이렇게 쓰고 있다.

> 과학은 문화다. 문화는 사람이 생각하고 행동하는 양식이다. 문화는 좁게 보면 예술, 종교, 사상처럼 주로 정신 활동의 산물이지만 넓게 보면 정치, 경제, 기술, 일상과 관련된 사회 생활의 양식도 포함한다. 과학은 혼란스러운 지식이 아니라 정리된 지식의 체계다. 정리된 지식의 체계는 고대부터 있었고 자연뿐 아니라 사회에 대한 지식도 포함한다. 그러나 과학은 자연에 대한 지식의 체계로 좁게 보더라도 인류의 생각과 행동에 영향을 미칠 수밖에 없는 문화다. 인류는 언제나 자연에 대한 지식 체계를 바탕으로 자연과 상호작용하면서 사회와 역사를 건설하기 때문이다. 원시인도 주변 환경의 지리, 기후, 식물, 동물에 관한 한 아마추어 물리학자이자 생물학자다.[45]

그는 근대과학이 현대사회에 미친 영향력에 대해 한국의 그 어떤 인문사회과학자보다 잘 인지하고 있다.

> 과학이 대표 문화인 시대는 현대가 아니라 근대다. 현대인은 과학의 지식과 산물이 없으면 삶을 즐길 수 없고 생존할 수도 없다. 그러나 20~21세기의 현대 문화는 과학보다 영화, 대중 음악, 인터넷이 대표한

다. 과학이 세상을 보는 눈을 바꾸어놓고 삶의 기초로 떠오르기 시작한 때는 근대, 특히 17세기다. 17세기는 갈릴레오, 데카르트, 홉스, 뉴턴, 라이프니츠 등 이름 높은 자연철학자들을 낳는다. '자연철학'은 고대부터 '자연학'이라고 불리고 19세기에 '과학'이라는 말이 쓰이기 전까지 과학의 근대 이름이다.[46]

근대과학의 위력을 누구보다 잘 알고 있는 김성환이 17세기 자연철학자를 적이라고 규정하는 이유는 근대과학이 철학의 임무를 밀어냈기 때문이다.

내가 17세기 자연철학을 답사하는 이유는 세계관을 생산하는 일이 철학의 임무라고 믿기 때문이다. 17세기 자연철학자들은 무생물과 생물을 포괄하는 자연관을 제시한다. 또 이 자연관은 인간관, 사회관과 더불어 세계관을 구성한다. 세계관을 생산하는 일은 그리스의 첫 철학자 탈레스 이래 철학의 임무다. 이 일은 비록 뉴턴 이후 개별 과학들이 철학에서 독립하면서 위축되지만 현재 과학들 사이의 학제 연구가 필요해지면서 다시 주목받고 있다. 철학은 과학 성과들을 종합해 세계관을 만드는 일을 계속해야 한다. 이 일은 철학만이 할 수 있다.[47]

김성환은 자신의 책뿐만 아니라, 헤겔을 다루는 논문에서도 고집스럽게 세계관을 제시하는 것이 철학'만'의 임무라고 주장하고 있다. 하지만 김성환의 생각은 고루하고 낡았다. 이미 19세기에 대부분의 철학자가 포기했고, 20세기에 들어서는 흔적도 없이 사라진 사상의 진보에 대해, 철학의 변방 한국에서 김성환은 너무나 뻔뻔하게 주장하고 있는 것이다. 만약 철학만이 세계관을 제시할 수 있다면, 과학뿐 아니라 예술을 비롯한 다양한 인간 지성의 발자취는 어떻게 부정할 것인지 대답해야 한다. 또한 이미 역사를 통해 증명된 철학이라는 체계의 특성, 예를 들어 헤겔이 말했던 "미네르바의 부엉이는 황혼이 저물어야 그 날개를 편다"의 의미 또한 부정되어야 한다. 헤겔이 과학적 방법론에 무지했다고 해서 그 시대의 정신 속에서 치열하게 사고했던 헤겔 철학의 의미가 퇴색되는 건 아니다. 헤겔의 철학은 과학처럼 현대 세계에 광범위한 영향력을 미치지 못했지만, 마르크스와 엥겔스 같은 경제학자에게 반역의 계기를 마련해주었다. 어쩌면 헤겔 철학은 그것만으로도 역사에 충분한 함의를 지닌 것인지 모른다.

20세기에 이미 과학철학자 라이헨바흐Hans Reichenbach는 「인식론의 세 과제」라는 논문을 통해, 과학철학이 인식론으로서 지니는 임무를 기술, 비판, 충고의 순서로 열거했으며, 과학철학자는 이러한 임무 중 과학의 '발견의 맥락'이 아니라 '정당화의 맥락', 즉 과학적 이론이 과학자 사회 내부에서 경쟁하고 상호작용하는 이유에 대한 탐구에 집중해야 한다고 말했다. 특히 라이헨바흐는 과학철학이 과학에 대해 충고하려는 모든 시도는 논리적으로도 실용적으로도 불가능하다고 말한다.[48]

'연구프로그램'을 통해 과학과 과학이 아닌 것을 구분하려고 했던 과학철학자 러커토시 임레Lakatos Imre는 과학을 모르는 철학자에게 이렇게 훈계했다.

> 과학을 영국왕립학회의 형언할 수 없이 신비한 비의로 이해하고 있는 철학자에 불과한 사람이 어찌 좋은 과학과 나쁜 과학을 구분하는 기준

을 고안해낼 수 있겠는가?[49]

미국의 과학기술학자인 스티브 풀러Steve William Fuller는 그의 책 《쿤/포퍼 논쟁Kuhn vs. Popper》에서 김성환처럼 여전히 18세기 지성사에서 이미 벌어진 일을 애써 감추고 무시하려는 철학자에게 다음과 같이 말한다.[50]

> 과학철학사에서 가장 놀라운 특징은 논의되는 사람들의 철학적 중요성과 과학적 중요성 사이의 역관계이다. 갈릴레오나 뉴턴, 맥스웰James Clerk Maxwell, 아인슈타인과 같은 가장 위대한 과학자들도, 웬만한 과학철학자 이상으로 다뤄지지 않는다. 때로 이 과학자 집단에 속한 어떤 이들, 특히 다윈은 철학자들에게 점잖게 무시당하는 처지로까지 밀려난다. 이러한 흥미로운 특징은, '자연철학자'라는 단어가 지금 우리가 보기에는 과학자와 철학자 양쪽을 모두 포함하는 표현으로 쓰이는 시험적 기간에 최초로 나타난다. 예를 들어 17세기 자연철학자들은 오늘날 갈릴레오나 보일, 뉴턴과 같은 '과학자'들과, 데카르트, 홉스, 라이프니츠와 같은 '철학자'들로 갈라진다. 오늘날 우리가 '철학자'라고 부르는 사람들은 결국, 지금의 우리가 '과학적'이라고 부르는 것을 놓고 벌어진 전쟁에서 패배한 쪽의 자연철학자들이다.[51]

근대과학의 승리는 대부분의 학문 분야에 대한 광범위하고도 지속적인 영향력을 통해 확인할 수 있다. 계몽주의는 그 시작을 알리는 운동이었고, 바로 계몽주의 운동 덕분에 우리가 향유하는 대부분의 정치체제가 등장할 수 있었다. 그럼에도 계몽주의의 반동으로 등장한 낭만주의 전통의 철학자는 여전히 과학의 승리를 인정하지 않고 있으며, 여전히 그들만의 리그에 숨어 근대과학에 대한 적대감을 나타내는 데 주저하지 않는다. 어쩌면 러커토시의 말처럼 이들은 과학에 대해 논할 자격이 없으며, 이러한 철학자야말로 현대사회의 지적 원시인이라 불려야 할지 모른다.

8장

과학은 언제나:

현대사회는 과학에 의해 어떻게 주조되었는가

근대과학과 19세기의 사상가들: 과학이라는 피할 수 없는 빛

스노와 이사야 벌린이 놓친 이야기들 – 근대과학이라는 골격

과학이 현대사회에 주는 의미를 과학의 유형적 영향과 무형적 영향의 두 가지로 나눌 수 있겠습니다. 우리는 일반적으로 유형적 영향에 익숙한데, 이것이 바로 기술과 관련되어 있지요. 과학이 기술을 향상시키는 데 이바지해왔고 물질적 풍요와 생활의 편리를 가져왔다고 하겠습니다. 대부분의 이른바 '첨단기술'은 과학의 직접적인 응용이라고 할 수 있고 우리는 일상생활에서 그런 기술 없이는 살 수 없게 되었습니다. 여러분의 하루 일과를 생각해보면 첨단기술을 쓰지 않는 때가 거의 없을 겁니다. 흔히 과학을 이런 유형적 영향, 곧 기술과 혼동하고 동일시하는 잘못된 경향이 있지요.

보다 중요한 것은 과학의 무형적 영향이라고 할 수 있습니다. 과학의 본질은 기술에 있는 것이 아니라, 우리가 자연을 어떻게 이해하고 해석할 수 있는가에 있습니다. 그것을 통해서 우리는 인간 자신을 포함한 전체 우주에 대한 근원적 이해를 추구함으로써 삶에 대해 새로운 이해를 가질 수 있게 되고 정신 문화를 형성하는 데 도움을 얻습니다. **최무영**[1]

비록 역사를 완전히 무시한 스노의 나이브한 주장을 이사야 벌린이 충분히 보완하긴 했지만 역사는 바라보는 관점에 따라 다양한 모습으로 나타난다. 분명히 벌린의 역사서술엔 배울 점이 많다. 하지만 역사를 사회사와 지성사로만 한정 지으면 우리는 스노가 제기했던 두 문화의 상호작용을 바라볼 수 없게 된다. 예를 들어 스노의 물리학자 집단을 계몽주의자로 치환하려는 시도는 오히려 낭만주의와 계몽주의의 역사적 긴장과 반발만을 보여줌으로써 실제로 역사 속에 풍부하게 존재했던 과학과 인문학의 상호작용을 지워버릴 수 있다.

또한 스노의 두 문화 사이의 갈등을 '근대과학 – 계몽주의 – 낭만주의'라는 단선적 순차 관계로 묘사하는 것은 이후 빈학단에 의해 정립되는 논리실증주의의 전통과 포스트모더니즘의 발흥, 그리고 여기에서 야기된 과학전쟁까지의 역사[2]를 모조리 변증법적 역사관에 가두려는 시도로밖에 보기 어렵다. 역사를 자세히 들여다보면 볼수록, 우리는 스노가 두 문화로 구분한 학문 간의 갈등과, 벌린이 지적한 낭만주의와 계몽주의의 대립 외에, 다양한 전통 간의 상호작용을 발견할 수 있다. 특히 그러한 작업을 수행하는 데 가장 큰 도움을 줄 수 있는 것은 물리학을 중심으로 이루어지는 계몽주의 논의나 과학철학적 논의가 아니라, 다양한 과학의 분과들이 성립되는 과정을 면밀히 살펴보는 과학사의 관점이다. 그러한 관점을 취한다면 낭만주의가 계몽주의를 극복하려는 과정은 오히려 그들이 과학의 방법론과 과학의 영향력을 충분히 인지하고 있었기 때문이라는, 스노와 반대되는 관점을 얻을 수 있다.

17세기에서 19세기에 이르기까지 과학과 인문학이 상호작용했던 모습 속에서 우리는 적어도 근대과학 이후의 서구 지성사가 과학과의 긴장 혹은 화해 속에서 자유롭지 않음을 알 수 있었다.[3] 과학은 지속적으로 모든 분야의 학문에 관여했다. 물론 과학이 점차적으로 내재적인 자율성을 얻게 되는 '19세기 과학의 세속화 여정'[4] 이전까지, 과학도 사회의 물질적 조건에서 자유롭지 않았다. 독일의 특수한 상황과 계몽주의에 대한 반동이 함께 낭만주의를 발흥시켰듯이, 과학도 어느 정도 그러한 역사성에서 자유롭지 못했다. 과학이라는 학문의 특수성에 대한 논의는 이 글의 범위를 벗어나는 것이다. 하지만 계몽주의를 가능하게 했던 과학적 방법의 특수성에 대한 낭만주의식의 전통적 반발 외에도, 확실한 지식을 획득하는 대안적 방법론에 대한 논의는 풍부하다. 논리실증주의에서 비롯된 과학철학뿐 아니라 과학사에서도 방법에 관한 다양한 주장과 역사적 관점이 지속적으로 도출되고 있다. 물론 과학적 방법론을 다루는 영역의 역사에서도 두 문화 간의 상호작용이 지속적으로 관찰된다는 것은 주지의 사실이다.[5]

지금까지 스노가 너무나 허술하게 지적한 두 문화의 갈등을 이사야 벌린의 낭만주의에 대한 논의와, 18세기 프랑스 계몽주의 사상사에서 등장했던 과학자이자 자연철학자이며 또한 근대적 사회사상가였던 이들을 통해 살펴보았다. 그 과정에서 우리는 표면적으로 드러나는 학문 간 뿌리 깊은 갈등의 역사와 더불어 역사적 상황과 시대정신에 따라 역동적으로 얽히는 학문 간의 상호작용을 발견할 수 있었다. 이 과정에서 유일한 반론이 될 수 있는 것은 이 모든 논의가 과학이 전문화되기 이전, 즉 17세기의 논의이며, 과학과 철학이 혼재되어 있는 자연철학의 시대에나 가능했던 상호작용이라는 주장이다. 하지만 스노가 살던 시대에도, 그 이후에도 과학과 인문학은 멀리 떨어져 있지 않았다. 그들은 서로의 존재를 충분히 인지하고 있었으며, 때로는 갈등하고 필요하다면 서로의 지식을 빌려오는 데 주저함이 없었다. 아마도 스노가 그러한 상호작용을 바라보지 못한 이유는, 그가 훗날 후회스럽다고 이야기했던 인문학과 과학의 접경지대에 대해 무지했기 때문일 것이고,[6] 학문의 분과 다양성과 역사의 풍부한 사례에 대해서는 더욱 무지했기 때문일 것이다. 하지만 이 모든 걸 전문화 때문이라고 변명한다 해도, 동시대를 살면서 몸소 과학과 인문학의 경계를 넘었던 이들에 대한 그의 무지는 참기 어려운 것이다.

20세기의 벽두, 스노가 태어나기 바로 직전의 19세기 말은 인문학과 과학, 사회과학의 전문화가 이루어지는 시기이자 그 어느 시기보다도 다양한 학문 간의 상호작용이 충만한 시절이었다. 이러한 경향은 서구의 가장 급진적이었던 사상가에게도 예외는 아니었다. 예를 들어 "러시아의 급진적 무정부주의자인 크로폿킨Pyotr Alexeyevich Kropotkin, 19세기 부르주아 이데올로기에 대한 신랄한 비판가였던 극작가 입센Henrik Johan Ibsen, 20세기 서구문명의 자만심을 공격했던 레비스트로스Claude Lévi-Strauss, 서구 자본주의사회의 폐지를 주장했던 마르크스, 엥겔스까지도 과학의 지적 가치, 해방적 기능에 대해서는 하나의 의심도 없었"[7]을 뿐 아니라 과학을 충분히 이해하고 있었다.

심지어 낭만주의의 계승이라고 해석할 수 있는 포스트모더니즘도 마찬가지였다. 어쩌면 스노의 비좁은 관점에서 문학 지식인 그룹으로 평가받을지도 모를 포스트모더니스트조차 근대 이후 지속적으로 이어진 과학과의 상호작용에서 자유롭지 않았다. 역설적으로 소칼의

'지적 사기'에 의해 촉발된 과학전쟁은 그들이 과학의 영향력에서 충분히 자유롭지 못했기 때문이라고 이해해야 할지 모른다.[8] 비록 과학을 비정상적인 방법으로 사용했다는 점, 과학에 대한 이해보다는 과학기술이 이룩한 근대사회에 대한 공포를 우선 강조한다는 점 등이 고려되어야 하지만, 상대성이론과 양자역학, 진화론의 성립 과정 속에서 포스트모더니즘과 과학의 상호작용을 바라보면 스노의 이분법은 성립될 수 없다. 적어도 스노의 문학인 동료들이 열역학 제2법칙에 대해 설명하지 못했을 때, 포스트모더니스트는 양자역학을 허술할지언정 논하고 있었다. 또한 철학에서의 포스트모더니즘은 논쟁을 생산하며 여전히 존재하고 있다.[9] 과학에 대한 올바른 이해라는 축을 제거하고 과학전쟁을 바라보면, 두 문화의 한쪽 극단인 인문학자가 과학에 대해 얼마나 깊이 인지하고, 또 그것을 껴안기 위해 고민했는지 볼 수 있다. 오히려 반대쪽에서 과학자가 이해의 부족을 비난하며 대화를 방해했다. 물론 과학자의 이런 태도엔 정당한 측면이 있다.

어쩌면 스노가 보여주는 지적 자만심과 허술함은 그가 경험했던 동료에게 부과해야 할지 모른다. 적어도 스노의 주변에 과학의 발전에 대한 공포를 넘어 호기심이라도 지닌 사람이 많았다면 스노의 어설픈 논의가 20세기 서양과 동양의 지식인을 이처럼 괴롭히지 못했을 것이다(유유상종은 이럴 때 쓰는 말이다). 이제 잠시 스노는 잊자. 두 문화는 다양한 모습으로 존재할 수도 있고, 그렇지 않을 수도 있다. 역사는 바라보는 사람의 관점에 따라 모습을 바꾼다. 그리고 스노는 역동적인 역사의 모습조차 보지 못했다. 아니, 볼 생각조차 하지 않았다.

마르크스의 경제학과 근대과학

그런데 이러한 어리석은 철학적 생각이나 그 밖의 모든 어리석은 철학적 생각에 대한 가장 적절한 반박은 실천, 즉 실험과 산업이었다. 우리 자신이 어떤 자연현상을 만들어내고 그것들을 그 조건으로부터 발생시키며, 더욱이 그것을 우리의 목적에 이용함으로써 그것에 대한 우리의 이해가 옳다는 것을 증명할 수 있다면 칸트의 파악할 수 없는 '물자체'는 종말을 고하게 될 것이다. 식물과 동물의 체내에서 산출된 각종 화학적 물질도 유기 화학에 의하여 차례차례 추출되기 시작할 때까지는 그러한 '물자체'로 남아 있었다. 유기화학과 더불어(예를 들어 꼭두서니의 색소인 알리자린처럼) '물자체'는 우리를 위한 사물로 되었다.[10]

그러나 데카르트에서 헤겔에 이르는, 그리고 홉스에서 포이어바흐에 이르는 오랜 기간에 걸쳐 철학자들을 움직여 온 것은 그들이 생각한 것처럼 순수 사유의 힘만은 결코 아니었다. 그와는 반대였다. 실제로 그들을 앞으로 밀고간 것은 주로 위력 있고 더욱더 급속하고 급격한 자연과학과 산업의 발전이었다.[11]

마르크스의 저술은 20세기 세계를 뒤흔들었다. 그의 저작을 접하게 되는 이유야 다양하겠지만, 마르크스가 자연과학의 발전에 대해 아주 민감하게 반응했다는 측면에서 그의 사상에 비판적으로 접근하는 연구는 드물다. 역사적 '과학', 사적유물론, 관념론과의 갈등, 이 모든 지점에서 마르크스는 근대과학에 빚을 지고 있다.[12] 그의 저작《독일 이데올로기Die Deutsche Ideologie》에서 철학사와 연관되는 세 가지 테제 중 마지막은 다음과 같다. "실증과학과 사변적 이데올로기는 대립된다: 전자는 현실에 대한 참된 기술이지만, 후자는 환상이고 환영일 뿐이다."[13] 「포이어바흐에 관한 테제Thesen über Feuerbach」의 대미를 장식하는 그의 제11테제는 마르크스에 관한 논의에서 가장 자주 언급되는 문장일 것이다.

철학자들은 세계를 다양하게 해석해왔을 뿐이다. 그러나 중요한 것은 세계를 변화시키는 것이다.[14]

하지만 이와 비슷한 맥락에서 마르크스는 다음과 같은 표현을 사용한 적도 있다.

철학은 정치에서 아무것도 하지 않았다. 즉 물리학, 수학, 의학, 모든 과학이 각자의 영역 안에서 행한 것을 전혀 하지 않았던 것이다.[15]

마르크스는 자연과학의 성취가 혁명적이었으며 사회에 깊은 영향을 미쳤다는 것을 잘 알고 있었다. 그리고 철학이 자연과학의 그러한 성취를 본받아야 한다고 생각했다. 나아가 자연과학의 발전은 철학의 사변적 환상을 곧 제거할 것이라는 과격한 주장을 펼친 것도 사실이다. 물론 과학이 진보하면 사변적 환상이 사라지게 된다는 그의 소박한 실증주의적 견해는, 계급투쟁이 존재하는 한 철학은 완전히 해소되지 않는다는 주장의 일부일 뿐이다. 즉, 그의 문제의식에는 "과학에 의한 철학적 해소와 다른 한편으로는 계급투쟁에 따르는 철학의 현존이라는 두 축이 복합적으로 얽혀" 있다. 이러한 마르크스의 인식은 "철학은 형식상으로는 폐기되고 내용상으로는 보존되며, 변증법과 형식논리학을 제외한 나머지 모든 것은 자연과 역사에 관한 실증과학 속에 동화된다"는 엥겔스의 선언으로 명료하게 표현될 수도 있다. 이 지점에서 엥겔스가 마르크스주의 철학을 교조적인 체계로 만들었다는 비난에 대한 대답으로는, 마르크스가 엥겔스의 저작에 깊숙하게 관여했으며, 이러한 견해에 동의하는 언급을 수차례 했다는 것만으로도 충분할 것이다.[16]

그럼에도 《자본론Das Kapital》을 읽는 모든 이는 다음의 구절 앞에서 멈춰서야 한다.

> 자연 과정을 관찰할 때 물리학자는 내용이 가장 충실한 형태에서, 그리고 교란적인 영향으로 말미암은 불순화가 가장 적은 상태에서 관찰하거나 과정의 순수한 진행을 보증하는 조건 아래에서 실험을 한다. 이 책(자본론)에서 내가 연구해야 하는 것은 자본주의적 생산양식 및 그 양식에 조응하는 생산관계와 교류관계이다. 그것들이 전형적으로 나타나는 곳은 아직까지는 영국이다. 이것이 바로 나의 이론적 전개의 중요한 예증으로 영국이 이용되는 이유다.[17]

마르크스는 측정량이 이론을 제한하는 '과학의 세속화 여정'을 경험한 세대다. 이론이 독단적으로 측정량을 지배하던 17~18세기를 거쳐 실험과학이 정량적 신뢰의 시험을 거쳐 정립되는 19세기에 이르러서야 과학은 이론과 이론의 신학적 대결에서 벗어날 수 있었다.[18] 그 과정에서 핵심적인 역할을 한 것이 통제된 조건에서의 실험, 그리고 그 실험과 이론을 연결하는 작업이었다. 통제된 조건 속에서 행하는 실험이 자연의 모습을 보증하느냐의 문제를 두고 과학자 사이에도 의견 대립이 있었다. 전통적으로 관찰을 중시해온 생물학의 전통에 실험적 정량화의 방법론이 흡수되는 여정은 복잡한 풍경이다.[19] 그곳은 물리학과 화학의 개입과 생기론자의 반발, 재현되지 않는 질적 데이터를 두고 벌어진 논쟁으로 가득하다.

사회현상에서는 통제된 실험이 불가능하다. 마르크스는 이를 위해 '추상력'이라는 도구를 끌어들인다. 우리는 마르크스가 물리학의 사고실험과도 유사한 이러한 과정을 통해 자신의 작업에 과학적 정당성을 부여하려는 모습을 볼 수 있다.[20] 마르크스가 물리학의 성공에서 통제된 실험의 중요성만 본 것은 아니다. 그는 생물학의 두 전통, 즉 자연사와 생리학의 방법론적 차이와 관찰과 실험의 차이, 그리고 방법론적 환원주의의 필요성에 대해서도 알고 있었다.

> 어떤 일에 있어서나 시작은 어려운 것이다. 모든 학문에 있어서도 마찬가지다. 그러므로 제1장의 상품 분석의 내용을 이해하기에는 매우 큰 어려움이 뒤따른다. 나는 특별히 가치의 실체와 가치의 크기에 대한 분석을 가능한 한 보편화시켰다. 가치 형태가 완전히 발달된 그런 형태는 바로 화폐 형태인데, 이 가치 형태는 매우 기본적이고 간결하다. 훨씬 더 혼합적이고 복잡한 형태들을 완전하게 분석하는 데 거의 근접해 있음에도 불구하고, 인간은 2000년 이상 동안 완전한 분석에 끝까지 도달하기를 헛되이 갈망해왔다. 그 이유는 무엇인가? 그 원인은 신체의 세포들을 연구하는 것보다는 유기체로서의 신체를 연구하는 것이 훨씬 더 쉽기 때문이다. 더구나 경제 형태 분석에서는 현미경이나 화학적

시약은 소용이 없다. 추상력이 둘을 대신해야 한다. 그러나 부르주아 사회에서는 노동생산품의 상품 형태나 또는 상품의 가치 형태가 경제의 세포 형태인 것이다. 피상적인 관찰자에게는 이러한 형태분석이 사소한 것으로 보일 것이다. 사실상 이 형태분석은 사소한 것을 다룬다고 하지만, 이 사소한 일은 현미경적인 해부에서 다루는 것들과 아주 똑같은 방법으로 한다.[21]

이 구절을 이해하기 위해서는 과학적 방법론에 대한 자세한 분석이 필요하다. 역사적으로 마르크스가 활동하던 시기는 자연사 전통에서 다윈의 진화론이 모습을 드러내던 시기이기도 했지만, 역설적으로 독일의 생물학자가 세포 이론을 확립하던 시기이기도 했다. 생물학의 두 전통은 실은 서로를 무시한 채 따로 진행되고 있었다. 마르크스는 1830년대 독일에서 슈반Theodor Schwann과 슐라이덴Matthias Jakob Schleiden을 주축으로 현미경이라는 도구를 이용해 '세포 이론'이 정립되는 과정을 잘 알고 있었던 것이다. 실험생물학의 전통은 실험이 이론을 제한하는 과학적 생활양식의 전통을 품고 있다. 마르크스는 '경제 형태' 분석을 '세포'를 연구하는 작업으로, '현미경과 화학적 시약'을 '추상력'으로 대치하면서 자신의 작업을 실험생물학에 비유하고 있는 것이다.[22]

독일에서 부흥했던 실험생물학에 마르크스가 친숙했던 것은 우연이 아니다. 그리고 그에게는 영국에서 활동 중인 친구 엥겔스가 있었고, 그곳에서 당연히 자연사 전통을 확립한 다윈을 만날 수도 있었다. 마르크스와 자연사의 전통, 즉 다윈과의 관계에 대한 이야기는 대부분 과장된 것이다. 다윈은 마르크스에게 별다른 관심이 없었고, 마르크스는 다윈의 저술을 읽고 이해하고 있었지만 그 이해는 자신의 이론에 대한 물질적 혹은 자연적 근거 찾는 과정에서 비롯되었다. 마르크스가 역사를 움직이는 원동력으로 생각한 '생산력'과 '생산관계'의 변증법적 발전, 그리고 그 생산력은 헤겔의 관념론적인 어떤 것이 아닌 물질적인 기반을 가져야 한다는 사실, 바로 그 지점에서 마르크스에겐 자신의 이론적 근거가 될 자연법칙이 필요했다.[23] 《자본론》의 제1권에 등장하는 각주에는 다윈의 《종의 기원On the Origin of Species》이 표시되어 있다. 그 문장은 다윈에게 자연의 기술technology사에, 즉 생명의 유지를 위해 생산도구의 역할을 하는 동식물 기관들의 형성에 우리의 관심을 이끈 공로를 인정한다는 표현이다. 생산력의 자연적 기초, 그리고 헤겔의 진보 개념에 대한 마르크스와 엥겔스의 이해 방식, 나아가 진보의 우연성과 필연성에 대한 복잡한 마르크스의 생각이 다윈과의 관계 속에서 보아야 할 부분이다.

마르크스는 아마도 다윈식 진화의 우연성과 무계획성에 동의하지 않았을 것이다. 이는 당시의 사이비 과학자에 가까운 트레모Pierre Trémaux에 대한 그의 열렬한 지지에서 찾아볼 수 있다. 트레모의 이론에는 진보에 대한 목적론적 관점, 즉 생명체가 완전함을 향해 나아간다는, 다윈이 깨부순 바로 그 원리가 녹아 있었기 때문이다. 마르크스가 살던 시대와 장소에서 '진보'라는 개념은 역사적 요청이었다. 마르크스가 다윈의 진보를 어떻게 이해했느냐는 마르크스라는 사상가의 복잡한 삶을 이해해야 풀 수 있는 어려운 문제다. 일방적인 비난도 일방적인 정당화도 필요하지 않으리라고 생각한다.[24] 마르크스가 실증과학의 위대한 승리를 자신의 철학 속에 끌어다 놓았다는 점, 그가 '과학적'이라는 말을 지나칠 정도로 강조했다는 점은 마르크스 이론가에게는 넘어서야 할 숙제이기도 했다.[25] 그것이 마르크스주의에 위해가 되는지는 이해하기 어렵지만 계몽주의가 남긴 숙제를 반성한다는 측면에서 이해해볼 여지가 있을지도 모른다. 다만 과학의 다양한 모습을 계몽주의라는 단 하나의 사조로 획일화시키는 것만큼 위험한 일도 없다. 스티븐 제이 굴드, 리처드 르원틴, 존 벡위드 같이 과학의 현장에서 마르크스주의를 고민했던 과학자가 존재하는 상황에서, 과학을 마르크스주의의 적으로 섣불리 판단하는 것은 과학의 다양성과 과학의 긍정적 기능이 줄 수 있는 도움을 거부하는 일이다. 마르크스는 그렇게 하지 않았다.[26]

하지만 무엇보다 중요한 점은 마르크스가 과학의 혁명적이고 비판적 기능에 주목하면서 계급투쟁을 이해하려고 노력했다는 점이다. 과학은 마르크스주의자에게는 넘어서고 극복해야 하는 대상임에 분명하지만, 그것은 과학의 모습을 진정으로 이해한 후에 가능한 일이다. 현장에서 과학을 수행하는 과학자 중에도 사회해방을 부르짖는 사회과학자만큼이나 열정적이고 실천적인 사람이 있다. 둘은 똑같은 부류의 사람이다. 다시금 우리가 마르크스를 기억해야 하는 이유는 "철학자들은 세계를 다양하게 해석해왔을 뿐이다. 그러나 중요한 것은 세계를 변화시키는 것이다"라는 그의 말 때문이다. 나아가 마르크스가 과학으로부터 사회의 다양성과 복잡성을 이해하는 데 한계를 느꼈다는 사실, 그 점을 통해 공동의 목표가 생성될 수 있을 것이다.

> 사회가 주어진 발전 시기보다 오래 지속하고, 하나의 주어진 단계에서 다른 단계로 이행되면 곧, 그것은 또한 다른 법칙에 종속하게 된다. 한마디로 경제생활은 우리에게 생물학의 다른 분파에서의 진화의 역사와

유사한 현상을 제공한다. 구 경제학자는 경제법칙을 물리학과 화학의 법칙에 비유하여, 경제법칙의 본질을 오해했다. 다양한 생산력의 발전 단계에 따라, 사회적 조건과 법칙 또한 다양하게 그들을 지배한다.[27]

여전히 《자본론》을 읽어야 하는 이유는 분명하다. 결국 김수행의 말처럼 "《자본론》은 아직도 현실 비판적인 이론으로서 자본주의사회의 심층을 해부하는 능력을 가지고 있으며", 다만 "우리가 항상 주의해야 하는 것은 사회에 관한 올바른 이론이 응고된 덩어리로서 주어져 있는 것이 아니라 현실의 변화에 따라 계속 수정되고 첨삭되어야 한다는 점이다."[28] "교조주의는 망할 수밖에 없으며 기존의 이론은 현실의 변화를 수용하면서 스스로 변혁되어야 한다. 이것이 바로 마르크스의 비판정신이라고 믿는다."[29] 그리고 그렇게 마르크스를 읽는 과정에서 과학과 경제학 그리고 철학의 역동적인 상호작용을 읽을 수 있다면, 나아가 과학의 다양성과 더불어 과학의 진영에도 '좋은' 사람들이 있다는 사실을 발견할 수 있다면 꽤 괜찮은 일이 될 것이다.

엥겔스의 결과주의적 과학에 대하여

신학에서 하나의 표상이나 환상에 불과한 이러한 신의 지식은 그러나 자연과학의 망원경적, 현미경적 지식 속에서 이성적이고 현실적인 지식이 되었다. 자연과학은 하늘의 별들을 세고, 물고기와 나비들의 배 안에 있는 알을 세고 곤충의 날개에 있는 반점들을 세어 서로 구분해놓았다. 자연과학만이 누에 유충의 머릿속에서 288개, 몸통 속에서 1,647개, 위와 장 속에서 2,186개의 근육을 해부학적으로 증명했다. 우리가 더 이상 무엇을 요구해야 하겠는가? 여기서 우리는 신에 대한 인간의 표상이 인간 종속에 대한 개인의 표상이며, 신은 모든 실재성과 완전성의 총체로서 제한된 개체가 사용하도록 종속의 특성을 요약해서 종합한 총체에 불과하고 이러한 총체가 인간 속에서는 분열되어 있으나 세상사의 발전 과정에서 실현된다는 확고한 진리의 예를 보게 된다. 자연과학들의 분야는 그 범위가 넓기 때문에 개별적인 인간으로서는 도저히 개관하거나 헤아릴 수 없다. 누가 하늘의 별들과 유충의 배에 있는 근육과 신경을 동시에 헤아릴 수 있는가? 리오넛Pieter Lyonet은 누에 유충의 해부 때문에 고충을 겪었다. 누가 달 속의 높낮이의 차이와 무수한 암몬 조개와 테레브라텔 조개 사이의 구분을 동시에 관찰할 수 있는가? 그러나 개별적인 인간이 알지 못하고 할 수 없는 것을 인간들이 협력해서 알 수 있고 할 수 있다.[30]

마르크스가 당시의 자연과학과 자신의 철학을 변증법이라는 원리로 묶는 작업을 체계적으로 시도하지 못했던 반면, 엥겔스는 《자연의 변증법Dialektik der Natur》 등을 통해 그러한 작업을 시도했다. 엥겔스가 《자연의 변증법》을 통해 구상하던 전체적인 기획을 보면 자연과학에 대한 그의 깊은 관심이 곧장 드러난다. 머리말에는 "자연과학에서 그 자신의 발전을 통해 형이상학적 견해는 불가능하게 되었다"[31]는 문장이 새겨져 있다. 이후 등장하는 용어는 독일의 발생학자 헤켈Ernst Haecke의 이름과 수학, 역학, 물리학, 화학, 생물학, 생시몽과 헤겔 등이다. 이어서 개별 과학들에서 변증법적 내용을 묘사하고, 이를 통해 철학적 과학, 혹은 "인간 사유의 법칙을 탐구하는 과학"으로서의 변증법을 완성하는 것이 이 저술의 목표가 된다.

이 과정에서 그가 탐구해 들어간 과학의 분과는 당시의 거의 모든 과학을 망라한다. 물리학의 클라우지우스Rudolf Julius Emanuel Clausius와 로슈미트Johann Josef Loschmidt, 생리학의 네겔리Carl Wilhelm von Nägeli, 헬름홀츠Hermann von Helmholtz, 피르호Rudolf Ludwig Karl Virchow, 그리고 당연히 다윈의 작업도 포함되어 있다. 마르크스가 자신의 기본적인 사상을 정립하고 이를 바탕으로 "경제적, 역사적 사회혁명 이론으로 나아갔다면, 엥겔스는 세계의 성립, 자연과 자연법칙에 대한 통찰로 자신의 사유를 밀고"[32] 나간 셈이다.[33] 스스로 과학의 전문가가 아님을 인정하고 있었지만, 엥겔스는 당시의 자연과학적 성과에 대한 날카로운 시각을 지니고 있었다. 예를 들어 그는 과학에서 기계론이 화학과 생물학에 적용되는 데 한계를 지니고 있었음을 잘 알고 있었다.

자연과학 영역에서 획기적인 발견이 있을 때마다 유물론도 그 형태를 변경시켜야만 했다. 그리고 역사도 유물론적으로 다루게 된 이후부터는 여기에서도 새로운 발전의 길이 열렸다. 지난 세기의 유물론은 주로 기계적 유물론이었는데, 당시의 모든 자연과학 가운데서 역학만이, 그것도 고체 – 지상과 천체 – 의 역학만이, 간단히 말하면 중력 역학만이 어느 정도 완성되어 있었기 때문이다. 화학은 겨우 연소설에 기초한 유치한 형태에 있었다. 생물학은 아직 기저귀에 싸여 있었다. 다시 말해서 동식물 유기체 연구는 대단히 조잡한 것이었고 순전히 기계적 원인들에 의하여 설명되고 있었다. 데카르트에게 동물이 그랬듯이 18세기 유물론자들에게 인간은 하나의 기계였다. 화학적/유기적 성질의 과정들에 역학의 법칙이 타당하기는 하지만 그 법칙이 다른 보다 높은 법칙에 의해서 부차적인 지위로 밀려나는 과정에 역학의 척도만을 적용한 것은 프랑스 고전 유물론의 첫 번째 독특한, 그러나 당시로서는 어쩔 수 없는 한계였다.[34]

엥겔스는 "산소의 경우, 만약 보통처럼 두 개의 원자 대신에 세 개의 원자가 하나의 분자로 결합되면, 우리는 냄새와 작용이 보통의 산소와 아주 분명히 다른 물체인 오존을 얻게 된다"는 당시 기체화학의 성과를 정확히 인지하고 있었고, 나아가 화학이 어쩔 수 없이 다루게 되는 질적 속성에 대해서도 꽤 정확히 인지하고 있었다. 엥겔스는 화학을 "변화된 양적 결합의 결과로서의 물체들의 질적 변화에 대한 과학"이라고 규정했다.[35] 과학사의 관점에서 볼 때 상당히 정확한 지적이다. 우연과 필연을 다루는 장에는 스티븐 제이 굴드가 그랬던 것처럼 다윈의 저작으로부터 개체들 사이의 무한한 변이, 그 우연성을 찾아 헤겔이 《논리학》에서 제기한 명제를 부수는 장면이 등장한다.[36] 그리고 바로 과학과 과학사에 대한 엥겔스의 이러한 폭넓은 관심과 정확한 인식이, 물리학자이자 동시에 마르크스주의자였던 버널에게 엥겔스를 '과학자'이자 과학학 혹은 메타과학을 체계적으로 다룬 인물로 평가하도록 종용하는 이유다.[37]

버널은 엥겔스가 과학에서 긍정적인 의미를 찾아냈다고 평가한다. 저 유명한 포이어바흐Ludwig Andreas von Feuerbach에 관한 제11테제를 들어, 버널은 엥겔스에게서 과학이 사회를 긍정적으로 변화시킬 수 있다는 새로운 관점을 구성해냈다. 변증법이라는 원리로 자연과학의 성과를 포괄하는 작업이 '과학적'으로 올바르다고 말할 수는 없다. 하지만 엥겔스의 과학에 대한 정확한 이해, 폭넓은 관심과 사랑은 과학을 자기 멋대로 이해하고, 관심과 사랑도 없으며, 나아가 자신이 처한 역사적 조건 속에서 치열하게 실천을 고민하지도 않는 현대의 철학자들의 그것과는 판이하게 다르다. 현대에 다시금 어떤 철학자 혹은 경제학자가 엥겔스의《자연의 변증법》과 같은 작업을 추구하려 한다면, 그와 같은 세밀한 관심과 이해, 실천을 갖춘 후에나 시도해볼 일이다. 또한 엥겔스와 버널의 관점은 과학자의 사회참여, 그리고 이러한 기회가 전혀 존재하지 않았던 이 땅의 모든 사람이 고민해보아야 하는 문제이기도 하다.[38] 마르크스의 후계자 레닌의 말처럼 "최근 자연과학의 혁명에 의해 제기된 문제들이 추적되지 않고 또 자연과학자들이 철학잡지에 참여하지 않는다면, 전투적 유물론은 전투적일 수도 유물론적일 수도 없다."[39]

엥겔스의 자연과학에 대한 이해는 마르크스보다 폭넓고 광대하다. 분명히 그는 당대의 자연과학에 대한 지식을 흡수하면서 마르크스와 함께 또는 독립적으로 경제학적 탐구를 진행했던 시대의 아들이다. 하지만 엥겔스가 그의 책《자연의 변증법》에서 보여주는 근대과학에 대한 태도는, 변증법이라는 선험적 진리를 증명하기 위해 당대의 최신 과학의 발견을 열거하는 수준에 가깝다. 오히려 18세기 돌바크가 그의 전투적 유물론을 주장하기 위해 근대화학이 전제하고 있던 질문과 그 전제에서 근거를 구성했던 것에 비해, 엥겔스의《자연의 변증법》의 구성은 가볍고 난잡하다. 이는 엥겔스가 돌바크나 디드로처럼 당대의 과학에 직접 참여하며 현장에서 다루어지는 과학적 방법론과 그 현장에서만 배울 수 있는 과학의 암묵지와 지침서에 대해 무지했기 때문일 것이다. 책으로만 과학을 배우려는 사람은 반드시 과학에 대한 결과주의적 관점의 독단에 빠지게 된다. 이는 과학을 과학적 발견의 총체로만 파악하는 오류를 뜻한다. 엥겔스는 자연과학에 관심을 가진 위대한 경제학자였지만, 근대과학의 총체에 침투해 과학의 핵심을 파악한 인물은 아니었다.[40]

20세기 잊힌 블룸즈버리의 한 문화와 과학

마르크스와 엥겔스 외에도 19세기 유럽의 지성사는 다양한 분과학문의 충돌과 상호작용으로 복잡하게 얽혀 있다. 하지만 스노가 살던 바로 그 영국 땅에서 마르크스와 엥겔스는 과학을 이해하고 과학과 타 분야 학문 사이의 대화를 시도했다. 그들이 19세기의 인물이라면 – 역사에 대한 무지는 스노에게 돌아가야 하는 것이지만 – 스노가 살던 동시대의 인물로도 우리는 스노의 무지와 그의 경솔함을 얼마든지 비웃을 수 있다. 예를 들어 스노가 살던 바로 한 세대 전에 스노가 다녔던 바로 그 케임브리지를 중심으로 활동하던 '블룸즈버리 그룹Bloomsbury group'이 있었다. 그들은 1930년대까지 활동했으니, 스노는 적어도 25살이 되기 전에 그들을 목격할 기회가 있었을지 모른다. 물론 고급문화에 젖은 방탕한 이들의 모임이었다는 점에서 스노의 관심을 끌지 못했을지 모르겠다. 하지만 그곳에는 문학비평가 로스 디킨슨, 철학자 헨리 시지윅Henry Sidgwick, 맥태거트John Ellis Mctaggart, 앨프리드 화이트헤드Alfred North Whitehead, 조지 무어George Edward Moore, 미술평론가 로저 프라이Roger Fry, 소설가 에드워드 포스터Edward Morgan

Forster, 전기작가 리턴 스트레이치Lytton Strachey, 미술평론가 클라이브 벨Clive Bell, 화가 버네사 벨Vanessa Bell과 던컨 그랜트Duncan Grant, 경제학자 존 메이너드 케인스John Maynard Keynes – 바로 그 케인즈다 – , 페이비언 작가 레너드 울프Leonard Woolf, 소설가이며 비평가인 버지니아 울프Virginia Woolf가 있었다. 철학자 버트란드 러셀Bertrand Russell과 토머스 헉슬리의 손자이자 동물학자인 줄리앙 헉슬리의 동생이며 《멋진 신세계Brave New World》의 작가 올더스 헉슬리Aldous Leonard Huxley도 가끔 그들과 어울렸다. 그들은 뚜렷한 학풍을 형성하지는 않았지만 불가지론적 입장에서 철학과 미학에 대해 토론하곤 했다. 문학 지식인과 훗날 경제학을 뒤흔들 경제학자, 그리고 철학자는 물론 수학자까지 함께 뒤섞여 있던 이 모임이야말로 스노의 이상향이 아니었나 싶다. 물론 물리학자는 없었다. 하지만 스노와 정확히 동시대의 영국에서 태어났던 물리학자 버널은 물리학에서의 업적은 물론이고 사회를 변화시키기 위해 사회운동에 뛰어들고 경제학과 사회과학을 넘나드는 일에 주저하지 않았다.

또한 스노가 살던 바로 그 시기에 과학과 사회과학의 분과학문은 얽히고 뒹굴며 무정부주의적 행진을 감행하고 있었다. 이미 고전역학의 원리를 수입했던 경제학은 역사학과 정치학을 넘나들며 세상을 변화시키고 있었다. 스노가 여전히 두 문화 사이의 괴리를 찾기 위해 고심하던 그 시기에 진화론은 경제학과 결합했고, 사이버네틱스cybernetics가 탄생했고, 심리학이 경제학의 영역을 침범하기도 했다.

또한 분과학문의 전문화가 심화되고 있었기 때문에 벌어지는 다양성에 대한 소박한 미덕, 즉 "내가 모르는 것이 무엇인지를 아는" 학문간 소통의 기본 원리가 자리 잡아가고 있었다. 그 미덕의 경계를 넘는 순간 학자들 간에 충돌이 발생하기도 했고, 몰이해로 인한 피해는 학문 간 대화의 장점을 훼손시키기도 했다. 바로 그 지점에 과학전쟁의 핵심이 놓여 있다. 스노는 두 문화 간의 이해와 대화가 필요하다고 역설했지만, 지나치게 멀리 떨어져 있는 문화 간의 섣부른 대화는 오히려 불필요할 수도 있음을 분명히 보여준 사건이 '과학전쟁'이었다. "아는 것을 안다고 하고, 모르는 것을 모른다고 하는 것, 그것이 바로 앎"[41]이라는 미덕이 공자가 설파한 앎의 핵심이었다. 아는 것과 모르는 것의 경계를 살피지 못한 대화는 오히려 위험할 수 있다. 그렇기에 인문학과 자연과학의 대화보다 인접한 분과학문 간의 경계를 좁히는 일이 더욱 절실한 것이다. 그리고 스노의 걱정에는 아랑곳하지 않고 조용히 학자들은 그러한 작업에 매진하고 있다.

스노보다 20여 년 후에 태어난 생물학자 제럴드 에덜먼Gerald Edelman은 《세컨드 네이처Second Nature》라는 저서의 7장에서 정확히 이곳에서 다룬 내용과 동일한 서구 지성사의 궤적을 그린다.[42] 이사야 벌린의 논의와 비코, 헤르더, 그리고 논리실증주의를 거쳐 그는 조용히 자신의 의식 이론을 준비한다. 어디에 두 문화의 갈등이 있는가. 존재해야 하고, 또 존재하는 것이 미덕일 수도 있는 두 문화의 차이를, 과학의 우월성을 자랑하며 다시 계몽주의와 사회진화론의 단선적 사고로 몰아넣는 스노의 경솔함은 사실 탓할 일도 못된다. 더 중요한 것은 역사를 보지 못하는 극단의 과학자 스노의 편협함이다. 역사를 두고 벌어졌던 계몽주의와 낭만주의의 갈등을 100여 년이 지난 후에도 그대로 재현하고 있는 과학자, 그것이 스노의 모습이다. 자연은 설명하고 역사는 이해한다. 역사에 무지한 사람을 질타하기 위해 흔히 인용되는 경구로, 산타야나George Santayana의 말이 있다. '역사를 통해 배우지 못한 자는 그것을 반복할 수밖에 없다'는 의미의 문장이다. 이 말은 산타야나의 저서《이성의 삶The Life of Reason》, 그것도 진보Progress를 다루는 곳에 등장한다. 절의 제목은 '진보를 위해 필요한 연속성'이다.

> 진보는, 변화로 구성되는 것과는 별개로, 잊지 않는 것에 의존한다. 변화가 절대적일 때는 향상시킬 수 있는 것들이 남지 않고, 가능한 개선을 향해 방향이 설정되지도 않는다. 그리고 경험이 유지되지 않을 때, 미개인들처럼 미성숙함은 영속된다. 과거를 기억하지 못하는 이들은 그것을 반복하도록 저주받을 것이다.[43]

산타야나라는
존재할 수 없는 괴물?

조지 산타야나는 1863년 스페인에서 태어나 여덟 살에 미국으로 이주했다. 그는 철학자였고 에세이스트였으며 소설가이기도 했다. 스페인 출신이자 가톨릭교도라는 꼬리표를 달고 미국에서 성장한 산타야나는 1910년 당시 미국에 등장했던 청년 지식인 계열에 동참했다. 그들은 계급을 통해 정의된 지식인의 역할에 반발했고, 미국의 전통문화 속에서 소외된 문화와 다양성에 관심을 쏟았다. 이러한 관심 속에서 산타야나는 전통문화를 '고답적 전통Genteel Tradition'이라 부르고 미국 문화 자체를 부정하며 새로운 문화적 정체성을 제시하기 위해 노력했다. 산타야나가 비판한 고답적 전통은 절대적 가치와 엄격한 윤리를 강요했던 전통문화이자 그로부터 기인한 미국 문화였다. 스노가 영국 사회를 지배한 문화라고 주장했던 바로 그 전통문화가 이식된 미국의 고답적 전통은 "형식주의나 피상적인 감상주의, 엘리트주의, 진부한 낙관주의, 모호한 이상주의, 빅토리아적 윤리"를 미국 사회에 강요하고 있었다. 즉, 산타야나에게 '고답적 전통'이란 영국을 문화적 근간으로 하는 뉴잉글랜드 지식인의 지배문화였던 셈이다.[44] 스노와 산타야나, 둘에게 지배문화는 동일했다. 하지만 스노는 그것을 과학에 대한 지배가 아니라, 소외된 사람들, 평범한 사람에 대한 지배로 바라보았다.

스노의 범주 속에서 문학 지식인에 속하는 산타야나는 전혀 비관적이지도 않았고, 신비주의적이지도 않았다. 그는 강연을 통해 에머슨Ralph Waldo Emerson 유의 신비주의가 현실 세계를 부정하고 물질보다 정신의 우위를 주장한다고 비판했고, 그러한 초절주의超絶主義가 개인의 권리 및 행복 추구를 결코 분리될 수 없는 사회적 맥락과 결별시킨다고 주장했다. 작가들의 이러한 현실도피는 인간과 인간의 정신은 유기체와 분리될 수 없다는 휘트먼Walt Whitman의 인간주의적 관점의 초절주의를 본받은 것이었으며, 이러한 신념 속에서 그만의 자연주의를 발전시켜 나갔다. 그의 자연주의는 경험을 중요하게 생각했다. 개인의 다양한 경험이 청교주의라는 오래된 전통 속에서 사회로부터 분리되었고, 미국 전통문화의 순수예술은 인간의 경험이나 본능, 직관을 제대로 표현하지 못하고 개인들에게 사회적 교화 기능만을 주장했다. 하지만 예술은 삶의 다양성을 이해하고 해석하고 나아가 변형하는 의무를 지녀야 했고, 전통예술은 소수의 지배계급에게만 향유되어 이러한 예술의 임무를 충족시킬 수 없었다. 다양성에 대한 관심과 그의 개인적 경험은 소외된 집단의 문화적 창조력을 강조함으로써 그것을 미국 사회에 새로운 문화를 형성하는 원동력으로 삼을 수 있다는 신념으로 나타났다. 그는 당시에 큰 영향력을 미치지는 못했지만, 그의 '고답적 전통'이라는 개념은 미국의 다문화주의가 형성되는 데 크게 기여했다.

산타야나가 예술과 문화에만 관심을 기울인 것은 아니다. 그는 미국의 심리학자 윌리엄 제임스William James의 밑에서 수학했고,[45] 퍼스Charles Sanders Peirce나 듀이John Dewey와 같은 실용주의자의 한 사람으로 기억되고 있다. 그리고 당연히 그는 과학에도 큰 관심을 가지고 있었다. 《이성의 삶》 제5권의 부제는 '과학에서의 이성Reason in Science'이다. 과학사를 비롯해서 과학의 방법론을 거쳐 과학의 윤리적·도덕적 측면까지 개괄하는 이 방대한 저서를 모두 설명할 필요도 없을 것이다. 과학을 설명하는 바로 그 첫 구절에서 우리는 스노의 범주와는 전혀 동떨어진 문학 지식인, 과학의 중요성을 충분히 인지하고, 과학의 역사와 과학 그 자체를 이해하며, 소설을 쓰고, 예술을 사랑하고, 다양성의 가치와 소외된 사람에 대한 휴머니즘을 지닌 그런 거인을 만나게 되기 때문이다.

> 과학은 젊다. 과학은 아주 새로운 것이고 끝이 없다. 속인에게는 매우 정확하고 방대한 것으로 보일 테고, 도덕주의자는 과학이 이룬 성과와 그것이 인간에게 약속하는 가치를 어림잡아 보려고 노력하며 기가 죽을지도 모른다. 미래는 과학에 거대한 혁명을 불러올 것이고, 교정과 경이를 불러올 것이다. 종교와 예술에는 그들의 전성시대가 있었다. 게다가 그들을 고취시키는 신념의 일부는 이미 오래전에 (과학에 의해) 비

밀이 벗겨져 버린 것들에 대한 믿음이다. (중략) 과학의 열매는 아직 거의 나타나지 않았고, 그들이 발견하고 있는 영토는 아직 다 탐사되지 않았으며, 과학이 인간의 실천과 감정에 미칠 영향력이 얼마나 궁극적일지는 아무도 알지 못한다.[46]

스노에 의하면 이런 문학 지식인은 문학 지식인이 아니거나 혹은 존재할 수 없는 괴물이다. 비록 모든 면에서 완전하지 않을지는 모르지만, 산타야나는 과학자의 낙관주의와, 스노가 그 낙관주의로부터 구제하고 싶어 했던 인류의 행복에 대한 휴머니즘적 사고, 그리고 심지어 과학에 대한 전반적인 이해까지 갖춘 문학 지식인이기 때문이다. 산타야나는 과학의 큰 도움 없이도 충분히 스노가 단정 지은 문학 지식인의 한계를 극복할 수 있었다. 실은 극복하고 말고의 문제 자체가 아닌 것이다. 스노는 시대와 장소에 따라 다양하게 나타나는 지식인의 심리적 다양성을 포착하지 못했다. 그것은 과학의 문제가 아닌 것이다. 낙관주의는 과학의 이름 아래에만 둘 수 있는 것이 아니다. 과학과 다른 새로운 방법론을 추구하지 않아도 역사와 인간의 가치, 그리고 미적 감각에 대한 낙관적 관점을 가지는 것은 언제나 가능한 일이다. 스노는 그것을 보지 못했고, 산타야나는 그것을 했다. 두 문화는 없다. 산타야나의 말처럼 "진리는 잔인하다. 그러나 진리는 사랑받을 수 있다. 그리고 진리는 진리를 사랑하는 사람들을 자유케 한다."[47] 그 진리가 과학적인 것이든 문학적인 것이든, 그것은 세상에 대해 진취적인 사고를 하는 일과는 하등의 관계가 없다.

어떻게 과학을 구제할 것인가

슈바니츠Dietrich Schwanitz가 《교양, 인간이 알아야 할 모든 것Bildung: Alles, was man wissen muß》[48]이라는 책을 내자마자 독일의 과학사가 에른스트 페터 피셔Ernst Peter Fischer가 칼을 뽑아들었다. 그는 《또 다른 교양: 교양인이 알아야 할 과학의 모든 것Die Andere Bildung: Was man von den Naturwissenschaften wissen sollte》이라는 책으로 응수했다.[49] 피셔가 슈바니츠가 상대성이론을 잘못 이해하고 있다고 지적하는 장면은 마치 스노의 두 문화 논쟁을 재현하는 것처럼 보인다. 분명히 슈바니츠는 "상대성이론은 모든 것이 상대적이라고 말한다." 하지만 피셔는 스노가 예로 든 열역학 제2법칙과 소네트의 비유를 뒤튼다.

나는 이것이 어딘가 틀린 이야기라고 생각하며 오히려 진실은 정반대라는 입장이다. 물론 누구나 그 영국 작가의 이름을 들은 적이 있을 것이다. 또 소네트라는 것이 있다는 사실을 안다. 하지만 셰익스피어가 자기 나름의 소네트와 그 변형으로 무슨 말을 하고자 했는지 아는 사람은 극히 드물 것이다. 반면에 열역학 제2법칙이 무엇이냐는 질문에 대뜸 대답을 할 수 있는 사람은 실제로 거의 없지만, 과학이 그 법칙을 가지고 시간의 방향을 이해하려 노력한다는 점은 누구나 즉각 떠올린다. 물리학자는 그 자연법칙을 통해 살아 있지 않은 자연에서 사물이 부서지는 경향을 이해하려고 노력한다. 살아 있지 않은 사물은 시간이 흐름에 따라 소멸하며, 셰익스피어는 바로 이 점을 그의 소네트에서 무시하고 싶어 했다. 그는 자신이 쓴 소네트 작품 속에서 시간을 멈추고 등장인물을 불멸하게 만들고자 했다. 셰익스피어의

등장인물은 그의 시 속에서 젊음을 유지해야만 한다.[50]

셰익스피어를 생각할 때 우리는 그 작품을 쓴 사람을 생각하지만, 과학을 이야기할 때는 그렇지 않으며, 그래서 과학은 비인간적이고 예술보다 친근하지 않게 느껴진다. 피셔는 《과학을 배반하는 과학Irren ist bequem : Wissenschaft quer gedacht》의 에필로그에서 "우리 시대에 걸맞은 교양으로서의 과학"의 상을 제시한다. 과학교육의 양적 팽창만을 주장했던 스노의 몰상식은 설 곳이 없다. 과학교육은 양이 아니라 질적으로 달라져야 했던 것이기 때문이다.

우리가 어떻게 해서 지금의 세계에 살게 되었는지를 배우고 싶어 하는 사람들이 헛수고를 하는 이유는 "역사를 거의 과학을 도외시한 채 가르치고 문학작품을 과학적인 글로부터 훌륭하게 격리하기 때문이다."[51] 즉, "우리의 가르침 전체는, 기술과 사회가 서로 맞서며 뒤섞이는 현실 세계, 즉 어리석거나 지혜로운 전통과 유용하거나 불안한 혁신이 서로 맞서며 뒤섞이는 현실 세계로부터 동떨어져 있기"[52] 때문이다. 피셔가 인용한 구절은 과학사가 미셸 세레스의 《과학사의 기초》에서 따온 것이다. 과학사다.

대중이 알기를 원하는 지식은 삶을 편하게 해주거나 건강을 보장해주는 의학적 혹은 기술적 수단에 관한 것이다. 자기계발 서적이 베스트셀러가 되고, 실용서적이 봇물을 이루는 현대사회의 상황은 피셔의 분석이 틀리지 않았음을 분명히 말해주고 있다. 따라서 우리는 과학을 문화로서 또는 우리 역사의 한 부분으로서 파악하지 못한다.[53] 피셔가 다루고자 하는 것은 과학을 다루는 언론의 선정성과 무지, 과학 커뮤니케이션의 봇물, 과학대중화의 유행과 같은 이슈가 아니다. 그는 어떻게 하면 과학을 성찰 가능한 통일체로 만들 수 있을지를 고민한다. 과학이 실제로 작동하는 모습은 현장에서 일하는 과학자만이 경험할 수 있는 것이다. 그렇다고 해서 그 작동방식을 설명할 수 없는 건 아니다. 과학철학이 이러한 작업을 수십 년에 걸쳐 해왔지만, 그들은 이미 그들만의 리그 속으로 빠져들어 대중과 격리된 지 오래다. 예를 들어 과학은 자연에 형상을 부여함으로써 자연을 이해하려 하고, 아주 낭만적인 방식으로 그렇게 한다. 그것이 프랑수아 자코브François Jacob가 '밤의 과학'이라 부른 모습이다. 과학자는 밤이면 소설가보다 더 탈주하며 신비한 상상으로 밤을 지샌다. 하지만 우리가 보는 것은 '낮의 과학', 즉 과학자가 실험과 이론, 동료에게 묶여 보수적으로 변했을 때의 모습뿐이다.[54]

과학교육은 이런 문제를 더욱 심화시킨다. 중고등학교와 대학에서조차 과학교육은 연습문제를 풀고 무미건조한 실험으로 진행된다. 인간은 미적인 동물이다. 누구나 아름다운 것을 사랑한다. 하지만 아이들은 미적인 호기심을 가지고 학교에 갔다가 지루함만 가지고 집으로 돌아온다. 과학 교과서는 과학에 존재하는 풍부한 미적 아름다움을 건조하게 덮어버리고, 아이들에게서 즐거움을 빼앗아버린다. 그리고 과학대중화를 부르짖는 경박한 사람들은 '호기심 천국' 따위의 저속한 과학문화만을 양산해낸다. 피셔는 괴테가 했던 "과학을 전체로서 이해하고자 하는 사람은 과학을 예술로 생각해야 한다"는 말로 결론을 내리면서 과학을 있는 그대로 보여줄 것을 요청한다.

과학사와
철학사의 이중주

바로 이 지점에서 우리는 과학사를 만난다. 과학사는 실수투성이의 과학과, 과학자의 열정과, 과학과 철학, 과학과 사회과학이 충돌하고 상호작용했던 에피소드로 가득 차 있다. 과학사는 대중이 과학주의에 빠지지 않으면서도 과학에 관심을 갖게 만드는 데 필수적이다. 과학사는 문학 소녀에게 영감을 주고, 사색하는 소년에게 생각거리를 던지며, 사회문제에 관심이 많은 진지한 아이들에게 과학자의 열정을 가르칠 수 있는 보물창고다. 과학사는 여러 학문의 경계를 넘고자 하는 이들이 배울 수 있는 교훈의 대양이고, 아리스토텔레스와 다윈이, 플라톤과 아인슈타인이, 칸트와 뉴턴이 함께 어울리는 놀이의 장이다.

현재의 지성사知性史는 두 개의 변주로 구성된다. 한쪽에는 철학사라는 이름으로 고대의 철학자들과 중세 및 근대를 거쳐 니체와 논리실증주의로 이어지는 철학사가 있다.[55] 그 반대편에는 고대에 나타나는 과학의 아주 원시적인 모습[56]을 고대철학자들에게서 찾고, 중세의 신학과 논리학에서 과학의 중세적인 모습을 애타게 갈구하면서, 르네상스의 인문학에서 눈을 비비며 과학과 비슷한 무언가를 헤집다가, 뉴턴에 와서야 비로소 구체성을 띠는 과학사가 있다. 지금까지 과학사와 철학사는 따로 놀았다. 과학사는 철학사를 제대로 반영하지 못했고, 철학사는 과학사를 제대로 반영하지 못했다. 쿤의 역작이라고 평가받는《과학혁명의 구조》는 철학사에서 외따로 떨어져 있었고, 파이어아벤트의《방법에 반대한다against method》에서의 논의도

기껏해야 갈릴레오를 중심으로 논의되는 과학적 방법론의 차원이며, 툴민Stephen Edelston Toulmin의 《코스모폴리스Cosmopolis》를 비롯한 일련의 저작도 분명 진일보한 측면이 있지만, 근대과학과 데카르트의 차이를 명확하게 짚어내지는 못했다. 반대편에서 과학철학은 과학사와 동떨어진 채, 이질적인 길을 걸어왔다.[57] 둘을 하나로 묶을 때 우리는 더욱 복잡하고 아름다운 상호작용을 경험하게 될 것이라고 확신한다. 당연히 철학사는 과학사와 통합되어야 한다. 그 지점에서 우리가 배울 교훈은 풍부하다.

과학사와 다른 예를 통해 두 문화 따위는 존재하지 않으며, 문화 간의 지형도는 생각보다 복잡하고 역동적이라는 사실이 설명되었으리라 믿는다. 분명 서구 역사 속에서 과학은 철학과 상호작용하며 발전해왔다. 그리고 그런 문화권에서조차 과학은 악전고투를 면하지 못하고 있다. 이제 눈을 돌려 대한민국의 상황을 바라볼 차례다. 대한민국엔 이런 식으로나마 논의할 여지가 있는 과학이 존재하는가?

9장

빈의 **실패**한 **혁명**: 과학전쟁은 정당한 논쟁이었는가

과학전쟁이 다루지 않는 역사에 관하여

과학전쟁 그리고 정당화의 맥락과 발견의 맥락의 구분

어떤 방식이든 현장 과학자가 관련되어 있는 한, 과학사와 현장 과학자의 관계에 대해 단순 명료하게 이야기하는 것은 불가능하다. 세속의 유혹을 받지 않고, 과학적 방법론이 세상을 이해하는 데 있어 가장 좋은 수단이라는 확신 없이, 혹은 과학자의 성공적인 노력이 세계에 대한 이해를 증진시키는 데 크게 기여한다고 확신하지 않거나, 따라서 그들의 기획이 과거에 있었던 그 어떤 것보다도 진보한 것이라는 확신이 없는 채로 과학 연구를 수행하는 과학자가 있다면 그는 뭔가 잘못되어 있는 것이다. 대부분의 현장 과학자는 역사와 관련된 주제에 관심을 갖는 학자에게 지적으로 허약해졌다고 간주하는 버릇이 있다. 즉, 과학사를 연구하는 과학자란 현장에서 물러나서 과학적 재능이 거의 남아 있지 않은, 나이 든 과학자가 퇴역 후에 잔디밭에 누워서 하는 취미 정도로나 여긴다는 뜻이다. 그래서 경멸적인 어투로 그런 과학자에게 '폐학기

閉學期'라고 부르곤 한다. 오래된 이론은 맞거나 틀리다. 그것이 맞는다면 그걸 받아들이면 되는 것이고, 틀렸다면 거기에 시간을 낭비할 필요가 없다. 중심적인 과학자들의 역사에 대한 관심은 최근에 논쟁이 되는 주제에 관해 종설논문이라는 형태의 글을 쓰는 정도 이상으로는 절대 확장되지 않는다. 과학은 예술이나 인문학과는 달리 최근까지도 과학 활동을 직접 수행하는 이들에 의해서만 비판이 이루어져 온 분야이다. 그 바깥에서 과학에 대해 트집을 잡는 기생충 같은 간부 집단은 없었다. 물론 과학자가 나이 들거나 유명해지거나 고집불통이 되면, 자신의 이익을 위해 그들 자신의 역사를 쓰기도 했다. **존 터너** John R. G. Turner[1]

'과학전쟁'이란 말은 과학의 본성을 두고 1990년대 서구의 지식인 사이에서 벌어진 일련의 논쟁을 뜻한다. 과학전쟁이 표면화된 것은 1990년대부터였지만, 갈등의 씨앗은 이미 오래전부터 준비되고 있었다. 과학전쟁이라는 극단적인 형태로 갈등이 표출되기까지의 역사를 개괄해보는 것은 두 가지 측면에서 유용할 수 있다. 첫째, 과학전쟁이 전적으로 '두 문화' 갈등의 연장선상에서 이해될 수는 없지만 이를 통해 여전히 잔재하고 있는 갈등의 양상을 추적해볼 수 있다. 둘째, 한국이라는 특수한 문화적 지형에서 과학전쟁의 모습을 조명해보는 계기를 갖게 된다. 이 두 번째 측면은 과학이라는 지적 전통의 문화, 즉 '문화로서의 과학'이 부재한 한국에서 과학과 인문학의 대화가 갖는 의미와 문제점을 드러낼 것이다.

계몽주의와 낭만주의의 충돌과 상호작용은 18세기 유럽이라는 시공간 속에서 과학을 중심축으로 형성된 것이다. 실험과학이 정착하고, 과학의 분과 다양성이 확립되는 19세기 말에 이르러 유럽의 지식인은 더 이상 과학이라는 지식 체계의 확실성을 크게 의심하지 않게 되었다. 물리학은 여전히 경이로운 발전을 거듭하고 있었고, 화학과 생물학도 자연과학으로서의 입지를 확실히 굳히고 있었다. 과학을 통한 인류의 진보라는 이념은 과학자뿐만 아니라, 철학자, 사상가, 그리고 상당수의 사회과학자 모두에게 공유되었다. 이미 살펴보았듯이, 마르크스, 엥겔스, 크로폿킨[2] 등을 비롯한 19세기 말~20세기 초의 학자들은 과학적 방법론에 대한 신념을 공유하고 있었다.

이러한 믿음이 극단적으로 표출된 곳은 빈이었다.[3] 1920년대 슐리크Moritz Schlick, 카르나프Rudolf Carnap, 노이라트Otto Neurath, 프랑크Philipp Frank, 한Hans Hahn 등이 참여한 빈학단의 활동과 더불어 라이헨바흐를 중심으로 활동했던 베를린학파에 의해 논리경험주의logical empiricism라는 철학 사조가 시작되었다. 논리경험주의는 현대물리학이 거둔 성과에 고무된 일군의 자연과학자, 철학자, 사회과학자가 전통적 형이상학을 거부하고, 경험과학의 논리적 분석을 철학의 과제로 삼았다는 특징을 지닌다. 빈학단의 구성원이 과학 이론의 진술을 논리학이라는 도구로 분석하는 데 관심을 기울였다는 것은 대부분의 학자가 인정하는 견해다. 이와 더불어 빈학단의 내부에는 다양한 견해차가 존재했다는 점도 인식할 필요가 있다. 정치적으로 좌파와 우파로 갈라져 있었다는 점뿐만 아니라, 물리학의 언어로 모든 경험과학을 통합하려는 노이라트의 강한 물리주의적 입장을 두고 벌어진 빈학단 내부의 갈등이 이런 다양성을 잘 보여준다.[4]

이러한 다양성에도 불구하고 논리경험주의자는 과학 이론의 논리적 구조를 밝히는 데 한 가지 관점에 대부분 동의하고 있었다. 라이헨바흐에 의해 처음으로 정식화된 '정당화의 맥락'과 '발견의 맥락'의 구분이 바로 그것이다.[5] 라이헨바흐의 구분은 그가 '인식론의 세 과제'라고 부른 '서술적 과제', '비판적 과제', '조언적 과제' 중 '서술적 과제'를 다루는 부분에 등장한다. 과학전쟁을 관통하는 갈등의 핵심이 바로 라이헨바흐가 인식론의 과제라고 지칭한 이 구분 속에 존재하기 때문에, 이를 정확히 이해하는 것은 무엇보다 중요하다. 라이헨바흐를 비롯해서 빈학단의 구성원들 모두에게 가장 중요한 철학의 목표는 지식 이론을 구축하는 것이었다. 만약 이들을 모두 논리경험주의자라고 부를 수 있다면, 지식 이론의 핵심은 과학이라는 지식 체계에서 가장 확실하게 드러날 수 있다. 따라서 지식이라는 것이 어떠한 것인지에 대한 탐구야말로 이들이 천착한 주제였고, 논리경험주의자야말로 인식론이라는 철학의 전통적 주제를 과학이라는 확실한 지식 체계를 통해 재구성해보려 했던 일단의 혁명가였던 셈이다.

라이헨바흐에 따르면 인식론에서 최우선 과제는 '서술적 과제'이다. 서술적 과제란 지식이라는 것이 어떠한지에 대한 서술을 제공해주는 과제다. 지식이란 본질적으로 사회적 사실로서의 지식이다. 따라서 지식에 대한 여러 가지 질문 속엔 사회와의 관계를 축으로 지식의 내적 관계와 외적 관계가 혼재될 수밖에 없다. 라이헨바흐는 자신의 작업을 지식의 내적 관계에 한정시키고자 했다. 그렇게 함으로써 인식론은 사회학이 다루는 지식의 대상과 분리된다. 왜냐하면 사회학은 지식과 사회적 현상이 상호작용하는 외적 관계에도 관심을 기울이기 때문이다. 라이헨바흐는 지식의 외적 관계에 대한 서술은 지식의 내용에 대해서는 별다른 정보를 제공해주지 못한다고 본다. 특히 사회학뿐만 아니라 심리학이 제공해줄 수 있는 지식의 외적 관계에 대한 서술은 변덕스럽고 애매하기 때문에, 지식 내부의 논리적 상호관계를 서술하는 데에는 부적절하다. 예를 들어 사과가 떨어지는 것을 보고 뉴턴이 중력이론을 구상했다는 심리학적인 사실로부터 우리는 중력이론에 대한 논리적 서술을 얻을 수 없고, 따라서 지식 이론을 구성할 수도 없다. 이러한 탐구는 심리학 및 사회학의 임무가 될 수 있을지 몰라도 진정한 인식론의 논리적 탐구 과제가 될 수는 없다.

그렇다고 해서 라이헨바흐를 비롯한 논리경험주의자가 지식의 외적 관계가 존재하지 않는다고 선언한 것은 아니다. 논리학의 언어로 과학의 지식 이론을 구축하기 위해서는 인식론의 과제와 심리학 혹은 사회학의 과제를 세심하게 분리할 필요가 있었을 뿐이다. 하나의 이론이 다양한 사회적·심리적 맥락에 의해 산출되는 과정은 논리학이 적용되는 분야가 아니다. 하지만 어떤 방식으로든 산출된 이론 간의 논리적 정합 관계를 따지는 것, 즉 라이헨바흐가 '이성적 재구성'이라고 부른 과정에는 논리학이 개입할 여지가 있다. 예를 들어 물리학자가 새로운 이론에 기초를 둔 자신의 논리적 추론 과정을 보여주는 방식은 이성적 재구성의 예가 될 것이다. 따라서 인식론의 서술적 과제에서 사회학적·심리학적 주제를 벗겨내는 과정에 '정당화의 맥락'이 등장하게 된다. 논리경험주의자들에게 인식론이란 오직 정당화의 맥락을 구성하는 과정에만 종사하는 것이다. 그 나머지 부분, 즉 이론이 탄생하는 데에 분명히 일조하지만 논리적으로 재구성할 수 없는 부분을 '발견의 맥락'이라고 부른다. 이러한 주제들은 인식론의 탐구 영역이 아니다.

지식이 어떠한 논리적 관계로 구성되어 있느냐는 인식론의 서술적 과제 이외에, 인식론에는 또 다른 과제가 있다. 그것이 인식론의 '비판적 과제'다. 이성적 재구성을 목표로 한 서술이 올바른 것인지를 평가하는 것이 비판적 과제의 목표다. 즉, 과학 이론의 진술 사이에 나타나는 논리적 정합 관계를 서술하는 것만으로는 인식론의 과제가 종결되지 않는다는 뜻이다. "모든 지식 체계는 비판받아야 한다"는 라이헨바흐의 언명은 인식론이 단순히 과학 이론의 논리적 정합 관계를 서술하는 것에 그치지 않고, 그러한 지식 체계가 타당한 것인지 검토하는 과정까지를 함축하는 것임을 말한다. 인식론의 비판적 과제란 논리경험주의자의 과학철학이 과학이라는 지식 체계를 서술하는 수동적 활동이 아니라, 그것을 비판하는 행위까지를 포함하는 능동적 활동임을 함축한다.

여기까지 인식론의 과제를 서술하고 나서도 라이헨바흐는 여전히 불만을 표출한다. 그것은 정당화의 맥락으로 인식론의 과제를 축소하고 난 후에도 여전히 비논리적인 것으로 보이는 '결단'의 문제가 남기 때문이다. 라이헨바흐가 결단이라고 부른 문제를 이해하기 위해서는 과학적 활동에서 '약정'이라는 개념에 대한 선이해가 필요하다. 예를 들어 도량형과 같은 표기법에 대한 약정, 유클리드기하학이 세계의 공간에 대한 기하학이라는 약정 등이 그것이다. 문제는 이러한 약정을 위해서는 결단이 필요하다는 점이다. 결단은 언제나 임의적이다. 그것은 타당성의 원리에 의해 언제나 인도된다고 말하기 어렵다. 즉, 아인슈타인이 상대성이론을 건설하기 위해 임의로 선택한 약정들은 그의 결단에 따른 것이며, 이러한 과정을 설명할 수 있는 논리적 인과 관계를 검토한다는 것은 어려운 일이다. 분명히 발견의 맥락이라는 비논리적인 영역을 인식론의 과제에서 제거했음에도, 논리학으로 설명될 수 없는 결단의 문제가 등장한다는 점, 여기에서 인식론의 '조언적 과제'라는 세 번째 과제가 등장한다. 결단의 과정은 비논리적이지만 지식의 구성에 매우 중요한 과정이기도 하다. 이 과정을 무시한다면 지식 체계에 대한 탐구로서의 인식론은 불가능해진다. 과학의 발전 과정에서 이러한 임의적이고 비논리적인 것으로 보이는 '결단'이 언제나 개입하고 있기 때문이다. 과학자는 결단의 비논리성에 대해 크게 신경 쓰지 않는다. 하지만 논리경험주의자에게 이것은 커다란 문제다. 그들은 과학이라는 지식 체계 속에서 논리적 정합성을 발견하는 것이야말로 인식론의 과제라고 생각했기 때문이다. 따라서 라이헨바흐에게 결단의 문제는 커다란 난관일 수밖에 없다.

여기서 라이헨바흐라는 철학자의 개성이 드러난다. 과학철학자에게는 자명하게 비논리적으로 보이는 결단의 문제를 해결하고자 할 때, 과학철학자는 과학자에게 조언을 할 자격이 주어지지 않는다. 과학철학자가 할 수 있는 일이란 기껏해야 다양한 선택의 가능성을 보여주고, 선택은 전적으로 과학자에게 맡기는 것뿐이다. 나아가 조언적 과제는 언젠가 비판적 과제로 환원되어야 하는 임시적인 과제로 남는다. 쉽게 말해서 과학철학자는 비논리적인 결단의 문제를 인지하고 있을지라도, 과학자들에게 그것을 수정하라고 강요할 수 없다. 왜냐하면 결단의 기저에 어떤 논리적 구조가 존재하는지 아닌지를 탐구하는 것만이 과학철학자의 목표이지, 그것이 임의적이고 애매모호한 과정으로 보인다고 해서 포기하라는 명령은 불가능하기 때문이다. 라이헨바흐에게 과학철학은 과학의 지식 체계에 대한 탐구일 뿐, 과학에 대한 윤리학이 아니다.

요약하자면 라이헨바흐는 과학철학의 과제에서 심리적이고 사회적인, 즉 주관적인 모든 요소를 배제하고자 했다. 그런 것은 논리학의 분석 대상이 될 수 없기 때문이다. 발견의 맥락을 분석 대상에서 제외함으로써 주관적인 요소를 배제한 후에도 여전히 결단이라는 주관적 인 요소가 남는다. 이러한 난제는 조언적 과제를 비판적 과제로 환원하는 식으로 해결되었다. 이러한 방식으로 과학철학의 작업은 정당화의 맥락에 국한되었다. 빈학단과 교류했던 칼 포퍼Karl Popper도 이러한 구분에서 자유롭지 않았다. 반증주의를 주장할 때 포퍼의 분석 대상 또한 정당화의 맥락만을 다루고 있기 때문이다. 비록 정당화 논리의 정체에 대해서 논리경험주의자와 포퍼는 다른 입장을 취했지만, 철학적 과제에서 주관적인 요소를 철저히 배제했다는 점에서 보면 둘은 같은 입장을 취하고 있는 셈이다.[6]

빈에 대한 포화의 시작

그렇다고 해서 과학철학자들이 과학 활동의 구체적인 측면, 즉 과학자라는 개인이 사회와 같은 특수한 상황 속에서 연구한다는 것을 무시한 것은 아니다. 즉, 가설과 이론의 형성 과정에 사회학과 심리학이 다룰 수 있는 비논리적인 측면이 개입할 수 있다는 여지는 언제나 남아 있었다. 하지만 과학철학은 그런 문제를 다룰 수 없다. 과학철학의 주제는 형성된 가설과 이론이 관찰 결과 등과 맺는 논리적 관계에 한정되어야 한다는 것이 이들의 공통된 입장이었기 때문이다. 바로 이러한 문제의식 속에서 로버트 머튼Robert Merton의 과학사회학이 시작되었다. 머튼은 기술적 규범technical norms과 제도적 규범institutional norms을 구분하는 것으로 논의를 시작하는데, 여기서 기술적 규범이란 논리경험주의자가 말하는 정당화의 맥락하에서의 규범과 크게 다르지 않다. 머튼의 기여는 제도적 규범을 네 가지로 정식화한 데 있다. '보편주의universalism', '공유주의communism', '탈이해관계 혹은 이해관계의 초월disinterestedness', '조직화된 회의주의organized skepticism'라는 네 가지 규범은 과학 활동이 유지되기 위해서 반드시 필요한 제도적 장치로 간주된다. 여전히 과학사회학자가 빈번히 인용하는 네 가지 제도적 규범은 과학자 사회를 분석하는 유용한 틀로 사용되고 있다. 머튼의 과학사회학은 과학철학자의 주제였던 정당화의 맥락보다는 제도적 규범에 초점을 맞추고 있었고, 발견의 맥락에 대해서는 거의 다루지 않았다. 서로의 관심 주제가 달랐던 만큼 충돌도 있을 수 없었다.

나치의 등장과 제2차 세계대전의 영향으로 논리경험주의자들이 대거 미국으로 이주한다. 논리경험주의에 의해 주도되던 미국 철학계는 1950년대에 이르러 콰인Willard Van Orman Quine에 의해 변화의 조짐을 맞는다. 존 듀이와 함께 대표적인 실용주의자였던 콰인은 분석명제와 종합명제를 구분하려는 논리경험주의의 시도에 반대했다. 존 듀이가 경험과학적 방법을 통해서만 세상에 대한 확실한 지식을 얻을 수 있다는 입장을 견지했다는 것은 잘 알려져 있다. 심지어 그는 과학에 대한 탐구에 있어서도 심리학이나 진화생물학과 같은 경험과학의 성과를 이용할 수 있다는 주장을 펼쳤다. 이러한 입장은 논리경험주의에서는 당연히 금기시된 것이다. 논리학을 바탕으로 지식 이론을 구축하려던 논리경험주의자의 지상 최대 목표는, 주관적인 모든 것을 배제하는 것이었기 때문이다. 게다가 과학에 대한 탐구가 과학적 탐구의 결과로 얻어진다면 이는 자명한 순환논리가 될 수 있었다. 콰인은 논리경험주의자이 도그마적인 권위를 부여한 논리학의 위치에 의문을 제기했다. 그는 유명한 '미결정성 문제'[7]를 통해 논리학의 권위에 의문을 제기했고, 자연화된 인식론을 통해 심리학·신경생물학 등의 성과를 과학에 대한 분석에서 사용할 수 있음을 주장했다. 콰인이 거부한 것은 과학의 객관적 위치에 관한 것이 아니라 과학에 대한 탐구에서 과학 외적인 것, 즉 논리학의 권위에 대한 것이었음에도 불구하고, 그의 주장은 반실재론, 상대주의, 비합리주의 등을 옹호하는 근거로 사용되기도 했다. 하지만 듀이와 콰인을 비롯한 실용주의자의 주장 속엔 여전히 과학 활동에 대한 합리성의 옹호가 남아 있었다.

퍼스, 과학 현장에서 얻은 과학철학

잘 준비된 마음은 감탄할 정도로 각각의 자연의 비밀을 곧장 알아맞힌다는 사실은 역사적인 사실이다. 과학의 모든 이론들은 그런 식으로 얻어졌다. (중략) 사람은 발견한 것을 발견하려면 그의 마음이 사물의 진리에 조율되어 있어야 한다. **정상모**[8]

듀이와 콰인을 언급하기에 앞서 전통적 과학철학의 주제를 발견의 맥락으로까지 확장한 인물로서 퍼스Charles Sanders Peirce를 언급하지 않을 수 없다. 국내에는 단지 기호학자로만 알려진 퍼스는 논리학·수학·기호학뿐 아니라 과학 전반에 관심을 기울인 과학철학자였다. 과학이라는 지식 체계 속에 숨어 있는 논리성을 드러내는 철학의 흐름 속에서, 퍼스는 빈에서 배제한 발견의 맥락을 과학철학의 분석 대상으로 끌어들였다. 게다가 퍼스에게 정당화의 맥락과 발견의 맥락은 이분될 수 없는 과학의 양 날개였다. 전통적인 과학철학자, 즉 빈의 논리경험주의자는 발견의 의미를 '새로운 아이디어의 창안'이라는 의미로 해석했다. 이러한 의미로 발견을 정의한다면 이에 대한 논리적 혹은 방법론적 탐구는 불가능하다. 하지만 과학 활동에서 발견이란 새로운 아이디어의 창안일 뿐 아니라, 그것의 최종적인 정당화까지 이르는 탐구의 전 과정을 뜻할 수도 있다. 천왕성이 발견되었다는 것은 단순히 미지의 대상이 발견되었다는 것이 아니라, 뉴턴적인 천문학의 체계 내에서 천왕성이라는 혹성이 발견되었다는 뜻으로 파악하는 것이 과학 활동의 실제에 가깝기 때문이다.[9]

퍼스는 가설연역주의에서 설명이 불가능한 발견의 맥락에 논리성이 있다고 주장한다. 주로 가추법abduction이라고 불리고, 그의 후기 사상에서 때로는 역추법retroduction이라고도 불리는 추리 방법이 이러한 논리성의 기초가 된다. 퍼스의 가추법은 다음과 같은 예로 표현되곤 한다.

> 놀랄만한 사실 C가 관찰되었다;
> 그러나 만약 A가 참이라면, C는 당연해진다;
> 따라서 A가 참이라고 생각할 만한 이유가 있다.

퍼스는 이러한 가추법이 일종의 추론이라고 생각했다. 이와 같은 가추적 방법으로 이론을 구하고, 귀납적 방법으로 사실을 구한다는 것이 퍼스의 생각이었다. 퍼스는 과학의 탐구 과정을 연역과 귀납으로만 생각한 전통적인 논리학에 가추라는 발견법을 덧씌웠다. 따라서 퍼스에게 과학적 탐구란 (1) 자료로부터 가설로의 가추법, (2) 가설로부터 실험 가능한 결과로의 연역추리, (3) 그 결과들로부터 가설로의 귀납추리의 세 단계로 이루어지는 과정이다. 퍼스는 정당화의 맥락만을 논리적 분석의 대상으로 삼을 수 있다는 전통적인 과학철학, 즉 (2)와 (3)에 치중하던 과학철학에 (1)의 과정을 부여함으로써 발견의 맥락을 껴안을 수 있었다. 물론 퍼스 사후에 그의 발견법에 어떤 논리성이 존재하느냐를 두고 많은 논쟁이 있었다. 특히 어떤 가설을 고려할 만한 것으로 간주하게 만드는 설명력은 어디에서 비롯되느냐의 문제가 당장 발생한다. 왜냐하면 이러한 설명력에 논리성을 부과하지 못할 경우, 라이헨바흐의 구분에 의해 즉각 반박이 가능해지기 때문이다. 즉, 퍼스의 가추법에서 갑자기 튀어나오는 가설 A의 설명력은 어떤 방식으로든 논리성을 지녀야 한다.

퍼스를 실용주의 철학자로 구분하는 이유는, 이 대답하기 까다로운 문제의 답을 퍼스가 대담하게 밀고 나가기 때문이다.[10] 이는 퍼스 자신의 경험과도 무관하지 않다. 앞에서 이야기했듯이 퍼스는 다양한 분야의 과학에 모두 관심을 기울였던 인물이다. 특히 화학실험실에서 실제로 과학을 접하면서 그는 과학의 현장에서 과학자가 가설을 만들고 이를 판단하고 검증하는 절차를 직접 경험할 수 있었다. 퍼스의 가추법이 실제 현장 과학자의 작업과 많이 닮아 있는 까닭 역시 이러한 현장 경험에서 찾을 수 있다.

10여 년이 넘는 시간을 화학 연구에 몰두했고, 물리학·화학뿐만 아니라 광학·천문학·측지학 연구소 등지에서 일했던 퍼스는 스스로 물리학의 정신에 경도되어 있었다고 고백한다. 하지만 퍼스가 과학의 절대적 객관성과 합리성을 주장한 것은 아니다.[11] 퍼스에게 과학이란 확립되어 있는 학문이 아니다. 과학에서 중요한 것은 오히려 새로운 영역에 대한 설명을 확장시키고, 이미 도달한 통찰을 명확히 하는 것이다.[12] 따라서 과학은 완성되어 있는 것이 아니라 완성되는 과정에 있는 것이다. 퍼스에게 있어 과학적 확실성이란 절대적 참이 아니라, 보다 그럴듯한 무언가가 된다. 진정한 과학이란 '삶의 양식'으로서 '살아 있는 사람들의 연구'라는 퍼스의 주장은 그가 직접 경험한 과학 활동에서 얻은 지식과 그가 탐구했던 전통적 과학철학의 주제를 종합해 완성된 것이다. 그러므로 과학의 의미는 체계화된 학설의 집합이 아니라, 신념을 확립하거나 문제에 관한 답을 얻는 특별한 방법일 뿐이다. 따라서 당연히 과학이 보여주는 것과 세계가 똑같을 수는 없다. 그럼에도 불구하고 과학은 우리가 세계를 이해할 수 있게 하는 중요한 열쇠다.

따라서 포퍼의 '반증 가능성'에 관한 통찰이 이미 퍼스에게 녹아 있다는 것도 놀라운 일이 아니다. 퍼스에게 과학적 명제와 실재와의 관계의 진위를 말한다는 것은 그것이 경험적으로 검증 가능한가의 문제라기보다는, 얼마나 경험적으로 반박이 불가능한가의 문제이기 때문이다. 따라서 과학적 가설은 개연성의 정도가 다양하며 언제든 수정될 가능성이 있다. 인간 지식 체계 중 가장 확실한 과학 가설의 이러한 성격을 통해 지식 체계 전반에 관한 그의 '오류가능성 원리'가 등장한다. 이런 의미에서 퍼스에게 "독단은 과학의 적"이다.

다시 논의로 되돌아와 보자. 최초의 가설을 발견하는 방법, 그 안에 어떤 논리성이 숨어 있느냐에 대한 퍼스의 답은 놀랍게도 '본능'이다. 가추법은 진화론적 적응 과정 속에서 우리의 뇌에 녹아 있는 본능이며, 이러한 본능의 도움으로 인류는 과학이라는 지식 체계를 구축할 수 있다. 최근에서야 시작된 진화론적 인식론과 진화심리학의 씨앗은 이미 퍼스에게 녹아 있었다. 퍼스가 살던 시기가 다윈의 진화론이 완성되어 가던 시기라는 점을 인식하는 것도 중요하다. 또한 퍼스가 평생을 칸트의 《순수이성비판》을 읽으며 보냈다는 점도 퍼스의 이러한 생각에 일조했을 것이다. "인간의 정신에 제시되는 개념과 자연의 법칙에 관련된 개념 사이에는 자연스럽게 일치하는 경향이 있는 것 같다"라는 퍼스의 말은, 자연과학의 타당성을 선험적 자아에서 끌어오려 했던 칸트의 철학이 배어 있다. 퍼스에게 과학의 발견과 추리를 가능하게 해주는 능력은 진화 과정에서 우리에게 주어진 본능이며, 따라서 과학 활동은 특별한 체계라기보다는 '삶의 양식'으로 이해된다.

스트롱 프로그램의 등장

논리경험주의가 과학 활동의 분석 대상을 지나치게 협소하게 책정하고, 논리학의 지위를 절대화했다는 점에 대한 미국 실용주의자들의 비판과 더불어 과학사가 중에서도 이를 비판하는 견해가 고개를 들기 시작했다. 잘 알려져 있다시피 1962년 출판된 《과학혁명의 구조》에서 토머스 쿤은 과학 활동의 역사적 과정을 면밀히 관찰해보면 두 가지 상이한 활동, 즉 정상과학의 시기와 과학혁명의 시기가 나타난다고 주장했다. 특히 과학혁명의 시기에 과학 이론이 논리적 추론에 따라 결정되지 않고 일종의 종교적 개종의 과정처럼 선택된다는 쿤의 논의는 논란을 불러일으키기에 충분했다.

쿤과 더불어 핸슨Norwood Russell Hanson은 '관찰의 이론적재성' 논증을 통해 논리경험주의자들이 주장하는 것처럼 이론과 관찰 사이의 논리적 정합성 혹은 객관성이 절대적인 것은 아님을 주장했다. 특히 쿤이 공약불가능성 등을 통해 주장했던 급진적인 사고는 논리경험주의자가 과학 활동에서 배제하려고 노력했던 주관적 요소가 이론의 선택에 강하게 개입하고 있음을 보임으로써 반발을 불러일으켰다. 하지만 쿤과 핸슨 모두 여전히 과학이라는 지식 체계에 담긴 합리성을 의심하지 않았다. 그들은 과학이 발전하기 위해서는 논리경험주의자가 주장하는 것처럼 철저히 객관적이고 논리적인 활동뿐 아니라, 주관적이고 비논리적인 활동이 존재해야 한다고 주장했을 뿐이다. 결국 논리경험주의자와 쿤은 과학의 합리성의 정체가 무엇이냐에 대한 의견 차이만 있었을 뿐, 과학이 비합리적 활동이라는 주장으로 나가지는 않았다. 특히 쿤은 라이헨바흐가 논리학의 지위를 이용해 축소시킨 '조언의 과제'에 있어 논리경험주의자보다 더욱 과학자의 편을 들었다. 즉, 정상과학의 시기에 과학 분야에서 해결해야 하는 많은 문제는 과학자 집단 내부에서 자율적으로 해결되어야 한다고 주장한 것이다. 콰인과 마찬가지로 쿤의 주장은 추종자들에 의해 지나치게 급진적으로 해석되었다. 쿤은 추종자들의 이러한 해석에 대해 언제나 부담스러워했던 것으로 알려져 있다.[13]

퍼스와 콰인처럼 논리학을 중시하는 전통적 과학철학의 흐름에 반하지 않으면서 논리경험주의를 확장하려던 과학철학 내부의 반박과, 과학의 역사를 탐구함으로써 조금 더 과학의 실제 모습에 가까운 과학 지식의 합리성을 구상해보려던 토머스 쿤의 시도가 있었지만, 여전히 정당화의 맥락에서 과학 지식의 합리성은 크게 의심받지 않았다. 강력한 도전은 사회학자로부터 시작되었다. 흔히 에든버러 학파라고 불리는 일련의 과학사회학자는 데이비드 블로어David Bloor, 배리 반스Barry Barnes 등이 주도한 '스트롱 프로그램'을 가지고 이 논쟁에 뛰어들었다. 이들은 전통적 과학철학이 인정해온 과학의 합리적 설명의 영역을 인정하지 않았다. 모든 과학적 신념에 대해 사회적 인자로 인과적 설명이 가능하며 또한 필요하다는 생각, 즉 정당화의 맥락에 언제든 사회적 설명이 개입될 수 있다는 생각이 스트롱 프로그램의 기저에 깔려 있다. 이런 의미에서 이들은 머튼과 같은 기능주의적 과학사회학자와 다르다.

이처럼 새로운 과학사회학자들은 과학철학 내부에서 이미 제기되어온 문제를 자신들의 이론적 근거로 이용하기 시작했다. 예를 들어 핸슨의 '관찰의 이론적재성'은 이론 중립적인 관찰을 근거로 한 전통적 과학철학의 인식론과 양립할 수 없으며, 따라서 과학의 관찰에 사회적 인자들이 개입한다는 식으로 해석되었다. 경험적 근거, 즉 관찰이나 실험 결과와 양립할 수 있는 다양한 이론이 존재한다는 과학철학 내부의 '이론미결정성 논제'도 이들의 논거로 이용된다. 하지만 과학철학 내부에서도 이미 이루어진 비판을 끌어들여, 단번에 과학 활동에 사회적 인자를 도입하는 식으로 진행되는 이들의 논리에는 허점이 많다. 왜냐하면 과학철학자는 이러한 사회적 인자의 존재를 부정한 것이 아니라 그것을 정합적으로 설명할 수 없으므로 배제했던 것에 불과하기 때문이다.[14]

근대과학이 확립되는 데 결정적인 기여를 했던 것은 실험과학의 전통이다. 흔히 근대과학은 수학적 전통과 실험적 전통의 결합이라고 이해되기도 한다. 이를 실험이 이론을 제한하는 과학의 세속화 여정으로 보아야 한다는 견해도 이미 기술했다.[15] 라투르와 울가Steve Woolgar는 《실험실 생활Laboratory life : the construction of scientific facts》이라는 저서를 통해 근대과학의 모태가 되는 실험조차 과학자의 타협에 의해 사회적으로 '구성'된 것이라고 주장했다. 실험을 통해 발견되는 사실이 과학의 객관적 토대가 되고, 이러한 사실은 전통적 과학철학이 주장해온 이론의 뼈대가 되므로 라투르와 울가의 공격은 성공만 한다면 매우 효과적일 수 있었다. 이들은 솔크생물학연구소The Salk Institute for Biological Studies에서 실험실에 대한 인류학적 탐구를 시도했다. 이 과정에서 노벨상을 수상한 갑상선분비호르몬TRH: thyrotrophine releasing hormone이 과연 실재로 존재하는 것인가, 과학자의 합의에 의해 구성된 것인가의 문제가 제기됐다. 라투르와 울가는 강력한 경쟁 그룹이 존재했던 상황에서 TRH라는 물질의 존재가 경쟁 그룹 간의 사회적 합의에 의해 구성되었다고 주장했다. 과학 활동의 내용에 사회적 인자가 직접적으로 영향을 미치고 있으며, 따라서 과학 지식도 사회적으로 구성된다는 주장의 사례가 도출되었다는 것이다. 하지만 라투르 등의 주장은 사회구성주의가 등장하기 이전부터 전통적 과학철학자가 주장했던 논의를 전적으로 무시해야만 가능하다. 즉, 하나의 사례로 과학이라는 지식 체계 전반을 뒤흔드는 것이 가능한지의 문제가 즉각 제기될 수 있다.[16] 또 한 가지 의문은 과연 라투르 등이 이미 과학철학자 내부에서도 제기되었던 과학 활동의 실제 모습을 제대로 이해했는가의 문제다.

첫 번째 문제는 간단히 해결될 수 있다. 아무리 사회구성주의를 받아들인다고 해도 단 하나의 사례로 해당 학문 분야 전체를 싸잡아 매도할 수 있는 엄밀한 학문은 존재하지 않는다. 흔히 귀납의 오류라고 지적되는 논리학적 오류가 라투르와 울가의 연구에 그대로 적용될 수 있다. 상식적으로 사고하는 학자라면, 예외로 가득 찬 자연에서 단 하나의 예외를 기초로 학문 전체를 매도할 수 없다는 주장을 받아들일 수밖에 없을 것이다. 두 번째 문제는 더욱 심각하다. 이미 퍼스가 지적했듯이 과학자들의 문제해결 과정에는 가추법이 사용되며, 가추법의 사용은 절대적으로 확실한 지식의 획득이라는 목표가 아니라 보다 그럴듯한 목표를 좇아가는 것이기 때문이다. 솔크생물학연구소의 연구 그룹에는 화학적으로 합성한 물질의 성질과 원래 존재하는 물질의 생리학적 성질은 그들의 데이터를 분석해봤을 때 비슷할 것이라고 예측할 수 있는 충분한 증거가 있었다. 또한 이 연구 그룹과 독립적으로 연구를 진행했던 그룹에서도 해당 물질의 기능을 재발견하고, 진화적으로 보존된 DNA 염기서열을 알렸다는 것은 어떻게 설명해야 할까? 후속 연구에 의해 합당한 가추법이라고 판명된 연구였다면 이에 대한 분석의 틀은 라투르와 같은 인류학적이고 독단적인 일반화가 아니라, 퍼스의 방법처럼 그렇게 판단할 만한 충분한 논리적 정황이 존재했다고 가정하는 것이 옳을지도 모른다.[17]

라투르와 비슷한 시기에 피커링Andrew Pickering과 같은 학자는 《쿼크의 재구성Constructing quarks: a sociological history of particle physics》이라는 저서를 통해 쿼크의 존재가 입자물리학자의 바람에 의해 구성된 것이라고 주장했다. 과학 활동을 이해하는 데서 자연의 역할을 인정하려 하지 않았던 라투르와 울가부터 피커링에 이르는 일군의 학자에 의해 -이들이 비록 과학사회학에서 대다수를 차지하지는 않았지만- 과학사회학이라는 학문이 과학과는 공존할 수 없는 '반실재론자'의 모임이라는 이미지가 심어진 것만은 분명하다. 자연을 연구하는 과학자에게 자연을 빼앗는다면 도대체 과학자는 무엇을 근거로 연구해야 하는가? 심지어 과학 활동의 일부가 사회적 인자의 영향을 받는다는 것을 소박하게 인정하고, 과학 내부에도 부분적인 역사성이 존재한다는 것을 인지한 과학자조차 자연을 과학에서 배제시키는 이들의 태도는 참기 어려운 것이었다. 그것은 라이헨바흐가 말한 인식론의 조언적 과제를 넘어, 과학의 존립 기반 자체를 무시하는 건방진 태도로 보일 수 있었다. 최근 에드워드 윌슨과 같은 나이브한 과학자에 의해 진행되는 '통섭' 논의가 인문사회과학자에게 감정적 대응을 불러일으키듯이 말이다.

이러한 반실재론적 입장은 극단적인 페미니스트와 과학에 대한 문화적 연구를 연구하던 학자에 의해 더욱 강화되었다. 사실 이들의 논의는 이미 과학계는 물론 과학학계 내부에서도 진지하게 다루어지지 않기 때문에 길게 논구할 가치는 없을 듯하다. 하지만 이후 진행되는 과학전쟁에서 라투르와 피커링 등이 시작하고 문화연구자에 의해 가속된 흐름이 일종의 도화선 역할을 했다는 점은 지적하고 넘어가야 한다. 왜냐하면 과학전쟁에서 과학계의 입장을 대변했던 학자들 대부분이 이러한 급진적 문화연구자의 발언을 근거로 과학사회학 전반을 싸잡아 매도하게 되기 때문이다. 특히 소칼의 '지적 사기'로 정점에 이르는 과학전쟁의 종반부는 과학을 왜곡하는 포스트모더니스트에 대한 비판이라고 볼 수 있으며, 이러한 비판의 표적이 될 수밖에 없는 이들은 포스트모더니즘의 문예비평을 과학 텍스트에 적용한 라투르나, 그러한 문예사조와 밀접한 관련을 가지고 있었던 문화연구자였기 때문이다.

상대주의에 대한
과학의 대응

일반적으로 과학자는 과학을 소재로 하는 학문, 예를 들어 과학철학, 과학사, 과학사회학 등의 논의에 무지하다. 그들이 무지한 이유는 대부분 그러한 논의에 관심을 두지 않기 때문이다.[18] 관심을 두지 않는 이유는 아마도 그러한 논의에서 과학자 자신의 작업을 위한 그 어떠한 도움도 얻지 못하기 때문일 것이다. 하지만 자신의 작업을 진지하게 고민하는 과학자는 언젠가 이러한 논의에 귀를 기울이게 된다. 19세기에 볼츠만Ludwig Eduard Boltzmann이 과학철학의 논의를 접하고 분통을 터트렸던 것도 볼츠만이 과학 활동 그 자체를 진지하게 고민했기 때문이다. 과학자가 곧 철학자이기도 했던 17~19세기뿐 아니라 20세기에 이르러서도 아인슈타인, 대다수의 양자역학자, 자크 모노Jacques Lucien Monod나 프랑수아 자코브 같은 분자생물학자도 자신의 작업을 철학적으로 성찰하는 데 주저하지 않았다. 아무리 과학 활동이 실험실에서 이루어지는 폐쇄적인 것이라 해도, 자신의 작업을 진지하게 고민하는 과학자는 과학에 관심을 갖는 다른 분야 학자의 논의를 허투루 받아들이지 않았다. 그 반대도 마찬가지였다. 그것이 이미 소개했던 과학과 인문학 간의 오래된 상호작용의 역사다.

20세기 중반에 이르러 과학이 전문화되고, 과학자가 철학 및 인문학과 결별하게 되었지만, 17~19세기 동안 그들의 선조들이 일궈놓은 전통이 완전히 사라진 것은 아니었다. 1980년대까지 과학사회학의 논의에 반응을 보이지 않던 과학자 중 일부가 라투르와 포스트모더니스트, 페미니스트 등이 과학에 대해 보이는 적대감을 눈치채기 시작했다. 1992년 영국 런던대학의 발생학자 루이스 월퍼트Lewis Wolpert는 《과학의 비자연적 본질The Unnatural nature of science》이라는 책을 통해 과학이 우리의 직관에 반하는 것을 발견하며 발전해왔음을 주장했다. 그는 이 책에서 이러한 비자연적 본질을 지닌 과학이 전문적인 훈련을 거치지 않은 이들에게 이해되기 어려운 '특별한' 지식임을 강조했다. 월퍼트는 과학의 지식 체계가 다른 지식 체계와는 다른 월등한 것임을 주장했다.[19] 스티븐 와인버그Steven Weinberg의 《최종 이론의 꿈Dreams of a final theory》이 1993년 출판되었고 여기서 와인버그는 20세기의 과학철학이 과학에 미친 영향이 전혀 없다는 철학무용론을 주장했다. 특히 피커링의 《쿼크의 재구성》은 입자물리학에 대한 무지에서 비롯된 것으로 철저히 비판되었다. 1994년에는 사회구성주의의 대표주자 격인 콜린스Harry Collins와 핀치Trevor Pinch의 책 《골렘: 과학의 뒷골목The Golem: what you should know about science》이 영국에서 출판되어 큰 호평을 받는 사건이 일어났다. 이 책을 통해 콜린스와 핀치는 다양한 과학사의 사례를 통해 과학이 문화적·사회적인 영향에서 자유롭지 않은 지식 활동임을 주장했다. 특히 매우 대중적으로 쓰여진 이 책이 베스트셀러에 오르면서 월퍼트를 비롯한 과학자는 이 책이 과학을 지나치게 왜곡했다며 즉각적인 비판을 시작했다.

결국 지식인 사회에서 큰 관심을 불러일으킨 이 충돌은 1995년 대토론회로 기획되었지만, 콜린스, 라투르, 블로어 등의 과학사회학자의 불참으로 무산되었다. 1996년에는 해양생물학자 그로스와 수학자 레빗의 《고등 미신》이 출판된다. 이 저서야말로 이후 과학전쟁의 시작을 알리는 신호탄이었다. 그로스와 레빗은 사회구성주의자, 페미니스트, 극단적 환경론자, 다문화주의자를 모두 싸잡아 '강단 좌파'로 규정하고 이들이 과학에 무지한 채 과학을 논의하고 있다고 주장했다. 더 나아가 두 사람은 창조론자 등과 같은 사이비 과학자와 《고등미신》에서 그들이 비판했던 이들 모두를 '반과학'적이라고 비난했다.

그들이 개최한 초대형 학회에 참석했던 물리학자 앨런 소칼은 그로스와 레빗의 논의에 고무되어 한 가지 사기극을 기획한다. 그것이 잘 알려진 '소칼의 날조' 사건이다. 역설적인 것은 소칼이 엉터리 논문을 기고한 〈소셜 텍스트Social Text〉의 기획이 바로 그로스와 레빗을 비판하기 위해 준비된 '과학전쟁' 특집이었다는 점이다. 소칼은 이후 자신의 경험을 《지적 사기Fashionable nonsense》라는 저서로 내놓았고, 이때부터 '과학전쟁'은 대중과 언론에 그 실체를 드러낸다. 계몽주의에 의한 승리 이후, 과학과 과학자사회는 낭만주의의 후예의 말에 거의 귀를 기울이지 않았고, 그런 무지와 고립은 스노가 말했던 소설가와 이론물리학자 사이의 갈등이 아니라, 과학을 중심에 두고 서로 다른 말을 하고 있던 학자들 사이의 논쟁으로 나타난 것이다. 그리고 바로 이 지점에서, 한국 사회의 과학과 인문학이 과연 정상적으로 작동하고 있는지 의문이 생기게 된다.

10장

'오파상'의 비극: 과학은 한국 사회에 스며들었는가

한국 사회 인문사회과학계의 철학적 편식에 대하여

과학전쟁, 두 문화, 그리고 한국

> 왜? 이유는 간단하다. 실제적 문제를 해결하기 위해서는 과학의 공공적 사유 방식 – 창의적인 동시에 협동적이며 자유롭고 실험적인 정신 이외의 다른 방법이 없어 보이기 때문이다. **이봉재**[1]

과학전쟁은 국내에도 그대로 수입되었다. 과학학을 전공한 학자가 대학에 막 자리를 잡고 활성화되고 있던 1990년대에 이르러, 학계는 과학전쟁을 주제로 한 다양한 논의를 펼쳐 나가기 시작했다.[2] 김환석-오세정 교수의 논쟁이 〈교수신문〉에서 잠시 펼쳐졌고, 과학철학회는 과학전쟁을 주제로 한 대토론회를 주최하기도 했다.[3] 과학전쟁에 관한 자세한 논의를 대부분 한국어로 접할 수 있을 정도로, 과학전쟁은 한국 과학학계에서 뜨거운 화두가 되었다.[4] 과학전쟁의 중요한 배경이 되었던 라투르의 《실험실 생활》이 여전히 번역되지 않고 있음에도 그의 사상은 여과 없이 국내의 논의에서 인용되고 주장되었다. 홍성욱, 이상욱, 이영희, 김환석, 김동광, 송성수 등의 학자는 과학전쟁에 관한 외국의 논쟁을 정리하고 이를 학계에 알리는 데 열정적이었다. 흥미로운 점은 과학전쟁에서 한 축을 담당했던 과학자 혹은 과학철학자의 입장을 대변할 만한 학자는 국내에선 거의 보이지 않는다는 점이다. 과학전쟁이라는 화두를 둘러싼 국내 학자의 글에서 볼 수 있는 가장 두드러진 특징은 두 진영 간의 논의가 모조리 과학사회학자의 글을 통해 소개되고 논의된다는 데 있다.[5] 물론 과학자의 목소리가 아예 없지는 않았다.

예를 들어 이덕환은 현장 과학자의 입장에서 과학전쟁의 의미를 기술할 수 있는 몇 안 되는 한국 학자 중 한 명이다.[6] 이덕환의 주장은 크게 두 가지로 요약할 수 있다. 첫째, 과학사회학자가 엄연히 존재하는 '과학'과 '기술'의 차이를 의도적으로 무시함으로써 논의를 뒤죽박죽으로 만든다는 비판이다. "보편적인 진리나 법칙의 발견을 목적으로 한 체계적인 지식"인 과학과, "과학 이론을 실제로 적용하여 자연의 사물을 인간 생활에 유용하도록 가공하는 수단"인 기술은 분명히 다른 영역이다. 과학이 기술에 영향을 미치고, 기술이 과학에 영향을 미친다는 데에 이견을 제시하는 학자는 없다. 하지만 상대적으로 과학보다 가치에 종속적인 기술의 영역을 과학사회학의 사례로 끌어들임으로써 논쟁에 크나큰 혼란이 가중된다는 것도 분명하다.[7] 과학전쟁의 핵심이 기술이 아니라 과학 지식의 성격에 관한 것이었다면 더더욱 그렇다.

이덕환의 두 번째 주장은 김환석 등이 주장하는 '과학기술의 민주화'라는 개념에 관한 것이다. 과학전쟁에서 논란이 되었던 한 가지 주장은 과학의 지식이 고도로 전문화되어 있기 때문에 이를 둘러싼 정책 결정의 과정에서 이러한 지식을 이해하지 못하는 사람들의 참여가 배제되어야 하는가의 문제였다. 《고등 미신》에서 가장 극명하게 드러난 이러한 주장의 문제점도 '과학'과 '기술'에 대한 무리한 동일시에서 비롯된다. 특히 수돗물 불소화 논쟁이나 줄기세포 연구 등을 근거로 과학기술의 민주화를 주장하는 김환석의 주장은 이러한 동일시가 여전히 아무런 반성 없이 계속되고 있음을 보여주는 대표적인 예다. 이에 대한 과학전쟁 내부의 논의, 그리고 이덕환이 매우 정당하게 주장하는 과학과 기술을 개념적·실제적으로 분리해야 한다는 주장이 2010년 현재까지도 무시되고 있다는 것은 무엇을 의미하는가.[8] 정확한 개념의 사용과 필로로기Philology에 대한 공부가 중요한 인문사회학자가 분명히 분리되어야 하는 개념을 혼동해서 사용할 때는 그 기저에 무지 혹은 불순한 의도가 숨어 있는 것인지도 모른다. 이러한 무지 혹은 의도가 없다 하더라도 이덕환의 주장은 국내 과학사회학자의 답을 반드시 받아야 했다.

김환석의 '과학기술의 민주화'라는 구호가 처음 등장한 이래로 그 구호의 정당성과 논증의 타당성이 제대로 검증된 적은 없다. 이에 대한 다양한 반론이 존재할 가능성이 풍부함에도 불구하고 과학사회학계조차 이 개념에 대한 진지한 논의가 이루어진 적은 없었다. 특히 이 개념은 과학자 사회 내부의 의사결정 구조에 대한 비판인지, 고도로 전문화된 과학 지식이 대중에게 신비화되어 있다는 것에 대한 비판인지, 과학 지식이 현실에 응용되는 기술의 영역에서 그 수혜자인 시민의 합의와 참여가 필요하다는 의견인지조차 불명확하다. 이런 의미에서 김동원이 "과학기술의 민주화라는 개념이 도대체 무엇인지 모르겠다"고 주장하는 것에는 일면 타당성이 존재한다.[9] 특히 이러한 논의를 진행하기에 앞서 "과연 한국은 준비되어 있는가"라는 김동원의 질문이야말로 우리가 고민했어야 하는 주제인지 모른다.

김환석의 '과학기술의 민주화'는 한 가지 사례에 불과하다. 과학전쟁과 두 문화 담론이 수입되면서 과학자와 과학학자 모두가 놓치고 있는 문제들, 그것이 두 문화 간의 갈등으로 표출되든 현재 유행하는 융복합 연구의 뼈대가 되든, 이공계 기피에서 야기된 문제를 문·이과의 폐지를 통해 해결해보자는 식으로 전개되든 간에, 논의를 시작하기 위한 토대로서 반드시 반성해야만 하는 문제들을 우리는 고민해보지 못했다. 역설적으로 과학전쟁에서의 갈등은 과학과 다른 학문 간의 강한 상호작용을 드러낸다. 스노의 두 문화 담론을 해부했던 2장과 3장에서 보았듯이, 서구에는 이미 이런 논의가 가능한 토양이 있었다. 그런 토양 위에서 벌어지는 갈등은 오히려 건강한 것이다. 서구에서 시작된 과학전쟁은 스노의 두 문화 담론에 대한 하나의 반박이 된다. 과학이 문화로 정착한 서구에서 과학전쟁이 표출되었다는 의미는 바로 과학과 인문학이 어떤 방식으로든 끊임없이 상호작용하고 있었음을 드러내기 때문이다. 과학전쟁은 그 상호작용을 위한 서로의 인식 차이를 드러낸 것에 불과하다. 따라서 과학전쟁은 두 문화 담론의 허구성을 폭로함과 동시에, 구체적인 사례 속에서 과학의 위치를 성찰하는 계기로 인식되어야만 한다. 나아가 그 성찰은 우리의 상황에 맞게 재구성되고 또한 한국의 실정을 반성할 수 있는 종류의 것이어야 한다.[10]

이를 위해 한국 사회에서 논의되고 있는 '과학전쟁'의 문제점과 더불어 이를 통해 '두 문화' 문제를 구체적으로 해부해보기로 한다. 과학전쟁이 직수입되면서 그 논쟁을 정리하고 대중에게 알리려고 노력한 쪽은 과학사회학자였다. 그 과정에서 과학자의 목소리는 그다지 알려지지 못했다. 사실 과학자의 목소리 또한 다양하지 못했고, 언제나 매우 오래된 전통적인 과학관을 고집하는 데 그쳤다. 소칼을 비롯한 과학자 진영의 학자들이, 과학사회학 논의의 맥락보다는 지극히 세부적인 묘사를 풍자적으로 비판하는 데 그쳤다는 지적은 매우 정당한 것이다.[11] 특히 이러한 고답적인 과학관을 고수하고 있는 도킨스Clinton Richard Dawkins나 윌슨 유의 사고가 여전히 과학자를 지배하고 있다는 것은 반드시 지적되어야 한다. 과학전쟁을 통한 두 문화의 인식, 그리고 이를 통한 반성과 비판은 어느 한 진영에 귀속될 성질의 것이 아니다. 특히 한국이라는 특수한 맥락 속에서 과학전쟁과 두 문화를 다루려고 할 때, 두 진영 모두 비판에서 자유롭지 않다.

세 가지 주제로 나누어 비판을 시도하려고 한다. 첫 번째로 지적되어야 하는 것은 '과학사회학의 재귀성' 문제다. 과학과 기술이 발전하면서 인문학적 반성과 성찰의 계기가 부족했고, 이러한 결핍이 위험사회를 초래했다는 주장은 지나치게 일방적이다. 그 반대의 주장도 가능하다. 이를 통해 학문으로서의 과학학이 무엇을 반성해야 하는지가 드러날 것이다. 두 번째로 살펴볼 것은 이러한 제반 문제를 야기한 근원적 뿌리를 탐색하는 작업이다. 학문 식민지로서의 한국의 상황이 탐구될 것이다. 여기서 학문 식민지란 중의적 의미를 지닌다. 그 하나는 과학과 관련된 학문의 수입에 있어 편향성 문제이고, 다른 하나는 학문의 주체성과 관련된 문제다. 세 번째로 다룰 것은 '문화로서의 과학'의 지위에 대한 것이다.[12] 이를 통해 그동안 다루었던 두 문화 및 과학전쟁의 담론을 한국적으로 적용하는 것이 왜 불가능한지 드러날 것이다. 이러한 세 문제에서 다루는 비판적 입장을 '동시효빈東施效嚬의 역설'이라고 명명하도록 한다. 서쪽에 사는 미인을 무조건 모방하려고 했던 동시東施의 우매함을 통해 우리가 처한 비참한 현실이 그 모습을 드러내길 바란다. '동시효빈의 역설'을 드러내고 난 후에, 이를 극복할 대안의 하나로 '학풍'의 의미를 조명할 것이다.

재귀성 문제:
반성과 성찰은 과학·기술만의 것이 아니다

재귀성 문제란 쉽게 말해 반성과 성찰의 문제다. 과학과 기술이 급속도로 발전한 현대사회에서 과학과 기술의 재귀성, 즉 반성과 성찰이 부족하다는 논의는 그 수를 헤아리기 어려울 정도로 많다. 나는 이러한 논의 속에 있는 함정 한 가지를 지적하려고 한다. 즉, 과학과 기술에 반성과 성찰이 필요하다고 할 때, 그 반성과 성찰의 학문적 성격을 인문학이라고 규정함으로써 과학과 기술에 대한 윤리학적 우위를 주장하려는 함정이 그것이다. 이러한 무의식은 과학과 기술에 대한 '인문학적 제어론'으로 흔히 표출된다. 한국 사회에서 인문학의 위기가 지적될 때마다 이러한 주장은 아무런 논증과 분석도 없이 무차별적으로 사용되었다.[13] 현대 과학기술사회의 위험성은 인문학의 위기이며, 인문학은 현대사회에 반성과 성찰의 계기를 제공할 유일한 학문이라는 식이다. 하지만 적어도 과학사회학은 그 학문이 시작될 때부터 재귀성의 의무를 부여 받은 분야다. 즉, 과학사회학자 특히 한국의 과학사회학자는 이러한 반성과 성찰의 의무를 과학자에게만 부여하려는 못된 습성을 반드시 반성해봐야 한다는 뜻이다. 특히 두 번째 주제에서 다룰 학문 식민지라는 문제에서 과학사회학도 자유롭지 못하다는 점, 즉 외국의 이론을 직수입해서 한국의 사례에 억지로 끼워 맞추려 한다는 점은 꼭 지적되어야 한다.

> 과학사회학의 재귀성 문제는 과학사회학 내부에서도 오랫동안 논의된 주제 중 하나다. 역설적으로 이 문제는 과학에 가장 적대적인 것으로 보이던 '스트롱 프로그램'에서 가장 처음 등장했다. 블로어와 반스가 저술한《지식과 사회의 상》에는 스트롱 프로그램의 목표가 다음과 같이 네 가지로 제시된다. (1) 과학적 지식의 사회학은 인과적이어야 한다. 즉, 과학적 신념을 산출한 조건들을 밝혀야 한다. (2) 그것은 신념의 진위, 합리 또는 비합리, 성공 또는 실패에 관계없이 불편 부당해야 한다. 즉, 어떤 경우인가에 상관없이 모든 신념은 설명을 필요로 한다. (3) 그것은 설명의 양식에 있어서 대칭적이어야 한다. 즉, 진위에 관계없이 모든 신념은 동일한 유형의 원인에 의해 설명되어야 한다. (4) 그것은 재귀적reflexive이어야 한다. 과학적 신념에 대한 설명과 동일한 양식이 사회학 자체에도 적용될 수 있어야 한다.[14]

스트롱 프로그램은 20세기 전반에 이미 만하임Karl Mannheim이나 뒤르켐 등에 의해 시작된 지식사회학의 확장판이다. 만하임과 뒤르켐의 지식사회학에서 지식이란 인문학이나 사회과학을 의미한다. 이러한 지식 체계의 내용이 사회적 인자의 영향력에서 자유롭지 않다는 것이 이들 주장의 핵심이다. 블로어와 반스는 이 지식의 범위를 자연과학으로 확장시켰다. 자연과학의 지식 체계에도 사회적 인자가 개입할 여지가 있다는 것은 잘 알려져 있다. 특히 과학 이론과 측정량의 연결 과정에서 이러한 개입은 '소박한 과학의 역사성'으로 대변된다.[15] 블로어의 논의가 '강한' 프로그램으로 알려지게 된 것은 이러한 지식의 사례로 논리학과 수학을 포함시켰기 때문이다.[16] 바로 이 지점에 스트롱 프로그램의 첫 번째 재귀성 문제가 걸려 있다. 스트롱 프로그램의 시작이 과학의 방법론을 차용했다는 것은 너무나 분명하다. 블로어의 첫 원리가 '인과적 설명'에 대한 기술이라는 점, 사회적 인자가 개입하는 범위를 자연과학뿐 아니라 논리학 및 수학에도 적용시켰다는 점 등이 이런 분석을 가능하게 한다. 따라서 과학 지상주의가 위험하다면 스트롱 프로그램도 위험하다. 블로어 식의 과학사회학에서는 과학이 차지했던 위계를 과학사회학이 가로채게 된다. 수백 년간 서구의 학계를 지배했던 과학의 지위를 공격하기 위한 블로어의 전략은, 과학의 방법론처럼 확고해 보이는 방법론을 구축하는 것이었다. 하지만 결국 이러한 방법론의 차용은 과학사회학 자체에 위협이 된다. 바로 '피장파장의 오류'가 발생하기 때문이다.

이러한 스트롱 프로그램의 내재적 오류에도 불구하고, 그들이 제시한 네 번째 원리는 상당히 고무적이다. 과학을 분석할 때 사용한 그들의 방법론은 스트롱 프로그램 자체에도 적용되어야 한다는 것이 '재귀성의 원리'이기 때문이다. 이 문제는 여전히 과학사회학자를 괴롭힌다. 특히 과학사회학 자체에 대한 비판은 어떻게 진행될 수 있는가의 문제가 즉각 떠오른다. 즉, 과학기술의 민주화를 주장한다고 할 때, 블로어의 제4원리를 따른다면 같은 논리가 과학기술사회학 내부에도 적용되어야 하기 때문이다. "과학기술사회학의 민주화는 누가 어떻게 주장할 수 있는가"의 문제를 나는 들어본 적이 없다. 예를 들어, 과학기술사회학자 사회는 그들이 분석하는 과학자 사회에 비해 얼마나 머튼의 네 가지 제도적 규범을 따르는가? 과학기술사회학이 여러 시민단체와 사회활동을 한다고 할 때, 과연 그 안에는 그들이 주장하는 것만큼 '참여민주주의'적 규범이 존재하는가? 과학자 사회에서 교수와 학생 혹은 사수와 부사수 사이의 권위를 분석하는 방법론은 과학사회학자 사회에서 교수와 학생 혹은 선배와 후배 사이의 권위를 분석하는 틀로도 사용되는가? 과학사회학의 가장 강한 프로그램이 재귀성 문제를 들고 나온다는 역설은 과학사회학자, 특히 한국의 과학사회학자에게 필연적으로 강한 반성을 요구하게 되어 있다.

스트롱 프로그램이 내재하고 있는 논리적 오류를 피해가는 방법은 과학사회학의 방법론을 과학의 방법론과 차별 짓는 것이다. 이러한 전략을 택한 학자가 실험실에 대한 인류학적 분석을 시도한 라투르다. 하지만 《실험실 생활》로 과학 지식의 객관성에 큰 구멍을 낸 것처럼 보이는 라투르는 역설적으로 과학사회학의 극단적인 프로그램에 대한 비판자이기도 하다. 그의 비판은 크게 두 가지인데, 하나는 사회가 과학의 내용에 영향을 미친다고 주장하면서 과학과 사회의 유사성만을 근거로 연구의 정당성을 획득하는 방법에는 연구자의 주관성이 상당히 작용할 수 있다는 것이다. 이러한 라투르의 비판은 과학사회학의 또 다른 흐름인 인류학적 방법론에서도 여전히 객관성에 대한 신화가 잔재하고 있음을 드러낸다. 여기서 우리는 스트롱 프로그램이든 인류학적 프로그램이든, 이들 모두가 근대과학이 보여준 지식 체계의 우월성에 대해 무의식적으로 인정하고 있음을 알 수 있다. 라투르의 두 번째 비판이 바로 이러한 무의식을 그대로 드러낸다. 왜냐하면 과학과 사회의 유사성만을 근거로 과학 지식의 객관성을 공격하려는 시도는, 현대사회에서 과학이 왜 인식론적·물질적으로 우세한 위치를 점유하고 있는가를 설명하지 못한다는 것이 두 번째 비판의 핵심이기 때문이다. 이러한 비판을 근거로 라투르는 사회가 과학에 미치는 영향에만 집중하려는 과학사회학을 넘어서, 과학이 어떻게 사회에 영향을 미치고, 또 과학과 사회가 어떻게 동시에 구성되는가를 탐구하자고 제안한다.

과학전쟁 이후, 과학사회학 내부에서도 과학 지식의 내용 자체를 건드리려는 시도는 완화되기 시작했다. 이제 이 주제는 다시금 과학철학 진영으로 되돌아간 것처럼 보인다. 특히 과학사 연구가 본격화되면서 과학의 소박한 역사성에 대한 이해는 과학학자뿐 아니라, 과학자에게도 널리 퍼지기 시작했다. 그것보다 더욱 아이러니한 것은 전통적 과학철학자와 과학지상주의를 주장하던 일부 과학자, 그리고 과학사회학의 일부 학자와 급진적 과학운동에 몸담았던 포스트모더니스트의 대립 과정 속에 과학사에 대한 통찰이 부족했다는 것이다. 역사는 두 진영의 어느 편에도 손을 들어주지 않는다. 자신의 작업을 진지하게 성찰했던 과학자의 저술엔 이러한 극단적인 견해가 들어설 틈 같은 건 존재하지 않는다. 과학전쟁은 그 해설가들이 흔히 주장하듯이 과학 진영과 반과학 진영의 대결이 아니라, 과학을 둘러싸고 자기 마음대로 과학을 극단적으로 해석한 인문사회과학자의 전쟁이었던 셈이다.

과학사회학의 재귀성 문제에 대한 세 번째 문제의식은 이론과 현실의 괴리에서 출발한다. 아마도 이러한 입장을 가장 잘 표현한 것은 브라이언 마틴의 글일 것이다. 이론물리학자로 시작해 현장에서

10여 년의 연구 생활을 청산한 후에 급진적 과학운동에 몸담은 그의 이력은 그 자체로 우리에게 시사하는 바가 크다. 한국에는 이런 종류의 과학학 이론가가 드물거나 거의 존재하지 않기 때문이다. 마틴은 「과학 비판, 아카데미즘에 빠지다」라는 글[17]에서 자신의 경험을 토대로 과학사회학이 기술하는 깔끔한 이론과 과학운동 사이의 괴리를 토로하고 있다. 그가 느끼는 가장 큰 괴리는 크게 두 가지로 요약할 수 있다. 첫 번째 괴리는 라투르의 과학사회학 비판과 큰 틀에서 동일하다. 현대사회에서 과학과 기술이 사회에 미치는 영향에 대한 전통적 과학사회학의 주제가, 아카데미즘에 빠진 제도화된 과학사회학 내부에서 거의 실종되어 버렸다는 것이다. 이러한 경향은 마틴 자신이 몸담았던 과학운동의 전통에서 공유되던 일종의 상식적 믿음이 실종된 셈이다. 마틴은 과학사회학자가 아카데미 내부에 자리를 잡고 하나의 학문으로 정착해가는 과정에서 문제의식을 상실했다는 것을 원인으로 꼬집는다. 즉, 이제 과학사회학은 과학과 사회를 위한 학문이라기보다는 해당 분야에 몸담은 학자 자신을 위한 학문으로 전락해버렸다는 것이다. 결국 과학에 대한 급진적인 비판은 과학사회학자가 아니라 과학자 사회 내부에서 등장하는 역설이 발생했다. 과학사회학의 목표가 도대체 무엇이냐라는 실천적인 관점에서 이 역설이 갖는 의미는 매우 크다.[18] 반성은 모두의 것이다.

학문 식민지로서의 한국,
그리고 과학과 과학학

과학사가 박성래는 한국 과학기술자의 뿌리 깊은 '중인 의식'을 지적한다.[19] 이러한 설명은 한국 사회에서 과학기술자가 점유하고 있는 사회적 위치를 잘 설명하는 것처럼 보인다. 하지만 박성래의 주장은 과학기술자의 중인 의식을 국가나 사회로부터의 단절에 대한 설명으로 제시함으로써, 암묵적으로 과학기술자에 대한 인문사회과학자의 도덕적 우월감을 표현하는 개념이다. 특히 조선 시대에서 현재에 이르는 역사적 과정에 대한 상세한 분석 없이 조선 시대의 중인 계급을 현재의 과학기술자 계급과 직접 연결시키려는 시도는, 라투르가 과학과 사회의 유사성만을 근거로 적절한 논증 없이 비약하는 과학사회학을 비판한 것과도 자유롭지 않다.[20]

만약 박성래의 중인 의식과 같은 모호한 주장이 한국 과학자 사회에 대한 분석으로 정당하게 인정될 수 있다면,[21] 한국 인문사회과학자 사회에 대한 다음의 분석도 타당하게 인정해야 한다. 예를 들어 조선으로부터 물려받은 뿌리 깊은 인문주의가 한국의 인문사회과학자의 의식을 사로잡고 있다는 주장이다. 편의상 이를 '인문학 우월주의'라고 부르도록 하자.[22] 만약 이러한 인식이 존재한다면 그것은 한국에 수입된 서구 학자의 논의 속에서 일종의 편향을 만들어낼 것이다. 이 문제는 '문화로서의 과학' 전통이 부재한 한국의 상황과 무관하지 않다. 학문의 수입 과정에 보이는 인문학적 편향성을 다루기 전에 우선 간단하게 한국 인문사회과학의 종속성 문제를 짚고 넘어가도록 하자. 이 문제는 바로 앞 절에서 다룬 과학사회학의 재귀성 문제와 깊이 연관되어 있기 때문이다. 특히 내가 아는 한, 아주 오래전부터 한국의 학문 종속성 문제는 깊이 다루어졌지만 이러한 분석을 과학과의 관련성 속에서 해석한 논의는 없었다.

한국 사회의 인문사회과학이 지닌 종속성 문제는 다양한 학자가 심각하게 숙고하고 논의해왔다. 이러한 논의는 한국 학문의 주체성이라는 측면에서 매우 환영할 만한 일이다.[23] 특히 사회학은 가장 먼저 이러한 논의를 시작한 분야다. 선내규에 따르면 사회학이라는 학문이 대학에 정착하기 시작한 1960년대부터 이미 한국 사회학의 자기성찰적 논의가 존재해왔다.[24] 전문성과 자율성에 대한 논의가 주류를 이루던 1970년대를 거쳐, 연구자의 규모나 연구 성과의 양과 질에서 비약적인 발전이 이루어지는 1980년대에는 '민중사회학', '분단사회학', '민족/민중적 사회학' 등의 독자적인 연구 주제가 성립되는 것으로 보였다. 한국 사회에서 1980년대는 사회과학의 전성기라고 불린다. 대학마다 사회과학서점이 봇물을 이루었고, 민주화운동과 더불어 사회과학은 이론적 토대를 제공하는 최적의 학문으로 여겨졌기 때문이다. 하지만 역설적으로 이 시기의 호황은 곧 꺼진다. 버블의 붕괴 원인으로는 여러 가지 원인이 지적될 수 있다. 예를 들어 한국의 지식인이 학문의 근본적 문제의식 설정에 실패했고, 한국 사회에서 절박했던 문제는 이론화의 계기를 갖추지 못했다는 점이 지적되기도 한다. 원인이 무엇이든 간에, 한국 사회학의 분석 대상인 한국 사회에 대한 독자적인 이론은 출현하지 않았다는 것이 잠정적인 결론이다.[25]

여전히 한국 사회학계의 논문은 연구자 개개인이 연구해왔고 또 연구해온, 즉 수입된 서양 사상가의 학문적 전통과 구도에 수직적으로 통합되어 있다. 강정인에 따르면 이런 방식으로 생산된 논문은 '창백한 아류'에 불과하다. 그 결과로 나타나는 것이 서구 이론에 한국 현실을 통합시켜 해석해버리는 경향이다.[26] 이뿐만 아니라 주요 분석 대상이 되어야 마땅할 비서구 사회 혹은 한국 사회의 '현실'과 '사실'은 주변화되고, 서구의 그것은 중심적 지위를 갖게 된다. 이러한 비참한 현실은 권력이론을 이해하기 위한 푸코의 고전연구를 통해 19세기 프랑스의 행형제도에는 정통한 사회학 이론가가 정작 19세기 조선의 행형제도에는 무지하다거나, 현대정치사 연구자가 5·18광주민주화운동이나 6월항쟁에 대한 지식보다 영국의 명예혁명과 프랑스대혁명에 더욱 해박해지는 식으로 나타난다.

이러한 현실은 사회과학 교과서가 외국 학자의 이론을 소개하는 장으로 도배되고, 심지어 사례조차 우리의 현실과 괴리되는 사태로 나타난다. 특히 한국 사회과학의 미국 종속적 폐해는 심각하다. 미군정의 지원과 당시 사회 분위기가 맞물려 미국의 사회과학은 한국에서 교육되고 연구되는 사회과학의 '교과서'로 정착했다.[27] 흥미로운 점은 우리가 수입한 미국의 사회과학은 유럽에 종속적이었던 미국의 지식인이 주체화한 그것이었다는 점이다. 미국의 사례를 생각해보면 현재의 치열한 사회과학 내부의 논의가 결국 (시간은 걸리겠지만) 독자적인 학문 체계로 나타날 것이라는 기대를 가져봄 직하다. 특히 조희연 등이 시도한 《우리 안의 보편성》은 이러한 치열한 반성이 이제 무르익고 있다는 반증으로 환영할 만한 일이다.[28]

한국 철학계의 학문 종속성 문제는 더욱 심각하다. 한국의 철학자가 외국 철학자를 수입하고 독점하고 이들의 논의를 주체성 없이 재생산해왔다는 비판은 오래되었고 여전히 진행 중인 문제다.[29] 심지어 한국 철학계 내부에는 학문의 건강한 발전을 위한 논쟁조차 존재하지 않았다. 김혜숙은 "우리는 서로 마주 보지만 서로의 눈을 바라보지는 않는다. 우리의 논쟁에는 절대로 진짜 피가 흘려지는 법이 없다"고 표현했다. 이러한 철학의 공허한 헛바퀴 속에 서구 철학계는 우리를 보지 못하며, 따라서 "우리는 마치 투명인간처럼 소리 없는 웃음, 반향 없는 주먹질을 하면서 헛되이 행복해하고 불행해한다."[30] 이처럼 비참한 현실은 1980년대 후반부터 인문사회과학 분야에서 유행하기 시작한 문화연구Cultural Studies에서도 예외는 아니다.[31] "한국 문화연구에 한국이 없다"라는 강명구의 외침에선 희망보다는 좌절이 느껴진다. 인문사회과학 분야에서 학문의 종속성에 관한 논의는 하나의 흐름을 형성하고 있다고 해도 될 정도로 넘쳐나고 있다. 인문사회과학이 다루는 대상이 한 문화의 전통과 역사, 그리고 현실에 크게 영향을 받는다는 상식적인 관점을 견지할 때 이러한 논의는 크게 환영할 만한 것이다.[32]

과학사회학 내부에서도 이러한 반성의 기미가 보이고 있다. 내가 아는 한, 《한국의 과학자 사회》[33]는 이러한 문제의식의 산물이다. 김환석은 이 문제의식을 다음과 같이 기술하고 있다.

> 우리나라는 서구보다 과학 자체의 역사는 물론 과학 활동을 학문적 분석 대상으로 삼는 과학학(과학철학, 과학사, 과학사회학 등)의 역사가 매우 짧다. 따라서 국내의 학계에서는 그동안 과학자 사회에 대한 서구의 모델을 암묵적으로 수용한 논의만이 피상적으로 있었을 뿐, 정작 국내의 특수한 역사적, 문화적, 사회적 맥락 속에서 어떤 성격의 과학자 사회가 형성되어 어떻게 작동하고 있는지를 경험적으로 분석한 연구가 없었다. 한국의 과학자 사회에 대한 연구의 이러한 공백은 우리나라의 과

학 활동이 지닌 사회적 특수성에 대한 구체적인 이해가 없이 서구의 과학학 논의를 막연히 답습하는 우를 범하게 만들곤 했다. 따라서 체계적인 경험적 연구를 통해 한국의 과학자 사회가 지닌 특성을 제대로 밝히고 이해하게 된다면 과학사회학을 비롯한 과학학이 국내에 뿌리는 내리고 도약하는 기초가 될 수 있을 것이다.[34]

김환석은 여기서 그치지 않고 이러한 연구가 한국의 과학자 사회에 크게 기여할 것으로 예측하고 있다.

또한 과학자 사회 연구는 우리나라의 과학계가 현재 당면하고 있는 현실적 문제들을 보다 깊게 이해하고 바람직한 대안을 모색하는 데에도 도움을 줄 수 있다. 예컨대 생명공학을 둘러싼 윤리적 논란에서 볼 수 있는 과학자 사회의 가치와 일반 사회의 가치 사이의 충돌, 현재의 국가연구비 배분 및 연구개발 평가시스템의 투명성과 형평성에 대한 과학자들의 불만, '이공계 위기' 논의에서 드러나는 과학자들의 정체성 혼란과 상대적 박탈감, 과학계와 인문사회계 사이의 '두 문화' 장벽 등등은 모두 과학자 사회의 규범 구조, 보상 체계, 계층화, 사회화 과정 등을 연구해야 문제의 근원 및 해결 방안을 찾아낼 수 있다. 또한 우리나라 과학자들이 내면화하고 있는 성장주의, 이로 인한 기초과학의 상대적 소외, 과학 부문에 대한 여성의 참여 부족 등도 역시 우리나라 과학자 사회의 역사적 형성 과정과 성별 구조화 등을 연구해야 제대로 대처할 수 있다. 한마디로, 이 연구는 장차 우리나라의 과학 활동이 어떻게 사회와 조화를 이룰 수 있으며 그러기 위해 과학자 사회의 바람직한 변화 방향은 무엇인지 모색하는 일에 큰 도움이 될 것이다.[35]

김환석의 이 발언을 반드시 기억해두기로 하자. 예를 들어 2010년 9월, 한국의 과학기술자 사회에 가장 큰 화두였던 국가과학기술위원회의 지위 격상 문제에 대해, 한국의 과학사회학자는 어떤 발언을 했었는지를 기억해둘 필요가 있다. 내가 아는 한, 이러한 논의에서 과학사회학자가 발언한 적은 없었다. 그런 문제는 차치하고서라도, 이러한 분석에서 도출될 결론이 어떤 종류의 것인지를 똑똑히 바라볼 필요가 있다. 내가 아는 대부분의 과학사회학 논문은 그 결론으로 '과학자 사회의 성찰, 책임, 역할'을 지적하는 것으로 그치기 때문이다. 이러한 인식은 과학전쟁 대토론회에서 김동원이 지적한 다음 쪽의 말로 잘 표현된다.

'과학전쟁'과 이 토론의 또 다른 당사자인 과학사회학자와 그 지지자 그룹은 나의 견해로는 과학자 그룹보다 더욱 준비가 안 되어 있다. 나는 국내의 과학사회학자 그룹, 특히 스트롱 프로그램의 지지자들이 기본적으로 과학에 대한 이해와 애정을 가지고 있지 않다고 생각한다. 그들에게 과학은 단지 사회학적 방법론을 적용하는 대상에 불과하다. 따라서 과학의 내용을 이해할 필요도 없고, 오랜 시간 관찰할 필요도 없으며, 애정을 가질 필요는 더더군다나 없어 보인다. 그 결과 자신이 직접 오랜 시간을 들여서 사례연구를 하기보다는 외국의 사례를 단순히 차용하여 자신의 주장을 그럴듯하게 포장하는 데에 보다 많은 정성을 들인다. 과학사회학자의 역사 인식 또한 문제이다. 〈교수신문〉에 실린 김환석의 재반론 일부가 좋은 예이다.

> 문화사적으로 볼 때 근대과학은 16세기 이후 서구 사회에서 부상하던 신흥 중산층의 세계관으로서, 초기에는 신이 창조한 자연의 질서를 탐

구하여 신의 영광을 찬양한다는 기독교적 가치에서 배태된 것이었다. 또한 이는 비서구와 자연, 여성 등에 대한 군사적, 정치경제적 정복과 깊게 연관된 것이기도 했다. 18세기의 계몽주의에 이르러 신흥 중산층이 기독교와 귀족 세력으로부터 독립을 추구하게 되자, 근대과학은 자신의 탯줄인 기독교와 단절을 선언하면서 중립성, 합리성 등 스스로 인신론적인 권위를 주장했던 것이다.(〈교수신문〉 1998년 4월 6일 자)

김환석 교수의 과학관이 위와 같은 역사관에 기반하고 있다면 필자는 더 이상 언급할 필요성을 느끼지 않는다. 그런데 이것은 결코 필자가 알고 있는 과학사회학이나 과학사회학자 모습이 아니다. '과학전쟁'에서 언급되는 소위 스트롱 프로그램의 창시자나 지지자들 – 콜린스, 라투르, 피커링, 핀치 등 – 은 모두 과학에 대한 깊은 애정을 가지고 있으며, 과학의 역사를 충분히 이해하고 있고, 그들의 주장은 모두 '구체적인 사례연구'를 바탕으로 전개되고 있다. 그들의 주장이 때로는 매우 과격하게 들림에도 불구하고, 적어도 그들의 논문이나 책을 읽었을 때 무엇인가 고민하고 다시 한번 생각할 거리가 생기는 것은 바로 사례연구에 바탕하고 있기 때문이다.(김동원)[36]

김동원이 막연하게 느끼고 있는 과학학과 과학의 현실 인식에 관한 괴리, 과학학자의 과학에 대한 애정의 문제, 그리고 나아가 이러한 논의에서 도출되는 실천적 해결책에 대한 논의는 '문화로서의 과학'에 대한 11장의 논의에서 다룬다. 현재로서는 이런 정도로 문제를 명확히 해두는 것으로 족하다.

한국의
반쪽짜리 철학

학문이 발전하는 단계에서 외국 이론의 수입과 이를 주체화하는 과정은 필수적인 것으로 보인다. 그런 의미에서 학문의 제도화 역사가 짧은 한국의 상황은 학문 주체화의 전 단계로 볼 수 있을지도 모른다. 만약 학문의 수입이 필요악이라면 그 과정에서 반드시 전제되어야 하는 가치는 무엇일까. 나는 그중 하나가 '다양성'이라는 소박한 미덕이었다고 생각한다. 특히 서양의 근대학문의 성립 과정에서 과학의 지위가 절대적이었다는 점을 고려한다면 더욱 그렇다. 이미 앞에서 살펴보았듯이, 한국에서 학문이라는 개념은 인문사회과학으로 축소되어 이해되고 있다. 학문의 종속성 논의에 과학은 등장하지도 않는다. 하지만 7장과 8장을 통해 살펴보았듯이, 서양 근대학문의 역사는 과학을 빼놓고는 이해가 불가능하다. 사회과학의 성립뿐 아니라, 인문학의 재정립 과정에서도 과학은 방법론적 측면을 넘어 지식의 내용까지 깊은 영향을 미쳤기 때문이다. 한국의 학자들이 학문 식민지에 대한 논의에서 애써 무시한 영역, 즉 서구 근대사상의 수입에서 과학과 관련된 부분이 의도적으로 무시된 다양한 예를 통해 다시 한번 한국 학계의 인문주의적 전통과 편향성, 즉 '인문학 우월주의'가 드러날 것이다. 한국 사회에서 '두 문화'에 대한 논의가 지니는 핵심은 바로 여기에 있을지도 모른다. 특히 그나마 과학을 다루는 과학학자들조차 문화로서의 과학의 모습을 보여줄 수 있는 과학자의 모습을 감추는 데 일조했다. 과학학이 과학이 아닌 이상 이 분야의 학자도 일면 한국 학계의 고질적인 인문학적 편향을 드러내고 있는 셈이다. 이러한 상황 속에서 “새로운 인문주의자는 경계를 넘어라”는 구호는 공허한 것이다.[37] 우선 다양한 사례를 살펴봄으로써 한국 학계가 지닌 인문주의적 편향성의 실체를 알아보도록 하자.

근대과학의 출발점을 17세기 뉴턴의 고전역학으로 지정할 수 있다면, 근대철학의 출발점도 이 시기를 중심으로 논의할 수 있다. 근대철학의 시작으로 흔히 거론되는 것이 데카르트의 철학이다. 2012년 한국교육학술정보원의 학술연구정보서비스(riss.kr)에서 확인할 수 있는 데카르트와 관련한 국내 논문의 수는 학위논문이 418편, 국내 학술지 논문이 323편이다. 데카르트에 관한 최초의 연구는 1928년경에 등장했다. 같은 프랑스의 지성이지만 포스트모더니즘에 관한 논의 속에서 한국의 철학계의 필수 과목쯤으로 여겨지는 질 들뢰즈(1925~1995)에 관한 연구는 학위 논문이 376편, 국내학술지논문이 440편이다. 들뢰즈에 관한 최초의 연구는 들뢰즈의 나이가 30세에 불과했던 1955년에 이미 국내 학술지에 등장했다. 한국 인문학 연구자에게 자크 라캉Jacques-Marie-Émile Lacan(1901~1981)이라는 인물은 공부 좀 했다는 이들에게는 반드시 거쳐야 하는 필수 코스로 인식된다. 라캉에 관한 연구는 학위논문이 233편, 국내 학술지 논문이 288편이다. 첫 연구논문은 1990년에 등장했다.

이러한 분석이 어떤 결론을 이끌어준다고 말하기는 어렵다. 특히 학계가 제도적으로 정립되기 이전에 시도된 데카르트에 관한 연구가 들뢰즈에 관한 연구보다 양적으로 부족하다고 해서, 그것이 꼭 한국 철학계의 인문주의적 편향성을 의미한다고 주장하기도 어렵다. 하지만 들뢰즈가 겨우 30세에 불과하던 당시에 그에 대한 최초의 연구가 등장했다는 점[38]은 인문학계에도 유행이라는 것이 분명히 존재한다는 것을 보여준다. 사회과학이 미국의 이론에 종속적이라면, 한국의 인문학계엔 유럽 종속적인 모습이 분명히 실재하고 있다.

라캉에 관한 연구는 그의 이름이 프랑스어라는 데서 오는 검색의 한계가 있는데, 또 다른 표기법인 '라깡'으로 조사를 해보면 학위논문이 121편, 국내 학술지 논문이 325편으로 나타나고, 최초의 연구는 1955년이다. 라캉이 1981년에 죽었다는 사실을 고려해봤을 때 이 검색 결과를 합친 숫자는 무시무시한 것이다. 심지어 정신분석의 창시자인 프로이트나 융에 관한 연구를 압도한다는 느낌이 들 정도다. 인문학은 문·사·철로 구성되고, 고전에 관한 연구를 통해 온고지신을 추구하는 학문이라는 인문학에 대한 상식적 정의는, 이러한 한국 인문학계의 유행을 좇는 발 빠른 전략 앞에서 무력화될 수밖에 없다. 특히 또 한 명의 자크, 즉 라캉과 동시대의 인물이며 과학자로서 노벨상을 수상했고, 《우연과 필연Hasard et la necessite》이라는 저서로 서양 철학계에 큰 영향을 미친 자크 모노(1910~1976)에 관한 연구가 국내에 전무한 상황을 보면, 국내 인문학계의 인문주의적 편향성은 더 이상 설명할 필요가 없을 정도로 자명해진다. 르네상스의 인문주의가 고대 그리스의 철학을 되살리는 시도에서 나왔다는 점을 생각해보면 한국 인문학계의 인문학적 편향성엔 기형적인 성격이 분명히 존재한다는 점을 생각하지 않을 수 없다. 한국의 인문학계는 고전의 가치를 현실에 되살리려는 전통적인 인문주의의 본령에서 멀어져, 서양에서 유행하는 현대철학자의 논의를 수입하는 데 그치고 있다. 내가 이해하는 한 이런 학계의 풍토는 전혀 인문주의자의 그것이 아니다.[39]

칸트로부터의 후퇴:
과학과 철학의 갈림길

칸트는 과학의 원리가 그 어떤 학문의 원리들보다 심오하다고 믿었으며, 과학적 논리와 과학적 방법의 근거를 설명하는 것을 일생의 과업으로 삼았다. (중략) 칸트는 사실 인간의 자유라는 관념에 경도되어 있었다.[40]

칸트라는 인물은 서양철학사에서 독보적인 위치를 점유한다. 칸트는 선험적이면서 종합적인 진리가 있다는 것을 증명하기 위해 위대한 시도를 행했던 인물이다. 그 과정에서 칸트는 근대과학의 결과물을 철저히 이용했다. 내가 이해하는 칸트 철학의 기초는 근대과학과 떼어놓고는 설명조차 할 수 없다. 과학과의 관련성 속에서 칸트를 이해하려는 시도는 라이헨바흐의 설명 속에서 가장 잘 드러난다.[41] 철학사에서 칸트라는 인물의 위대성을 과학과의 관련성 속에서 이해하려면 서양철학사 전반을 기술해야 한다. 하지만 이 글의 목적은 그런 것이 아니기 때문에 과학과의 관련성만을 놓고 칸트의 철학을 재구성해보기로 하자.

고대의 철학자는 철학이라는 무대가 상상이 아니라 실제로 존재한다고 생각해왔다. 라이헨바흐는 플라톤에서 아리스토텔레스를 거쳐 2000여 년의 서양철학사가 이러한 오류로 점철되어 있었다고 말한다. 실재하는 대상에 관한 대답이 철학이 아니라 과학으로 제기될 수 있다는 인식은 근대과학의 태동과 더불어 시작되었다. 이 시기에 데카르트가 등장했다. 하지만 고대철학자를 사로잡았던 오류는 물리학을 신봉하던 데카르트로 이어질 때까지 여전히 건재했다. 데카르트의 논증은 그 시대를 통해 보면 음미할 만한 것이지만, '내가 생각하므로 존재한다'는 것이 논증이 아니라 과학적 사실이라고 생각했다는 면에서 데카르트 역시 여전히 고대철학의 잔재에 사로잡혀 있었다. 데카르트의 시대까지 철학은 모조리 '분석 진술'을 다뤘다. 그들은 분석 진술의 대상이 실재한다고 생각했다. 라이헨바흐는 이러한 철학을 '이성주의적 철학'이라고 규정한다.

경험주의가 태동하면서 눈으로 관찰해 얻은 정보에 관한 진술이 등장하기 시작했다. 이러한 방법론의 종합자는 베이컨이다. '종합 진술'은 '분석 진술'처럼 언제나 참인 확실성을 추구하지 않는다. 종합 진술은 언제나 의심의 여지가 있으므로 절대적으로 확실한 지식을 제공하지 않는다. 이것이 '귀납의 오류'라 불리는 것이다. '종합 진술의 확실성을 분석적 전제들로부터 이끌어낼 수 없다'는 상식이 피어나던 무렵 칸트가 등장했다. 그는 종합 진술의 확실성을 확보하기 위해 의심할 수 없는 진리이면서 종합적인 전제가 필요하다는 것을 간파했다. 그는 우선 의심할 수 없는 진리이면서도 종합적인 진술이 있을 것이라고 전제하고 이를 '선험적 종합 판단'이라고 불렀다. 그는 경험과 이성 모두에 확실한 진리가 가능함을 증명하려 했다. 칸트가 위대한 이유는 칸트가 비록 이성주의적 철학을 구성해보려 했던 마지막 시도자지만, 그가 플라톤과 데카르트가 실패한 지점, 즉 이데아가 실재한다고 착각한다든가 데카르트처럼 속임수로 필연적 전제를 끌어들이지 않고 이성주의를 구성해보려 했다는 데 있다.

바로 이 지점에서 칸트는 수학과 물리학을 끌어들인다. 선험적이면서 종합적인 지식이 가능한 이유는 수학과 수학적 물리학에 의해 증명된다는 것이 칸트의 대답이기 때문이다. 즉, 칸트는 수학적 원리와 수학적 물리학의 원리에서 선험적이면서 종합적인 진술을 발견했다고 주장한다. 칸트의 한계는 칸트도 다른 철학자처럼 '선험적이고 종합적인' 지식이 존재한다고 지나치게 확신하고 있었다는 점이다. 그는 그런 지식이 있는지 없는지를 묻지 않고, 다만 그런 지식이 어떻게 가능한지를 물었다. 그리고 답은 그런 지식이 있다는 것은 수학과 수학적 물리학이 증명해준다는 것이었다.

칸트의《순수이성비판》은 이러한 시도의 연속이다. 예를 들어 칸트는 유클리드기하학을 통해 이를 증명한다. 즉, 기하학의 명제는 논리적 연역에 의해 이끌어낼 수 있지만 이 공리들은 그런 식으로 이끌어낼 수 없다. 따라서 공리의 옳음은 논리 이외의 방법으로 확보되지 않으면 안 된다. 그러므로 공리는 선험적이면서 종합적인 진리여야 한다. 다음 단계로 이런 공리가 물리적 대상에 대해 옳다는 사실이 알려지면 공리에 의해 도출된 정리도 물리적 대상에 적용할 수 있다는 것이 확실해진다. 왜냐하면 공리가 옳으면 논리적 연역에 의해 정리도 옳다는 것이 보증되기 때문이다. 반대로 기하학의 정리가 물리적 실재에 적용된다는 확신에 의해 공리의 옳음도 증명된다. 우리는 이것이 가능함을 안다. 선험적이고 종합적인 진리가 가능하지 않다고 생각하는 이들도 실재의 측량에 기하학의 결론을 주저 없이 사용하기 때문이다. 마찬가지 논증이 수학적 물리학에도 적용된다.

칸트는 이러한 논증을 뉴턴 물리학의 인과 원리에서도 발견한다. 우리는 모든 사건의 배후엔 원인이 있다고 생각하며 이러한 확신에 의해 과학적 탐구가 계속된다는 것이다. 만일 우리가 모든 사건에 원인이 있다고 믿지 않는다면 과학은 존재하지 않을 것이다. 따라서 과학은 선험적이면서 종합적인 지식을 전제하고 있다.

문제는 여기서부터다. 칸트의 입장을 그처럼 강력하게 만드는 것은 그것이 지닌 과학적 배경에 있다. 칸트도 다른 철학자처럼 무리하게 확실성을 추구했지만 그는 이데아에 대한 통찰에 호소하는 신비주의자도 아니었고, 데카르트처럼 논리적 속임수에 의존하지도 않았다. 그는 확실성이 획득될 수 있음을 증명하기 위해 당시의 과학을 동원했다. 간단히 말해 칸트는 확실성을 원하는 철학자의 염원이 과학의 결과, 즉 당대의 과학이 이루어낸 업적에 의해 실현되었다고 주장한다. 칸트는 과학의 권위에 호소함으로써 자신의 입장을 강화시켰다. 칸트가 기대고 있던 과학의 권위는 대부분 당시의 최신 과학이었던 뉴턴 물리학으로부터 나왔다. 따라서 뉴턴 물리학이 깨지면 칸트의 철학도 깨지는 것이지만 적어도 칸트는《순수이성비판》을 통해 이성을 선험적이면서 종합적인 지식의 원천으로 만들고 그런 식으로 당대의 수학과 물리학을 철학적 지반 위에서 필연적 진리로 확립시키려고 노력했다.

《실천이성비판Kritik der praktischen Vernunft》은 윤리학에 대한 칸트의 답이다. 칸트가《순수이성비판》을 통해 수학의 공리와 물리학의 공리를 연역해냈듯이 그는《실천이성비판》을 통해 윤리학의 공리를 연역해내려 했다. 이러한 배경 속에서 그의 정언명령이 등장한다. 실제로 칸트는 윤리학의 물음이 '당위'에 관한 것임을 안다. 천문학적 기술에 도덕적 논증이 들어갈 수는 없다. 그럼에도 윤리학적 지식이 선험적이면서 종합적인 진술임을 증명해야 했던 칸트는 '현상'과 '물자체'를 구분한다. 우리가 알 수 있는 것은 현상뿐이다. 이 점에서 칸트는 플라톤과 다를 바 없다. 다만 칸트가 물자체를 필요로 한 이유는 수학과 물리학의 원리가 실재에 적용되는 것처럼 도덕의 원리가 적용되는 영역이 필요했기 때문이다. 흥미로운 것은 칸트에 따르면, 물자체의 영역엔 인과율이 적용되지 않는다는 것이다. 우리는 여기서 뉴턴 물리학을 신봉하던 칸트가 자신의 종교적 도덕을 구출하기 위해 자신이 알고 있는 물리학 전체를 내던지는 모습을 보게 된다.

더욱 흥미로운 것은 뉴턴 물리학을 통해 선험적이며 종합적인 진리를 확실히 하려 했던 칸트 철학이 이후《실천이성비판》을 통해 드러난 그 반과학적 부분 때문에 과학을 적대시하는 철학자에게 인용되기 시작했다는 점이다. 이러한 철학자는 추상적 개념을 실재라고 착각하는, 플라톤 이래 2000년을 지속해온 오류를 칸트라는 권위에 기대 여전히 주장하고 있다. 이런 의미에서 "적어도 스스로에게 솔직하고 겸손한 철학은 칸트에서 끝났다"고 라이헨바흐는 선언한다. 어떤 이는 칸트 이후 철학이 헤겔로 넘어갔다고 하지만, 헤겔은 칸트의 문제의식에서 한 걸음 퇴보했다. "이성은 실체며, 동시에 무한한 힘이자, 자연적 삶과 정신적 삶의 근저에 있는 이성 자신의 무한한 질료다. 또한 그 질료를 움직이는 무한한 형식이기도 하다. 이성은 모든 사물의 존재가 그로부터 비롯되는 실체다"라는 헤겔의《역사철학강의Vorlesungen über die Philosophie der Weltgeschichte》서문의 문장은, 왜 헤겔의 철학이 칸트의 상식적인 철학에서 한 걸음 후퇴한 것인지를 드러낸다.

라이헨바흐에 따르면 헤겔 철학의 출발점은 과학이 아니라 역사다. 헤겔은 인류사의 진화가 보여주는 역사적 사례를 단순한 도식으로 구성하려고 했다. 단순한 역사학자가 아니라 철학자로 자신의 사상을 사고한 헤겔은, 이러한 역사적 도식으로부터 변증법이라는 일반 원리를 도출한다. 헤겔 이후 그의 변증법이 마르크스와 엥겔스에게 영향을 미쳤다는 것은 잘 알려져 있다. 라이헨바흐에 따르면 근대과학이 태동한 이후로 해당 시기의 과학에 민감하게 반응하며 철학을 구성하려던 철학자의 위대한 시도는 칸트에서 끝났다. 칸트의 체계가 비록 후세의 과학 발전에 따라 더는 유지될 수 없는 것으로 판명되긴 했지만 그래도 과학적 바탕 위에서 이성주의를 확립하려는 위대한 정신의 시도였던 반면, 헤겔의 체계는 단 하나의 경험적 진리를 알고서 그것을 모든 논리학 중에서 가장 비합리적인 논리학의 논리 법칙으로 만들려 시도했던, 다시 말해 "어느 광신자의 빈약하기 짝이 없는 고안물"이기 때문이다. 즉, 헤겔의 체계는 다른 어떤 철학보다도 과학자와 철학자를 구별하는 데에 공헌했고, 철학을 조롱거리로 만들어버렸으며, 과학자로 하여금 저들의 과업은 과학과 전혀 다르다고 금을 긋고 싶어 하도록 만들었다는 것이다.

따라서 칸트라는 인물은 철학의 내용뿐만 아니라, 철학과 과학의 상호작용이라는 측면에서도 풍부한 학문적 연구 주제를 제공한다. 하지만 근대과학과 상호작용 속에서 위대한 철학적 과업을 달성한 칸트의 모습은 동아시아, 특히 한국에 수입되면서 소실된다. 예를 들어 동아시아에서 칸트는 그의 이론철학보다 실천철학에 초점을 맞춘 채 수입되었다. 이충진은 이러한 편향된 수용의 연유를 칸트 도덕철학과 유교 철학의 유사성 속에서 분석했다. 본성상 이론철학적 특성보다 실천철학적 특성을 지닌 유교 철학이 칸트의 도덕철학과 유사성을 띠기에 더욱 쉽게 받아들여졌다는 것이다.[42] 1905년 이정직의 논문이 최초의 칸트와 관련한 저술이라고 할 때, 한국 철학계가 칸트를 수용한 지 올해로 116년이 된다. 백종현은 2004년 칸트 서거 200주년, 한국 칸트 연구 100주년을 기념하는 논문에서 한국 철학계에서 칸트 연구자가 압도적으로 다수를 차지한다는 것을 보여주었다.[43]

백종현은 칸트 철학의 이와 같은 애호의 원인 중 하나로 칸트 철학이 한국인의 사고방식과 친근성을 갖고 있다는 점을 들었다. 인간 주체성, 인격 윤리, 만민 평등, 시민사회, 국제 평화 사상 등에서 한국인은 칸트의 철학과 친화성을 느낀다는 것이다. 하지만 백종현도 지적하듯이 칸트가 수용되던 당시 유행하던 신칸트주의의 영향을 배제하기 어렵고, 제국주의의 지배체제하에서 칸트가 주장하던 '세계 영구 평화론'이 철학자에게 상당한 매력으로 작용했음도 간과할 수 없다. 이런 상황적 맥락은 근대과학과의 관계 속에서 다루어질 수 있는 칸트 철학이 수용될 여지를 거의 남기지 않았다. 이렇게 채워진 첫 단추의 영향력은 오래 지속되어 심지어 칸트 철학의 심화 연구기라 할 수 있는 1985년 이후에도 칸트와 근대과학의 상호작용을 연구한 논문이 존재하지 않는 상황으로 나타났다. 백종현도 지적하듯이 세계적으로는《순수이성비판》에 대한 연구가 중심을 이루고 있음에도 유독 한국에서만 도덕철학에 대한 관심의 편향이 나타나고 있는 것이다. 그리고 이러한 편향성이야말로 한국 학문의 진정한 발전을 가로막는 요인이다.[44]

칸트 철학의 실천성이 편향적으로 수용되었다는 것은 어쩌면 학문의 주체적 수용이라는 측면에서 환영할 만한 것인지 모른다. 하지만 이러한 편향성은 칸트의 철학이 이론철학과 도덕철학의 종합으로 완전히 이해된 연후에나 가능한 일이다. 또한 다양성의 측면에서 보더라도 도덕철학에 치중된 칸트에 대한 한국 철학계의 논의에는 문제가 있다. 이는 한국 칸트 학계의 대표적인 학자라고 할 수 있는 백종현의 다음과 같은 언급에서 극단적으로 표현된다.

그래서 우리가 칸트에게서 '진짜 형이상학'을 얘기하려면 그의 이상주의를 거론할 수밖에 없다. 그것은 이성주의, 합리주의의 정점에 서 있는 칸트에게서 낭만주의, 비합리주의를 발견하는 일이다.[45]

이를 칸트의 주체적 수용이라는 긍정적인 관점에서 이해해야 하는 것인지, 근대과학과의 관계 속에서 의도적으로 칸트의 반쪽만이 수용·이해되고 있다고 봐야 하는 것인지에 대한 판단은 독자의 몫으로 남긴다. 하지만 칸트 철학의 선험적 토대가 되었던 유클리드기하학과 《순수이성비판》의 관계에 대한 한국어로 된 논의를 찾기가 거의 불가능하다는 점, 칸트와 도덕이라는 검색어로 한국 칸트 철학계의 논문 대부분이 분류된다는 점은 과학을 전공하는 이들 중 철학에 관심을 가지려는 학자에게는 참으로 이해할 수 없는 사태이긴 하다. 이런 사태 속에서 인문학자만 칸트를 독점한다. 하지만 두 문화를 종합하려 했던 거인으로서의 칸트, 대학에서 과학을 강의하기도 했던 과학자로서의 칸트의 모습은 사라지고, 칸트는 반쪽으로 남는다. 반쪽짜리 칸트, 어쩌면 그것이 한국 학계의 인문학적 편향성을 보여주는 가장 좋은 예가 될지 모른다.

우리에게 잊힌 다양한 반쪽에 대하여

칸트처럼 '과학과의 상호작용 속에서 형성된 사상의 영역'을 배제한 채 수용된 서양철학자는 한둘이 아니다. 독일의 대문호, 《젊은 베르테르의 슬픔》이나 《파우스트》와 같은 작품으로만 인식되는 괴테가 실은 직접 광물학·식물학·골상학·해부학 등을 연구하던 과학자였다는 사실은 잘 알려져 있지 않다. 그의 자연학 연구는 당시 유행하던 뉴턴식 기계론에 대한 일종의 반발이었고, 괴테는 지속적으로 당대의 과학자들과 교류하며 과학자 혹은 자연학자로서의 정체성을 죽는 날까지 잃지 않았다. 이와 같은 과학자로서의 괴테, 혹은 과학과 상호작용했던 인문학자로서의 괴테의 모습은 한국에 없다.

괴테와 같은 18세기의 대문호조차 과학의 영향력에서 자유롭지 않았다는 사실은 계몽주의와 낭만주의 철학자 모두가 과학과 상호작용하며 자신의 작업을 사유했음을 의미한다. 대부분의 철학자는 근대과학이 이루어놓은 성과를 무시할 수 없었다. 또한 과학자 자신이 곧 철학자이기도 했다. 빈학단의 정신적 지주였던 에른스트 마흐는 음속에 관한 자신의 연구를 가장 하찮은 것으로 여겼을 정도로 자신의 작업을 과학에 한정 짓지 않았다. 마흐는 철학이 과학과 분리되어 별개의 합법적 지위를 가질 수 있다고 인정하지 않았으며 모든 종류의 형이상학적 사변에 절대적인 반대 의사를 표명했다. 통계역학을 정초한 물리학자 볼츠만의 작업 역시 물리학에 국한되어 있지 않았다. 원자론에 관한 마흐의 철학적 견해에 반대했던 볼츠만은 역시 물리학자였던 헤르츠Heinrich Rudolf Hertz의 작업을 재해석하는 방식으로 마흐의 견해에 도전했다. 이런 볼츠만의 작업은 물리학이라기보다는 철학이었다. 특히 오스트리아 빈에서 성장한 젊은 비트겐슈타인Ludwig Wittgenstein이 볼츠만과 헤르츠의 작업에서 깊은 영향을 받았다는 것 또한 우리나라에서는 잘 알려져 있지 않다.[46]

스티븐 툴민의 말을 빌리자면, 마흐라는 인물처럼 자신이 속한 문화에 커다란 영향력을 행사한 과학자는 없었다. 그는 무질Robert Musil 이나 호프만스탈Hugo von Hofmannsthal과 같은 작가뿐 아니라 켈젠Hans Kelsen과 같은 법학자의 실증주의 법 이론에도 엄청난 영향을 미쳤다. 윌리엄 제임스는 1882년 11월 마흐를 만난 후 아내에게 "이전에 누군가가 나에게 지적인 천재성으로 인해 이렇게 강한 인상을 준 적은 한 번도 없었다"고 고백했다.[47] 마흐의 추종 세력이 막강했다는 것은 그가 러시아의 마르크스주의자에게 미친 영향에서 잘 알 수 있다. 레닌이 마르크스의 유물론을 수정하기 위해 마흐와 아베나리우스Richard Avenarius의 경험비판론을 사용한 러시아 마르크스주의자들에 대한 반박문으로 「유물론과 경험 비판론」을 발표했다는 것은 잘 알려져 있다. 마흐는 분명히 20세기 서양 사상에 영향을 미친 과학자였지만 한국에서 논의되지 않는 철학자다. 한국엔 마흐의 저서 중 단 한 편도 번역되지 않았고, 그에 관한 연구도 거의 전무하다.

마흐가 흄과 더불어 자신의 철학적 영웅으로 여겼던 이가 리히텐베르크Georg Christoph Lichtenberg였다. 리히텐베르크는 지리학자 훔볼트의 스승이며, 볼타Alessandro Volta, 칸트, 괴테, 헤겔 모두에게서 극단의 찬사를 받았던 인물이다. 나아가 칸트는 리히텐베르크야말로 자신의 책을 평가할 수 있는 최적의 인물이라고 생각했다. 마흐의 실증주의 철학에 큰 영향을 미친 또 한 명의 철학자는 리하르트 아베나리우스Richard Avenarius로, 그는 괴팅겐대학의 물리학 교수였으며 물리학 분야뿐 아니라, 철학, 화학의 경계에서 사유했던 사상가였지만, 그의 책 《순수경험비판》은 국내에선 논의조차 되지 않는다. 이 저서에서 아베나리우스는 거친 추측, 합리적 추측, 이론, 실재로 진행하는 과학의 네 단계에 대한 분석을 통해 과학 지식의 잠정성을 확신했고, 이러한 그의 사상은 도그마에 대한 혐오로 이어졌다. 흐의 철학적 원류는 리히텐베르크에서 아베나리우스를 거쳐 이어져내려온 셈이다.[48] 재미있는 것은 과학자였던 리히텐베르크가 셰익스피어 극 배우의 연기를 분석했고, 이를 통해 독일 연극비평의 기초를 닦았다는 사실만은 매우 잘 알려져 있다는 것이다.[49] 하지만 국내 인문학자들에게 유행처럼 읽히고 있는 베냐민Walter Bendix Schönflies Benjamin의 사유에, 과학자였던 리히텐베르크가 지대한 영향을 미쳤다는 사실도 국내에선 논의조차 되지 않는다.[50] 이는 실제로 과학자이기도 했던 퍼스가 기호학자로만 통용되고 있는 현실이나,[51] 과학철학자인 가스통 바슐라르Gaston Bachelard의 사상에서 상징과 신화에 대한 분석만이 논의되고 있는 한국 학계의 현실과 따로 떼어 생각할 수 없는 현상이다.[52]

한 철학자의 논의에서 과학과 관련된 영역이 사라진 채 수입되는 것은 차라리 보완의 여지를 남긴다. 하지만 칸트 등의 철학 수용에서 과학이 기여한 부분이 배제되었다면, 마흐를 비롯한 과학자이면서 서양철학계에 지대한 영향을 미친 이들의 저술은 아예 수용조차 되지 않았다. 실제로 한국 철학계에서 마흐를 비롯한 빈학단의 학자가 직접 저술한 책은 거의 번역조차 되지 않았다. 볼츠만은 물리학 교과서에나 등장하는 인물일 뿐이다. 이들에 대한 논의가 전무하거나 있다 하더라도 과학과의 관련성 속에서 논의되지 않는다는 것은 당연한 수순이다. 하지만 상담하건대 서양의 근대 혹은 현대 철학자 중 아무나 선택해 그 계보를 조금만 거슬러 올라가 보면 엄청난 수의 과학자를 곧 발견할 것이다. 한국의 인문사회학계는 바로 그 점을 놓쳤다.

과학사회학의 재귀성 문제, 즉 반성과 성찰의 임무를 과학과 기술에만 부여함으로써 의도적으로 인문사회과학의 윤리적 우월성을 전제하는 문제, 학문 식민지로서 외국 이론의 수입에만 의존했던 한국 학계의 고질적인 병폐와, 수입에서도 철저히 과학이 배제된 인문주의적 편향성이 나타난다는 문제 등을 통해 한국의 학계에 존재하는 '인문학 우월주의'의 모습이 어느 정도 드러났으리라 믿는다. 그것이 식민지적 단절을 겪어야 했던 한국의 특수한 상황에서 기원한 것이든, 정말로 한국의 학자에게 인문학적 편향성이 내재해 있는 것이든, 혹은 단지 학문이 정착하기 위한 순차적 단계를 밟아가는 과정에 있는 것이든, 한국 사회의 학문 지형도에서 '과학'이라는 한 축은 존재하지 않는다. 그것이 앞으로 내가 '문화로서의 과학', '학풍의 건설'이라는 주제로 주장하려고 하는 것이다.

'문화로서의 과학'은 '두 문화'라는 논의가 가능하기 위한 하나의 축, 즉 과학자가 곧 철학자이기도 하고, 사회에 적극적으로 참여하며, 과학자가 사회에서 지식인으로 당연히 인정되는 기반을 의미한다. 한국엔 그 기반으로서의 '과학'이 존재하지 않는다. 그런 의미에서 첫째, 한국에서의 과학학 논의는 모조리 공허하다. 특히 과학학자의 책임과 역할에 반드시 반성이 있어야 한다. 둘째, '문화로서의 과학'이 정착한 곳에서 등장하는 다양한 학풍의 존재로부터 두 문화의 한 축으로서의 과학의 필연성이 주장될 수 있다. 그런 의미에서 나는 한국 사회에 '과학의 르네상스'가 필요하다는 주장을 펼칠 것이다. '과학의 르네상스'는 과학자뿐 아니라 인문학자에게도 새로운 활력소가 될 것이다. '문화로서의 과학' 그리고 여기에서 얻을 수 있는 '학풍의 건설'은 '과학의 대중화'나 '대중의 과학화'와 같은 낯익은 논의가 왜 공허한지, 과학문화 및 '대중에 대한 과학 이해PUS: Public Understanding of Science'와 같은 오래된 논의가 왜 한국 사회에서 전혀 힘을 발휘하지 못하는지에 대한 분석의 틀을 제공할 것이다. 그 속에서 '과학의 과학화'라는 개념의 의미가 조명될 것이다.

이공계 위기, 인문학의 위기, 황우석 사태, 광우병 논쟁, 천안함 사건, 한국 사회에서 지식인과 교양의 의미, 노벨상과 기초과학에 대한 해묵은 논의는 모두 그 틀 안에서 단 하나의 의미를 지닌다. 한국 사회는 그런 논의를 위한 준비가 전혀 되어 있지 않다.

11장

학풍:
과학은 왜 과학이어야 하는가

문화로서의 과학을 위한 소고

세계를 창조하고 소외된 과학자라는 직업

과학사는 철학사나 사상사의 맥락 속에서 연구해야 한다. 반대로 17세기 이후의 철학사나 사상사는 과학사를 빼고 논의조차 할 수 없다. **김영식**[1]

이런 이유 때문에 자연과학이, 이른바 과학자들만의 것이며, 또한 철학이, 이른바 철학자들만의 것이라고 말할 수 없다. 자기 자신이 해온 작업의 원리들을 전혀 반성해보지 않은 사람은 그것에 대해 성숙한 태도를 가질 수가 없다. 자기 자신의 과학을 한번도 철학적으로 성찰해보지 않은 과학자는 삼류 과학자, 엉터리 과학자, 또는 애송이 과학자에 지나지 않는다. 한편, 어떤 경험도 해보지 못한 사람은 그런 경험에 대한 반성을 할 수가 없다. 자연과학을 전혀 공부해보지 않았거나 또는 자연과학 분야에서 일한 경험이 전혀 없는 철학자가 자연과학에 대해 철학적으로 성찰할 때, 대체로 자신의 우둔함을 드러내 보이는 결과를 가져올 것이다.

19세기 이전의 탁월하면서도 저명한 과학자들의 저술에서 드러나듯이, 그들은 항상 '어느 정도'는 자신들의 과학에 대해 철학적인 사고를 했다. (중략) 자연과학자들과 철학자들을 서로 상대방의 분야에 대해 거의 모르고, 또한 전혀 공감하지도 않는 두 분류의 전문 직업인들로 분리하는 풍조가 생긴 것은 19세기 초반이었다. 그것은 양쪽 모두에게 피해를 준 바람직하지 않은 풍조였다. (중략) 그 둘을 연결하는 교량을 건설하려는 작업은 계속 진행되어야만 한다.[2]

근대과학의 탄생이 야기한 지성사적 변혁은 19세기 분과학문의 성립에 큰 영향을 미쳤다. 굳이 과학자와 자연철학자 간의 구분이 모호했던 17세기로 거슬러 올라가지 않더라도 20세기에 큰 영향을 미친 학문의 성립에는 근대과학의 영향이 깊게 새겨져 있다. 근대과학이 인문학과 사회과학에 미친 영향은 크게 세 종류로 구분된다.

첫째, 근대과학의 발견은 세계 인식에 영향을 미쳤다. 프로이트는 《정신분석강의Vorlesungen zur Einfuhrung in die Psychoanalyse》에서 근대과학에 의한 세계 인식의 변화를 코페르니쿠스, 다윈, 그리고 프로이트 자신에 의한 무의식의 혁명이라는 세 가지 사례로 제시한다.[3] 프로이트가 제시한 사례 외에도 근대과학이 세계 인식에 미친 영향은 지성사 속에서 흔하게 발견된다. 고전역학에 의한 기계론적 세계관은 계몽주의에 영향을 미쳤다. 계몽주의에 대한 반발은 낭만주의로 나타났다. 근대과학의 방법론을 차용하려 했던 실증주의 전통이 나타났고, 사회과학자의 세계 인식에 큰 영향을 미쳤다. 분자생물학의 탄생으로 근대과학의 환원주의를 둘러싼 논쟁이 다시금 철학자에게 영향을 미쳤고, 생물공학의 발달은 생명윤리학이라는 새로운 학문의 성립을 유도했다.[4] 17세기 이후 근대과학이 이뤄낸 과학적 발견은 어떤 방식으로든 세계 인식의 틀에 영향을 주곤 했다. 때로는 과학이 보여주는 세계 인식에 대한 반발이 있었고 그것은 현대사회에서도 여전하지만, 긍정적이든 부정적이든 근대과학의 발전은 세계관의 변화를 수반한다.

둘째, 근대과학의 학문적 방법론은 인문학과 사회과학의 연구방법론에 영향을 미쳤다. 근대과학, 특히 고전역학의 성공이 철학자에게 미친 영향은 칸트에게서 가장 극명하게 드러났다. 칸트는 수학과 근대과학이 보여주는, 종합적인 동시에 선험적인 지식을 통해 우리가 사는 실재 세계의 모습을 그려보려 했다. 근대과학의 방법론적 성공이 가장 큰 영향을 미친 분야는 사회과학이다. 자연과학의 방법론이 사회과학에 그대로 차용될 수 있느냐의 여부를 두고 다양한 논쟁이 있었다. 그 과정은 순탄하지 않았고 일방적이지도 않았다. 통계학이 이 과정에서 중요한 역할을 담당했다. 심리학·사회학·경제학·인류학을 비롯한 대부분의 사회과학은 이처럼 치열한 고민 끝에 각자의 독립된 영역을 확보할 수 있었다. 사회과학은 자연과학의 방법론을 수동적으로 받아들이지 않았고, 각자가 다루는 대상의 특성을 고려하면서 능동적으로 받아들였다. 사회과학은 자연과학으로 환원되지 않았다.[5]

셋째, 과학과 결합된 기술, 즉 과학기술이 인간의 물질적 조건을 완전히 뒤바꾸어 놓았다는 인식 속에서 인문학과 사회과학은 이를 비판적으로 사유하게 되었다. 이는 주로 근대성과 생태학적 사유에 대한 논의로 나타난다. 과학과 기술은 서로 다른 개념이다. 현대사회에서 과학과 기술이 서로 밀접하게 연결되어 있음에도 자연에 대한 이해를 추구하는 과학과 이를 이용하여 자연을 인간 생활에 유용하도록 가공하는 기술은 개념적으로도, 이를 추구하는 학자의 성향에서도 차이가 난다. 특히 기술은 단순한 과학의 응용이 아니다. 과학은 기술에 대비해 우위에 서 있는 학문이 될 수 없다.[6]

이러한 개념의 혼동이 '과학기술'이라는 신조어로 나타난다. 이러한 혼동 속에서 산업혁명으로 인한 기술적 혁명의 여파가 근대과학의 이름으로 포장되곤 한다. 과학이 세계 인식에 영향을 미쳤다고 할 때, 종종 이러한 혼동은 반복적으로 재생산된다. 과학기술의 급격한 발전이 인류의 생존 조건을 완전히 바꾸어놓았으며, 이로 인해 환경은 파괴되었고, 그 책임은 과학기술에 있다는 단순하고 검증되지 않은 주장이 대표적이다. 이러한 인식은 〈인문학연구〉라는 학술지에 실린 한 학자의 글을 통해 상징적으로 드러난다.

> 현대사회에는 과학과 기술의 발전만을 인간 해방의 유일한 수단으로 신뢰하는 사람과 과학과 기술이 가져올 미래를 의심과 의혹의 눈길로 바라보는 사람이 공존하고 있다. 이러한 삶의 토대가 된 사상은 이성과 합리성에 근거한 서구의 근대 과학기술이다. 무엇보다 근대과학과 기술의 발전으로 자연 그 자체의 관계, 인간과 인간의 관계, 인간과 자연환경과의 관계가 변하고, 궁극적으로 인간성에 대한 정의가 변함에 따라 윤리적으로 새로운 문제 해결이 요구되고 있다.
>
> 이러한 근대의 기계론적 사유방식이 안고 있는 문제를 해결하기 위한 대안으로 20세기 중반 이후에 서구에서 새롭게 등장한 것이 생태학적 사유다. 특히 오늘날 인간 생명과 자연환경을 연구 대상으로 하는 생

명과학과 생명공학의 발전이 인류의 현재와 미래의 삶에 미칠 수 있는 엄청난 영향 때문에 보다 신중한 윤리적 결정과 올바른 제도적 대응책 마련을 필요로 한다.

따라서 본 논문에서는 생태학적 재앙이라는 위기에 처한 현대적 삶에 직면해서 먼저 현재적 삶의 근간을 이루고 있는 과학과 기술이 왜, 어떻게 이루어졌으며, 사회와는 어떻게 관련 맺는지를 생각해볼 것이다. 이어서 현대적 삶의 위기에서 발견할 수 있는 새로운 기회가 있는지, 있다면 무엇인지를 고찰하고, 서구에서 찾아낸 기회로서의 생태사상과 사유방식을 논의할 것이다. 그리고 마지막으로 새로운 희망으로서의 생태적 희망의 윤리적 원칙을 제안할 것이다.[7]

울리히 벡Ulrich Beck의 《위험사회Risikogesellschaft》로 대표되는 이러한 인식은 두 차례에 걸친 세계대전과 핵무기라는 재앙, 그리고 자본주의의 발전 속에서 나타나는 인간의 소외 등과 맞물려 강화되어 왔다. 20세기 중반부터 나타난 이러한 인식 속에서 19세기까지 진보의 상징으로 인식되던 과학과 기술의 지위는 의심되었다. 기술비관론이 고개를 쳐들기 시작했고, 철학적으로 이러한 움직임은 포스트모더니즘으로 나타났다. 인간소외와 생태학적 재앙의 원인은 더 이상 제어할 수 없는 기술의 발전 때문이고, 이러한 기술은 과학과 강하게 결합되어 있으며, 과학은 이러한 세계를 창조한 인식론적 기원이 된다. 레이첼 카슨Rachel Louise Carson의 《침묵의 봄Silent Spring》은 이러한 학자들의 인식을 상징한다. 과학사회학자의 '과학기술의 민주화'라는 표어도 이러한 문제의식에 기반하고 있다.[8]

현대사회에서 당연해 보이는 이러한 주장에는 몇 가지 문제점이

도사리고 있다. 그 하나가 바로 자기모순이다. 즉, 이러한 인식 속에는 여전히 과학이 기술을 견인한다는 선형 모델, 즉 버니바 부시Vannevar Bush의 보고서 「과학, 그 끝없는 프런티어」[9]에서 상징적으로 드러난 관점이 녹아 있다. 하지만 역설적으로 대부분의 과학사회학자는 과학과 기술의 이처럼 단순한 선형적 발전 모델을 거부한다. 과학과 기술은 선형적으로 연결되어 있지 않다. 그렇다면 과학이 기술의 발전을 반드시 유도하는 것이 아니다. 따라서 과학과 기술은 세계 이해와 세계 변화라는 두 가지 다른 층위에서 다루어져야 한다. 그럼에도 불구하고 산업의 발전과 전쟁으로 인한 기술의 부정적 측면이 과학에 부여되었다. 괴물이 되어버린 기술의 발전에 근대과학이 인식론적 태도를 제공했다는 암묵적 동의가 횡행하는 것이다. 하지만 근대과학의 세계 인식이 현대의 위험사회에 인식론적 토대를 제공한다는 명제는 검증된 것이 아니다. 그 명제는 근대과학이 야기한 세계 인식의 부정적인 측면만을 포착하고 강화한 결과다.[10]

과학기술이라는 용어에는 이처럼 해결되지 않은 문제들이 혼란스럽게 겹쳐져 나타난다. 과학사회학자는 그러한 인식을 더더욱 부채질한다.[11] 이러한 견해를 대표하는 학자인 김환석은 울리히 벡과 루만Niklas Luhmann의 논의를 차용하며 과학기술을 근대성의 대표주자로 끌어들인다. 하지만 이러한 글 속에서 세계 인식의 틀로서의 과학과, 세계 변화의 도구로서의 기술에 대한 명확한 구분을 찾아볼 수는 없다. 현대 산업사회의 문제를 지적하는 것은 인문사회과학자의 비판적 작업 속에서 얼마든지 정당화될 수 있다. 하지만 그 과정 속에서 과학과 기술의 서로 다른 개념적·기능적 역할이 무시되어서는 안 된다.

과학기술이라는 용어 속에서 나타나는 또 한 가지 문제는 과학자라는 개성 넘치는 존재를 비인간적인 존재로 소외시키는 잘못이다. 세계 인식의 변화를 야기한 것은 과학자가 아닌 과학의 발견이라고 인식된다. 학문적 방법론의 변화를 야기한 역사 속에서도 과학의 역할은 과학자와는 별개로 다루어진다. 과학기술에 의한 삶의 토대의 변화를 다룰 때에도 과학기술자는 일종의 도구로 인식된다. 이러한 인식이 과학과 기술을 구분 없이 사용하는 것보다 더욱 위험하다.

이러한 태도는 잘못된 현실 인식에 기반하고 있다. 과학기술의 발전으로 소외된 것은 과학자 자신이기도 하기 때문이다. 현대사회의 과학기술은 거대 산업과 맞물려 돌아간다. 현대의 과학은 자본주의라는 경제체제 속에서 운영되며, 이러한 제도 속에서 과학자는 도구가 된다. 과학과 기술을 구분해야 하는 중요한 이유 중의 하나가 바로 이 점 때문이다. 거대 과학의 시대에 들어선 오늘날, 실제로 경제적이고 실용적인 목적을 달성하지 못하는 것으로 판단되는 기초과학은 정책의 결정 과정에서 배제되어 있다. 기술관료와 그들의 부정적 영향에 대한 논의가 활발하지만, 기술관료 대부분은 과학자가 아닌 공학자로 채워져 있다. 이러한 측면은 한국의 과학기술 역사에서도 예외가 아니다. 박정희 정권에 의해 체계적으로 세워진 과학기술정책은 과학을 위한 것이 아닌 산업을 위한 것이었고, 그 기조는 지금까지 지속되고 있다.[12]

즉, 과학기술자라는 모호한 표현은 자본주의라는 현대사회 속에서 이윤을 남기지 못하기 때문에 철저히 배제된 과학자를 포함할 수 없다. 한국 사회에서 기업과 연계된 공학자의 위상과 과학자의 위상이 같지 않다. 국가과학기술자문위원회를 주도하는 이들은 과학자가 아니라 철저히 국가의 이익에 봉사해야 하는 국책연구소의 기술관료다.

그곳에 과학자가 있다 하더라도 과학에 대해 진지하게 고민하는 과학자가 아니라, 경제적 실효성 속에서만 과학을 바라보는 국가에 종속된 과학자다. 따라서 과학기술에 의한 위험사회 속에서 소외되는 것은 과학자 자신이기도 하다. 그들은 자신들이 발견한 사실에 대해 윤리적 책임을 지고 싶어도 그럴 수 없는 도구적 위치에 놓여 있다. 그러한 윤리적 책임의 대상은 과학자 혹은 과학기술자가 아니라 정부와 기업으로 향해야 한다. 특히 한국 사회에서 이러한 문제는 더 심각하다. 한국의 과학자는 스스로를 위한 정책에 참여하지 못하고 있으며, 경제적 효용이라는 국가의 제도적 장치에 세뇌되고 속박되어 있다.[13] 그들은 자신들의 작업에 대한 윤리적 주체가 될 만한 기회를 가져보지 못했다. 이러한 상황에서 과학기술로 인해 야기되는 모든 문제를 과학기술자의 윤리적 책임으로 환원하는 것은 부당하다.[14] 그런 태도는 노동조합도 없는 상태에서 모든 파업의 책임을 노동자에게 부과하는 악덕 경영자와 전혀 다를 바 없다.[15]

20세기 중반, 세계는 전쟁의 여파 및 냉전의 시작으로 혼란스러웠다. 스노의 《두 문화》도 이처럼 혼란스럽던 시기에 서술되었다. 과학이 산업과 국가에 종속되어 가던 이 시기에 결코 둘로 나누어 볼 수 없었던 과학과 인문학 사이에 틈이 생기기 시작했다. 그리고 앞에서 기술했던 것처럼 기술문명으로 인한 인류 재앙의 원흉으로 과학이 지목된 것도 바로 이 시기다. 그 과정에서 주체적이고 사회 속에서 기능하던 과학자라는 직업군의 특성은 점점 사라지고, 과학자는 전문가로 퇴보하기 시작했다. 사이버네틱스를 창시한 과학자 노버트 위너Nobert Wiener의 사례가 이 시기 과학자들의 혼란스러운 정체성을 잘 보여준다.

위너는 수학을 전공했지만 생물학과 철학을 공부했고, 이들 분과에서도 풍성한 학문적 결실을 맺었다. 19세기와 20세기 초 중반에 걸쳐 있는 수많은 과학자에게 다양한 분과학문에 대한 관심은 당연한 것이다. 그가 창시한 사이버네틱스는 '동물과 기계에서 제어와 통신'이라는 《사이버네틱스Cybernetics》의 부제에서 알 수 있듯이, 체계의 균형을 유지하려고 하는 '제어'의 관점에서 세계를 관찰하는 학문이다. 특히 시간과 정보라는 두 기본 단위가 중요하며, 이를 바탕으로 피드백, 즉 되먹임이라는 정보이론이 구축된다. 이렇게 구축된 이론은 공학 및 생리학의 기본 문제였던 '제어 기술'과 맞물려 열광적인 지지를 받았다.

하지만 역설적으로 사이버네틱스는 제2차 세계대전의 부산물이다. 위너는 1940년대 영국 주변의 전선에서 독일 공군에게 희생당하는 연합군의 희생을 막기 위한 적군 비행기의 궤도 계산 프로젝트를 수행했다. 이 과정에서 어쩔 수 없이 인간과 기계라는 경계를 가로질러 그들 간의 상호작용을 이해할 수 있는 공통적인 기초가 필요해졌고, 위너는 그것을 정보의 흐름에서 찾았다. 도너 해러웨이Donna Haraway는 사이버네틱스에서 여성해방의 자율성의 본질을 찾았다. 그 군사적 기원에도 불구하고 20세기 후반 통신과 정보기술의 기초가 된 사이버네틱스에는 스스로의 기원을 거부하려는 성질이 있다는 것이다. 해러웨이는 생물학을 사이버네틱스 이전과 이후로 나누는데, 아마도 20세기 초반의 우생학을 염두에 두고 있는 듯 하다.[16] 해러웨이와는 반대로 피터 갤리슨Peter Galison은 사이버네틱스에서 그 군사적 기원이 쉽사리 사라질 수 없는 것이라고 여긴다. 왜냐하면 복잡한 각 시스템을 제어하고 통제하기 위해 개발된 사이버네틱스의 속성상 권력과 제어가 그 학문의 기저에 자리 잡기 때문이다.[17] 또한 시스템의 제어를 위해 인간의 욕망과 개성을 제거하고 이를 단지 정보라는 단위로 다룸으로써, 사이버네틱스는 인간을 하나의 도구로 취급하게 된다. 사이버네틱스의 성격이 여성해방에 정당성을 제공하는 것이든, 권력과 제어를 통해 인간을 도구로 만들어버린 것이든, 중요한 것은 사이버네틱스에 관한 논의에서 그 창시자 위너라는 존재가 배제되어 있다는 점이다.[18]

다시 한번 말하지만, 위너가 살던 시기는 전쟁으로 혼란스러웠을 뿐 아니라, 과학기술에 대한 비관적 이미지가 형성되는 동시에 과학기술에 대한 낙관주의적 시각이 융성했던 복잡한 세기였다. 스노의 《두 문화》에 나타난 과학자와 인문학자의 거리는 위너에게도 잘 인식되고 있는 문제였다.

> 소통은 사회의 모르타르이다. 그리고 우리는 그동안 소통의 통로를 방해받지 않고 유지하는 것을 과제로 삼았던 사회가 대부분 문화의 존속과 붕괴에 관련되어 있음을 보아왔다. 불행하게도 소통의 사제들은 서로 다른 원칙을 위하여 투쟁하고, 다른 가르침을 가진 교단과 종파로 나뉘어 첨예하게 대립하고 있다. 두 교단 중 하나는 지식인과 정신과학자들이고 다른 하나는 자연과학자들이다.[19]

기술 낙관론과 기술 비관론이 공존하던 이 혼란스러운 시기에, 군사 무기 개발 작업의 일환으로 탄생한 사이버네틱스의 창시자는 스노처럼 나이브한 낙관론을 견지하고 있었을까? 그렇지 않다. 그는 1933년 멕시코의 생리학자 아르투로 로센블루트Arturo Rosenblueth

Stearns를 만나 학제간 연구를 추진했다. 이러한 학제간 연구의 한 축으로 철학을 포함시켰던 위너는, 과학의 진보가 철학의 도움으로 올바른 궤도에 진입할 수 있으리라 믿었다. 20세기의 빈학단처럼, 위너와 로센블루트도 '라티오 클럽'이라는 모임을 만들고 이 모임에서 생물학, 심리학, 생리학, 철학, 수학 등에 대한 심도 있는 논의를 펼쳤다(이처럼 과학과 분과학문 간의 학제간 연구, 과학자가 주축이 되어 성립되는 다양한 학풍에 대한 내용은 뒤에서 자세히 다룬다). 이처럼 학제간 연구의 축으로 철학을 포함시켰던 위너는 거부할 수 없는 기술의 자율적인 발전을 인정하면서도, 《사이버네틱스》의 서문에서 볼 수 있듯이 그것을 자본의 손에 떠넘기지 않기 위해 노력해야 한다는 것을 알고 있었다.

> 우리는 새로운 과학, 즉 선과 악이 모두 가능한 기술적 발전을 내재한 과학의 도입에 기여했다. 우리는 그런 기술적인 발전을 주위에 존재하는 세계로 계속 전달할 것이다. 그것은 바로 벨젠과 히로시마이다. 우리는 결코 이런 새로운 기술적 발전을 막을 수 없다. 진보는 이 시대의 일부이기 때문이다. 책임감이라고는 없는, 돈으로 움직이는 기술자의 손에 진보를 맡기지 않도록 우리는 할 수 있는 모든 일을 해야 한다. 지금 우리가 할 수 있는 일은 대중이 현재 연구의 방향과 상황을 이해하도록 배려하는 것이다.

세계 인식의 변화를 유도한 과학의 역할 속에서도, 학문적 방법론에 대한 과학의 지대한 공헌 속에서도, 세계의 물질적 조건을 변화시킨 과학기술의 이중적 성격을 조명하는 과정에서도 과학자라는 주체가 배제되어서는 안 된다. 왜냐하면 변화를 추동했던 주체로서의 과학자야말로 과학이 기여할 수 있는 부분과 그 한계를 누구보다 잘 알고 있기 때문이다. 노버트 위너의 사례는 과학과 문화의 관계를 논구할 때 왜 반드시 과학자라는 주체에 대한 인식이 필수적인지를 보여주는 교훈이 된다.[20] 이미 위너가 살던 시대에도 과학자와 기술자는 그보다 훨씬 이전부터 정책의 결정권을 박탈당하고 있었다. 현대 산업사회 속에서 과학자가 자신의 발견을 사용할 권리와, 연구의 주제를 결정할 수 있는 권리가 사라지기 시작했다. 과학자와 기술자는 이때부터 현대 산업사회의 부속품으로 전락하고 만다. 스스로 변화시킨 세계의 가장 큰 피해자가 된 것은 과학자와 기술자 자신이기도 했다.[21] 그들은 세계를 창조하고, 이름을 잃었다.

문화로서의 과학을 위한 전제조건

따라서 나는 과학기술이라는 한국형 신조어를 용도 폐기하자고 주장한다. 과학과 기술을 따로 떼어 다룰 때에만 두 문화의 문제 및 통섭과 융합 학문에 대한 분명한 논의가 시작될 수 있다. 그 이유는 다음과 같다. 우리는 과학을 근대성의 도구로만 수입했다. 과학의 또 다른 측면인 '문화로서의 과학'은 한국 사회에 정착할 기회를 갖지 못했다.[22] 이런 상황 속에서는 과학과 사회에 관한 제반 논의도, 과학자의 윤리와 책임에 대한 논의도 공허해진다. 해당 논의의 주체가 되고, 인문사회과학자와 논의를 펼쳐야 하는 대화 상대자, 즉 '지식인으로서의 과학자'가 한국 사회 속에는 존재하지 않기 때문이다. 지식인으로서의 과학자가 존재할 수 없다면, 과학과 사회의 소통, 과학과 타 분과 간의 통섭, 융합 학문이라는 어젠다는 모두 공허해진다. 나아가 역사 속에서 분명히 관찰되는 과학과 과학자를 중심축으로 한 풍부한 학풍의 건설도 이러한 상황 속에서는 요원해지고 만다. 한국 사회에서 과학은 기술과 분리되어 독립적으로 성장할 기회가 없었다. 즉, 문화로서의 과학의 측면은 정착할 기회조차 갖지 못했다. 이를 위해서는 한국 근현대 과학사 속에 나타나는 단절과 비극의 역사를 살펴봐야 한다.[23] 물론 한국의 특수한 상황은 세계사 속에서 나타나는 과학과 기술 그리고 경제성장과 문화의 역동적인 관계의 틀 속에서 다루어질 때 의미를 갖는다.

근대과학의 전파는 철저히 유럽과의 연결 속에서만 파악될 수 있다. 근대과학의 탄생 공간은 유럽이었으며, 유럽의 영향 없이 독자적으로 과학을 발전시킨 국가는 존재하지 않는다. 조지 바살라George Basalla에 따르면 서구 과학의 전파는 제국주의의 역사와 밀접한 관련이 있다. 제국주의의 역사는 15세기 말, 포르투갈과 스페인이 중심이 되었던 중상주의 시대까지 거슬러 올라가지만 과학이 전파되기 시작한 것은 스페인과 포르투갈의 지배력이 영국과 프랑스, 네덜란드로 넘어가던 17세기에 비로소 시작된다. 서구 과학의 전파는 세 단계로 이루어지는데 시간적으로 선형적인 것은 아니다. 바살라가 이를 세 단계로 구분한 것은 유럽의 과학과 식민지의 과학의 의존성, 그리고 해당 식민지 과학의 제도적 정착과 관련되어 있다.

제1단계는 '박물학의 대항해 시대'라고 불린다. 이 시기는 16세기 말에 시작되어 19세기까지 지속된다. 장거리 항해가 가능해지면서 제국주의가 팽창해 나가던 이 무렵에 식민지의 식생과 지리적 조사는 필수적이었다. 수많은 박물학자와 아마추어 과학자, 군인, 선교사, 여행자 등이 해당 식민지의 다양한 식생과 지리적 조건 등을 수집해서 본국에 보고하는 역할을 수행했다. 이 시기에 식민지는 유럽에서 막 태동 중이던 근대과학의 모재료가 되었다.

제2단계는 '식민지의 과학 시대'라고 불린다. 박물학자나 지리학자뿐 아니라 다양한 분과의 과학자가 식민지로 진출했다. 이 시기에 속한 지역에서 과학은 유럽에 의존적이었다는 특징을 지닌다. 즉, 식민지의 과학자 중에는 유럽에서 건너온 이들과 토착민이 섞여 있었지만, 그들은 유럽 과학자 사회의 인정을 받기 위해 노력했다. 18~19세기의 북남미, 러시아, 일본의 과학자들과 20세기 중국과 아프리카의 과학자가 이 단계에 속한다. 이 시기에는 미국의 과학도 유럽에 의존적이었다. 19세기 말에서 20세기 초까지 대부분의 미국 과학자는 유럽으로 유학을 떠나야 했다. 20세기 중반까지도 이러한 의존은 사라지지 않고 있었다. 제임스 왓슨이 유럽에서 DNA 이중나선 구조를 발견했다는 사실을 기억할 필요가 있다.

제2단계에서 제3단계로의 전환은 문화적 특수성을 보여준다. 이 시기를 '독립적인 과학 전통을 위한 투쟁'이라고 부르지만, '어떻게 독립적인 과학 전통을 만들 것인가', 그리고 '문화적 특수성 속에서 과학이 어떻게 제도화되었는가'의 문제는 다양하고 복잡하다. 제3단계의 과학은 제2단계에서 식민지의 과학자가 스스로 쌓아간 전통에 크게 의존하는 경향이 있다. 그리고 점차 유럽의 과학자보다 자국 내 과학자 간의 교류가 중요해지기 시작했다. 이처럼 독립적인 과학의 전통이 확립되는 과정을 투쟁이라고 부르는 이유는 과학이 해당 문화 속에서 정착하기 위해 극복해야 할 과제가 각 문화마다 다양하게 산적해 있었기 때문이다. 과학의 정착을 위해 때로는 종교적인 저항을 극복해야만 했고, 정치적이고 문화적인 전통도 과학의 제도화에 영향을 미쳤다. 복잡한 시기에 성공적으로 독립적인 과학의 전통을 획득한 국가는 얼마 되지 않는다. 미국이 20세기 초 이러한 전통을 가장 먼저 획득했고, 일본이 그 뒤를 따랐다. 물론 이 두 국가가 독립적인 과학전통을 정립한 방식은 다르다.

이 시기에 조선에서 대한민국으로 이어지는 과학의 전통은 이러한 전파의 자장 속에서 크게 소외되어 있었다. 19세기 중엽 혜강 최한기(1803~1879)가 서구의 자연과학을 적극적으로 받아들였고, 이를 기일원론氣一元論의 전통 속에서 철학으로 정립시켰지만 혜강은 과학자라고 불릴 수 있는 직업군도 아니었고, 그의 학풍이 계승되지도 않았다. 조선 후기의 실학 전통 속에는 분명 자연과학에 친화적인 모습들이 등장하지만, 이는 주로 과학보다는 기술에 관련되어 있었다. 혜강이 독경주의자들, 형이상학자들을 비판하면서 "학문의 연구는 옛 교조에 매어달리거나 불변한 진리에 매어달릴 것이 아니라 변화된 현재의 입장에서 진행하여야 한다"는 근대적 사유를 보여주지만 역설적으로 혜강의 사상을 뒷받침할 만할 어떤 제도적 정비도 이루어지지 않았다. 조선은 망해가는 나라였고, 근대과학에 신경 쓸 여력도 없었다.[24]

혜강과 동시대를 살았던 클로드 베르나르는 실험의학을 정립했던 프랑스의 의사이자 철학자, 역사가였다. 베르나르의 실험실을 그린 삽화는 유명한데, 그는 이 그림 속에서 마치 도살장의 백정처럼 앞치마를 두르고 시체 주위를 둘러싼 사람들과 이야기를 나누며 해부도구를 들고 서 있다. 손에 피와 물을 묻히는 직업을 천시하는 문화는 근대과학의 한 축을 이루는 실험과학 전통을 꽃피우는 데 극복할 수 없는 장애였다. 식민지 시대에 과학과 기술을 직업으로 선택한 이들은 대부분 중류층이었다. 이들은 상류층이 의학과 법학으로 사회의 상층부를 점유한 상태에서 어쩔 수 없이 과학과 기술을 선택해야 했다. 식민지의 부호는 자식을 법학, 문학 및 의학 쪽으로 유학을 보냈고, 이들이 사회의 상층부를 잠식해 들어갔다. 서양의학은 이미 식민지 시대부터 상류층의 전유물이었던 셈이다. 베르나르가 실험의학을 확립하면서 기초의학과 생리학의 유구한 전통을 확립한 것과는 달리, 한국에는 기초의학 전공자가 턱없이 부족한 현실이 이러한 역사적 맥락과 무관해 보이지는 않는다.

게다가 당시 정부는 과학을 지원할 만한 여력이 없었다. 바살라의 제2단계를 겪고 있던 조선의 과학자와 기술자는 제3단계인 독립적인 과학 전통으로 넘어가기 위해 반드시 필요한 정부의 제도적인 지원 없이, 개인의 자발적 선택에 의존해야 했다. 무능한 정부와 달리 개화·자강·문명과 같은 추상적 구호를 외치던 민족독립운동 진영도 일제의 지배가 가속화되면서 민족독립·차별철폐·물산장려와 같은 당장의 구체적인 현실 개혁에 집중할 수밖에 없었다.

> 이 시기 일본에서는 조선과는 다른 일이 벌어지고 있었다. 잘 알려져 있듯이 메이지유신 이후 일본은 서양을 모방하기 위해 급진적인 사회개혁을 추진했다. 조선과는 달리 일본 과학자, 기술자의 80퍼센트 가까이가 사무라이 출신이었다. 단지 식민지 조선이라는 열악한 상황에만 원인을 귀속시키기 어려운 하나의 이유는, 일본과 비슷한 일이 유럽

열강과 일본의 제국주의에 시달리던 중국에서도 벌어졌기 때문이다. 1910년에만 중국에서 미국의 과학과 기술 분야로 유학을 간 대다수가 신진사대부 출신이었다.[25]

혜강에서 식민지 시대로 이어지는 과학의 전승은 없었다. 이것이 한국과학사의 첫 번째 단절이다. 만일 이어지는 전통이 있다고 한다면, 그것은 혜강이 중인촌에 거주하던 몰락한 양반이었으며, 식민지 시대의 과학자들도 대부분 중인이었다는 것뿐이다. 식민지 시대의 과학자에게서 혜강으로부터 이어지는 그 어떤 자연과학적 사상과 철학적 흔적도 찾을 수 없다.[26] 그렇게 조선의 과학은 제2단계조차 거치지 못한 채 해방을 맞이했다.

해방 전후에서 개발독재 시대까지 한국 과학의 역사는 따로 언급할 만한 것이 없다. 석주명이라는 독보적인 박물학자가 있었지만, 20세기 생물학은 분자생물학을 향해 달려가던 시기였다. 박물학은 이미 서구에서는 구시대적인 생물학으로 취급되고 있었다. 김용관의 발명학회가 있었지만 그 이름에서 알 수 있듯이 철저히 실용적인 목적을 위한 소규모 단체에 불과했다. 김용관의 발명학회가 추구했던 것은 과학 연구를 위한 제도적 정비보다는 과학대중화운동에 가까웠다. 게다가 김용관은 이화학연구기관의 설립을 제안하면서 자연과학을 위한 연구기관이 아닌 민족의 자주적 공업화에 기여할 발명기관으로서의 연구소를 주장했다. 현상윤과 같은 사회 명사가 자연과학 연구기관으로서의 이화학연구소의 필요성을 주장했고, 당시 교토제국대학에서 활동 중이던 화학자 이태규의 참여를 고려하고 있었지만, 시기상조론과 불필요론에 밀려 주목받지 못했다.

김용관의 '기술 편중주의'는 시대적 필요성에 의한 것이었을지 모른다. 그리고 어떠한 방식으로든 이화학연구기관이 설립되었다면 독립적인 과학의 전통을 확립하는 일은 앞당겨졌을지도 모를 일이다. 하지만 이러한 기대는 이루어지지 못했다. 서로 다른 과학기술에 대한 사고가 대립하고 있었고, 과학기술진흥론과 근대화론은 민족주의적 열정이라는 공통분모만을 지닌 채 공존하는 상황이었다. 김용관 등의 발명학회 간부들은 민족주의 좌파의 조합적 소규모 공업 진흥론을 바탕으로 과학기술을 견인하려 했지만, 이들에게는 문화로서의 과학에 대한 인식이 없었다. 현상윤이나 김창제로 대표되는 이른바 사회 명사 집단은 과학을 사회문화 전반의 합리화라는 문화적 맥락 속에서 파악했지만, 이를 위해 연구기관과 교육기관을 제도화하는 대신 과학대중화운동으로 모든 것을 대신하려 했다. 윤주복 등의 공업기술 엘리트는 아예 과학기술 진흥의 필요성을 느끼지 못했다. 특히 현상윤과 윤주복 등의 계열은 과학이 중립적이고 보편적이라는 생각으로 일본의 과학을 그대로 받아들여도 조선의 문화는 향상될 것이라고 생각했다. 독립적 과학의 전통을 위한 투쟁 노선을 지닌 것은 김용관뿐이었지만, 김용관에게 순수한 자연과학은 민족의 독립을 위한 대안이 될 수 없었다.[27]

해방 직후 전쟁이 발발하여 과학은 제도화될 기회를 갖지 못하다가, 1958년 원자력원의 설립으로 다시 논의의 장에 오르게 된다. 당시 과학기술계는 원자력원의 설립을 계기로 과학기술진흥법을 정부에 건의하기로 결의했다. 하지만 1959년 착공을 시작한 원자로는 4·19, 5·16 등의 정치적 격변으로 지연되고 1962년이 되어서야 가동을 시작했다. 원자력연구소는 박정희에 의해 1966년 한국과학기술연구소

KIST가 설립될 때까지 기초과학과 응용과학 전반에 걸쳐 한국 과학의 중심적인 역할을 수행했다.

한국 과학기술정책의 틀이 본격적으로 짜이기 시작한 것은 박정희의 개발독재 시대였다. 박정희 시대는 정치권력의 전성기였고, 이 시기 과학은 경제적으로 번역되었다. 애초에 박정희는 과학 자체에 대해서는 별다른 관심을 두지 않았다. 과학기술에 대한 5개년 계획은 '기술진흥5개년계획'으로 입안되었다. 그러던 것이 1965년 베트남 파병과 한일 수교의 대가로 미국에서 과학기술연구소의 건립을 지원해주겠다는 파격적 제안을 접하게 되고, 이후 금속공학자였던 최형섭을 필두로 한 공학 권력이 박정희의 정치권력과 손을 잡는다. 대학의 많은 과학자는 기초과학에 대한 지원을 바라고 있었지만, 한국과학기술연구소의 설립 과정에서 과학은 경제개발을 정당화하기 위한 도구로 사용되었다. 과학은 여기에 품격을 더해주는 장식품 이상의 개념이 아니었다. 결국 한국과학기술연구소에서의 기초과학연구는 배제되었고, 미국의 원조에 대한 지나친 의존과 재정 악화는 응용과학에 대한 지원도 편중되게 만들었다.[28]

여기서 다시 한번 과학과 기술의 관계를 분명히 하고 넘어갈 필요가 있다. 그래야 박정희의 과학기술정책에 대한 평가도, 현재 한국의 과학기술정책의 문제점도 문화로서의 과학이라는 개념 속에서 분명해질 수 있다. 대중, 과학자, 기술자, 과학기술정책 관료에게 가장 널리 퍼진 고정된 신념은 과학의 발전이 기술로 이어진다는 선형적 사고다. 과학자가 기초과학에 대한 지원을 정부에 건의할 때도 버니바 부시가 루스벨트에게 건의했던 틀을 벗어나지 않고, 대중이 기초과학에 대한 애정을 표현할 때에도 이러한 틀에서 조금도 벗어나지 않는다. 이러한 오해는 산업혁명에 인식에서 뚜렷하게 나타난다.

많은 사람이 산업혁명을 견인한 건 당시 영국에서 발전하던 과학이었다고 여긴다. 하지만 이러한 견해는 몇 가지 이유로 인해 정당화될 수 없다. 첫째, 18세기 후반에 영국에서 시작된 산업혁명에는 과학적 발견이 거의 적용되지 않았다. 예를 들어, 표백제나 염 등의 물질이 가진 화학적 성질이 발견되기도 전에 이미 산업에 응용되고 있었다. 증기기관은 갑자기 등장한 것이 아니라 점진적이고 누적적으로 진보한 것이며, 그 어떤 과학적 원리도 필요로 하지 않는다. 기술의 발전은 과학적 발견을 기다려주지 않고 독립적으로 진보했다. 18세기 후반의 증기기관으로 대표되는 산업혁명을 과학혁명의 연장으로 보려는 시도는 축소되어야 한다. 둘째, 18세기 후반의 과학은 실용적인 의미를 애써 찾으려 하지 않았다. 이러한 견해는 19세기 후반, 과학의 발전이 기술과 결합하던 시기까지도 이어졌다. 예를 들어 맥스웰은 물리학적 원리를 응용할 필요를 거의 느끼지 않았다.[29] 20세기를 지나면서 트랜지스터처럼 과학이 기술에 직접 응용되는 일이 많아졌지만, 이 경우에도 대부분 공학적 한계를 결정하는 것이 과학의 주된 기능이었다. 영구기관은 불가능하다는 열역학 제2법칙은 공학적 디자인에 제한 요인으로 작용한다.[30]

과학과 기술 그리고 경제성장에 관련된 주제를 연구하는 집단은 다양하다. 그리고 그들의 관심 영역도 서로 다르다. 따라서 엄청난 연구가 산적해 있지만 통일된 합의점은 존재하지 않는다. 철학자와 사회학자는 역사가로서의 이중고를 겪으며 독립적으로 연구하고 있고, 과학사학자는 스스로의 연구 결과를 철학화하고 있다. 더욱 큰 문제는 과학자와 기술자 그리고 과학기술정책 관료가 이러한 학자의 의견

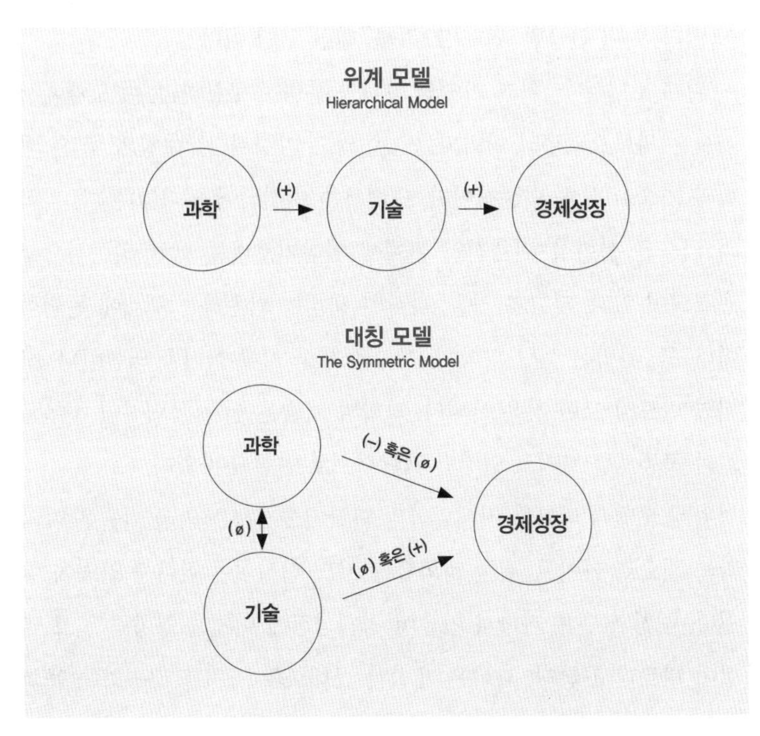

그림 4 과학과 기술 그리고 경제성장에 관한 두 가지 모델(Drori, 2003)

에 귀를 기울이지 않는다는 데 있다.[31]

20세기에 이루어진 기술의 비약적인 발전은 과학의 발견과 기술이 효율적으로 결합한 결과였다. 하지만 이 경우에도 모든 사례를 '과학에서 기술로'라는 위계적 구조 속에 놓을 수 없다. 20세기 후반에 이루어진 사회과학자의 연구는 과학과 기술의 '위계 모델'이 보편적인 현상이 아니며, 특히 이러한 모델이 대체로 잘 들어맞는 선진국과는 달리 저개발국에서 과학의 발전은 반드시 기술의 발전으로 이어지지 않는다고 주장한다. 과학과 기술의 상호 관계를 다루는 두 가지 모델이 있다. 이미 언급한 '위계 모델'과 '대칭 모델'이다.

'위계 모델'은 과학과 기술의 차이를 분명히 구분한다. 이 모델에서 기술은 과학으로부터 연역되는 것이라고 가정된다. '대칭 모델'은 과학과 기술이 상호 의존적이며, 느슨하게 연결되어 있다고 본다. 과학과 기술은 선형적·위계적인 관계에 있다기보다는 맥락 의존적으로 연결되어 있다. 과학과 기술, 각각의 체계는 의존하는 체계에 독립적이다. 즉, 과학은 선구 과학에, 기술은 선구 기술에 더욱 의존한다. 하지만 반드시 그런 것은 아니다. 과학과 기술은 서로 독립적인 하부문화와 공동체를 가지고 있지만 맥락적으로 연결되어 있다.

위계 모델에 따르면 저개발국의 과학기술정책은 외국 기술을 따라잡는 것으로 짜이고, 결국 과학을 먼저 발전시켜야 한다는 압력에 놓인다. 대칭 모델은 과학과 기술이 경제성장에 미치는 영향력과 그 역할이 다르다고 본다. 과학은 개발과 근대화의 가치를 전승하는 문화적 역할을 담당하고, 기술은 자원과 지역적·경제적 필요를 연결하는 해결책을 제시한다. 따라서 맥락 의존적인 과학과 기술의 관계는 예측하기 어렵다. 과학과 기술은 각각의 문화적 특수성에 따라 독특한 발전 양상을 지닐 수밖에 없다. 위계 모델은 과학과 기술 각각에 대한 투자는 언제나 경제적 부를 창출하는 것으로 가정된다. 하지만 대칭 모델에서는 과학에 대한 투자가 경제성장에 마이너스 효과를 가져올 수도 있다.

20세기 후반의 저개발국의 과학과 기술의 상호 관계를 정량적으로 연구한 드로리의 연구는 적어도 저개발국에서는 위계 모델보다 대칭 모델이 더욱 잘 들어맞는다고 말한다.[32] 즉, 과학자도 과학기술정책 관료도 기초과학에 대한 무조건적인 투자가 경제성장에 긍정적인 효과를 미칠 것이라고 기대해서는 안 된다. 특히 과학과 기술에 대한 투자는 맥락에 의존적이기 때문에 선진국의 사례뿐 아니라 우리의 과학기술정책이 겪어온 역사를 철저히 분석해야 한다.[33]

특히 과학기술 관료와 과학자 양자는 기초과학에 대한 투자가 경제성장과는 무관할 수도 있다는 것을 겸허히 인정해야 한다. 그것이 오히려 경제성장이라는 지나친 압박 속에서 자유롭고 창의적인 연구를 할 수 없는 한국의 과학자에게 도움이 될 것이다. 과학기술 관료도 노벨상을 위한 정책을 그렇게도 수립하고 싶다면 경제성장이라는 욕심은 잠시 접어둘 필요가 있다. 경제성장을 위한 과학기술정책과 노벨상을 위한 과학기술정책은 철학과 방향에서도 완전히 다른 것이기 때문이다. 이미 근대과학을 보유하고 있었던 선진국의 사례와 우리의 사례가 같지 않다. 한국은 기초과학에 대한 큰 투자 없이 경제성장을 이룩한 국가 중 하나다. 과학정책만을 놓고 본다면 박정희의 무지함을 탓할 수 있겠지만, 경제성장을 위한 기술정책의 측면에서 박정희를 바라본다면 그의 선택이 반드시 틀렸던 것만은 아니다. 문제는 우리가 여전히 박정희의 프레임 속에서 과학기술을 사유하고 있다는 비극적 현실이다.[34]

김영식은 한국 과학기술의 가장 두드러진 특성은 과학기술이 순전히 실용적인 목적을 위해서만, 즉 경제적인 효용과 이익을 위해서만 존재하고 추구되는, 지나치게 실용적이고 공리주의적인 과학기술관이라고 말한다. 조선 후기의 실학파로부터 식민지 시대와 박정희 시대에 이르기까지 과학기술은 이러한 방식으로 인식되어 왔다. 그 결과 과학기술은 한국 문화 전반에 완전히 동화되지 못했다. 한국인에게 과학기술은 어쩐지 문화적이지 못하며, 심지어 지성적이지도 않은 것으로 비춰진다. 특히 일반 지식인이 과학기술에 대한 무지를 당연히 여기며, 아예 무관심한 것은 한국에서 더욱 두드러진다.

이렇게 도구로만 인식된 과학기술관은 서양 과학기술을 모방하고 이용하는 데 주력하는 풍토를 조성했으며, 박정희 시대 이후 지금까지도 한국 과학기술계가 현대 과학기술에 창의적으로 기여하지 못하고 있다는 결과로 나타났다. 특히 이러한 공리주의적 과학기술관은 과학기술자들이 지나치게 정부에 의존하도록 만들었고, 그것이 더더욱 그들 자신의 독자적인 과학기술문화를 만드는 데 걸림돌로 작용했다. "과학기술은 옹호되고 진흥되고 지원되고 이용되고 있지만, 그것은 단지 도구로서일 뿐이며 독자적인 문화적 영역으로서가 아닌"[35] 것이다.

과학의 과학화, 학풍, 그리고 문화로서의 과학

한국 사회에서 과학과 문화의 관계를 논의하기 시작한 것은 오래되었다. 과학창의재단이라는 이름으로 과학문화 콘텐츠가 개발되고, 선진국의 과학문화와 '대중의 과학 이해PUS'에 대한 연구도 한창이다. '과학문화연구센터'가 몇 군데에 개소되었고, 통섭에 관한 최근의 논의는 한국 사회에도 이제 문화로서의 과학이 정착하는 듯한 착각을 불러일으킨다. 하지만 절대 그렇지 않다.

한국에서 과학과 문화를 논의하는 방식은 두 가지다. '한국과학문화재단'에서 '한국과학창의재단'으로 이름을 바꾼 정부 기구는 "한국

과학창의재단은 과학기술에 대한 국민의 이해와 지식 수준을 높이고 국민생활 및 사회 전반에 과학기술이 널리 보급·이용될 수 있도록 과학기술문화를 창달하며, 국민의 창의성을 함양하고 창의적 인재를 육성하여 국가 발전에 기여함"이라는 과학기술진흥법의 목표를 달성하기 위해 설립된 단체다. 이러한 목표는 '대중의 과학 이해'와 '창의적 영재 육성'에 매몰되어 있다.[36] '과학기술정책연구원'[37]이라는 단체에도 선진국의 과학문화에 대한 연구보고서가 많이 올라와 있지만, 역시 '대중의 과학 이해'라는 철학에 매몰되어 있다.

어린이에게 과학 지식의 재미를 알려주는 정책은 박정희 시대 이후 변함없이 지속되고 있다. 어린아이의 호기심을 일깨우고 과학에 대한 관심을 유발하는 것이 나쁜 일은 아니다. 하지만 40년이 넘도록 과학문화정책이 '호기심 천국' 수준에 머물고 있는 것은 참담한 비극이다. 이러한 유치 찬란한 과학문화정책이 기조를 바꾸기 시작한 것은 얼마 되지 않았다. 그 결과로 제시된 것이 선진국의 '대중의 과학 이해'였고, 선진국 따라잡기 열풍에 힘을 쏟는 한국의 관료는 이를 모방하기에 급급했다. 과학을 탄생시킨 문화적 조건을 수백 년간 보유한 선진국의 사정과 우리의 사정이 같을 수 없다. 그럼에도 과학문화가 무엇인지에 대한 제대로 된 고민조차 없는 관료들은 과학문화의 창달이 마치 과학기술이 중심에 선 사회, 과학이 중시되고 우선시되는 사회를 만드는 것이라고 착각하고 있다. 만약 그러한 것이 과학문화의 창달이라면 한국이야말로 과학문화가 이미 정착한 국가라고 말할 수 있다. 황우석 사태는 한국 사회가 얼마나 과학을 중시하고 우선시하는지를 보여준 좋은 사례다. 과학문화란 호기심 천국이나 한국의 과학언론처럼 과학을 대중화하거나, 대중을 과학화하는 것으로 달성되지 않는다. 이미 말했듯이 여전히 과학이 도구로서만 인식되고 있다면 그러한 조건 속에서는 과학문화란 불가능하며, 이처럼 고민 없는 정책은 도구로서의 과학을 더욱 강화시키는 결과만을 야기할 뿐이다.

과학문화를 위한 정책이 정부에 의해 주도되어 온 반면, 그 운동을 주도한 것은 과학자가 아니라 과학학자였다. 과학문화에 대한 어젠다는 과학학자에 의해 견인되고 있다. 예를 들어 포항공대 및 전북대 등에 세워진 '과학문화연구센터'는 다음과 같은 목표로 설립되었다.[38]

- 과학기술 발전에 대한 올바른 이해 증진과 사회적인 책임 강화 및 과학의 생활화를 선도할 수 있는 전국적인 거점센터 확충
- 국내 과학기술계의 전문적이고 세분화된 분야 간 간극과 경계를 해소할 수 있는 학제간 연구 증진 및 전문 인력 양성

첫 번째 목표는 정부의 과학문화 관련 기관과 큰 틀에서 차이를 보이지 않는다. 두 번째 목표는 학제간 연구를 증진시킨다는 조금은 긍정적인 틀을 지닌다. 하지만 이러한 목표가 추구하는 것이 진정한 학제간 연구를 위한 것인지는 분명하지 않다. 결론부터 말하자면, 그간 과학문화라는 주제로 과학학자가 연구한 결과물은 한국 사회에 과학문화가 정립하는 데 아무런 도움이 되지 않았다. 오히려 과학문화라는 화두는 과학학이라는 독립된 분과들이 한국 사회에 정착하는 데에 일조했다. 대중의 과학 이해라는 측면에서 이러한 시도들은 일정 부분 성공했을지는 모르지만, 대중의 과학 이해가 곧바로 문화로서의 과학으로 이어지는 것은 아니다. 황우석 사태, 광우병 논쟁, 천안함 사건을 거치며 한국 대중은 해당 분야의 준전문가가 되었지만, 그렇다

고 해서 과학이 문화로서 인식되고 있지는 않다. 과학문화를 논할 때, 과학학자에게 큰 기대를 요구할 수는 없다. 차라리 제대로 된 현실 인식에 기반한 논의라도 펼쳐준다면 그것으로 족해야 한다. 하지만 과학철학자들은 "도대체 과학문화란 무엇인가?"라는 공허한 주제 속에 매몰되어 있고,[39] 과학사학자는 도구로서만 인식되는 한국 사회에서 과학의 문제점을 잘 알고 있지만, 결국 과학적 사유와는 대비된다고 생각되는 인문학적 사유를 강조하며,[40] 과학사회학자는 과학문화에 대한 고민보다는 "과학기술자 사회의 규범의 현실화, 과학기술자의 사회적 책임성 강화"와 같은 주제에 관심이 많다. 특히 이들은 과학자의 과학문화에 대한 참여 저조를 지적하며, 그렇게 될 수밖에 없는 구조적 원인보다는 과학기술자 개개인의 열정 부족을 원인으로 지적하는 경향이 있다.[41]

과학문화의 한 요소로서 메타과학 혹은 과학학의 역할을 부정할 수 없다. 과학문화가 정착하기 위해서는 인문학과 같은 기초학문의 위기도 가벼이 넘길 수 없다. 연구 부정을 막기 위해서는 과학기술자의 윤리적 책임도 분명히 요구된다. 하지만 이러한 모든 논의를 가능케 하기 위한 제도적·현실적 조건이 무엇인지 과학학 연구자들은 알지 못한다. 그들은 한국 사회에서 과학문화를 논의하기 위해 결여되어 있는 것이 무엇인지 정확히 인지하지 못한다. 과학과 기술의 상호관계, 경제성장의 효율성만을 위해 도구로 사유되는 과학기술, 과학문화의 창달, 인문학의 위기, 과학자의 윤리적 책임, 이 모든 것의 기저에는 단 하나의 문제가 놓여 있다. 그것은 한국 사회에 과학이 없다는 비극이다.

엄연히 과학자라는 직업군이 존재하고, 과학정책이 존재하며, 많은 과학자가 연구를 수행하고 있는데, 한국 사회에 과학이 없을 리 만무하다. 하지만 역설적으로 한국 사회엔 과학이 없다. 과학은 단순한 지식의 체계가 아니다. 과학은 그 탄생 과정부터 해당 사회가 지닌 문화와 분리되어 있지 않았다. 그러한 탄생 조건이 있었기 때문에 서구 사회에서는 과학이 자연스럽게 문화로 인식될 수 있는 것이다. 이는 각 문화마다 독특한 과학이 형성됨을 의미하지 않는다. 보편적 지식 체계로서의 과학은 하나다. 하지만 문화와의 연결성 속에서 존재하는 과학은 다양하다. 과학문화를 논의하고자 할 때에는 이러한 과학의 특성과 더불어 과학이 발전해온 역사를 면밀히 추적할 필요가 있다.

엄정식은 과학을 과학정신과 과학기술로 나누어본다. 과학정신은 "탐구의 과정에서 나타나는 과학자의 태도로서 주로 인식론과 존재론"과 관련되며, 과학기술은 "탐구의 결과를 응용하는 방식으로서 주로 가치론과 연결"된다. 한국 사회에서 과학은 주로 후자와의 관계 속에서 논의된다.[42] 과학학자나 인문학자가 과학정신 혹은 과학사상을 다룰 때에도, 과학은 주로 그 도구적인 측면, 즉 과학기술과 관련되어 사유된다. 과학정신과 과학기술이라는 구분은 지나치게 평면적이다. 이를 과학에 대한 문화적 관점과 도구적 관점으로 구분하는 것이 더 나을 것이다. 그 구분이 무엇이든 간에 과학은 이러한 두 가지 측면의 종합으로 나타난다. 이러한 종합적인 체계로서의 과학, 그것이 한국 사회에는 존재하지 않는다.

'과학의 과학화'는 종합적인 체계로서의 과학을 위한 전제조건이다.[43] 과학이 과학다운 모습이 되면 그곳에서 학풍이 탄생한다. 그러한 학풍 속에서 창의적인 연구가 가능해지며, 노벨상도 그러한 조건 속에서 자연스럽게 나타나게 된다. 문화로서의 과학은 이러한 조건이

충족되면 사회 속에서 자연스럽게 나타나는 부산물에 불과하다. 따라서 우리가 과학문화를 위해서든, 과학윤리를 위해서든, 과학 한국을 위해서든, 과학을 과학답게 만드는 제도적·문화적 조건을 인식하고 찾아야 한다. 과학이 과학이 되면 한국 사회에서 고민하는 모든 문제는 자연스럽게 해소될 수 있다. 우리는 거꾸로 사고해왔다. 과학기술 관료는 과학의 대중화나 대중의 과학화라는, 과학의 과학화의 결과물을 원인으로 착각했다. 과학학자와 인문학자는 한국 사회에서는 논의의 장조차 열릴 수 없는 과학을 향해 공허하게 혼잣말을 하고 있었다.

스노의 두 문화 논의나 과학전쟁은 모두 그것을 잉태할 문화로서의 과학이 마련된 공간에서 일어난 것이다. 서구 학자가 학문하는 공간 속에는 이미 과학이 과학으로 존재하고 있었다. 그런 의미에서 스노가 말하는 두 문화에 관한 논의는 한국 사회에는 존재조차 할 수 없다. 스노가 고민했던 공간에는 문화로서의 과학이 있었고, 한국에는 없기 때문이다. 한국 사회에서 제대로 된 과학 논쟁이 발견되지 않고, 발견될 수도 없는 이유는, 과학이 아직 제대로 자리를 잡지 못했기 때문이다. 우리는 아직 준비되지 않았다. 그것이 김동원의 고민이었고,[44] 우리에게 노벨상이 없는 이유이며, 과학자가 지식인으로 인식되지 않는 구조적 원인이다. 과학교양서와 과학과 관련된 모든 논의를 수입해야 하고, 과학자가 상아탑에 갇혀 있는 이유가 바로 이것이며, 천안함 사건에 대해 국내의 과학기술자가 나서지 못하는 이유도 바로 이것이고, 이공계 위기와 인문학의 위기가 나타나는 이유도 바로 과학이 존재하지 않기 때문이다.

과학이 어떻게 과학이 되느냐의 문제는 간단하지 않다. 무조건적인 모방도 답이 될 수 없다. 바살라가 말했듯이, 과학의 독립적인 전통이 성립되는 모습은 해당 문화가 지닌 특수성에 따라 다양하게 열려 있기 때문이다. 과학의 과학화를 위한 구조적 원인을 지목하고, 그것을 개선하기 위한 노력은 모두가 담당해야 할 몫이다. 실은, 구조적 원인에 대해 우리는 잘 알고 있다. 한국 사회가 지닌 사회의 구조적 모순과, 과학이 과학이 될 수 없는 구조적 모순은 일치한다. 따라서 과학을 과학답게 만드는 일은 민주화를 위한 지난 세기의 노력이나, 복지국가를 위한 현재의 노력과 동떨어진 일이 아니다. 그런 의미에서 과학을 위한 투쟁은 곧 실천일 수밖에 없다. 합리성, 합당성, 비판성, 개방성, 보편성, 자율성이라는 과학정신의 가치를 추구해야 할 때에도,[45] 머튼이 말하는 '보편주의', '공유주의', '탈이해관계 혹은 이해관계의 초월', '조직화된 회의주의'라는 과학의 제도적 규범을 실천하고자 할 때에도, 과학을 위한 투쟁은 사회가 요구하는 가치 체계와 분리될 수 없다. 과학이 과학인 공간에서 연구하는 과학자는, 이러한 가치 체계들을 자연스럽게 습득하며, 그것과 충돌하는 사회적 가치를 의심하고 이를 바로잡기 위해 투쟁한다. 과학이 과학인 곳에서 과학자 중 일부는 반드시 철학적으로 사유하고, 그들 중 일부는 반드시 사회문제에 뛰어든다. 그곳에서 과학은 곧 실천이다. 그곳에서 과학자는 지식인이다. 그러한 공간에서 "과학자들 중 일부는 반드시 그들이 다루는 과학 내에 함축된 비정합성과 철학적 문제를 의식하고 있다. 어느 시대든 그 당시 이론이 안고 있는 비정합성과 철학적 문제에 관심을 가진 과학자가 존재했다. 이들의 노력에 의해 이론은 더욱 정교해진 동시에 세계관의 변화를 가져왔다."[46] 우리에겐 아직 그러한 공간이 없고 그런 공간에서 탄생해야 할 과학 지식인도 없다.

12장

대중화의 실패: 과학문화의 진정한 의미는 무엇인가

과학창의재단의 오류와 한국 과학대중화운동의 딜레마[1]

한국 과학대중화운동의 착각

과학대중화운동은 '아는 것'에서 '하는 것'으로 패러다임을 바꿔야 한다. 한 번 몸에 익힌 습관은 잘 사라지지 않는다. 예를 들어 자전거 타기는 평생 한 번만 익혀 놓으면 절대 잊어버리지 않는다. 과학도 마찬가지다. 과학이 하는 것이 되면, 한국에서 교육받은 이들은 과학을 몸에 익히게 되고, 천천히 이 사회엔 과학을 몸으로 체득한 이들이 늘어나게 될 것이다. 아마도 그런 노력 속에서, 창조과학회 같은 사이비 단체는 굳이 나서 분쇄하지 않아도 햇볕에 녹는 봄눈처럼, 그렇게 사라지게 될 것이다. **김우재**[2]

현재 한국 사회에서 벌어지고 있는 과학대중화운동은 잘못된 방향으로 내닫고 있다. 과학대중화운동을 주도하는 '과학대중화 세력'[3]은 아직도 한국 사회에 과학의 대중화가 필요하다고 주장하지만, 한국은 과학대중화가 지나치게 많아서 문제다. 과학대중화라는 말이 처음으로 기록된 사료는 1926년 〈동아일보〉의 기사다. 이 기사는 "조선사회운동개관"이라는 제목하에 쓰였는데, 당시 사회주의계열의 조선노동총동맹집행위원회에서 결의된 사항을 요약하는 글이다.[4] 이 글에서 과학의 대중화는 조선 사회운동의 교양운동으로 묘사되며, 이 교양으로서의 과학대중화운동은 야학이나 연구회, 토론회, 강연회 등을 통해 궁극적으로 조선 청년운동을 조직화하는 데 기여해야 한다고 강조하고 있다. 즉, 이미 1926년의 과학대중화운동조차 대중에게 과학을 교양으로 가르치는 것을 넘어 이를 바탕으로 사회운동을 조직하는 수준이었다는 뜻이다. 과학대중화의 본질은 사회운동이었다.

'과학의 대중화' 혹은 '과학기술의 대중화'로 불리는 정책 혹은 사업은 세계 각국에서 지속적으로 추진되고 있다. 한국은 매년 4월이면 '과학의 달'을 기념해 각종 행사를 진행하며, 이젠 과총이 주최하는 '과학기술연차대회'처럼 수십억 원의 예산이 소모되는 거대 행사를 치르는 수준이 됐다.[5] 국민의 세금으로 실행되는 과학기술정책의 입안 과정에는 그 정책이 대중에게 설명될 수 있고 그렇게 되어야 한다는 가정이 포함되어 있다. 이처럼 세계 각국이 과학대중화를 정책의 측면에서 접근하는 데에는 아무 문제가 없다. 국민에겐 분명히 자신이 낸 세금이 과학기술정책으로 어떻게 전환되는지 알 권리가 존재하기 때문이다. 하지만 지난 수십 년간 과학대중화에 수많은 예산이 투입되었음에도,[6] 과학기술은 대중의 삶에 투영되지 못하고 있다.

한국 과학대중화운동에 대한 다양한 비판이 제기되었다.[7] 우선 한국 과학대중화 사업은 대부분 일회성 이벤트로 끝나고, 재원의 부족으로 지속적인 추진이 이루어지지 않는다. 또한 사업이 구체적인 내용보다는 화려한 구호에 그치는 경우가 대부분이라 결과는 언제나 피상적이다. 즉, "지금까지 정부의 과학기술 대중화 정책은 산만하고 소극적이며 임기응변적인 성격을 다분히 내포하고" 있다. 일부 과학사회학자는 한국 과학대중화의 더욱 본질적인 문제점을 과학기술과 대중 사이에 놓인 위계적인 관계에서 찾을 수 있다고 생각한다. 즉, 많은 경우에 한국 과학대중화는 대중을 과학기술에 대한 지식이 결핍되어 있는 수동적 행위자로 생각하며, 과학기술자는 이 결핍을 채워주는 구원자로 설정한다. 즉, "대중은 잠자는 숲속의 미녀이고, 과학자라는 왕자가 나타나서 키스를 해주면, 대중은 무지라는 오랜 잠에서 깨어나는 줄거리로 일관되"어 있는 것이, 한국 과학대중화 사업의 민낯이라는 뜻이다.[8]

이런 피상적이고 위계적인 과학대중화운동을 고쳐보겠다고 몇몇 대중 과학자와 과학커뮤니케이터가 과학의 대중화가 아니라 '대중의 과학화'를 외친 지 벌써 15년이 넘었다.[9] 하지만 대중의 과학화를 주장하는 과학대중화 세력은 이런 피상적인 구호가 얼마나 오래된 계몽주의의 산물인지 전혀 인지하고 있지 못하다. 즉, 그들은 대중을 과학화한다는 말이 내포하고 있는 끔찍한 위계를 사회적으로 인지하지 못하며, 자신이 과학기술자라는 지위를 독점하고 있다는 이유로 대중을 과학기술이 결핍된 존재로 격하시키고, 때로는 마치 대중이 과학기술을 모르면 죄인이 되는 것처럼 도덕적 가치판단을 내린다. 심지어 대중의 과학화라는 구호는 박정희가 내세웠던 '전국민 과학화운동'의 악몽을 떠올리게 한다.[10] 이런 권위적이고 낡은 계몽주의의 관습 속에서 한국의 과학대중화는 식민지 시대에서 단 한 걸음도 나아가지 못하고 적체되었다. 즉, 현재 한국 과학대중화 세력의 수준은 식민지 시대의 수준에 머물러 있거나, 어쩌면 그보다 훨씬 낮은 수준으로 추락했는지도 모른다.

한국 과학대중화 세력의 세 가지 문제

차관님, 실장님, 국장님까지 과학을 국민에게 쉽게 알리기 위해 같이 나서자. 혼자 재롱 떠는 것보다 같이 떨자. 조만간 과기정통부 간부들이 전국 다니며 망가지는 모습을 볼 수 있을 것이다. **과학기술정보통신부 장관, 유영민**[11]

자연과학은 철학, 예술과 같이 일정한 사회조직, 즉 생산관계의 토대 위에 서 있는 이데올로기이다. 이데올로기로서의 자연과학의 기원이 인간의 일상생활에 불가결한 생활수단의 탐구에 있었다는 것은 주지의 사실이다. (중략) 인민과 분리되고 이데올로기와 분리되어서는 과학은 존립할 수 없다. 따라서 과학자는 그 학문연구를 첫째, 대중과의 관계에 있어서, 둘째로 이데올로기와의 관계에 있어서 종합적으로 고려하여 진보시킬 필요를 통감해야 한다. 우리는 대중의 물질적 수준을 향상시키기 위해 일하고 있다. 우리는 일하는 인간을 계산 단위로 여기고 기계적 조직의 부속물로 취급하는 자본주의의 기계문명과 같은 혼빠진 문명을 건설할 생각이 전혀 없다. **여경구**[12]

이것이 한국 과학대중화의 첫 번째 문제, 즉 과학대중화의 개념과 실천이 모두 식민지 시대의 수준에 적체되어 있는 비극이다. 1934년 9월 22일 〈동아일보〉 지면에는 "과학 지식의 보급회 창립"이라는 기사가 보인다. 이 기사는 평양에서 "자연과학자 제씨의 발의로 평양과학지식보급회"가 창립되었음을 알리고 있다. 보급회는 취지 목적에 찬성하면 누구나 입회할 수 있음을 알리며, 다음과 같은 사업을 진행할 것임을 공지한다.

1. 과학잡지 등 각종 서적 출판
2. 학교에서 자연과학 교육
3. 과학보급의 대중화에 관한 조사연구
4. 강연회, 좌담회, 실험회, 과학보급대, 전람회, 견학단 등의 수시행사
5. 과학 활동사진 촬영과 상영
6. 과학표품의 채집 제작 판매
7. 수학과 과학문맹퇴치운동[13]

1934년 평양의 한 과학지식보급회가 계획하던 행사는 현재 한국의 과학관과 각종 대중 과학자들이 기획하고 있는 행사와 어떤 차이가 있을까. 책을 출판하고 강연을 하고 과학관에서 전시를 구경하는 수준의 과학대중화는 이미 100여 년 전 조선에도 존재하고 있었다. 과학대중화 세력은 이제 과학대중화는 유튜브로도 진출했다고 주장하고 싶을지 모르지만, 이미 1934년의 평양과학지식보급회도 과학 활동사진을 촬영하고 상영할 계획을 가지고 있었다. 2020년 한국 과학대중화의 수준은 식민지 시대의 실천에서 단 한 걸음도 앞으로 걸어나가지 못했다. 대중 앞에 나서는 과학자의 얼굴만 바뀌었을 뿐,[14] 과학대중화 사업은 여전히 쉬운 과학 지식의 전달에 그치고 있을 뿐이다. 서양의 과학대중화 혹은 과학문화 확산 운동 또한, 현대보다는

근대에 훨씬 수준이 높은 고급 교양으로서의 위치를 점유하고 있었다.[15] 그 무엇이든 간에 한국 과학대중화운동의 수준은 처참할 정도로 낮다.

한국 과학대중화가 보여주는 두 번째 문제는, 과학을 쉽게 대중에게 전달하는 실천에 집착하면서 인류의 문명이 만들어낸 과학이라는 총체적 학문 활동을 그저 과학이 발견해낸 지식이라는 결과로 국한해왔다는 점이다. 한국의 과학대중화 세력은 과학을 그저 놀라운 발견과 지식으로 소개하는 데 그쳤고, 과학이 지닌 사상과 이념으로서의 기능은 물론, 대중이 스스로 과학 지식을 생산하는 과학자로 재탄생할 수 있는 기회를 차단해왔다. 인류가 발명한 과학이라는 지식 활동의 핵심에는 과학이 자연의 비밀을 찾아가는 과학적 방법론이 놓여 있다. 과학을 대중에게 교육하는 데 가장 핵심이 되어야 하는 교육의 목표는, 과학의 결과물인 과학 지식의 전달이 아니라 과학이 그 지식을 발견할 수 있게 만들어준 발견법과 과학적 방법론이 되어야 한다. 즉, 과학에 대한 대중의 이해에서 가장 중요한 것은 결과가 아니라 과정이다. 하지만 한국 과학대중화 세력은 여전히 대중에게 최첨단 과학 지식을 쉽게 포장해 가르치는 일에만 골몰하고 있고, 그 지식마저도 자연주의적 오류로 가득한 감상주의적 비유에 실어, 내용보다 포장지만 화려한 강연과 책으로 과학문화 시장을 포화시켜 버렸다.[16]

과학적 방법론보다 화려한 지식의 전달에 매몰된 과학대중화는 심지어 한 나라의 과학기술계 수장인 과학기술정보통신부 장관까지 전염시켰다. 과학기술정책을 입안하고 과학기술연구 역량을 키워 한국 사회의 미래를 혁신을 통해 견인해야 할 장관이 과학대중화 사업을 부처의 핵심 사업으로 착각하는 일까지 벌어졌다.[17] 과학기술정보통

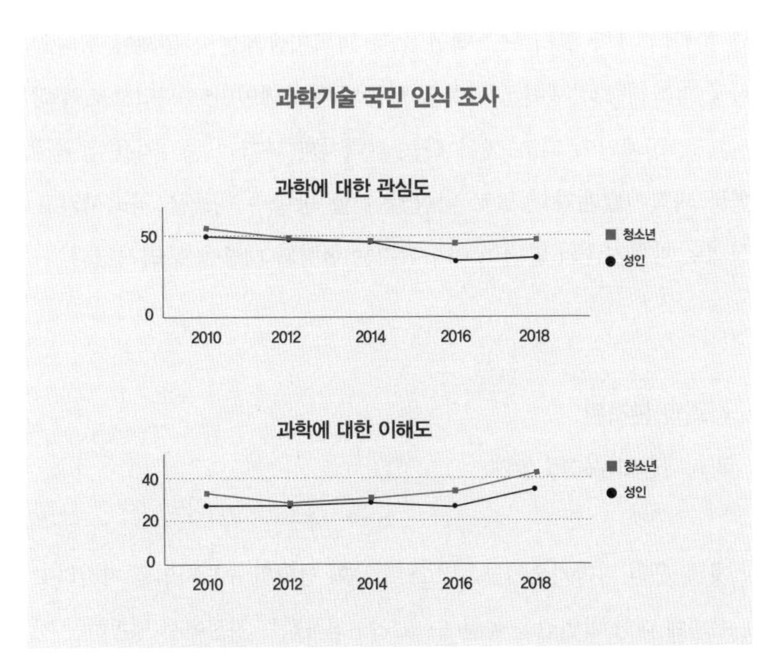

그림 5 **과학기술 국민 인식 조사**(https://kofac.re.kr/web/contents/businessGuide1-8.do)

신부 장관 스스로가 "장관이 끝나면 과학기술대중화 장관으로 기억되고 싶다"는 발언을 했고, 그가 장관으로 있던 당시 과학기술정보통신부의 보도자료는 연구 활동이나 과학 그 자체보다 과학기술정책 관련 행사와 장관과 차관의 동정으로 채워졌다. 그는 날이 갈수록 유치해져만 가는 과학대중화 세력의 강연과 책에 영향을 받아, "조만간 과기정통부 간부들이 전국을 다니며 망가지는 모습을 볼 수 있을 것이다"라는 발언을 서슴지 않았고, 한 국가의 연구개발을 책임져야 하는 장관이 스스로 광대가 되는 기염을 토했다.[18] 왜곡된 과학대중화가 심지어 장관의 두뇌까지 잠식하는 동안 과학대중화로 유명해진 과학자와 실제 연구개발의 전문가가 혼동되기 시작했고, "과학팔이 연예인급 석학의 과학 할리우드 액션"으로 과학기술계는 신음해야 했다.[19] 한국 과학대중화 세력은 과학을 일종의 엔터테인먼트 사업으로 추락시켰고, 연예인이 되고 싶어 하는 과학자와 과학계 종사자를 동원해 한국 과학기술계가 정말로 나아가야 할 방향과 대중을 격리시키고, 실제로 과학기술의 발전이 이루어지는 현장과 대중을 분리시켰다.

사회와 분리된 과학대중화운동의 한계

첫째, 우리 과학기술인들은 스스로 사회 변화의 주도자임을 자각하고 사회에 대한 발언권을 높일 수 있도록 침묵하는 지성에서 행동하는 지성으로 거듭날 것과 오늘날의 과학기술 위기 극복을 위하여 최선을 다할 것을 다짐한다.

둘째, 우리는 국가안보와 경제성장 및 질 높은 삶을 위한 수단인 과학기술이 국가정책의 최우선 순위가 되기를 거듭 촉구한다.[20]

식민지 시대의 계몽주의적 과학대중화가 100년이 지난 지금까지 이어져 내려오면서 다양한 문제점이 노출되었지만, 앞에서 언급한 두 가지 문제, 즉 과학대중화의 수준이 전혀 진보하지 않았다는 점과 과학에 대한 이해를 과학적 방법론이 아니라 과학적 지식의 전달로만 국한시켰다는 점 외에도 더욱 심각한 문제가 발생했다. 그건 바로 과학대중화운동이 사회와의 접점을 잃어버렸다는 것이다. 한국 과학대중화 세력의 세 번째 문제는 과학기술의 사회적 기능을 국가 발전을 위한 연구개발로 국한하여, 과학기술인의 사회적 지위가 국가에 의해 조선 시대의 중인 계급과 같은 수준으로 추락하도록 방치했다는 점이다. 즉, 과학대중화를 과학 지식과 기술의 쉬운 이해에 매몰시킨 결과, 어느새 한국 사회의 정치권력과 대중의 과학기술에 대한 이해와 관심 또한 경제 발전을 위한 연구개발에 그치게 되었고, 그 결과 과학기술인의 지위 또한 그저 기술직으로 인식되어 사회를 진보시키는 권력에서 멀어져 버린 것이다. 즉, 사회문제와 과학기술계를 분리시킨 과학대중화 세력은, 한국 사회가 과학기술을 도구적으로 바라보고 과학기술인을 상아탑의 지식인 혹은 기능인으로만 규정짓게 만들었다. 사회적 맥락을 외면한 과학대중화운동은 결국 과학기술인을 사회문제에 침묵하는 비겁한 중인 계층으로 추락시켰다.

사회문제를 외면해온 과학대중화 세력은 식민지 시대에는 친일파로 변절했고, 군사독재 시기에는 절대권력에 충성하는 권력의 나팔수가 되었다. 현상윤 등의 과학대중화 세력은 한국은 연구소를 지을 능력이 없다며 과학대중화운동을 서양과학 소개로 제한했고, 식민지 시대 한국 과학기술의 자생력을 키우려던 김용관의 발명학회를 모함하여 김용관을 일본에 고발하는 등 친일파로 전락했다.[21] 1973년 대통령 박정희는 연두 기자회견을 통해 '전 국민의 과학화운동'을 내세웠고, 과학기술처는 이를 '과학기술 풍토조성사업'의 일부로 구체화했으며, 과학 관료 최형섭의 제안으로 과학기술계를 대표하는 한국과학기술단체총연합회(과총)는 새마을기술봉사단이라는 실행기구를 만들어 박정희의 뜻을 충실히 이행했다.[22] 이를 통해 과총은 박정희의 눈에 들어 숙원 사업이던 과학기술회관을 건립했고, 지금까지 정부에 충성하는 명목상의 과학기술계 대표조직으로 유지되고 있다.[23] 과학사학자 임종태는 「과학의 날 연대기 – 국가·과학 연합의 기원과 그 이후」라는 글에서, 1968년 4월 21일 열린 과학의 날 기념식에서 "한국 정부와 과학자 사회가 공유하는 이상, 즉 '국가 중심의 국가·과학 연합'의 이상"이 최초로 표현되었고, 이후 지금까지 지속되고 있다고 말한다.[24] 즉, 현재 과총이 주관하는 일반화된 과학의 날 행사 또한 이런 국가·과학 연합 체제가 잘 반영되어 있다는 뜻이다.

임종태는 2002년 과학기술계가 내놓은 「과학기술 위기 선언문」에서 국가·과학 연합 체제와 잘 맞지 않는 결의 사항이 하나 포함되어 있다고 말한다. 그건 바로 "우리 과학기술인들은 스스로 사회 변화의 주도자임을 자각하고 사회에 대한 발언권을 높일 수 있도록, 침묵하는 지성에서 행동하는 지성으로 거듭"나야 한다는 발언이다. 하지만 이어지는 다른 결의 사항은 대부분 정부가 과학기술 우대 정책을 실시해달라는 1960년대의 요구와 크게 다르지 않다. 임종태는 과연 2002년의 과학계가 박정희가 만든 국가·과학 연합의 패러다임을 깨고 새로운 전망을 모색하고 있었는지 잘 모르겠다고 고백한다. 임종태가 과학기술인이 스스로 사회화를 통해 사회 변화를 주도하려고 하는지 의문을 표하던 2015년, 나는 몇몇 과학자 및 과학사회학자와 함께 '변화를 꿈꾸는 과학기술인 네트워크 ESC'를 준비하고 있었다.[25] ESC가 임종태가 생각하던 '행동하는 지성'으로서의 과학기술인의 모습을 여전히 유지하고 있는지는 알 수 없다. 여전히 ESC 내에는 사회문제보다는 과학대중화에 관심이 더 많은 이들이 대다수를 차지하고 있고, 박기영 교수의 과학기술혁신본부장 임명에 반대하는 성명서를 제출하던 초창기 모습은 이제 희미해진 듯 보인다.[26]

1934년의 4월 17일, 〈동아일보〉에 '과학조선의 건설을 목표한 과학데이의 실행'이라는 기사가 실렸다. 4월 19일을 과학데이로 정하고 과학의 대중화 운동을 촉진하자는 내용의 이 기사에서 눈에 띄는 것은 "과학은 힘이다", "과학의 승리자는 곧 모든 것의 승리자다"라는 구호다.[27] 실제로 1934년 김용관은 찰스 다윈의 사망일인 4월 19일을 과학데이로 정하고 과학지식보급화운동의 막을 올렸다.[28] 이후 친일 과학대중화 세력과 일본으로부터 고초를 치르고, 연구소를 세우려던 그의 꿈은 좌절되었지만, 그가 꿈꾸었던 '과학조선'의 꿈은 해방공간에서 남북한 모두를 관통하는 하나의 구호로 자리 잡았다. 미군정의 독단적인 국대화로 인해 다수의 과학기술자가 월북하고 과학조선의 꿈은 다시 미루어졌지만, 이미 100여 년 전에 과학조선을 꿈꾸던 김용관과 독립운동가의 사상과 철학은 식민지 시절의 과학보급화운동에 머물러 있는 지금의 과학대중화 세력보다 훨씬 수준 높은 것이었다.[29]

사회와 괴리된 과학대중화운동은 식민지 시기엔 친일의 기원이 되었고, 해방 공간에서는 미군정의 독단을 막지 못한 원인이 되었으며, 군사독재 정권에서는 절대권력에 충성하는 어용과학자가 과학계를 주도하는 데 봉사했다. 과학대중화가 한국 사회가 겪어왔던 여러 사회적 문제, 예를 들어 4·19혁명이나 5·18광주민주화운동 등을 외면하고 상아탑에 머물고 있을 때, 인문적 지식인은 대중과 함께 한국 사회의 정치적 민주화를 위해 싸웠다. 그렇게 30년이 지나, '문과 정부' 혹은 '인문학 정부'가 들어서고, 그들에 의해 여전히 과학기술은 경제성장의 도구로, 과학기술인은 관리의 대상으로 여겨지는 건 당연한 결과다.[30] 2002년 과학기술인들이 선언했던 것처럼, 과학기술인이 스스로 사회 변화의 주도자가 되어 침묵하는 지성에서 행동하는 지성으로 거듭나려면, 과학대중화가 아니라 자신의 연구 현장과 삶, 그리고 함께 살아가는 사회 속에서 과학기술의 의미와 실천의 방법을 찾아내야 한다. 그것이 지난 100년간 과학대중화가 망쳐놓은 과학기술의 사회화를 복원하고, 사회 속에서 과학기술이 제대로 존중받고 과학기술의 주체인 과학기술인이 행동하는 지성이 되는 유일한 방법이다. 진정한 과학대중화는 끊임없이 사회적 맥락 속에서 과학과 기술을 사고하고, 과학과 기술을 통해 사회를 더 나은 방향으로 진보시키는 실천적 행동이다.

과학문화에서
과학적 삶으로

과학이 다른 학문들과 활발하게 상호작용하는 곳에서 과학은 문화가 된다. 과학이 문화가 된 곳에서 그 문화가 사회에 영향을 미친다. 과학은 이렇게 형성된 문화로부터 자양분을 얻는다. 또한 문화는 과학으로부터 영향을 받는다.

김우재[31]

과학대중화 세력이 자신들의 임무로 내세우는 개념 중 가장 강력하게 권력과 대중을 현혹시키는 것이 바로 '과학문화'라는 모호한 단어다. 과학문화라는 말은 이제 너무 익숙해져서, 과총의 행사나 심지어 과학기술정보통신부 장관의 연설문에도 자주 등장하는 용어가 되었다.[32] 과학자는 과학문화라는 단어에서 그저 과학이 문화의 일부분이 되었다는 정도의 개념을 상상하지만, 과학 주변의 학문을 전공하는 여러 학자는 과학문화에 대해 서로 다른 생각을 가지고 있는 것으로 보인다. 예를 들어 과학철학자 송상용은 "과학문화는 과학을 인간화하는 것이다. 다시 말해 과학에 인문학적인 요소를 도입하는 것이다"라고 말한다. 송상용이 과학문화를 이렇게 정의하는 데에는 이유가 있다. 그는 과학문화의 정의를 두고 논쟁하기보다는 "과학기술학을 키워 과학문화의 기초를 다지"는 일이 중요하다고 말한다. 즉, 과기부의 결단으로 세워진 '과학문화연구센터'를 더 많이 만들자는 뜻이다.[33] 1년에 1,000억 원의 돈을 과학문화 확산에 쏟아붓는 한국과학창의재단의 역할에도 불구하고 과학문화의 확산은커녕 과학에 대한 국민의 관심이 오히려 줄어들고 있음을 볼 때, 과학기술학 연구자가 많아지면 한국 사회에 과학문화가 더욱 풍성해지리라는 송상용의 기대는, 전혀 과학적이지 않은 노학자의 기대에 불과하다. 또한 과학문화가 과학자 사회의 문화에 영향을 받는 일종의 하위문화라고 정의한다면 과학 현장의 삶과 문화에 거의 무지한 과학기술학자가 어떻게 과학문화의 기초를 다지겠다는 것인지도 이해하기 어렵다.

송상용이 추켜세운 과학문화센터는 2000년대부터 과학문화에 대한 학술대회까지 열며 과학문화를 정의하려는 노력을 해왔다.[34] 조숙경에 따르면 과학철학자, 과학사학자, 과학기술학자, 과학사회학자, 과학교육학자 등의 인문사회과학자로 구성된 과학문화연구센터 창립 워크숍에서 김영식은 과학문화를 '종교문화', '예술문화', '여가문화', '음식문화'와 같은 의미로 여기는 전체 문화의 일부로서의 과학문화로 볼 수 있다거나, 혹은 과학문화는 '구석기 문화', '청동기 문화'처럼 시대를 구분하는 전체 문화의 총칭으로 현대 문화 전체를 의미할 수도 있다는 기조연설을 했다고 한다. 같은 회의에서 정광수는 문화를 광의와 협의로 나누고, 광의의 과학문화를 '문화로서의 과학', 즉 "과학적 지식만을 의미하는 것이 아니라, 과학적 지식의 생산 및 교육 그리고 이를 둘러싸고 일어나는 법률, 제도, 정책, 행정 및 가치관 등의 모든 활동"이라고 정의했다.[35] 그는 또 "협의적 의미의 과학문화는 과학을 지식의 체계로 봄과 동시에 문화를 가치로운 것으로 보아 과학에서 배울 만한 가치나 교양을 의미하는데, 여기에서 의미하는 과학적 가치는 합리성으로, 곧 합리성이 과학문화의 본질에 있다"고 말했다.

정광수가 과학문화를 정의한 방식이 만약 '생활양식의 총체'로서 과학이 사회 속에 자리 잡는 것이라면, 그건 이미 우리가 살펴본 '과학적 삶의 양식'과 비슷한 개념일 수 있다.[36] 문제는 과학자만이 현장 속에서 경험하고 느끼고 표현할 수 있는 과학적 삶의 양식을, 어떻게 현장의 과학에서 동떨어진 삶을 살아온 인문사회과학자가 과학문화라는 이름으로 사회 속에 확산시킬 수 있느냐는 것이다. 예를 들어 우리가 예술문화를 사회 속에 확산시킨다고 해보자. 예술비평가나 미술사학자가 대중에게 예술을 쉽게 설명하고 이해를 명료하게 할 수는 있을지언정, 예술 작업을 실제로 진행하면서 예술가가 느끼는 감정이나 예술 과정 전반에 존재하는 세세한 기술과 철학까지 설명해낼 수는 없다. 만약 예술문화의 기저에 예술가의 창작 활동으로만 경험하고 습득할 수 있는 문화적 요소가 존재한다면, 예술문화의 올바른 확산은 예술비평가나 예술을 학문적으로 연구하는 이들에 의해서는 제대로 이루어질 수 없는 것이다. 축구를 제대로 경험해보지 못한 사람이 지난한 공부를 통해 축구해설가가 될 수는 있어도 반드시 축구선수 출신의 해설가의 도움을 받아야 하는 것처럼, 과학문화의 완전한 이해를 위해서는 반드시 과학자가 되는 경험 혹은 과학자의 도움이 필요하다.

과학문화의 확산은 한 사람이 과학자로 성장하는 삶의 여정과 분리될 수 없다. 모든 사람이 과학자로 살아갈 수는 없지만, 적어도 과학자의 삶, 즉 과학적 삶이 과학문화의 한 축이 될 때에 과학문화는 진정으로 사회에 기여할 수 있다. 우리가 아이들에게 어린 시절 악기 연주와 그림 그리기를 가르치는 것은, 아이들이 예술을 단지 관람하는 것으로 그치지 않고, 직접 연주하고 만들면서 예술가가 되는 과정을 경험해보라는 의미다. 현대사회를 사는 대부분의 문화인은 누구나 예술가가 되는 최소한의 과정을 몸으로 익히며 예술을 접하고 있다. 예술이 현대사회에서 견고한 문화로서의 위치를 점유하고 있다면 그건 우리가 무의식적으로 경험하고 있는 예술적 삶의 경험 때문인지도 모른다. 하지만 과학은 다르다. 현대사회를 사는 대다수의 사람은 과학자가 되는 최소한의 과정을 몸으로 익힐 기회를 갖지 못한다. 과학 대중화 세력은 바로 그 과정의 도입이 과학문화 확산의 핵심적인 부분임을 간과하고 있다.

한국에서 과학문화를 말하는 이들은 대부분 과학자의 현장 경험이 전무한 인문사회과학자 혹은 교육학자이며, 이들은 일부 대중 과학자와 소통하며 과학계와 동떨어진 과학문화의 확산을 주도하고 있다. 과학자가 되는 과정에 무지한 인문사회과학자가 과학문화를 주도하면서, 이들은 여러 선진국의 사례 중에서 과학계의 도움 없이 자신들만의 힘으로 과학문화 사업을 운영할 수 있는 방법을 찾으려 했다.[37] 그중 대표적인 것이 바로 과학문화의 확산을 위한 전문 분야가 필요하다는 논리이며, 그들은 이걸 '과학커뮤니케이션'이라고 부른다.[38]

과학커뮤니케이션이라는 용어에서 '과학'을 '예술'로 치환하면 이 개념이 얼마나 엉성한지 알 수 있다. 예술가의 작업을 쉽게 설명해주는 큐레이터라는 직업이 존재하기는 한다. 하지만 예술가의 작업을 더 깊이 알고 싶다면, 가장 좋은 방법은 그 예술가와 직접 대면하거나 자신이 직접 예술가가 되는 경험을 해보는 것이지 예술커뮤니케이터에게 배움을 맡기는 게 아니다. 하지만 과학커뮤니케이션을 말하는 과학대중화 세력은 과학계를 배제하고 과학커뮤니케이터의 역할만으로 과학문화가 확산될 수 있다는 엉뚱한 주장을 하고 있다.

과학문화라는 개념을 과학자의 삶과 분리하려던 한국 과학대중화 세력의 노력은 결국 유치하고 수준 낮으며 일회성 행사로 그치는 과학대중화 강연 시장과, 영재교육의 일환으로 오직 유치원생과 초등학생만이 수행평가와 유흥을 위해 방문하는 과학관 등의 기괴한 문화를 창조해냈다. 한국에는 이미 10개의 국립과학관이 존재하고, 수많은 사립과학관과 박물관 등이 난립하고 있다. 무려 140여 개나 존재하는 과학관의 대다수가 공립이다. 이렇게 토건형 박물관으로 세워진 과학관의 대다수는 과학관의 원래 목적이라 할 연구는 전혀 수행할 능력이 없다. 즉, "한국 과학관 대다수는 연구 및 교육의 기능은 축소한 채, 청소년을 대상으로 한 관람 및 전시 기능에 치우쳐 있"는 것이다.[39] 이렇게 과학관이 많고, 청소년이 어린 시절부터 과학대중화 세력이 창조해놓은 과학문화의 전당에 노출되는데도 왜 막상 대학입시에서, 그리고 대학원 진학에서 대부분의 영재는 이공계가 아닌 의대와 법대를 선호하게 될까.[40] 바로 이런 현상이 지난 수십 년 동안 과학문화의 확산을 외쳐온 과학대중화 세력의 운동이 철저히 실패했음을 반증하는 증거다. 과학문화를 확산한다며 그들이 국민 세금으로 집행해온 각종 과학대중화사업은 실제로 과학자가 되겠다는 청소년의 숫자를 늘리지도, 과학자가 되어 하루하루를 힘들게 살아가는 학문 후속 세대의 삶을 돕지도 못했다. 과학대중화사업이라는 명목으로 그들이 낭비해온 국민의 세금은, 과학적 삶에는 아무런 도움도 되지 않는 과학 엔터테인먼트 시장을 열었을 뿐이다. 그리고 바로 그 중심에 1년에 무려 1,000억 원이 넘는 예산을 과학문화 확산에 쏟아붓고 있는 '한국과학창의재단(이후 창의재단)'이 존재하고 있다.

과학창의재단의 기원과 역할

과학이 사회에 선사하는 미덕이 반드시 노벨상이나 천재 과학자에 국한되는 건 아니다. 과학이 자연을 발견하는 방법 속에는, 공유주의와 보편주의, 권위에 대한 저항과 열린 토론의 미덕이 있고, 바로 그 미덕을 통해 더 합리적이고 민주적인 시민을 교육할 수 있는 기회가 있다. 이제 과학문화 사업은 과학영재 사업에서 벗어나, 합리적이고 민주적 시민을 위한 삶의 양식으로 변화해야 한다. 그것이 한국 사회에 마지막으로 남은 박정희식 낡은 패러다임을 깨고, 한국 사회가 과학기술을 통해 더 나은 사회로 빠르게 옮겨가는 유일한 길이기 때문이다. **김우재**[41]

2020년 과학기술정보통신부는 창의재단에 대한 고강도 종합감사 결과를 발표했다. 감사 결과 무더기 비리로 인한 재단의 총체적 부실이 드러났고, 단장 3인을 포함 직원 19명이 징계와 주의조치를 받았다. 징계의 사유 또한 질이 나빠서, 사익 추구를 위한 근무지 이탈, 여직원에 대한 성희롱, 노동조합에 가입한 근로자에 대한 영향력 행사, 노동조합 상시 모니터링, 인사원 남용, 업무 방해 등이다.[42] 이번 조사 이전부터 창의재단은 여러 가지 비리는 물론 이사장 대부분이 임기를 채우지 못하고 퇴출되는 비극을 겪어왔다.[43] 재단의 총체적 위기는, 지난 수십 년간 재단이 뚜렷한 철학 없이 벌여온 수많은 과학문화 사업의 진정성에도 의심을 갖게 한다.

이에 재단은 2020년 7월 16일 외부전문가 7인이 참가하는 '비상경영혁신위원회'를 구성하고 재단의 경영 쇄신 및 국민 신뢰 회복을 위한 방안을 논의하기 시작했다.[44] 비리로 얼룩진 재단의 조직문화를 개선하고, 투명한 경영을 통해 조직의 신뢰를 회복하는 일은 창의재단의 미래를 위해 중요하다. 하지만 그동안 여러 전문가는 1,000억 원의 국민 세금을 집행하는 창의재단의 역할 재정립이 필요하다는 의견을 피력해왔다. 그리고 앞에서 살펴보았듯이, 창의재단은 잘못된 한국 과학대중화의 첨병으로 한국 사회에 과학적 삶과 괴리된 과학문화를 전달하는 역할을 담당해왔다. 창의재단의 진정한 혁신은 과연 과학문화의 확산을 위한 창의재단의 역할은 무엇이며, 유치한 과학커뮤니케이션을 넘어 재단이 진정으로 과학적 삶을 국민에게 전달할 방식에 대한 고민이 있어야 가능하다.

창의재단은 과학기술기본법 제30조 2항에 근거를 두고 있다.

> 제30조의 2(한국과학창의재단의 설립) 과학기술정보통신부장관은 과학기술문화의 창달과 창의적 인재육성 체제의 구축을 지원하기 위하여 한국과학창의재단(이하 '재단'이라 한다)을 설립한다.[45]

이 법안에 따르면 재단은 다음과 같은 사업을 수행한다.

1. 과학기술문화 창달 및 창의적 인재 육성 지원을 위한 조사·연구 및 정책 개발
2. 국민의 과학기술 이해 증진 및 확산 사업
3. 과학교육과정 및 창의적 인재육성 프로그램 개발
4. 창의적 인재 교육 전문가 육성·연수 지원
5. 과학기술 창달 및 창의적 인재 육성과 관련된 과학문화·예술 융합 프로그램 개발 지원
6. 그 밖에 교육부장관과 과학기술정보통신부장관이 지정하거나 위탁하는 사업

재단의 설립 근거가 되는 제30조의 2항은 제30조(과학기술문화의 창달 및 창의적 인재육성)의 아래에 있고, 해당 법안은 교육부장관과 과학기술정보통신부장관이 "과학기술에 대한 국민의 이해와 지식 수준을 높이고 과학기술이 국민 생활 및 사회 전반에 널리 이용되며 국민이 창의성을 발휘할 수 있도록 과학기술문화를 창달하고 창의적 인재를 육성하기 위한 시책을 세우고 추진하여야 하"며, 이런 목적을 달성하기 위해 과학관, 창의재단, 그 밖에 과학기술정보통신부장관이 정하는 과학기술문화 활동 관련 기관 또는 단체를 육성 및 지원해야 한다고 정하고 있다. 즉, 창의재단이 육성 및 지원되는 이유는 국민의 삶 속에 과학기술이 폭넓게 스며들어, 과학적 삶의 양식을 통해 한국 사회에 과학문화가 확산되도록 돕기 위해서인 셈이다. 창의재단을 지원하는 법률 그 어디에도, 창의재단이 현재 주로 진행하는 영재교육 사업

이 명시되어 있지 않다. 창의적인 인재교육이라는 법령을 과학영재교육으로 아전인수 격으로 해석하고, 영재교육 관련 기관을 통해 과학문화의 확산과는 동떨어진 사업을 수행해온 건 창의재단이 자신의 역할에 대한 진지한 고민을 하지 않았다는 방증인지 모른다.

과학기술기본법 제30조는 "제5장 과학기술 기반 강화 및 혁신 환경 조성"에 포함되어 있다. 즉, 과학기술문화의 창달과 창의적 인재 육성이라는 목표는 어디까지나 한국 사회에 과학기술의 기반이 강화되고, 혁신적인 연구개발 환경이 조성되는 큰 틀 속에 놓여 있다는 뜻이다. 따라서 만약 창의재단이 수행하는 사업이 과학기술 기반의 강화를 흔들고, 혁신 환경을 조성하는 데 방해가 된다면, 그 사업은 재단이 결코 수행해서는 안 되는 사회악이 되는 것이다. 지금까지 창의재단이 과학문화의 확산과 창의적 인재 육성을 위해 국민 세금으로 수행해온 사업은 과연 과학이 한국 사회에 자리를 잡는 데 도움이 되었는가. 그 대답은 아니오다.

창의재단에서 과학진흥재단으로

창의재단의 역할이 재정립되어야 하는 가장 근본적인 이유는 창의재단이 수행하는 사업이 현장의 과학자, 즉 과학계와 동떨어진 채 운영되고 있기 때문이다. 대부분의 과학자는 창의재단이 도대체 뭘 하는 곳인지 알지 못하거나 관심조차 없다. 창의재단의 경영진은 그동안 과학계와 괴리된 원인을 과학계 탓으로 돌린 것으로 보인다. 과학자가 상아탑에서 벗어나 과학문화를 확산시키는 것이 과학자의 사회적 책임이라는 창의재단 전 이사장 나도선의 인식이 대표적이다.[46] 물론 과학자가 스스로 과학문화의 확산에 나설 수 있는 사회가 최선일 것이다. 하지만 창의재단의 경영진과 과학대중화 세력이 과학자에게 상아탑 밖으로 나와 과학문화의 확산에 기여하라고 말할 때, 그들은 두 가지 큰 실수를 저지르고 있다. 첫째, 과학계를 과학문화 확산의 주역으로 끌어들이고 함께 과업을 수행하는 일을 위해 창의재단에 국민의 세금이 주어진다는 점이다. 만약 과학계가 재단의 사업에 관심이 없다면, 그건 재단이 수행하는 사업이 과학계의 발전에 도움이 되지 않거나, 재단이 엉뚱한 사업을 하고 있다는 반증인지 모른다. 둘째, 이러한 태도가 재단 경영진의 과학계에 대한 인식에서 나온 것이라면, 그들은 과학계가 놓인 현실에 완벽하게 무지함을 고백하는 것이다. 현대사회의 과학기술인은 국가와 대학이 연합해 만든 학위공장 위에서 피라미드식으로 구축된 무한 경쟁의 파국 속에 던져져 있다.[47] 그런데 재단의 이름에 무려 '과학'을 사용하는 공공기관이 과학계의 현실을 전혀 모르고 있다는 건 참혹한 일이다. 과학자는 과학문화 확산이나 과학자의 사회적 책임의 중요성을 몰라서가 아니라, 그런 일을 위한 시간적·물리적 여유를 전혀 찾을 수 없기 때문에 재단의 사업에 참여하지 못하는 것이다.

과학계와 창의재단이 괴리되어 있는 이유는 바로 창의재단이 과학진흥이라는 근원적인 목표보다 과학문화 확산이라는 피상적인 목표에 맞춰 관료주의적인 사업을 진행해왔기 때문이다. 예를 들어 최근 창의재단은 과학기술정보통신부와 함께 '과학문화 전문인력'을 양성한다며 '과학문화 전문인력 양성 프로그램'을 개최하고 있다. 재단이 이 과정을 통해 양성한다는 전문가는 과학융합강연자, 과학만화가, 과학스토리텔러, 과학저술가, 과학크리에이터 등 다섯 개 직종이라고 한다.[48] 바로 이런 조악한 과학문화 사업이 창의재단이 과학계와 괴리될 수밖에 없는 구조적 한계의 실체다. 이미 식민지 시대에도 존재했던 수준의 과학문화 사업을 국민 세금을 낭비해가며 진행하는 재단 경영진의 인식 체계와, 당장 대학원생 인건비와 연구비를 걱정해야 하는 과학자의 절박함 사이의 괴리는 결코 좁힐 수 없다. 한국에 과학만화가나 과학유튜버가 없어서 학생이 과학자가 되는 꿈을 꾸지 않을까? 유튜브에 과학 콘텐츠가 없어서 아이들이 과학자가 되는 경험을 할 수 없는 것일까? 대답은 아니오다. 한국 사회에서 다윈이나 아인슈타인 같은 과학자가 나오지 않는 이유는 우리에게 제대로 된 과학 연구를 수행할 수 있는 환경이 갖추어져 있지 않기 때문이지, 과학유튜버나 과학만화가의 숫자가 적어서는 아니다.

과학계와 창의재단에 괴리가 발생하는 또 다른 이유는 주요국의 과학문화 사업이 진행되는 구조만 파악해도 금방 알 수 있다.[49] 결론만 먼저 말하자면 창의재단처럼 과학문화 확산이 과학 진흥의 상부에 존재하는 기형적인 조직은 세계 어디에도 없다. 대부분의 주요국은 과학진흥기구 아래의 한 부서로 과학문화 사업을 배치하며, 과학문화 확산은 과학 진흥이라는 큰 목표의 일부일 뿐이다. 즉, 현재 한국의 과학문화 사업은 배보다 배꼽이 더 큰 기형적인 구조를 지니고 있다. 우선 미국의 경우, 미국과학재단NSF의 산하에 다양한 과학문화 사업을 수행하는 부서가 있다. 잘 알려져 있듯이, 미국과학재단은 버니바 부시의 「과학, 그 끝없는 프런티어」라는 보고서를 기반으로 만들어진 독립적인 과학진흥기구다.[50] 조항숙에 따르면 미국과학재단은 "미국의 과학기술에 생명력을 부여하는 목적을 위임받은" 기관으로, 미국의 기초연구를 선도하는 과학기술과 수학 부문의 연구와 교육을 강화하는 특수법인이다. 미국과학재단은 전 세계 기초과학을 연구지원을 통해 선도하며, 한 해에만 8조 원 이상의 예산을 사용한다. 미국과학재단의 사업 중에서 과학문화 및 교육 예산은 연구지원 사업에 비하면 아주 작은 부분에 불과하다. 즉, 미국의 과학문화 사업을 주도하는 기관은 창의재단처럼 과학문화 사업만 담당하는 곳이 아니라 기초과학의 기반을 강화하는 연구지원기구의 일부라는 뜻이다.[51]

영국 또한 마찬가지다. 영국의 경우 과학이 탄생하고 진보한 역사가 오래된 곳이라 과학문화 사업 또한 패러데이Michael Faraday 등의 유명한 과학자에 의해 크리스마스 강연 등을 주축으로 다양하게 발전해왔다. 하지만 영국 또한 일반 대중의 과학기술 및 파급효과에 대한 이해 증진 등을 주도하는 단체는 영국과학진흥협회BAAS로, 1831년 패러데이가 전자기유도현상을 발견한 해에 세워진 독립기구다. 조향숙이 정리했듯이 영국의 과학문화 사업 역시 과학진흥기구의 한 부분으로, 특히 오래된 전통처럼 과학자 사회가 과학대중화 사업의 주역으로 참여하는 경향이 높다. 하지만 조향숙이 영국과학진흥협회의 과학문화 사업을 소개하면서 간과한 부분이 있다. 그건 바로 과학 연구의 사회적 함의에 대한 논쟁을 적극적으로 대중에게 알리고, 사회 속의 과학이라는 목표를 추구하는 영국 과학문화 사업의 급진성이다.[52] 영국과학진흥협회가 과학대중화를 통해 내세우는 슬로건은 독특하며, 철저히 사회적 맥락 속에서 과학기술을 사유한다. 예를 들어 "생각하고, 대처하며, 그리고 직접 뛰어들 것"이라는 구호는, 과학기술 및 의학 분야의 중요한 이유에 대해 시민이 직접 토론하고 대응책을 실행하는 참여형 프로그램이다. "모든 다양한 계층을 포용할 것"은 시민이 직접 관심 있는 주제에 대한 실험을 전문가와 함께 진행하는 체험 프로그램이다. 또한 영국과학진흥협회는 과학자에게 사회적 책임을 지라고 우기기 전에 과학잡지와 뉴스레터를 발행하고, 젊은 과학저술인 상을 만들고, 과학자나 공학자가 신문 및 방송매체에서 수습 활동을 체험할 수 있는 펠로십 등의 활동을 통해 과학계와 긴밀한 교류를 진행한다. 창의재단은 영국과학진흥협회의 활동에서 사회 속의 과학이라는 급진성과, 과학계와 어떻게 교류해야 하는지에 대한 단서를 찾아낼 수 있고, 재단의 과학문화 사업을 그런 방향으로 전환시켜야 한다.[53]

일본의 과학대중화 사업 또한 정부의 과학기술청 내 보급장려실에서 주로 수행된다. 하지만 일본에도 독립행정법인으로 운영 중인 일본과학기술진흥기구JST가 있고, 이 기구는 주로 연구개발과 개발된 기술의 사업화에 약 1조 원의 예산을 사용하고 있다. 기구의 과학문화 사업은 과학기술 이해 증진이라는 명목으로 약 630억 원이 책정되는데, 그 예산은 과학기술 교과 학습 지원, 지역 과학기술 이해 증진 활동, 과학기술 정보 확산, 일본과학미래관 운영 등의 사업에 지출된다. 일본의 과학문화 사업은 과학기술진흥기구 예산의 약 5.7퍼센트에 해당한다. 즉, 일본 역시 과학문화 사업은 과학 진흥 사업의 일부분에 불과하다는 뜻이다.[54] 천황이 어류학으로 논문까지 쓰는 국가의 과학문화 사업과, 대다수의 정치인이 과학논문을 읽을 줄도 모르는 한국의 수준은 다르다.[55] 일본의 과학문화 사업은 메이지유신 이후 지속된 일본의 기초과학의 저력이 자연스럽게 흘러넘친 결과로 볼 수 있다. 적어도 일본엔 노벨상을 받은 과학자가 있고, 그들의 존재는 일본 과학문화 사업에 큰 활력소가 된다. 문제는 한국은 일본처럼 긴 기초과학의 역사가 존재하지 않는다는 점이다.

창의재단이 주요 사업으로 인식하고 있는 과학문화 사업은 앞에서 살펴본 대부분의 주요국에서는 과학진흥기구의 사업 중 극히 일부일 뿐이다. 과학문화 사업만을 담당하는 과학진흥기구는 존재하지 않으며, 기초과학의 혁신 기반을 안정적으로 유지하기 위한 과학진흥기구의 설립 이후, 해당 기구가 과학문화 확산 및 창의적 인재 교육을 위한 사업을 수행하는 것이 일반적이다. 즉, 기초과학의 혁신적인 연구개발 사업을 담당하는 과학 진흥의 업무가 존재한 이후에야 과학문화 확산이라는 기능을 고려해볼 수 있다는 뜻이다. 과학문화는 과학 진흥의 하위개념이며, 과학 진흥이 올바로 이루어지는 곳에서는 과학문화 확산 또한 자연스럽게 이루어진다. 하지만 한국은 기초과학 연구의 안정적인 기반조차 이루어지지 않은 상태에서 과학문화 확산만을 담당하는 창의재단이 설립되어 기초과학 연구개발과 과학문화 확산이 조화롭게 어울릴 수 있는 기회를 놓쳤다. 그런 불균형은 기초과학자의 불만으로 나타나 결국 기초과학연구원의 설립으로 이어졌다.[56] 하지만 한국 기초과학의 유일한 보루라고 부를 수 있는 기초과학연구원 또한 단장의 독단적인 운영과 비리로 얼룩져 있고, 기초과학의 핵심적인 가치인 다양성을 담지 못한 채 단장 독식 체제의 구조적 모순 속에서 흔들리고 있다.[57] 만약 우리도 선진 주요국의 과학진흥기구를 통해 기초과학연구와 과학문화 확산이라는 두 마리 토끼를 모두 잡으려 한다면, 창의재단은 독립적인 과학진흥기구 산하에서 기초과학연구원과 함께 조율하며 새로운 패러다임의 과학문화 사업을 펼쳐나가야 한다.

삶과 사회라는 새로운 개념으로의 전환

창의재단이 역할을 재정립하고 새로운 기관으로 재탄생하려면 '과학문화'와 '영재교육'이라는 낡은 개념으로 추진되던 사업을 '사회 속의 과학'과 '과학적 삶의 양식'이라는 새로운 패러다임으로 전환해야 한다. 지금까지 재단은 과학문화라는 구호 아래 수준 낮은 과학 강연과 과학출판 등을 지원해왔으며, 과학커뮤니케이터의 양성이 마치 과학문화 확산의 핵심 사업인 것처럼 오도해왔다. 하지만 과학문화의 확산은 사회라는 맥락 속에서, 과학의 사회적 가치 실현이라는 새로운 패러다임으로 재조직화되어야만 한다. 즉, 과학문화의 모든 측면이 사회라는 관점으로 재탄생해야 하며, 재단의 사업 또한 과학의 사회적 기능과 역할에 초점을 맞추어야 한다는 뜻이다. 또한 창의적 인재 양성을 영재교육이라는 시대에 뒤떨어진 교육 방침으로 환원해왔던 재단의 사업은 정리되어야 하며, 이를 과학자가 되는 경험을 제공하는 새로운 패러다임으로 전환하여 재단의 프로그램을 통해 한국 사회의 청소년과 시민이 모두 과학적 삶을 모두 경험할 수 있는 기회를 제공해야 한다.

삶과 사회라는 새로운 패러다임 속에서 재단의 역할을 재정립할 수 있는 구체적인 실행 방안은 다음과 같다.

1. 교육부 사업을 모두 분리해야 한다. 현재 창의재단은 과학기술정보통신부와 교육부 모두에게서 위탁사업을 수행하고 있다. 바로 이런 예산의 복잡성 때문에 재단의 사업이 일관성을 유지하지 못하고, 특

정 연구기관인 재단이 연구개발 사업보다 교육부의 수탁 사업에 많은 에너지를 소비해야 하는 부작용이 발생한다. 따라서 재단의 출연금 1,000억 원 중, 교육부 사업으로 제공되는 약 200억 원을 운영할 재단을 세우고, 교육부 산하로 독립시키는 방안을 진지하게 고려하길 바란다. 200억 원의 교육부 수탁 사업을 '과학인재교육재단(가칭)'으로 독립시킴으로써, 창의재단은 과학계와 함께 제대로 된 과학문화 사업에 매진할 수 있을 것이다.

2. '사회 속의 과학'이라는 새로운 패러다임으로 과학문화 사업을 재조직화해야 한다. 이에 걸맞는 몇 가지 사업을 제안할 수 있다. 첫째, 창조과학회처럼 현대과학의 기초적인 패러다임인 진화생물학을 부정하고, 고등학교와 대학교 등에서 창조론을 강제로 교육하는 행위를 막을 수 있다. 특히 창조과학회는 생물학 교과서의 개정을 끊임없이 추진하고 있고,[58] 창조과학회에 소속된 교수가 대학 내에서 창조론을 자신의 강의 시간에 학생의 동의 없이 가르치는 등, 한국의 과학문화에 지대한 손해를 끼치고 있다. 창의재단이 창조과학회의 비과학적 행위를 국민에게 올바로 알리고, 국민과 자라나는 청소년이 이들의 선동에 넘어가지 않도록 돕는 것이야말로 사회 속에서 과학문화가 확산되는 최선의 방법일 것이다. 실제로 한국에서는 창조과학회 회원인 포항공과대학교 박성진 교수가 중소벤처기업부 장관 후보에 오른 일도 있다. 당시 나는 여러 과학자와 함께 창조과학 연속 기고[59]를 통해 이를 국민에게 알리려 했다. 바로 이러한 일을 창의재단이 해야 하는 것이다. 둘째, 코로나19 사태에서 드러난 것처럼 한국 사회에는 과학적 근거가 없거나 부족한 광고와 상품 등으로 소비자를 유혹하는 수많은 유사과학단체가 존재한다.[60] 그들로부터 소비자를 보호하

고, 과학적으로 그들의 정보를 모니터링하고 필터링하는 일을 창의재단이 수행해야 한다. 잘못된 과학 정보를 바로잡고, 유사과학으로부터 시민을 보호하는 '유사과학 모니터링'[61]은 창의재단이 사회 속의 과학이라는 패러다임을 통해 가장 잘 수행할 수 있는 과제일 것이다. 사회 속의 과학이라는 패러다임을 수행하는 사업이 굳이 어려운 것일 필요는 없다. 영국처럼 과학기술의 성과가 지닌 사회적 파급효과와 의미를 시민과 함께 토론하는 프로그램을 기획하는 것도 좋지만, 가장 쉽게 할 수 있는 일부터 수행하는 것도 나쁘지 않다. 창의재단이 창조과학회와 싸우고, 유사과학의 피해를 알리는 데 앞장선다면 창의재단은 '과학의 수호자'라는 이미지를 얻을 수 있고, 이를 통해 국민과 과학기술정보통신부의 신뢰를 회복할 수 있게 될 것이다. 이렇게 회복한 신뢰를 바탕으로 과학이 사회 속에서 살아 숨쉬도록 만드는 여러 사업을 구상해볼 수 있을 것이다.[62]

3. 과학계와 교류를 활성화하는 방법을 찾아야 한다. 창의재단이 과학계와 괴리되면 될수록, 과학문화의 확산이라는 창의재단의 목표는 달성할 수 없다. 현재 창의재단은 교육부 사업이라는 이중성과 과학문화에 대한 일차원적인 접근으로 인해 과학계와 교류가 전무한 실정이다. 교류를 촉진하기 위해서는 재단이 선진 주요국, 특히 영국 등의 사례를 참고하고 과학계와 상생할 수 있는 사업을 발굴할 필요가 있다. 먼저 영국과학신흥협회처럼 과학자와 공학자가 언론이나 융합 분야 등의 사회 각 분야로 진출할 때, 기반을 마련해주는 펠로십을 재단이 제공할 수 있다. 이런 방식으로 성장한 인력은 자연스럽게 또 다른 과학기술인이 다양한 분야로 진출하는 교두보가 되며, 재단은 그들과 함께 과학문화 사업을 모색할 수 있다. 즉, 과학문화 전문인력을 키운

다는 나이브하고 근거 없는 생각보다 과학계에서 훈련받은 사람 중에서 다른 분야로 진출하려는 이를 재단이 지원하는 방식이 훨씬 효과적이고, 수준 높은 과학문화 인력을 훈련시킬 수 있다는 뜻이다. 둘째, 재단은 한국의 주요 기초과학 관련 학회와 긴밀한 교류를 통해 사업을 진행해야 한다. 재단이 학회와 함께 진행할 수 있는 사업이 단지 학회의 행사에 대중 과학 강연을 마련하는 일차원적인 방식만 가능한 건 아니다. 예를 들어, 재단이 과학자의 연구 결과를 보도자료로 작성하고, 이를 대중에게 알리는 일을 과학자와 함께 진행할 수 있다. 이런 사업이 활성화되면 과학자도 자신의 연구 결과를 대중에게 알리는 일에 자연스럽게 관심을 갖게 될 것이다. 셋째, 재단은 다양한 기초과학의 진흥이야말로 과학문화 확산의 가장 든든한 기반이라는 점을 사업으로 실행해내야 한다. 재단이 지금까지 수행해온 과학문화 확산이 잘못된 방향이었다는 가장 분명한 증거는, 한국 출판시장에 진화생물학 교양서가 범람하는데도 한국의 국립대에서 진화생물학을 강의할 수 있는 과학자를 찾기 어렵다는 데 있다.[63] 진화생물학 교양서가 아니라 진화생물학 연구자가 많아지는 것이 진정한 과학문화의 확산이다. 기초과학은 세계의 많은 국가의 주요 연구 지원에서 외면당하고 있다. 그래서 미국의 빌 게이츠는 익스페리먼트닷컴experiment.com이라는 크라우드펀딩 플랫폼을 만들어 응용과 실용만을 강조하는 국가연구비에서 소외된 기초과학자의 연구비와 학생의 인건비를 시민이 직접 지원하도록 돕고 있다. 재단이 소외된 기초과학 분야를 직접 지원하는 일도 좋고, 빌 게이츠처럼 플랫폼을 만들어 돕는 일도 좋다. 기초과학연구원이 소수의 기초과학만 지원하는 잘못된 방향으로 나아가고 있다면, 창의재단이 기초과학의 다양성을 위해 소외된 기초과학의 수호자가 되는 것도 가능한 일이다. 이런 사업이 구체화된다면 과학계는 창의재단의 역할을 인식하고 함께 다양한 사업을 수행하기 위해 협력할 것이다. 창의재단은 과학관이 아니라 연구소의 과학자와 더욱 많은 교류를 해야 한다. 그것이 창의재단이 새롭게 만들어 나가야 할 패러다임의 핵심적인 부분이 될 것이다.

교육 사업의 분리, 사회 속의 과학, 그리고 과학계와의 교류, 이 세 가지 틀 속에서 창의재단의 사업을 전면 재조정할 수 있다면, 창의재단은 국민에게 '과학의 수호자'로 인식될 것이고 과학자에게는 '기초과학의 마지막 보루'로 재인식될 것이다. 국민과 과학계의 신뢰 속에서 창의재단은 과학대중화라는 낡은 틀에서 벗어나 과학이 사회 속에서 진정한 가치를 만들어가는 일에 동참할 수 있다. 이것이 바로 모든 국민이 과학자가 되는 경험을 통해 과학적 삶이 자연스럽게 사회 속에 스며드는 새로운 시대를 여는 것이다. 과학자로 살지 않더라도 누구나 한 번쯤 과학자가 되는 경험을 할 수 있다면 과학대중화나 과학문화의 확산이라는 구호는 필요조차 없지 않을까. 원한다면 누구나 동네 피아노 학원에서 피아노를 배울 수 있는데 아무리 간절히 원해도 누구나 과학자가 될 수 있는 방법은 없다. 어쩌면 예술이 문화로서 사회 속에 강력하게 자리 잡고 있는 이유는 우리가 누구나 한 번쯤은 악기를 배우고 그림을 그려보았기 때문인지 모른다. 과학은 예술에 비해 문턱이 너무 높다. 하지만 과학자가 되어보는 경험의 문턱이 높을수록, 과학은 사회 속에 스며들기 어려워진다. 과학적 삶의 양식이 사회에 광범위하게 퍼지려면, 과학이 우리 삶 속에 하나의 양식으로 자리 잡으려면 과학은 누구나 과학자가 될 수 있는 플랫폼을 마련할 필요가 있다. 그것이 타운랩townlab이다.

타운랩,
한국 과학대중화의 새로운 패러다임

문화로서의 과학이 완성되려면 과학이 시민의 삶 속에 더 가까이 다가와야 한다. 과학이 시민의 삶으로 들어오는 가장 쉬운 방법은 누구나 한번쯤 과학자가 되는 경험을 해보는 것이다. 과학 강연이나 과학책 읽기는 쉬운 방법이긴 하지만, 그것만으로는 과학적 삶에 다가서기 어렵다. 피아노를 연주해보지 않은 사람이 클래식 음악을 감상하는 것과, 한번이라도 피아노를 연주해본 사람이 감상하는 것은 다르다. 음악과 미술을 책과 강연으로만 배울 수 없듯이 과학도 책과 강연으로만 배울 수 없다. 하지만 한국 과학대중화 세력은 과학을 모두 책과 강연으로만 교육하려고 한다.

책과 강연으로 배울 수 있는 과학은 과학이 발견한 결과물뿐이다. 과학이 발견한 우주와 자연의 신비도 분명히 소중한 인류의 자산이지만, 과학 지식에 그 어떤 인문학적 수사를 덧붙힌다고 해도 그렇게 과학을 배운 사람은 발견이 이루어진 과정을 결코 알 수 없을 것이다. 책과 강연으로 배운 과학 지식은 과학의 반쪽일 뿐이다. 과학은 발견한 지식의 합이 아니라, 그 지식을 발견하는 방법을 통해서만 완성되는 총체적 인간 활동이기 때문이다. 즉, 과학을 시민에게 총체적으로 교육하려면 과학자가 새로운 사실을 발견하고 이를 실험으로 검증하는 방법, 즉 과학적 방법론의 가치를 가르쳐야 한다. 하지만 피아노를

치는 방법을 강의와 독서만으로 가르칠 수 없듯이, 과학적 방법론 또한 특별한 플랫폼이 필요하다. 그게 바로 실험실이다.

과학은 책이나 강연이 아니라 실험실에서 이루어지는 활동이다. 과학이 인문학과 다른 이유는 과학자는 책과 강연이 아니라 실험실에서 스스로의 정체성을 찾을 수 있기 때문이다. 따라서 과학자가 되는 방법을 가르치려면 실험실이라는 공간을 어떻게든 구축해야 한다. 과학은 실험실에서 완성되며 실험실은 과학자가 태어나는 장소다. 누구나 동네 피아노 학원을 통해 예술가가 되는 경험을 쉽게 누릴 수 있다면 동네에 피아노 학원 같은 실험실을 만들어 과학자가 되는 경험을 제공할 수 있다. 문제는 현대과학의 진보로 인해, 대부분의 실험실이 값비싸고 다루기 어려운 장비와 재료로 가득하다는 점이다. 즉, 동네 어디에나 만들 수 있는 실험실은 상상하기 어렵다.

타운랩은 바로 그 점을 극복할 수 있는 새로운 방식이다. 대학이나 연구소의 실험실을 동네에 그대로 복제하는 것은 불가능하다. 그런 실험실을 만드는 데에는 비용도 너무 많이 들고 운영도 어렵고, 심지어 위험하기까지 하다. 하지만 만약, 그렇게 비싸고 어렵고 위험하지도 않은 실험실을 만들 수 있다면? 그럼에도 과학적 방법론의 총체를 경험하고, 누구나 실험실에서 연구하고 분석하고 논문까지 쓸 수 있다면? 타운랩은 생물학자들이 수백 년 동안 구축해온 기초유전학의 모델생물을 통해 그런 플랫폼을 가능하게 만들 수 있다고 주장한다. 즉, 대장균, 효모, 예쁜꼬마선충, 곰팡이, 초파리, 애기장대처럼 실제로 실험실에서 유지하는 데 비용이 거의 들지 않고, 수백 년 동안 유전학자가 구축해놓은 고도로 복잡한 유전적 도구를 이용해 손쉽게 여러 가지 표현형을 관찰하고 분석할 수 있는 모델생물을 이용한다면, 동네 피아노 학원 같은 실험실을 실제로 구축할 수 있다. 게다가 최근 한국 사회에도 유행하고 있는 메이커스페이스Maker space 등에서 자주 사용되는 3D 프린팅과 아두이노 등의 값싼 프로그래밍 도구를 사용하면, 모델생물을 이용한 아주 효율적이고 간단한 실험장비를 직접 제작할 수도 있다. 즉, 이제 정말 동네에 기초유전학 실험실을 구축하는 일이 가능해졌다는 뜻이다. 물론 그런 동네 실험실에서 최고의 학술지에 논문을 출판하는 연구를 진행하긴 어렵겠지만, 타운랩을 운영하는 과학자와 시민 학생이 제대로 연구한다면 1~2년이면 누구나 한번쯤 과학자처럼 실험하고 분석하고 논문을 써볼 수 있을 것이다. 피아노를 배우는 데 투자하는 시간만큼만 실험실에 투자하면 누구나 과학자가 되는 경험을 할 수 있는 시대가 이미 우리 곁에 와 있는 셈이다.

다음 편지는 실제로 내가 타운랩을 일종의 스타트업으로 준비할 당시 투자자들에게 보낸 편지의 일부다.[64]

안녕하세요. '과학자가 되는 새로운 방식'을 슬로건으로 내걸고 '타운랩'이라는 스타트업을 준비하는 김우재라고 합니다. 저는 지난 10년간 초파리라는 유전학의 가장 유명한 모델생물로 어떻게 두뇌를 구성하는 신경회로가 동물의 복잡한 행동을 조절하는지 연구해왔고, 현재는 캐나다의 오타와대학교에서 교수로 재직하고 있습니다. 얼마 전에는 제 초파리 연구에 대한 책《플라이룸》을 출판하기도 했습니다.

타운랩은 동네에 있는 피아노 학원이나 미술 학원 같은 실험실을 만드는 프로젝트입니다. 서울을 시작으로 전국, 그리고 중국과 아시아를 넘어 전 세계에 되도록 많은 타운랩을 만들어, 누구가 일생에 한 번쯤은 과학자가 되는 경험을 제공하는 것이 저희 팀의 목표입니다. 저희 팀은 과학실험실의 경험이 클래식음악 같은 고급교양이라고 생각하며, 더 많은 시민이 과학자가 되는 경험을 누릴 수 있다면 과학적 사고방식이 사회를 더욱 건강하게 만들어내리라 믿고 있습니다. 결국 타운랩의 궁극적인 목표는 과학자가 되는 경험을 통해 세상을 좀 더 합리적이고 건강한 곳으로 만들려는 것이며, 이는 과학자의 소박한 꿈인 셈입니다. 실험실은 근대과학이 탄생한 장소이며, 실험을 통해 과학자는 과학적 사고방식을 저절로 배우게 됩니다. 하지만 과학자가 되기 위해서는 대학에 들어가야 하고, 대학원에 들어가 학위를 취득해야만 합니다. 그 방식은 지난 400년간 단 한 번도 바뀐 적이 없습니다. 상아탑에 갇힌 과학을 사회로 꺼내오기 위해서는 실험실을 구축하는 비용을 획기적으로 줄여야 합니다. 저희 팀은 지난 3년간 그 작업을 성공적으로 진행해왔습니다. 3D 프린팅, 레이저커팅, 아두이노, 라스베리파이, PCB 등의 메이커문화와 라이프해킹을 통해 저희 팀은 기초유전학의 모델생물인 초파리, 선충, 곰팡이, 대장균, 효모, 애기장대 등을 이용해 대학 밖에서도 실험이 가능하다는 확신을 갖게 되었습니다. 이제 실험실은 대학 밖에서, 우리 동네에서 작동할 수 있습니다.

기초과학은 고급 교양이며, 우리 삶에서 잘 드러나지는 않지만 사회를 지탱하는 상식의 최후 보루입니다. 하지만 정부와 기업의 연구비에만 의존하는 현대과학계에서 기초과학과 기초과학자는 점점 사라지고 있습니다. 더 이상 미래 세대는 아인슈타인이나 다윈 같은 과학자를 보지 못할지도 모릅니다. 기초과학을 전공하고 일자리를 구하지 못하는 과학자도 많습니다. 타운랩은 이런 기초과학자를 '선장'으로 만들어 이들에게 일자리와 과학프로젝트를 제공하는 동시에, 클래식 음악계가 만들어낸 것과 같은 거대한 시장을 만들어보려고 합니다. 타운랩의 경험이 미래 세대의 필수 교양이 되고, 기초과학은 새로운 시장을 통해 정부와 기업에 의존하지 않고 스스로 발전해나갈 수 있을 겁니다.

타운랩은 과학자가 되는 경험을 누구에게나 선사할 수 있는 플랫폼이다. 특히 타운랩은 단기적으로 과학문화를 확산하는 정책이 아니라, 긴 안목으로 사회에 과학적 삶의 양식을 확산시키는 기획이다. 타운랩이 성공적으로 정착해서 점점 더 많은 수의 타운랩이 사회 속에 뿌리내린다면, 타운랩은 단순한 동네 실험실이 아닌 거대한 사회운동의 기지가 되어 있을 것이다. 마치 스페인의 협동조합그룹 몬드라곤Mondragon의 창립자 중 하나인 호세 마리아José María Arizmendiarrieta 신부가 처음 만들었던 최초의 노동자생산협동조합 울고르ULGOR[65]처럼 타운랩은 언젠가 세상 전체에 과학적 삶의 가치를 전파시키는 촉매가 될 수 있을지 모른다. 사회 속의 과학이라는 가치를 실현하기 위해 굳이 어렵고 복잡한 사회학을 알 필요가 없듯이, 과학을 우리 삶 속에 스며들게 하기 위해서도 복잡하고 비싼 플랫폼을 만들 필요가 없다. 그저 초파리로 간단한 실험을 할 수 있는 작은 실험실이면 족하다. 과학은 그렇게 만들어진 작은 실험실과, 그 실험실에서 작은 실험도구를 달그락거리며 연구하는 사람들 속에서 우리 삶으로 침투하게 된다. 그것이 과학대중화운동이 아는 것에서 하는 것으로 이행하는 방법이며, 과학대중화가 과학문화라는 거창한 구호에서 벗어나 우리 삶 속에서 의미를 찾는 대안이다.[66]

과학이 우리 삶 속으로 스며들어 누구나 과학적 삶의 양식을 몸과 머리로 체험하게 된 세상은 과연 어떤 모습일까. 과학적 방법론은 분명 개개인의 삶을 변화시킬 수 있을지 모른다. 타운랩은 과학이 개개인의 삶을 변화시킬 수 있다는 희망으로 시작된 프로젝트다. 하지만 과학은 개개인을 넘어, 사회를 변화시킬 수 있는 강력한 무기이자 사상 체계이기도 하다. 과학적 방법론이 보여주는 여러 가치는 권력에 집착하는 부패한 정치와, 부익부 빈익빈을 강화시키는 자본주의 체제의 대안이 될 수도 있다. 즉, 과학이 자연을 발견하는 과정에서 사용하는 과학적 방법론 안에는 합리성이라는 단순한 가치 외에도 민주주의를 보완할 수 있는 공유주의와 무권위주의 등의 사상이 녹아 있다는 뜻이다. 해리 콜린스와 로버트 에번스는《과학이 만드는 민주주의Why Democracies Need Science》에서 과학적 방법론이 내재하고 있는 진정한 가치는 바로 과학적 방법론의 가치를 사상으로 체득한 사람이 사회를 진보시킬 수 있다는 사실이라고 주장한다. 삶의 양식으로서의 과학[67]과 문화로서의 과학[68]을 통해, 새로운 과학운동이 궁극적으로 추구해야 하는 목표[69]는 과학이 보여주는 가치를 이용해 사회를 한 걸음 더 진보시키는 일인지도 모른다. 과학 속에 우리 삶을 변화시키는 좋은 가치가 녹아 있다면 그 가치는 사회를 변화시키는 데에도 쓸모 있을 것이다. 하지만 과학의 가치를 통해 사회를 변화시키려면 과학과 기술이 사회 변화를 추동할 수 있는 거버넌스Governance 구조를 구축할 필요가 있다. 한국 과학기술 거버넌스를 분석하고 새로운 거버넌스를 디자인하는 작업을 통해 한국 사회에서 과학기술과 과학기술인의 가치를 새롭게 조명할 수 있다. 과학은 단순한 지식의 총합이 아니며, 과학자 또한 정치인의 노리개가 아니다. 과학자가 과학의 가치를 충분히 활용할 수 있는 거버넌스를 만들 수 있다면 사회는 한 걸음 더 진보할 수 있다. 과학엔 분명 그런 힘이 있다.

13장

삶으로서의 과학:

과학은 어떻게 우리 삶의 기반이 되는가

과학적 삶의 양식을 위한 소고

한국 사회에서 과학이 받아들여지는 방식에 대하여

과학적 세계 이해는 삶에 봉사하며, 삶은 그것을 받아들인다. **오토 노이라트, 한스 한, 루돌프 카르나프, 「과학적 세계 이해」 빈학단 선언문의 마지막 문장**[1]

과학과 삶은 연결될 수 있습니다. 그 둘을 모두 포괄할 수 있는 더 높은 무대를 통해서. **오토 노이라트가 한스 라이헨바흐에게 보낸 편지 중**[2]

과학은 양날의 검이다. 한국 사회에서 과학은 '과학적'이라는 수식어로 더욱 자주 사람들의 입에 오르내린다. '과학적'이라는 수사는 '절대적', '객관적', 그래서 '틀림이 없는'이라는 의미로 받아들여진다. '과학적'이라는 수식어가 붙으면 그것이 무엇이든 대중의 신뢰를 얻는 지름길이 된다. 그 대상이 '과학적'이라는 결론을 얻기 위해 어떤 과정을 거쳤는지는 크게 상관없다. 과학이라는 말은 그만큼 한국 사회에서 절대적인 무엇이다. 심지어 침대조차 한국에선 과학이 된다. 한국 사회에서 과학은 종교만큼 권위를 지닌 신비의 세계다.

과학이 이렇게 절대적인 지위를 점유하는 공간에서 이 사회가 과학적이지 않다는 이야기를 해야 한다는 것은 아이러니다. 한국 사회는 과학적이지 않다. 여기서 '과학적이지 않다'라는 의미는 한국 사회가 당면한 문제를 해결해나가는 과정에서 과학이 베풀 수 있는 봉사의 손길을 거부하고 있다는 뜻이다. 그 말을 내 용어로 풀면, 한국 사회는 '과학적 삶의 양식'을 여전히 받아들이지 못한 공간이라는 뜻이 된다. 이 글은 바로 그 '과학적 삶의 양식'이라는 과학에 대한 새로운 생각에 대한 짧은 소고다.

어류학자 천황,
의학사회학자 대통령

일본에 과학이 전해진 시기에 대해서는 별다른 이견이 없다. 1868년 메이지유신을 전후로 일본에 서양의 근대과학이 전해졌고, 수많은 일본 유학생이 서양으로 유학을 떠났다. 이미 일본의 과학자는 입자물리학을 비롯한 최첨단 분야에서 20세기 초반 두각을 나타냈다. 일본이 계속해서 노벨상을 수상하는 이유에 대해 애국심이나 자존심을 내세울 시기는 지났다. 일본의 과학은 이미 150여 년 전에 근대화를 시작했고, 그 결실이 현재 나타나고 있을 뿐이다.

한국인 최초의 이학박사는 천문학자 이원철이며 그는 1926년 박사

학위를 취득했다. 일본인 최초의 이학박사 야마카와 겐지로山川健次郎가 학위를 받은 해가 1888년이니 이미 시작에서부터 한국은 40년 이상 뒤처져 있었던 셈이다. 문제는 단순히 한국의 과학이 늦게 시작했다는 점이 아니다. 당시 대한제국은 일본의 식민지였고, 식민지하에서 과학이란 그다지 매력적인 학문이 아니었다. 식민지 시대, 권력을 잡았던 친일파 부모는 식민지 조선에서 쉽게 부와 명예를 거머쥘 수 있는 법학과 의학쪽으로 자녀들을 유학 보냈다. 당시 이학과 공학을 전공한 이들은 상류층 자제가 아니라 중산층의 자녀 중 공부가 뛰어난 이들이 대부분이었다. 식민지 조선의 현실이 21세기 대한민국의 현실과 크게 다르지 않았던 셈이다.

근대과학이 탄생한 유럽에서, 과학은 귀족의 전유물이었다. 일종의 지적 사치이기까지 했던 과학 활동을 즐길 수 있는 여유란 귀족에게나 가능한 일이었기 때문이다. 그런 전통은 일본과 미국에도 전해졌다. 유럽에서 과학을 물려받은 미국과 일본의 상류층은 과학을 존중했고, 그들 중 일부는 훌륭한 과학자가 되었다. 미국 건국의 아버지 벤저민 프랭클린이 그런 부류였고, 일본 동물행동학의 창시자인 이마니시 긴지今西錦司가 그런 귀족이었다. 국내에는 잘 알려지지 않은 사실이지만 일본 아키히토明仁 전 천황은 실제 십수 편의 과학 논문을 국내 및 국제 학술지에 발표한 진짜 과학자이기도 하다. 이 사실은 일본의 과학이 지닌 저력을 상징적으로 보여준다. 일본의 천황은 과학 연구를 했고 과학자였다. 이 사실이 보여주는 교훈은 일본 사회에서 과학이 그만큼 자연스러운 문화라는 뜻이다.

2016년에는 오바마Barack Obama 전 미국 대통령이 의학논문을 출판했다는 소식이 뉴스를 장식했다. 자신의 집권 시절 야심차게 추진했던 건강보험제도 개혁, 즉 '오바마케어'에 대한 내용을 「건강보험 개혁의 진전 상황과 앞으로의 방향」이라는 제목으로 〈미국의학협회저널JAMA〉에 실은 것이다. 대통령이 의학저널에 논문을 게재했다는 것 자체가 큰 뉴스거리이기도 했지만, 실은 오바마 대통령이 그 논문을 직접 작성했고, 실제로 평소보다 더 엄격한 2개월의 심사를 거쳐 어떤 혜택도 없이 출판되었다는 점에 주목해야 한다. 즉, 미국의 과학자는 과학 연구를 심사함에 있어 대통령이라는 권위를 두려워하지 않는다는 사실이다. 일본과 미국은 유럽의 과학이 지닌 물질적 구성요소뿐 아니라, 정신적 요소까지 사회에 성공적으로 이식한 두 국가다.

한국의 정치인 중 과학자를 찾는 일은 가시덤불에서 바늘을 찾는 것처럼 어렵다. 거의 없기 때문이다. 이런 상황에서 한국의 최고 권력자가 과학자일 리 없고, 과학 연구를 수행해서 논문을 출판했을 리도 없다. 정치인 중에 과학자가 많아야 한 사회가 과학적인 것은 아니다. 과학자가 정치를 해야 그 사회가 더 과학적으로 변하는 것도 아니다. 오히려 우리가 주목해야 할 지점은 왜 일본과 미국은 앞에서 언급한 일이 자연스레 벌어지는데 한국은 아닌가 하는, 즉 왜 한국 사회에 과학은 스며들지 못하고 겉도는가라는 질문이다.

한국 근대과학의 시작:
정치와 경제에 종속된 과학

노벨상이 수상되는 10월마다 한국은 한바탕 홍역을 치룬다. 이젠 언론의 연례 행사가 되어버린 듯, 한국은 왜 노벨상을 받지 못하냐는 똑같은 분석이 벌써 10년도 넘게 반복되고 있다. 과학은 올림픽이 아니다. 김연아나 박태환처럼 뛰어난 스포츠 영웅 한 사람이 금메달을 따는 행사가 아니라는 뜻이다. 과학은 시스템이다. 과학은 한 사회가 동의하고 지지하고 받아들일 때, 그때 비로소 그 사회에 자리 잡을 수 있는 시스템에 가깝다. 어쩌다 한국인 한 명이 노벨과학상을 탄다 한들 한국의 과학이 일류에 접어들었다고 말할 수 없다는 뜻이다. 노벨상이 꾸준히 계속되지 않는다면 과학은 한국 사회에서 겉돌 뿐이다. 김연아나 박태환이 영웅이 되어도 한국의 피겨스케이팅이나 수영이 국민 스포츠가 되지 못하는 것과 마찬가지다. 한국 사회는 영웅을 좋아하고, 그 영웅으로부터 착시효과를 얻는 데 길들여져 있다. 김연아도 박태환도, 그리고 미완의 과학영웅 황우석도 모두 시스템을 만드는 데 실패한 영웅일 뿐이다. 한 명의 김연아가 탄생하는 조건보다 100만 명의 피겨스케이팅 동호회원이 있는 사회가 건강하다. 과학도 마찬가지다. 노벨상은 100만 명의 과학자가 존재하는 사회에서 자연스레 흘러넘치는 부가가치일 뿐, 과학 발전을 위한 전제 조건이 될 수 없다. 우리는 적극적으로 노벨상을 거부해야 하는 것일지도 모른다.

과학조차 소영웅주의와 노벨상에 가두는 문화는 어디에 기원을 둔 것일까? 이 질문에 대한 완결된 대답은 없다. 하지만 언제 한국 사회에 근대과학이라 불릴 만한 시스템이 정착했고, 그 제도가 터를 잡기 시작했는지에 대한 답은 명확하다. 그 시기는 1966년 미국의 원조로 한국과학기술연구소가 세워진 때로 거슬러 올라간다. '과학'이라는 학문 자체에 관심이 없었던 박정희 대통령은 1965년 미국을 방문한다. 연구소 설립을 제안한 미국 대통령 존슨Lyndon Baines Johnson의 제안을 들은 그는 '기술진흥5개년계획'으로 불렸던 경제발전계획을 '과학기술진흥5개년계획'으로 변경한다. 철저한 실용주의자였던 박정희 대통령이 과학을 기술 앞에 세운 이유는, 과학을 앞세우면 그의 정치적 야심을 더 효과적으로 채울 수 있다는 사실을 알았기 때문으로 생각된다. 당시 한국과학기술연구소의 주요 보직은 금속공학자인 최형섭을 중심으로 한 파이클럽이 차지했고 박정희 대통령을 향한 이들의 충성심은 기술개발을 중심으로 한 과학기술정책으로 나타났다. 현재 우리가 과학기술에 대해 듣고 보고 사고하고 또 은연중에 느끼는 모든 패러다임이 바로 이 시기에 완성되었다. 즉, 과학은 경제개발을 위한 효과적인 도구이며 과학자는 국가에 충성하는 애국자라는 인식이다.[3]

불과 15년 전 황우석은 여전히 이 패러다임이 한국 사회의 과학에 대한 대중의 인식을 지배하고 있음을 재확인해주었다. 한국에서 과학이란 그런 것이다.[4] 과학은 기술과 따로 생각할 수 없는 것이며, 과학기술이라는 하나의 단어로만 국가의 지원 속에서 통제되어야 하는, 그런 학문 체계인 것이다. 이런 체제 속에서 한국 사회의 과학자는 흔히 중인 계급으로 진화했다고 분석된다. 권력에 다가가려는 욕심도 없고 공공의 이익을 위해 봉사하려는 희생정신도 없이 잇속만 챙기는, 그런 중인 계급이라는 것이다. 일견 맞는 말이다. 문제는 도대체 왜 그들이 중인 계급이 되었느냐는 맥락적 분석이 전제되어야 한다는 점이다. 도대체 왜 한국 사회의 과학자는 연구실에서 나오려 하지 않고, 왜 한국의 과학은 사회에서 겉돌기만 하는 것인가?[5]

과학적 삶의 양식, 그 기반이 되는 조건

결론부터 말하자면 한국 사회가 과학을 도구로만 받아들이고, 사유의 방식이나 문화로는 받아들이지 않았기 때문이다. 그것이 여전히 한국 사회에서 과학이 겉도는 이유다. 나는 미국과 일본에는 존재하고, 한국에는 없는 그런 형태의 과학을 '문화로서의 과학'이라고 부른다. 어류학자인 천황이 어색하지 않고, 대통령이 의학저널에 논문을 투고하겠다는 생각이 자연스러운 사회, 문화로서의 과학은 바로 그런 사회에서 찾아볼 수 있는 과학의 한 단면이다.[6]

과학이 문화로서 사회에 스며든 곳에서는 과학이 삶에 봉사하는 모습을 쉽게 찾아볼 수 있다. 그곳에서는 과학자들에 의해 수백 년 동안 다듬어온 과학적 방법론이 정책의 입안과 결정 과정에 고스란히 반영된다. 근거 없이 국민의 실생활에 영향을 미치는 정책을 입안할 수 없고, 설사 정책이 실수로 입안되었다 하더라도 그 실험은 또 다른 근거가 되어 기존의 정책을 반증하고 수정한다. 정책의 결정은 밀실에서 이루어질 수 없고 언제나 열린 공간에서 모두가 평등하게 해당 정책에 대해 토론할 수 있어야 한다. 사회가 양분되는 정책의 경우 신중하게 결정해야 하며, 끊임없이 토론하고 서로를 설득하는 과정을 거쳐야 한다. 이러한 과정 어디에서도 절대 독단과 권위가 끼어들어서는 안 되며, 충분한 근거와 설득력이 있는 모든 주장은 신중하게 검토되어야 한다. 이런 과정은 과학사회학자 로버트 머튼이 말한 과학자의 규범 '큐도스CUDOS'와 일치한다.

머튼은 과학자 사회가 과학이라는 매우 엄밀한 지식을 빠르게 생산해내는 방식에 관심을 가졌던 사회학자다. 오랜 연구 끝에 그는 과학자 사회가 작동하는 그 기저에 네 가지 규범이 있다고 결론내렸다. 첫째, '공유주의 규범'은 과학적 발견이 과학자 사회의 집단적 노력의 산물이므로 개인이 소유할 수 없고, 모두와 함께 공유되어야 한다는 뜻이다. 둘째, '보편주의 규범'은 과학적 연구의 타당성은 계급, 인종, 성별, 국적 등과 같은 과학자의 사회적 배경과 독립적으로 평가되어야 한다는 뜻이다. 셋째, '탈이해관계 혹은 이해관계의 초월 규범'은 과학자가 연구 주제를 선정하고 연구를 수행하고 평가할 때 개인의 정치적·경제적 이익으로부터 자유로워야 한다는 의미다. 마지막으로 '조직화된 회의주의 규범'은 모든 과학적 주장에 대한 판단은 과학적 증거에만 입각해야 하며, 그 출처의 권위와 상관없이 확실한 지식에 이를 때까지 회의적인 태도를 견지해야 한다는 뜻이다.

과학자 사회는 바로 이런 규범을 암묵적으로 지키며 현재 우리가 보고 있는 엄청난 결과물을 탄생시켰다. 위의 규범이 작동하지 않으면 과학은 없다. 어쩌면 과학이란 우주선을 화성에 보내고 암을 치료하고 인간의 탄생을 설명하는 것보다 더욱더 효율적으로 삶에 봉사할 수 있는 능력을 가진 체계다. 그것은 과학이 발견한 사실과 법칙으로부터 나오는 것이 아니라, 과학이 그것을 발견할 수 있었던 방법론에서 나온다. 그리고 그 방법론은 과학자 사회가 암묵적으로 동의하고 지켜온 몇 가지 단순한 규범의 틀 위에서 작동할 수 있다. 따라서 한 사회가 과학으로부터 배울 수 있고, 또 반드시 배워야 하는 것은 사회를 운영하는 방식에 과학자가 동의해온 규범을 적용하는 것이다. 과학철학자 칼 포퍼는 이러한 사회를 '열린 사회'라 불렀고, 나는 이러한 사회에서 개인에게 나타나는 현상을 '과학적 삶의 양식'이라고 부른다.

과학대중화와
대중 과학화의 사이에서

한국 사회는 과학이라는 첫 단추가 잘못 꿰어진 곳이다. 과학은 분명 기술 혹은 공학과 구별되는 영역에 있는 학문인데, 개발독재 시대에 한국 사회에 이식된 과학은 과학기술이라는 이상한 이름을 부여받아 경제 발전에 이바지하는 학문으로 각인되었고, 그 과학기술의 설계도를 그리는 일은 과학을 전혀 모르는 정치인에게 종속되었다. 그런 상태는 여전히 지속되고 있고, 과학은 한국 사회에 스며들거나 삶의 양식이 되지 못하고 겉돈다. 이는 과학자를 일종의 중인 계급으로 퇴보시켰고, 적극적으로 과학적 사유와 삶의 양식을 사회에 전파해야 할 그들을 연구실에 가두었다.

하지만 한국 사회는 그렇게 만만한 곳이 아니다. 문화라는 체제가 어떤 시공간에서 존재했던 사람들에 의해 정착하고, 또 그것이 전승되는 과정을 지닌 하나의 진화적 체계와 유사하다면, 한국 사회의 문화는 가깝게는 조선 시대로부터 물려받아 대한제국과 일제 식민지 그리고 현대사를 거치며 수정되고 변화하면서도 어느 정도의 항상성을 가진, 막을 가진 생명체에 가까운 시스템이다. 그런 의미에서 한국의 문화는 위대한 민중의 역동성을 보여준다. 임금이 수도를 버리고 의주로 피신했을 때도, 핍박받던 백성은 그 막되먹은 나라를 지켰다. 아마도 그것은 애국심 때문이 아니라, 내 부모, 형제, 자식과 친구가 사는 공간이 침략당했다는 분노였을 것이다. 마지막 황제가 나라를 일본에 팔아넘겼을 때, 드디어 조선의 민중은 그 지긋한 계급체계를 벗어던지고 상하이에 대한민국 임시정부를 수립하고 민주공화정을 선포했다. 왕족과 귀족의 도움 없이 스스로 해낸 일이다. 민주주의 체제를 위협하는 독재자가 나타났을 때, 그들은 격렬히 저항했으며, 심지어 고등학생까지 거리로 나와 독재자를 내쫓았다. 한국은 거리에서의 투쟁으로 독재와 군사정권을 정치에서 몰아내고 평화적 정권 이양에 성공한 거의 유일한 아시아의 국가이며, 문화적 승리의 기억은 사회에서 절대 사라지지 않을 삶의 양식으로 스며 있다. 그들 중에는 과학자도 있다.

독립운동 시기의 지식인은 서양의 과학이 지닌 우월함을 일찍 알아챘고, 그 과학을 대중화하는 데 많은 노력을 기울였다. 이미 조선 말부터 청나라에서 들어온 과학서적이 지식인 사이에서 읽히기 시작했고, 혜강 최한기는 서양의 과학이 빠르게 발전했다는 사실을 이미 19세기 말에 간파하고 있었다. 최한기의《기측체의氣測體義》,《기학氣學》, 그리고《인정人政》으로 이어지는 저술은 조선 말 서양의 근대과학의 성과를 접한 지식인이 어떻게 그 지식을 전통적인 학문과 융합하려 노력했는지를 보여주는 흔적이다. 식민지 시대가 되면 조선은 의지와 상관없이 서구의 문물에 노출된다. 당시 지식인을 사로잡은 사상은 다양했지만, 민주주의와 사회주의, 그리고 아나키즘 등의 정치이념, 기독교와 같은 종교와 더불어 자연과학은 식민지 시대의 지식인 사이에서 널리 논의된 주제 중 하나였다. '동도서기東道西器' 등의 말이 유행했으며, 자연과학을 통해 서구의 '물질적' 성취를 흡수해 제국 열강의 지배에서 벗어나자는 계몽운동이 산발적으로 일어났다. 그중 하나가 김용관의 발명학회가 1924년 만든 '과학데이'이며, 한국 과학대중화의 기원은 그렇게 멀리 거슬러 올라가는 역사를 지니고 있다.

한국 사회에 존재하지 않았던 계몽주의에 대하여

식민지 조선에서 과학은 서구의 물질적 토대를 이룬 학문으로 여겨졌고, 이를 통해 식민지 조선의 민중을 계몽하면 조선은 곧 개화되어 부강한 나라가 될 것이라는 사상이 퍼져 있었다. 정확히 한 세기 전 유럽을 휩쓸던 계몽주의의 흐름이 식민지 시대의 조선에까지 이어져 내려온 것이다. 17세기 근대과학의 출현은 정치 및 사회사상에도 큰 영향을 미쳤고, 18세기 계몽주의 운동에 큰 영향을 미친 것이 사실이다. 계몽주의가 아름다운 귀결로 이어졌다고 보기는 어렵다. 본질적으로 엘리트 사상과 권위주의를 내포한 계몽주의 사상은 사회의 급격한 변혁에 이바지했을지는 몰라도 그와 비슷한 정도의 반작용을 몰고 왔기 때문이다. 언젠가부터 과학의 이름으로 사람이 사람을 차별하기 시작했고, 과학은 국가가 국가를 침범하는 정당화의 도구가 되기도 했다. 우생학은 흑인을 열등한 인종으로, 백인을 가장 우월한 인종으로 규정했고, 일반지능이론은 우생학적 차별을 지능으로 환원시켜 서양인의 타 지역 지배를 정당화했다.

왜곡된 과학적 정당화의 희생양이 된 식민지 지식인이 우생학을 받아들여 자국의 민중을 계몽하려 했다는 점은 아이러니다. 실제로 우리가 알고 있는 많은 독립운동가가 우생학회를 창설하고 이를 보급하는 데 열중했으며, 다윈의 이론을 왜곡해 국가 간의 경쟁으로 외삽한 허버트 스펜서의 '사회진화론'은 당시 지식인들에게 가장 유행했던 사상이기도 했다. 과학의 대중화는 바로 이런 운동의 조류에 속해 있었으며, 민중은 무지하고 과학 지식은 우월하다는 위계의식과 권위주의 속에 과학대중화운동은 산업화 시기로 이어졌다.

과학대중화운동이 본격적인 전성기를 맞이한 것도 박정희 정권 즈음이었다. 과학은 정권의 우월함을 선전하는 좋은 도구였으며, 경제 발전의 도구로 포장되어 있었다. 그 상황에서 정치권력이 과학을 대중화하는 데 힘을 기울이는 것은 이상한 일이 아니었다. 식민지 시대의 과학대중화는 과학이라는 낯선 사고 체계를 소개하는 것에 그쳤지만, 산업화 시대의 과학대중화는 이미 대중이 알고 있는 과학을 쉽게 포장하는 데 열중했다. 과학은 어렵다. 대중이 과학을 낯설어하는 이유는 바로 그 때문이다. 그러므로 과학을 쉽게 가르치자. 바로 이 단순하고 검증되지 않은 삼단논법이 과학대중화 정책에 국민의 혈세를 쏟아붓는 근거였다. 그 정책은 성공했는가?

결론부터 말하자면 전혀 그렇지 않다. 박정희 시대를 거쳐 군사독재 시기, 그리고 민주 정부가 수립되는 수십 년간 과학대중화라는 미명하에 엄청난 혈세가 투입되었지만 이공계 기피 현상은 심해졌고, 여전히 나아질 기미를 보이지 않는다. 박정희 정권 시대에 태어나 과학대중화의 세례를 받은 사이언스키즈는 현재 일자리가 없어 과학을 떠나야 하는 처지가 되었고, 심지어 직업을 구하기 쉬운 공학자마저 한국을 버리고 실리콘밸리로 이주하기를 꿈꾸는 것이 현실이다. 한국 과학대중화 정책은 철저히 실패했다.

최재천 교수는 1990년대 한국 과학대중화의 명맥을 이어간 대중과학자다. 그도 바로 이런 과학대중화의 맹점을 인식했고, 과학의 대중화가 과학이 지닌 세밀하고 우아한 지식을 지나치게 단순화시켜 오히려 과학을 저질화한다고 주장했다. 과학대중화가 과학을 쉽게 만드는 데에만 집중하는 한, 진정한 과학대중화는 이루어지지 않을 것이다. 그런 의미에서 최재천은 '대중의 과학화'라는 패러다임을 들고 나왔다. 최재천이 보기엔, 한국 과학의 문제는 과학이 대중화되지 않은 것이 아니라–과학은 오히려 너무 대중화되었다– 대중이 과학적이지 못하다는 데 있다. 그렇다면 대중을 과학화해야 한다. 문제는 최재천의 분석은 옳지만 대중을 과학화한다는 것의 명확한 의미도, 그 방법론도 보이지 않는다는 데 있다. 어떻게 대중을 과학적으로 만들 것인가?

앞에서 지적했듯이 계몽주의적 발상은 언제나 뼈아픈 귀결을 초래한다. 특히 21세기처럼 대부분의 현대인이 대부분의 정보에 접근할 수 있는 시대에 계몽이란, 상아탑에서 자기만의 세계에 빠져 있는 지식인이 만들어낸 헛도는 바퀴일 뿐이다. 더 이상 계몽은 필요하지 않다. 대중은 충분히 현명하며, 그들의 의사결정은 존중되어야 한다. 과학을 대중에게 알리기 위한 정보는 충분하다. 대중은 충분히 과학적이다. 문제는 대중이 아니다. 사회에 과학이 흘러 넘치지 못하는 이유는 바로 그 사회를 이끄는 제도를 만들어야 할 권력층과 바로 그 권력을 과학적으로 견제해야 할 과학자 집단이 과학적이지 못하기 때문이다. 대중에게는 아무런 잘못이 없다. 과학대중화란 21세기엔 의미 없는 활동이다. 대중 과학화란 표적을 잘못 설정한 공허한 캠페인이다.

'과학의 과학화'를 위한 초석

한국 사회의 과학이 우리의 삶에 봉사하게 만드는 방식은 과학의 대중화도, 대중의 과학화도 아니다. 우리 사회에 과학이 흘러넘치지 않는 이유는 대중 때문이 아니기 때문이다. 일본과 미국을 비롯한 선진국의 정치권력은 과학적 삶의 양식에 물들어 있다. 과학이 그들을 지배하고, 과학자가 정치를 한다는 의미가 아니라, 정치권력이 의사결정을 하는 과정에서 과학의 도움을 받고 과학적 방법론을 최대한 활용한다는 의미다. 또한 그런 사회에선 과학이 정치권력을 감시한다. 과학적 발견이 권력을 감시하는 것이 아니라 과학적 방법론의 많은 장점이 자연스럽게 권력을 견제하는 데 스며들어 있는 것이다. 정치인은 근거를 가지고 말해야 하며, 비판에 노출되는 것을 두려워해선 안 되고, 언제나 열린 토론 속에서 상대방을 설득하고 협상하고 결론을 도출해야 한다.

그런 사회의 과학은 과학화되어 있다. 머튼이 말한 규범이 과학자 사회에서 작동하고 있으며, 과학자 사회는 그 규범에 따라 공공의 이익에 복무하는 데 주저하지 않는다. 과학자는 여전히 연구실에 있지만 그들이 연구실에서 수행하는 연구의 성과는 자연스럽게 흘러넘쳐 대중과 사회를 적신다. 그렇게 스며든 과학은 한 사회의 문화를 형성하는 데 기여하며, 그렇게 형성된 문화, 즉 과학적 삶의 양식은 한 사회의 상식이 된다. 그 상식이 바로 권력을 견제하는 데 사용되는 것이다. 사회의 대부분의 사람이 존중하는 상식을 어길 수 있는 권력은 없다. 바로 그 상식의 기저에 과학이 기여한 문화적 요소가 얼마큼인지가 한 사회의 과학적 태도를 결정한다.

한국 최고의 국립 과학기술대학 KAIST는 2011년 창조과학자에게 명예박사 학위를 주었다. 심지어 KAIST엔 전국에서 가장 큰 창조과학 동호회가 인가되어 있으며, 그들 중 일부 교수는 버젓이 자신의 수업 시간에 학생들에게 진화론을 부정하고 창조과학을 믿으라는 설교를 하고 있다. 그들은 교과서진화론개정추진회(이하 교진추)라는 단체의 주축이며 대부분 특정 종교를 신봉하는 이들이다. 그들의 종교를 믿는 정치인이 대통령이 되자 교진추는 그 권력의 힘을 믿고 중고등 교과서에서 진화론을 삭제하려는 청원운동을 시작했다. 개인적 영역에 있어야 할 종교적 신앙이 권력의 힘을 빌려 공공의 영역으로 탈주한 것이다. 이 어이없는 사태가 국제적인 저널인 〈네이처Nature〉에 보고되고 나서야 교육과학부는 부랴부랴 청원을 기각했지만, 여전히 교진추는 중고등 교과서를 노리고 있다.

박근혜 정부의 교육과학 분야 인수위원장이었던 장순흥 교수는 창조과학의 신봉자였다. 창조과학자가 국가의 과학정책을 다룰 인수위원장이 된 것이다. 논란이 일자 그는 자신의 개인적 신념을 정책에 반영하지 않겠다고 발언했으나, 그 선정 자체가 잘못된 일이다. 창조과학자가 국가의 과학정책을 다루는 나라는 후진국이다. 자랑스러운 대한민국을 앞세우는 국가의 수장이 사이비 과학자를 과학정책의 수장으로 앉히는 우를 범해서는 안 된다. 우려는 계속된다. 몇 년 전 미래창조과학부에서 발주한 X프로젝트라는 사업의 기획 단계부터 관여한 인물은 제로존 이론이라는 사이비 과학을 신봉하는 기자 출신의 과학정책 전문가였고, 그의 지인인 영구기관을 믿는 과학자는 이 프로젝트를 통해 실제로 연구비를 수주할 뻔했다. 한 신문의 과학기자가 제보하지 않았다면 묻히고 말았을 일이다. 논란이 거세지자 당시 미래창조과학부는 프로젝트의 위원회를 전부 싹 갈아버렸지만, 과학기술 연구의 핵심인 정책 결정 과정에 사이비 과학자가 참여하고 있다는 점은 통탄스러운 일이다.

이보다 더 심각한 문제는 한국 과학기술정책이 보여주는 비과학성이다. 한국 과학기술정책은 박정희 정권 시절의 국가 주도 하향식 기조를 여전히 유지하고 있고, 연구자는 자율적인 연구 대신 국가가 원하는 연구를 단기간에 수행해야 하는 압박에 시달리고 있다. 어느 선진국의 사례를 보아도 한국과 같은 경제 규모를 지닌 국가의 과학기술정책이 이처럼 후진적이지 않다. 한국에서 과학기술연구비를 심사하는 과정은 번갯불에 콩을 구워 먹는 것처럼 빠르고, 그 연구비 선정 과정 자체는 공개되지도 않는다. 연구비 선정이 공정하지 않다면 누구도 그 정책 입안자를 신뢰하지 않을 것이다. 한국 사회 전체에 퍼진 불공정경쟁이 과학계라고 피해갈 리 없는 것이다. 이런 상황에서 과학자가 제대로 된 연구를 할 리 없다. 황우석은 바로 그런 비과학적인 과학기술정책이 키운 괴물이다. 그리고 여전히 변혁되지 않는 그 제도는 또 다른 황우석을 키울 것이다. 혹은 곧 과학자의 멸종을 지켜보게 될지도 모른다.

과학기술정책보다 더욱 심각한 문제는 국민의 삶을 담보로 하는 정책의 입안 과정이 비과학적이라는 것이다. 한국처럼 사건 사고가 많고 그에 따라 법률이 유행가처럼 만들어지는 국가도 드물 것이다. 하나의 법안이 만들어지기 위해 거쳐야 하는 엄격한 과정은 사라지고, 언젠가부터 법안은 여와 야가 협상하기 위해 필요한 포장지가 되어버렸다. 내용물이 되어야 할 법안이 포장지가 되고, 그 포장지는 곧 버려지는 것이다. 이는 국회에 과학자를 더 보낸다고 해결될 문제가 아니다. 국회의원은 선거 때마다 40퍼센트 이상 바뀌지만 국회의 문화가 바뀌지 않는 이유와 같다. 시스템과 제도, 이를 견제하는 문화가 결여된 것이다.

모든 변화가 한번에 이루어질 수는 없다. 한국의 과학자 사회는 정치권력에 길들여져 자신의 목소리를 내지 못하는 처지이고, 권력은 이런 과학자 사회를 길들이려 할 뿐, 그들을 두려워하지 않는다. 모든 것을 파괴하고 처음부터 건설할 수는 없다. 우리는 모두 항해 중인 배 위에서 배를 수리하는 사람들이다. 이 총체적인 난국의 상황에서 우리는 과학이 사회에 봉사할 수 있는 여지를 찾아내야 한다. 한국 사회가 비과학적인 이유는 대중 때문이 아니다. 그것은 우선 한국 사회를 이끌어온 권력이 비과학적이기 때문이며, 다음으로는 그 권력에 길들여진 과학자 사회가 비과학적이기 때문이다. 그 두 집단을 좀 더 과학에 가깝게 만드는 일, 나는 그것을 '과학의 과학화' 과정이라고 부를 것이다. 상류의 물이 오염되었는데 하류를 소독하는 건 의미가 없다. 그 상류에 정치권력과 과학자 집단이 있다. 그리고 그들을 연결하는 중심엔 과학기술정책이 있다.[7]

'과학의 과학화'란 과학을 과학답게, 머튼의 규범이 작동하는 시스템으로 변화시키는 일이다. 이는 한국 사회에 특수한 작업이며, 그렇기 때문에 우리 스스로 답을 찾아나가야 하는 실험이다. 우리는 우선 한국 사회의 과학을 과학답게 만들어야 한다. 그 치열한 변화의 노력은 한국 사회를 바꾸는 초석이 될 것이다. 역설적으로 사회를 구하는 과학은 과학 스스로를 먼저 구해야 하는 것이다. 사회를 구하기 위해선 과학을 구해야 한다.

과학의 과학화 그리고 상식의 긴 팔

우리는 스스로의 배를 재구축해야 하지만 바닥부터 새롭게 개조할 수 없는 선원과 같다. 대들보 하나를 빼내는 순간 다른 대들보를 동시에 넣어야 하며, 이러한 작업을 위해 선체의 나머지 부분을 지지대로 사용할 수밖에 없는 것이다. 오래된 대들보와 유목을 사용하는 방식으로 배를 완전히 새롭게 만들어낼 수는 있지만, 그 과정은 점진적인 구축일 수밖에 없다. **콰인, 《단어와 대상》에서 오토 노이라트를 인용하며**[8]

오토 노이라트(1882~1945)는 20세기에 가장 인정을 못 받았던 천재 중 한 명이다. 그를 경탄하는 사람들조차도 그 업적에 대해 개괄할 수 없을 정도로 그는 많은 영역에서 개혁자로서 두각을 나타냈다. (중략) 이 책에서 기술한 사상가들 중 어느 누구도 다방면에 박학다식한 노이라트만큼 기술에 조예가 깊은 사람도 없었고, 2차 대전 후 세계를 그렇게 잘 이해한 사람도 없었다. 그가 만약 10년만 더 살았더라도 한 문화의 영웅이 됐을 것이다. (중략) 그가 관심을 두었던 그 방대한 학문적 영역을 볼 때, 어느 누구도 그가 산 세기에 그를 능가하지 못했다. 누가 과연 물리학, 수학, 논리학, 경제학, 사회학, 고대사, 정치학 이론, 독일문학사, 건축, 응용 그래픽 영역에서 진정한 연구를 수행했다고 할 수 있단 말인가? (중략) 노이라트 또한 실천적 유토피아주의자였다. 그러나 그 씨앗의 결실은 다른 사람들이 거두었다. 성인 교육을 위해 그렇게 많이 노력한 그가 잊히었다는 것은 부끄러운 일이다. 그는 분명 전문화의 희생양이었고 이것이 그의 백과사전주의를 조소하게 만드는 것이다. 빈학단의 다른 어떤 학자도 그 집단적 업적을 노이라트만큼 훌륭히 해내지 못했다. 또한 어느 누구도 그렇게 당당히 통합적 사고로 오스트리아인의 재능을 구현한 사람은 없었다.[9]

한국 사회에서 융합이나 통섭이라는 말이 유행할 때마다 도대체 한국 사회는 언제쯤 융합이나 통섭에 '관한' 논쟁을 넘어 연구와 산업 현장에서 융합과 통섭을 이루어낼지 궁금하다. 다양한 화두가 던져질 때마다 현학적인 학자와 논객이 다양한 지면과 토론 프로그램을 통해 논쟁을 벌이지만 실제로 그 문제가 제대로 해결된 적은 없다. 인문학의 위기가 닥쳤을 때 수많은 학자, 특히 교수들이 엄청나게 많은 논의를 주도했지만, 결국 한국 사회에서 인문학은 서서히 멸종 중이다. 이공계 위기라는 말이 화두일 때도 결국 이기적인 대학교수와 단순한 정부 관료는 이공계 학부생을 외국에 단기 유학까지 보내주면서 국민 세금을 낭비했지만, 결국 그 세대의 이공계 학부생 중 우수한 사람은 의대에 진학했다. 융합이라는 말이 유행하자 국립 서울대를 비롯한 대부분의 대학은 융합이라는 단어가 들어간 학과를 만드는 것으로 정부의 연구비 지원 정책에 대비했고, 결국 한국 사회에서 융합은 부질없는 한순간의 꿈으로 끝나버렸다.

한국은 학문적 논쟁의 장이 거의 없는 나라다. 과학전쟁이 서양에서 벌어졌을 때 그 치열한 논쟁의 틈에서 인문학과 과학 사이에 새로운 두 문화를 건설하려는 노력이 생겨났다. 학문은 논쟁을 통해 발전한다. 논쟁은 학자들 간의 부질없는 감정싸움이 아니라 학문이 놓인 시대적 맥락 속에서 학자 간에 벌어지는 치열한 논리 혹은 논증의 대결이어야 한다. 과학전쟁은 상처를 남기고 끝난 것이 아니라 과학사회학계와 과학계 모두에 긴장을 조성하며 비가역적인 변화를 만들어 냈다. 과학사회학은 과학을 상대주의로 몰아가려는 노력 대신 과학이 사회 속에서 건강하게 기능할 수 있는 방법을 찾아 나가기 시작했으며, 과학은 다양한 방식으로 사회에 봉사해야 한다는 책무를 더욱 중요한 가치로 여기게 되는 동시에, 과학과 사회에서 벌어지는 많은 갈등과 해결해야 할 문제에 관여하게 되었다.

하지만 한국 사회에서 벌어지는 논쟁은 잠깐 뜨겁다가 소모적인 감정싸움으로 치닫고는 모두에게 잊히고 만다. 예를 들어 2008년경 한국 사회에서 벌어진 통섭 논쟁이 그렇다. 이 논쟁은 처음엔 통섭이라는 단어의 번역을 가지고 인문학자와 과학자가 서로 자존심 싸움을 벌이다가, 결국은 지적 사기라는 파국으로 끝나버렸다. 이제 아무도 통섭을 논하지 않는다. 아니 이제 모두 통섭이 무엇인지조차 잊어버렸다.[10]

빈학단 통일과학운동의 이단아 오토 노이라트

에드워드 윌슨의 《통섭》은 모든 학문을 물리학으로 환원시키겠다는, 한 사회생물학자의 나이브한 시도다. 그 책엔 제대로 된 논증도 없고,[11] 치밀한 역사적 공부조차 없다. 이미 살펴봤듯이 《두 문화》를 주장한 스노도, 《통섭》을 주장한 윌슨도 역사에는 철저히 무지했던 과학자였다. 과학과 인문학은 근대과학의 출발 전에는 나누어진 적도 없으며, 근대과학이 시작되고 나서도 결코 따로 떨어져 존재하지 않았고, 학문의 전문화 과정이 시작되는 현대에 이르러서도 과학 지식인에 의해 언제나 한 덩어리로 소통되었다. 만약 스노와 윌슨이 그 역사적 흐름을 알지 못했다면 그건 그들이 역사에 무지한 삼류 과학자였기 때문일 것이다.

오토 노이라트는 1882년 오스트리아헝가리제국에서 태어난 과학철학자, 사회학자, 정치경제학자로, 빈학단의 주도적인 인물이었다.[12] 노이라트가 활동하던 20세기 초의 빈은 말러Gustav Mahler, 프로이트, 클림트Gustav Klimt 등으로 대변되는 각종 부르주아 문화 엘리트의 향연과 더불어, 20세기에 급속하게 성장한 대부분의 학문의 씨앗을 잉태하고 있던 도시였다.[13] 그곳에서 노이라트는 수학을 공부했고, 베를린대학으로 유학을 떠나 정치학과에서 통계학으로 박사 학위를 받았다. 노이라트는 전쟁이 발발하기 전까지는 정치경제학을 가르쳤지만 전쟁이 일어나자 전쟁부의 전시경제 부문을 총괄하기도 했다.

노이라트는 1920년대 열렬한 논리실증주의자가 되었고, 모리츠 슐리크, 한스 한, 필립 프랑크 등과 함께 토론 모임인 '에른스트 마흐 학회'를 결성하고 이후 루돌프 카르나프, 쿠르트 괴델Kurt Gödel 등이 합류하면서 이 학회를 빈학단으로 발전시키게 된다. 1929년 발표된 빈학단의 「과학적 세계 이해」라는 제목이 달린 빈학단의 선언문의 주저자는 오토 노이라트로 알려져 있다.[14] 흔히 빈학단의 사상을 논리실증주의라고 부르고, 그들의 세계 이해의 바탕에는 물리학의 언어로 모든 언어를 환원시키려는 통합과학운동이 자리 잡고 있었다고 말한다. 하지만 빈학단의 논리실증주의자들 사이에는 엄밀한 의미에서 공통된 입장이 존재하지 않았다. 굳이 공통된 입장을 한마디로 말한다면, 형이상학을 강력하게 거부하고 철학적 작업의 과제는 논리적 분석이어야 한다는 정도일 듯하다. 각종 형이상학적 이론의 대결로 난장판이 되어버린 철학에 대한 과학적 분석주의자의 도전, 그것이 20세기 초에 멸망해가던 오스트리아헝가리제국의 빈학단이 추구했던 논리실증주의의 실체다.

빈학단은 20세기 초, 물리학을 중심으로 하는 통일과학운동을 추구했다. 에드워드 윌슨의 통섭은 21세기에 등장해 아무런 학문적 운동으로도 이어지지 못하고 있지만, 빈학단의 통일과학운동은 서양철학 전체에 비가역적인 영향을 미쳤다. 17세기 과학혁명으로 근대과학이 탄생했고, 그 반동과 영향으로 낭만주의와 계몽주의가 탄생했을 때, 과학자 사회와 계몽주의 철학자는 확실성 추구의 시대정신 속에 놓여 있었다.[15] 근대과학의 탄생을 알린 고전역학이 보여준 세계는 보편적이고 불변적이며 통일적이고 절대적인 지식의 가능성을 보여주었다. 20세기 초 확실성 추구의 시대정신을 이어받은 건 루트비히 볼츠만과 에른스트 마흐와 같은 철학을 이해하는 물리학자들의 사상을 계승한 빈학단이었다. 빈학단은 세기말 빈에서 벌어진 다양한 학문의 등장을 목격한 세대였고, 동시에 19세기 말에서 20세기 초까지 오스트리아헝가리제국이 종말을 고하고 급격한 산업화와 도시화가 진행되면서 대다수의 노동계층이 열악한 경제 생활을 영위하던 시기이기도 했다.[16]

대규모 혼란의 시기에 지식인은 확실성을 추구하는 경향을 보인다. 데카르트는 정치적 공황기의 프랑스에서 그의 유명한 저작《방법서설》을 저술했고, 프랑스의 정치적 혼돈을 이성이라는 무기로 해결하고자 했다.[17] 통일과학운동을 이끈 과학철학자 루돌프 카르나프와 통계학과 수학으로 무장했던 사회학자 오토 노이라트는 서로 다

논리실증주의자의 학문 간 관계

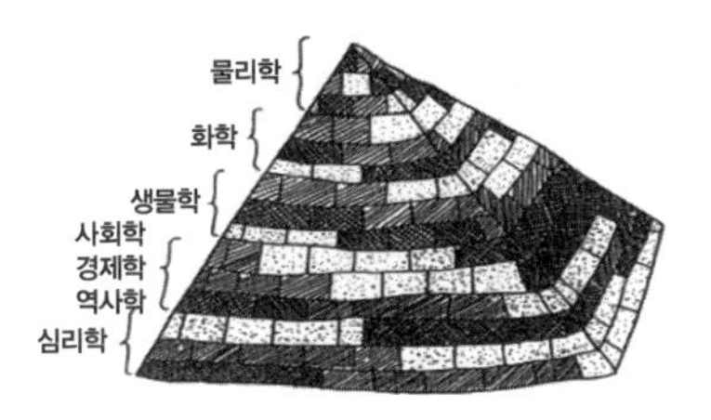

노이라트의 학문 간 관계

그림 6 **피라미드와 풍선**

른 언어로 이야기하는 다양한 학문 사이에 공통된 언어가 필요하다고 생각했다. 그들은 수학, 물리학, 경제학, 정치학, 사회학, 정신분석학 등의 모든 학문 분야가 동일한 언어와 법칙 그리고 방법론 중 일부를 공유한다고 주장했고, 모든 학문은 공통의 언어로 산만하지 않게 서술되어야 한다고 생각했다. "모든 과학용어들을 직접적인 경험이나 지각을 서술하는 일련의 기초진술이나 혹은 프로토콜 문장으로 재구성할 수 있다고 주장"한 빈학단의 통일과학운동은 결국 모든 학문의 용어를 재구성해서 물리학의 언어로 환원하는 논리실증주의로 이어지게 된다.[18]

논리실증주의자에게 모든 학문은 물리학을 피라미드의 꼭대기로 하는 위계로 구성된다(그림 6 참고). 모든 학문을 물리학으로 환원시키려는 입장으로 알려진 논리실증주의는 20세기 중반 과학철학의 화두가 된 환원주의의 소재를 제공했다. 에드워드 윌슨은 바로 이 빈학단의 일반적인 사상으로 알려진 통일과학운동의 계승자다. 하지만 에드워드 윌슨의 역사적 무지 때문에, 현대의 독자는 철학적으로 이미 실패한 논리실증주의의 망령을 조금 세련된 과학용어로 《통섭》이라는 책을 통해 다시 접해야 한다. 논리실증주의는 철저하게 실패했다. 모든 학문이 물리학의 용어로 환원될 수 없다는 것은 이미 증명되었음에도 윌슨은 물리학의 위치에 진화생물학을 놓음으로써 이 허망한 실패를 되풀이하려는 것이다. 나는 윌슨의 이런 시도를 지적 게으름이라고 표현하겠다. 진화생물학도 모든 학문을 통섭할 수 없다. 학문의 역사는 다양성의 증가 그리고 합종연횡의 역사일 뿐이다. 피라미드는 없다.

빈학단이 피라미드로 학문의 관계를 설명할 때 여기에 반기를 든 학자가 바로 노이라트였다. 노이라트가 통일과학을 거부한 것은 아니다. 하지만 그는 다른 논리실증주의자와는 다르게 환원 없는 통일과학과 행동을 위한 통일과학을 주장했다. 노이라트는 학문 간의 관계가 일방적인 환원이 아니라 조율을 통한 관계라고 생각했고, 이를 위해 각기 다른 색깔의 풍선으로 학문 사이의 관계를 표현했다. 노이라트의 지식 체계 속에서 각각의 학문은 서로 다른 풍선으로 그려진다. 풍선의 안에는 각 학문의 내용이 들어 있으며, 풍선이 하나의 과학 분야라는 의미는 각각의 과학이 서로 경계를 지니고 있다는 뜻이다. 각각의 과학 분야는 독립적이다. 하지만 이들은 풍선에 달린 끈을 통해 다양한 방식으로 묶일 수 있다. 이는 풀어야 하는 문제에 따라 서로 다른 학문이 함께 협업할 수 있다는 뜻이다. 또한 풍선은 서로 제각기 다른 경로로 땅과 연결되어 있다. 어떤 풍선은 나무에, 어떤 풍선은 신호등에, 어떤 풍선은 길에 매달려 있다. 하지만 경로가 달라도 이들은 모두 세계와 연결되어 있어야 한다. 즉, 과학은 모두 동일한 경험세계를 기반으로 한다. 그 연결고리 중에는 튼튼하지 않은 것도 있을 수 있고, 허술한 곳에 묶여 날아가버리는 풍선도 존재할 수 있다. 즉, 과학들은 서로 다른 기반 속에 풀고자 하는 문제에 따라 서로 다른 확실성의 정도를 보유하고 있다. 노이라트의 환원 없는 통일과학운동은 이런 방식의 학문 이해였으며, 그의 평생에 걸친 학문적 실천도 바로 이런 문제의식의 발로라고 할 수 있다.[19]

아이소타입과 사회주의경제 계산 논쟁, 실천으로서의 과학

노이라트는 통일과학운동을 '행동을 위한 통일과학'으로도 생각했다. 즉, 노이라트에게 여러 학문의 융합은 실천을 위한 것일 때에만 의미가 있었던 것이다. 그는 통일과학운동이 그저 추상적인 철학적 이론이나 완벽한 세계의 표상을 건설하는 데 그쳐서는 안 된다고 생각했다. 통일과학운동은 우리의 삶과 세계를 변혁시키는 도구로 사용되어야 의미를 지닌다. 노이라트의 "과학적 탐구의 목적, 과학적 지식의 주제, 그리고 과학적 판단의 대상"은 모두 우리가 사는 이 세계를 어떻게 좀 더 좋은 세상으로 만들 것인가의 문제와 연결되어 있고, 나아가 거기에 그치지 않고 세계를 이론이 아니라 실천으로 변화시켜야 한다는 목적의식에 닿아 있다.[20] 노이라트는 '실천적 계몽가'로서 물리학, 수학, 논리학, 경제학, 사회학, 고대사, 정치학 이론, 독일문화사, 건축, 응용 그래픽 영역에 이르기까지 모든 연구를 수행할 능력을 지녔던 르네상스인이었다.[21] 그의 이러한 실천가적 기질은 당시 오스트리아가 처했던 시대적 상황에 대한 경제학자로서의 처절한 인식이 녹아 있었기 때문에 가능했던 것으로 보인다.

노이라트는 1919년 「전쟁경제를 통해서 현물경제로」라는 논문을 발표한다. 1919년은 제1차 세계대전이 끝난 직후였고, 당시 노이라트는 전후 경제의 복구를 위한 경제 관료로 일하고 있었다. 이 시기 빈은 '붉은 빈Rotes Wien'이라는 별칭으로 불렸다.[22] 1918년부터 1934년까지 오스트리아 빈은 사회민주주의 정부에 의해 '세계 최초의 진정한 노동자 정부'를 갖게 되고, 이 시기 빈에서는 세계 어디에서도 실험된 적이 없는 최초의 지역자치제 사회주의가 실험된다. 러시아의 소비에트 모델과 차별되는 유럽사회주의의 실험 무대였던 빈을 폄하하기 위해 당시 적대적인 세력은 붉은 빈이라는 말을 고안해냈다. 하지만 당시 빈에서는 다양한 공공주거정책이 실험되었고, 소비에트연방과 다른 동유럽 국가에서 '사회주의국가'라는 이상에 집착하고 좌절할 때에도 자치제라는 보다 작은 공간을 통해 사회주의 실험을 수행했다.[23]

노이라트는 바로 이 시기 사회민주당에 가입했고, 붉은 빈에서 가장 활발하게 벌어진 공공주택운동과 연관된 자리에서 관료로 일을 시작했다. 그는 지역자치제 사회주의자로 노동조합, 노동자협회 등의 협회 설립에 관여했고, 박물관 설립에도 관여했다. 그는 박물관의 전시 내용을 노동자를 포함하는 모든 사람에게 쉽게 이해시키기 위해 그래픽 디자인과 시각 교육을 직접 공부해 일러스트레이터 게르트 아른츠Gerd Arntz와 마리 라이데마이스터Marie Reidemeister 등과 함께 현대 디자인에서 혁명적인 업적으로 인정되는 아이소타입ISOTYPE을 만들었다.[24] 노이라트의 아이소타입에는 실천을 중시하는 그의 사상과 더불어 언어에 대한 빈학단의 견해와 대립되는 노이라트만의 독특한 생각이 녹아 있다. 그는 이렇게 말한다.

> 현대인은 무엇보다도 시각적인 인간이다. 광고, 계몽포스터, 극장, 삽화, 신문, 잡지 등은 대중을 교육시키는 데 많은 부분을 차지하고 있다. 책을 많이 읽는 사람들조차도 그림이나 삽화에서 보다 많은 자극을 받는다. 피로한 인간이 읽어서는 더 이상 이해할 수 없는 것을 그림으로는 쉽게 알아낸다. 이뿐만 아니라 그림교육학은 많이 교육받지 못했지만 시각적으로는 잘 수용하곤 하는 성인들이나 혜택받지 못하고 별로 고려의 대상이 되지 못하는 청소년들에게 교육의 기회를 제공하는 하나의 수단이다.[25]

노이라트의 아이소타입은 민중의 계몽을 위한 그림문자이자, 문자언어(활자와 숫자)가 보여주지 못하는 총체성을 보여준다는 그의 언어분석의 철학이 녹아 있는 작품이다. 노이라트는 빈학단이 물리학의 언어로 다른 학문을 환원하려 노력할 때, 오히려 그림이라는 새로운 도구를 과학의 언어에 도입함으로써 빈학단의 언어분석에 실천적 반론을 가했다. 나아가 노이라트는 아이소타입이 그림문자로 민중을 계몽하는 데 사용될 수 있다고 생각했다.[26]

노이라트가 발표한 정치경제학 논문은 루트비히 폰 미제스Ludwig von Mises에게 비판받는다. 당시 노이라트는 통화를 전혀 사용하지 않

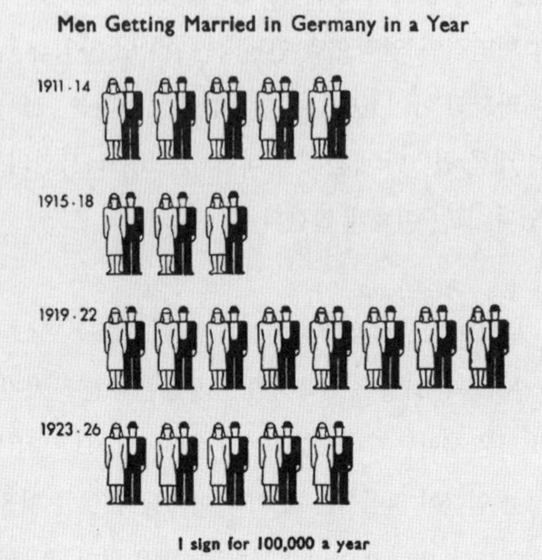

그림 7 노이라트는 그의 아내 마리와 함께 아이소타입을 만들어 복잡한 통계를 시각화하는 방법을 개발하기도 했다.[27]

는 경제체제의 실현 가능성을 믿고 있었고, 제임스 조지 프레이저James George Frazer의 영향을 받아 사회주의에 과학적 사고 및 경험주의와 실증주의를 불어넣으려는 생각을 하고 있었다. 노이라트는 사회주의자로서 그 어떤 마술적 사고는 물론 신학과 같은 낡은 인식론을 거부했고, 과학적 세계관을 사유의 지배적인 형태로 인정했다. 20세기 중반 존 데스몬드 버널을 비롯한 영국의 좌파 과학자 집단이 과학을 사회주의적 이념보다 더 큰 권위로 인정했듯이, 노이라트도 바로 그러한 과학적 사회주의자의 관점을 키워나가고 있었다.

사회경제이론과 과학적 방법이 정치적 관행에 함께 적용될 수 있다고 믿었던 완벽한 사회주의경제의 지지자였던 그에게, 미제스가

1920년 발표한 「사회주의 연방에서의 경제 계산」이라는 논문은 받아들일 수 없는 주장이었다. 이 논문에서 미제스는 시장에선 수많은 개인과 기업이 끊임없는 방대한 정보를 처리하고 이로 인해 수요와 공급이 균형을 이루게 되는 반면, 정부는 그런 정보처리 능력이 없으므로 사회주의 체제의 계획경제는 작동할 수 없다고 단언했다. 미제스에 따르면 "자유시장이 없는 곳엔 가격 기구가 없다. 가격 기구가 없으면 경제적 계산이 없"는 것이었고, 미제스는 아직 태어나지도 않은 사회주의경제에 사망 진단을 내렸다.[28] 이렇게 시작된 사회주의 계산 논쟁은 과연 사회주의국가에서도 합리적인 자원의 배분을 통한 경제 계산이 가능할 것인지를 두고 자유주의 진영과 사회주의 진영 간의 지적 논쟁으로 번져나갔다. 이 논쟁을 촉발한 노이라트는 경쟁적 시장에서 형성되는 가격이라는 공통척도의 도움 없이도, 실물 형태의 계산만으로 정확하게 계획경제가 가능하다는 주장을 폈다. 이 논쟁은 이후 사회주의 진영과 자본주의 진영 간의 이념 대립으로 격화되며 가속화되고, 우리가 잘 아는 역사처럼 냉전은 이 경제학 논쟁을 정치적 갈등으로 비화시킨다.[29]

노이라트의 배와
상식의 긴 팔

오토 노이라트처럼 독특하게 대위법적인 저자를 독해하는 방법은 여러 가지가 있다. 그리고 자기가 알아낸 일부분을 전체로 착각함으로써 그를 오독하는 방법 역시 여러 가지다. 그의 다양한 활동 분야

중에서도 특히 경제에 대한 저작은 더더욱 그러하다. 그가 살았던 시대에조차, 사람들은 이를(또 그가 자신의 생각을 실천에 옮기려 시도한 것을) 두고 그에게 서로 모순되는 딱지를 붙이곤 했다. 그는 '낭만주의자'이자 '광인'이었고, '공산주의자'이면서 '부르주아'였으며, '바보'인 동시에 '선지자'였다.[30]

> 우리는 망망대해에서 배를 뜯어고쳐야 하는 뱃사람과 같은 신세다. 우리에게는 부두로 가서 배를 분해하고 좋은 부품으로 다시 조립할 수 있는 기회가 주어지지 않는다.[31]

아이소타입이라는 그림문자의 개발과 보급은, 빈학단과 비트겐슈타인이 집착하던 이론적 언어분석의 한계를 그림문자라는 실천적 도구를 통해 보여준, 노이라트만의 독특한 과학적 세계이해 방식이다.[32] 사회주의경제 계산 논쟁에 뛰어든 노이라트의 배경 뒤에는, 사회주의에 과학적 세계 이해를 접목시켜 산업화로 피폐해진 노동자의 삶을 도우려는 노이라트의 과학적 삶의 실천으로 이해할 수 있다. 노이라트는 논리실증주의가 귀결되는 환원주의의 늪에 빠지지 않았고, 흔히 철학자들이 빠지기 쉬운 무의미한 형이상학적 궤변에 만족하지도 않았다. 노이라트라는 이름이 가장 자주 거론되는 '노이라트의 배'에는 바로 평생 과학을 삶과 세계 속에서 실천으로 인식한 그의 사상이 녹아 있다. 물리학의 언어로 모든 학문을 환원하려는 유토피아적 기획은 허망하다. 왜냐하면 우리는 모두 이미 항해 중인 배의 선원이기 때문이다. 완벽한 학문 간의 환원은 불가능하다. 항구에 정박하고 배를 수리하는 호사는 불가능하다. 하지만 우리는 끊임없이 배를 수리해야 한다. 왜냐하면 그 배가 항해할 수 있을 정도로 기능해야 우리가 목적지에 다다를 수 있기 때문이다. 그렇기 때문에 과학은 실천이어야만 한다. 서로 다른 학문은 문제를 해결하기 위해 세계와 연결되어야 하며, 문제 해결을 통해서만 발전할 수 있기 때문이다.

빈학단의 구성원 중에서 오직 노이라트만이 사회운동에 적극적이었다. 빈학단을 함께 만든 슐리크과 카르나프는 모두 상아탑의 학자였고, 결국 그들의 학문도 이론적이고 현학적인 체계에 갇히고 말았다.[33] 앞에서 살펴본 노이라트의 붉은 빈에서의 사회주의자로서의 실천이, 빈학단의 통일과학운동에 대한 그의 이해에도 영향을 미친 것은 분명해 보인다. 오직 노이라트만이 피라미드 형태의 지식 체계를 거부했고, 물리학의 언어로 환원되는 과학에 거부감을 보였다. 노이라트만큼 20세기 유럽의 시대 상황을 직시한 학자도 없었고, 그처럼 다양한 분야에서 다양한 학문을 완벽하게 다룰 수 있는 사람도 존재하지 않았다. 그런 노이라트가 주도한 빈학단의 선언문 마지막 구절이 "과학적 세계 이해는 삶에 봉사하며, 삶은 그것을 받아들인다"라는 점은 의미심장하다. 노이라트는 과학적 세계 이해를 세계 변혁의 방법으로 삼으려 했다.

노이라트는 보편과학적 방법을 부정하면서도 특별히 우월적 지위를 주장하지 않는 실용적인 문제 해결 방법에 대해 평생 연구해나갔다. 노이라트와 카르나프의 차이를 통해 지식 융합의 문제를 연구한 철학자 여영서는 노이라트의 지식 융합 방식에 '상식의 긴 팔'이라는 이름을 붙였다.

상식의 긴 팔은 각각의 영역에서 맥락에 따라 적용되는 여러 과학적 방법들이 지닌 공통점을 묶은 것이다. 상식의 긴 팔은 우리 모두가 가진 것으로 우리가 언제 어디서나 사용하고 있고 또 사용할 수 있는 것이다. 인간이 기본적으로 지니고 있는 논리적 추리 능력과 합리적 판단 능력이다. 그렇지만 상식의 긴 팔이 상식은 아니다. 상식은 누구나 실제 가지고 있는 것이고 그래서 서로 다른 것일 수 있고 부정확하다. 상식의 긴 팔을 사용하는 능력은 사람마다 다르다. 상식의 긴 팔은 좋은 과학자가 사용하는 방법의 핵심이다.[34]

'상식의 긴 팔'이라는 표현은 《과학을 변호하며Defending science-within reason: between scientism and cynicism》라는 책으로 유명한 과학철학자 수잔 하크Susan Haack가 가장 먼저 사용했다.[35] 하크는 이 표현을 통해 인간이라면 누구나 가진 논리적 추리 능력과 합리적 판단 능력을 표현했다. 하지만 우리는 그 상식의 긴 팔을 지금까지 과학적 방법론이라고 부르지 않았다. 근대과학의 성공을 지켜본 철학자와 시민은 과학은 특별하다는 관념에 사로잡혀 과학에 존재하는 독특한 방법론을 파악하기 위해 몇 세기를 낭비해왔는지도 모른다. 물론 과학에는 특별한 것이 있다. 하지만 과학자는 우리가 가진 상식의 긴 팔을 특별히 잘 사용할 뿐이다. 과학적 방법의 핵심에는 숫자로 나타내는 데이터와 합리적 추론 능력을 통해 구성하는 이론이 있다. 잘 생각해보면, 일상적인 삶 속에서도 중요한 결정을 내려야 할 때 대부분의 사람은 상식을 길게 늘여 과학적 방법론으로 승화시킨다. 집을 살 때, 사람들은 숫자를 조사하고 분석하며 다른 사람의 이론과 비교하고 토론한다. 과학자는 과학적 방법이 가장 잘 적용되고 보편성을 획득할 수 있는 자연의 대상에 상식을 투영하는 사람이다. 그리고 좀 더 전문화된 체계 속에서 훈련을 통해 그 방법에 익숙해진 전문가일 뿐이다. 즉, 과학자들은 특별한 존재가 아니라 우리 모두에게 내재된 상식의 긴 팔을 사용하는 데 더 익숙해진 사람들일 뿐이다.

따라서 학문의 융합을 상식의 긴 팔이라는 관점에서 바라보면 누구나 필요한 만큼 과학자가 될 수 있는 가능성이 열린다.[36] 우리 모두는 인간으로 태어났기에 상식의 긴 팔이 존재한다. 인간으로 태어나 사회화된 정상적인 사람에게는 누구나 과학자가 될 수 있는 씨앗이 있다. 부엌에서 요리를 하던 사람이 요리사가 되고자 할 때, 그는 상식의 긴 팔을 이용해 과학자가 되는 경험을 하게 된다. 집에서 취미로 정원을 가꾸던 사람이 정원사가 되려고 할 때, 그는 과학자가 되는 경험을 하게 된다. 듀이는 "과학적 문제와 과학적 절차는 상식의 문제와 방법으로부터 나온 것"이라고 말했고, 토머스 헉슬리는 "과학자는 우리가 습관적으로 매 순간 부주의하게 사용하는 방법을 용의주도한 정확함을 가지고 사용하는 사람"이라는 말을 남겼으며, 아인슈타인은 "과학 전체는 일상적인 사고방식이 정제된 것 이상이 아니"라고 말했다.[37] 노이라트는 다양한 학문을 관통하는 보편적인 과학적 방법론의 존재를 믿었다. 하지만 그 방법론이 물리학의 언어로만 환원되는 성질의 것이 아니라고 생각했다. 다양한 지식에 백과사전식으로 빠져들었던 노이라트는 분명히 그 모든 학문을 관통하는 보편적 방법론의 핵심에 다다랐던 얼마 안 되는 사람 중 하나였을 것이다. 그런 노이라트가 추구한 과학적 방법론의 핵심은 상식의 긴 팔이었고, 그것보다 중요한 것은 바로 과학적 방법론의 핵심이 세계를 변화시키려는 실천 속에 있다는 인식이었다.

노이라트의 관점에서 학문 간의 본질적 차이란 존재하지 않는다.

어느 학문에나 상식의 긴 팔이 존재하며, 각 학문은 각기 다른 방식으로 우리 세계와 연결되어 있다. 그리고 그 학문은 반드시 세계와 삶을 향한 실천의 의미 속에서만 학문의 가치를 유지할 수 있다. 따라서 노이라트에게 과학과 인문학은 우열의 차이로 대비되는 학문이 아니다. 과학과 인문학 모두 각자 오래도록 지켜온 상식의 긴 팔이 존재한다. 다만 과학은 좀 더 근대에 빠른 속도로 그 방법론을 정밀하게 발전시켰을 뿐이다. 하지만 과학적 방법론의 빠른 발전은 과학이 설명하는 대상의 범주를 제한했기에 가능한 것이었다. 물리학은 우주를 설명하지만 인간을 제대로 설명하지 못하며, 생물학은 우리 몸의 생리에 대해 많은 것을 알아냈지만 삶의 의미를 모두 포착하지 못한다. 인문학이 보여주는 상식의 긴 팔은 때로는 과학적 방법론이라고 부르기엔 짧고, 소칼이 비판한 포스트모더니즘의 일부는 세계와 연결된 기반마저 사라진 것으로 보인다. 그런 인문학은 곧 소멸될 것이다. 모든 학문은 세계와의 연결을 통해서만 기능하며, 궁극적으로는 세계를 변혁시키는 방식으로 자신의 가치를 획득한다. 하지만 그 변혁이 아무런 근거도 없이 이루어지는 것이어서는 안 된다. 근대과학의 탄생 이후의 역사는, 과학적 방법론이 상식의 긴 팔의 원형을 보여주며 서로 다른 영역에서 필요한 만큼 상식의 긴 팔을 사용해야 학문이 진지하게 논의될 수 있음을 보여주고 있다.

낸시 카트라이트Nancy Cartwright는 노이라트의 과학의 방법을 연구했고, 그의 삶의 철학을 이렇게 요약했다.

> 설득하고 교육시키고, 협상해야 한다. 그리고 결국에는 결정하고 행동해야 한다. 요점은 그것이 답변이라는 것이다. 노이라트는 그렇게 하면

된다고, 그리고 우리가 가진 것은 그것뿐이니까 그렇게 하면 되어야만 한다는 것을 보여주기 위해 평생 노력했다. 우리는 우리의 문제에 대해 고민해야 하고, 우리의 반대파들과 협상해야 하며, 선택을 한 후 그것이 수행되도록 노력해야 한다.[38]

학문은 실천 속에서 의미있으며, 모든 학문은 과정 중에 위치하며, 그럼에도 우리는 떠 있는 배 위에서 치열하게 그 의미를 고민해야 한다는 노이라트의 말 속에, 어쩌면 한국 사회에서 과학과 인문학의 대화가 시작될 열쇠가 있을지 모른다.

스티븐 툴민,
그리고 과학적 인본주의자의 길

툴민은, 만일 지난 3세기가 데카르트가 아닌 몽테뉴를 출발점으로 삼았더라면 얼마나 다른 모습으로 전개되었을 것인지를 보여줌으로써, 데카르트주의적인 확실성 추구를 과학철학의 본성이라고 여기는 환상을 여지 없이 무너뜨리고 있다. **리처드 로티**Richard Rorty, **《코스모폴리스》 서평 중에서**

이 책은 모더니티와 포스트모더니티에 관해 오늘날 이용할 수 있는 최상의 연구서이다. 툴민의 통찰은 우리의 대학뿐만 아니라 정치계를 위해서도 중요한 함축을 담고 있다. 그가 변화시킨 것은 우리의 세계관이기 때문이다. 불확실성의 시대에 그는 경이롭도록 희망찬 책을 우리에게 선물했다. **로버트 벨라**Robert N. Bellah **《코스모폴리스》 서평 중에서**

스노의 두 문화라는 강연 이후, 서구 지식인들은 두 문화의 화해는 커녕 과학전쟁이라는 갈등을 통해 아예 대화의 길을 봉쇄해버렸다. 과학자 에드워드 윌슨처럼 자신의 수준 낮은 철학에 대한 이해를 뽐내는 이들이 '통섭'처럼 나이브한 논의로 그나마 열려 있던 대화의 창구조차 닫아버렸다.[39] 프랑스 계몽주의 시기처럼 과학계와 인문학계의 균형 잡힌 대화와 협업은 이제 존재하지 않는다. 우리에겐 더 이상 돌바크도 디드로도 존재하지 않기 때문이다. 과학과 인문학은 서로 다른 길을 향해 달리고 있다. 과학은 전문화와 세분화를 거쳐 이제 무한 경쟁의 길에 접어들었다. 모든 학문 생태계가 위기이지만 과학계는 스스로 만든 함정에 걸려 학술지의 순위와 논문의 숫자에 집착해 과학의 공공성은 아예 생각조차 하지 않는 상태로 접어들었다.[40]

인문학계는 더욱 가관이다. 대학의 상업화로 인해 인문학과의 간판은 취업을 위한 실용학문의 이름으로 대체되었고, 인문학 대학원은 이제 기피 대상이 되어, 아무도 관심을 갖지 않는 공간으로 타락해버렸다. 대학교수는 기득권을 지키기 위해 학문 후속 세대의 권익을 짓밟고 있으며, 그런 대학의 타락은 구조화되어 능력주의 신화 속에 한국 사회를 추락시키는 가장 큰 원인으로 자리 잡았다.[41] 인문학은 스스로 학문을 구원할 기회를 걷어찼으며, 앞으로 한국 사회에서 진지한 인문학자를 대학 강단에서 찾을 가능성은 없다. 강단 인문학은 끝났다.

스노는 두 문화의 갈등을 완전히 오해했지만, 스노의 무지와는 별개로 우리가 사는 현대 세계에서 과학과 인문학은 점점 더 멀어지고 있는 것이 사실이다. 과학에 대해 말하는 대부분의 인문학자는 과학에 적대적이거나 혹은 순종적인 기회주의자이며,[42] 인문학에 대해 말하는 과학자의 존재는 거의 없다시피하다. 두 문화의 대립과 갈등은 이제 우리가 살고 있는 자본주의사회의 구조적 문제와 얽여 있어 해결책이 보이지 않는 문제다. 인문학도 과학도, 자본주의 체제 내에서 벌어지는 부의 양극화와 계급주의적 모순에 의해 현대사회에서 외면받고 있기 때문이다. 물론 가끔이라도 기술의 진보에 실질적인 영향을 미치는 과학은 그 사정이 낫지만, 과학 생태계는 점점 더 자연에 대한 이해보다는 실용적 과학에 대한 탐구로 이행해가고 있다. 기초과학의 위기는 자본주의적인 것이다.

인문학과 과학 모두 자본주의 체제 내에서 추락하고 있음에도 두 학문의 지지자는 서로 화해하기는커녕 더욱더 큰 갈등을 확장시키고 있다. 언젠가 두 진영의 대화가 끊어지는 날, 우리는 더 이상 프랑스 계몽사상가처럼 진지하고 치열하면서도 합리적으로 사회의 변혁을 실천해 나간 이들을 볼 수 없게 될지 모른다. 언젠가부터 나는 이런 문제를 학문 생태계에서 해결하기 위해서는 '과학적 인본주의'가 필요하다고 생각하게 됐다. 지금까지 인문학자들은 루소적 관점에서 과학기술의 질주로 인해 피폐해진 문명을 구할 수 있는 유일한 해법은 '인본주의적 과학'이라고 생각해왔다. 따라서 한국을 위시한 세계 인문학자들의 논문이 '인문학적 제어론', 즉 과학기술을 인문학이 제어해야 한다는 논증으로 가득 차 있는 건 이상한 일이 아니다.[43]

하지만 인문학적 제어론은 과학기술을 제어하기는커녕 자본주의의 질주조차 제어하지 못하고 인문학의 기반조차 지키지 못했다. 과학이 인본주의적이지 않다는 인문학자의 편견은, 프랑스 계몽주의 사상가의 삶을 통해 철저히 깨진다. 과학은 반인본주의적이지도, 인본주의적이지도 않다. 과학이라는 체계 속에는 우리가 인본주의를 위해 사용할 수 있는 수많은 도구가 존재할 뿐이다. 18세기 계몽사상가는 그 점을 인지하고 있었고, 21세기의 인문학자는 그 기억을 잃었다. 갈수록 심각해지는 자본주의의 사회적 폐해로부터 우리를 구원할 수 있는 사상은 분명 인본주의일 것이다. 하지만 그 인본주의는 과학적이어야만 한다. 그것이 내가 말하는 과학적 인본주의의 의미다.

과학과 인문학이 이렇게 대립되는 개념으로 쓰인 건 얼마 되지 않는다. 과학과 인문학은 사회와 관련된 문제를 해결하기 위해 동원될 수 있는 서로 다른 도구 중 하나일 뿐이다. 과학철학자로 경력을 시작해서 문예비평가로 삶을 마감한 철학자 스티븐 툴민은 그의 책《코스모폴리스》를 통해 자연에 대한 지식인 과학과 사회에 대한 지식인 인문학이 서로 분리된 개념이 아니었음을 이야기한다.

> 방금 사용된 '코스모폴리스'라는 용어는 주석을 필요로 한다. 고대 그리스와 그 이전에 사람들은 그들이 태어나서 접촉하는 세계란 두 개의 서로 다른 '질서들'을 체현한 것이라고 생각했다. 하나는 매년의 계절적 순환이나 매월의 조류 변화에서 엿볼 수 있는 '자연의 질서'이다. 농사나 항해 같은 실천적 활동에서의 성패는 이 질서의 명령에 따르는 인간의 능력에 달려 있었다. 인간 편에서의 영향력은 주변적인 것에 불과했다. 이 첫 번째 종류의 질서를 그리스인들은 '코스모스'라고 불렀다. 그들의 용례에서 천문학적 우주가 코스모스라고 불렀다는 것은, 그들이 천체의 사건들을 임의적이 아닌 자연적 질서에 따라 발생한다고 생각했다는 것을 의미한다. 다른 하나는 관개시설의 체계화나 도시행정의 체계화 등 여러 집단 사업들에서 엿볼 수 있는 '사회의 질서'이다. 이 질서 안에서의 모든 일들은 표면상 인간의 통제하에서 발생한다. 혹

시 폭군의 탐욕이라든가 집단들 사이의 대립적인 이해관계는 선량한 사람들을 혼란에 빠트려 사회적 균열을 심화시킬 수도 있다. 어쨌든 이 두 번째 질서를 그리스인들은 '폴리스'라고 불렀다. 어떤 공동체가 하나의 '폴리스'를 형성했다는 말은, 그 공동체의 제도들과 체제가 정합성을 획득했다는 뜻이요, 따라서 그 공동체를 고대적 의미에서든 현대적 의미에서든 하나의 '정치적' 통일체로 인정할 수 있게 되었다는 뜻이다. 대규모의 인간 사회가 출발했던 당시부터, 사람들은 '코스모스'와 '폴리스', 즉 자연질서와 사회질서를 연관지어서 사색했다. 전체의 질서와 사회의 질서 사이에 완전한 조화를 꿈꾸었던 문화들도 많이 있다. 이를테면 고대 중국인들은 그들의 나라를 '천국'이라고 불렀으며, 군주의 권위가 천명의 수행에 의존한다고 믿었다.[44]

툴민은 한국에서 수사학과 논증에 대한 논의들로만 등장하지만 그의 철학적 세계관은 과학적 인본주의에 가깝다. 그는 과학이든 인문학이든 학문에 대한 지적 태도는 반드시 사회적 문제를 향해 열려 있어야 한다고 생각했다. 그런 의미에서 과학과 인문학의 구별은 무의미하다.

왜 우리는 지적인 문제를 사회적 태도들과 독립적으로 취급하지 말아야 하는가? 우리는 오늘날까지도 이성과 논리학을 감정과 수사학으로부터 엄격하게 구획한 채로 근대철학의 일정을 논의하고 있다. 그러나 인식론은 지적 쟁점뿐만 아니라 도덕적 쟁점과도 연루되기 마련이다. 철학자라고 해서 추상적 개념과 형식적 논증, 직관적 관념과 명제만을 사용하라는 법은 없다. 오히려 철학자는 인간의 경험을 전체적으로 구석구석까지 보살필 수 있어야만 한다. 바로 이것이 우리가 인문주의자들로부터 배우는 교훈이다. 감정을 이성으로부터 분리함으로써 윤리 도피주의에 빠져버린 이성주의는 인문주의자들과는 거리가 멀다. 감정을 육체적 인과적 과정의 결과로 취급한다는 것은 우리 자신으로부터 감정을 분리하는 일이요, 감정에 대한 우리의 책임을 면제시키는 일이다. 그것은 우리가 올바르게 '사고한 것'에 대해서만 이성적으로 책임질 수 있다는 태도이다.[45]

19세기 말에 태어나 자본주의와 사회주의가 대립하던 20세기 영국에서 실험동물학자이자 열렬한 사회주의자로 살았던 랜슬롯 호그벤Lancelot Hogben은 말년에 자신의 철학에 '과학적 인본주의'라는 말을 붙였다. 그는 이렇게 말한다.

만약 나의 삶의 신조에 대해 이름을 붙이라는 요청을 받았다면, 지금 나는 그것을 과학적 인본주의라고 부르고 싶다. 과학적 인본주의 역시 새로운 의미의 사회적 관련성을 지닌 지식을 추구하기 위해 교육의 내용을 대폭적으로 개혁해야 한다는 주장을 펴는 것이다. 과학적 인본주의자는 이와 같은 방식으로 인식된 교육이야말로 진정한 사회의 발전에 필요 불가결한 전제조건이라고 믿는다.[46]

호그벤의 과학적 인본주의는 완성되지 않은 철학적 체계였다. 하지만 이제 우리가 사는 현대사회는 그가 말했던 과학적 인본주의를 필요로 한다. 코로나19로 세계가 신음하고 있을 때, 나는 「삶으로서의 과학」이라는 글을 신문에 기고했다. 그 글로 이 책을 마무리하고 싶다. 과학은 우리 삶의 기반으로 여전히 살아 숨쉬고 있으며, 우리는 과학의 바로 그 역할을 다시 사회 속에 되살려야 한다. 그것이 내가 생각하는 과학적 인본주의의 철학이다.

트럼프 대통령도 코로나19 확진자가 됐다. 마스크 없이 진행했던 수차례의 백악관 행사가 그 원인으로 보인다. 난장판으로 끝난 대선 1차 토론에서 그는 바이든의 커다란 마스크를 조롱했다. 심지어 확진 이후 그는 과학적 임상실험 결과가 나오지도 않은 항체치료제를 투약했다. 이게 다 마스크를 쓰지 않았기 때문이다. 아직까지 확실한 치료제도 백신도 없는 코로나바이러스로부터 가장 싸고 효율적이면서도 과학적으로 자신과 이웃 그리고 사회를 보호할 수 있는 방법은 마스크 착용과 사회적 거리두기뿐이다. 지난 9개월 동안 과학은 그렇게 우리의 삶에 개입해왔다.

마스크를 쓰고 사회적 거리를 지키고 손을 자주 씻으라는 과학의 조언은 강제적이지 않다. 과학은 법이 아니기 때문이다. 우리 눈에 가시적으로 보이는 사회의 준칙 대부분은 법이 규정하는 것들이며, 법은 강제적이다. 게오르크 옐리네크Georg Jellinek에 따르면 법은 도덕률의 최소한으로서 소속 집단의 권력에 의해 강제되는 규범들이다. 하지만 과학은 법과 같은 방식으로 우리 삶을 강제하지 않는다. 법은 강제적이지만, 법을 피해 나가는 다양한 방법이 존재하며, 특히 권력과 자본에 편향적이다. 즉, 법은 지키지 않아도 들키지만 않으면 그만인 규범이다. 하지만 과학은 다르다.

과학의 조언을 거부한 누구도 처벌받지 않는다. 하지만 그 결과는 비정할 정도로 공평하다. 마스크를 쓰면 바이러스 감염이 거의 완벽하게 차단된다는 과학적 조언의 결과는, 매일 지하철을 타고 출퇴근하는 생활인에게도, 비싼 헬리콥터를 타고 선거 유세를 다니는 트럼프에게도 동일률로 적용된다. 과학이 제공하는 규범은 느슨하게 우리 삶에 개입할 뿐이지만, 그 결과는 완벽할 정도로 공평하다. 게다가 과학의 규범은 법처럼 피해 나갈 수조차 없다. 과학적 규범과 법적 규범이 우리 삶에 개입하는 방식과 삶에 미치는 영향은 완벽하게 상반된다.

하지만 과학적 조언은 절대적이지 않다. 생각해보면 코로나19 사태의 초기부터 얼마 전까지도 세계보건기구는 건강한 사람이 마스크를 쓸 필요가 없다는 입장을 고수했다. 하지만 무증상 감염자의 존재가 알려지고 마스크의 효과가 과학적으로 밝혀지면서 이제 아무도 마스크의 효과를 의심하지 않는다. 과학적 발견엔 권위가 존재하지만 그 권위는 절대적이지 않다. 과학의 권위는 과학이 발견한 결과물이 아니라 과학이 자연을 발견하는 과정에서 나오며, 새로운 증거와 실험으로 언제든 그 권위에 도전할 수 있기 때문이다. 마스크 착용에 대한 과학의 조언은 새로운 근거들에 의해 수정되어 왔다. 법은 결과를 중요하게 생각하지만, 과학은 과정에 중점을 둔다.

개인의 자유를 최고의 가치로 삼아 발전해온 서구 민주주의야말로 서양이 동양을 지배할 수 있었던 유일한 정당성이었다. 그리고 17세기 유럽에서 탄생한 근대과학은 민주주의와 함께 서양의 지배를 정당화할 수 있게 해준 발명품이었다. 하지만 코로나19는 유럽에서 기원한 서구 민주주의 체제의 우월성에 의문을 던졌고, 과학 선진국만 골라 처참하게 무너뜨렸다. 코로나 사태로 드러난 서구 민주주의의 한계와 대안은 논외로, 도대체 왜 엄청난 숫자의 노벨상을 자랑하던 과학 선진국 모두가 가장 큰 피해를 입었는지는 곰곰이 생각해봐야 한다. 노벨상은

그림 8 **삶으로서의 과학**(김명호 작가 제공)

코로나19를 막지 못했다.

어쩌면 코로나19의 가장 큰 교훈은 과학에 대한 새로운 접근일지 모른다. 과학 선진국의 시민들은 마스크를 쓰라는 과학의 조언을 듣지 않았다. 시민의 과학적 태도는 노벨상의 개수와 아무 상관이 없었다. 마스크 착용은 양자역학처럼 화려한 과학은 아니지만 우리 곁에서 삶을 지켰다. 어쩌면 우리는 과학이 삶을 더 풍요롭게 만들 수 있는 가능성을 외면하고 노벨상과 첨단과학에만 매달려왔는지 모른다. 아인슈타인의 상대성이론보다 평균적인 시민 모두가 마스크와 백신의 중요성을 삶 속에 체화하는 사회, 우리에겐 '삶으로서의 과학'이 필요하다.[47]

에필로그

나는《과학의 자리》를 그동안 한국 사회에서 단 한 번도 출판되지 않은 현장 과학자의 진지한 인문사회학적 논저로 기획했다. 이 책을 쓰기 위해 나는 지난 27년간 실험실에서의 생활 이후 남는 시간을 독서와 집필에 쏟아부었다. 나는 전작들인《플라이룸》과《선택된 자연》에서 다 하지 못한 과학의 사회적 의미에 대한 이야기를《과학의 자리》에서 정리하고, 특히 과학의 자리가 부재한 한국의 문제를 이야기하고 싶었다. 과학은 삶의 양식으로 한국 사회에 스며들 수 있다. 그런 사회를 구현하는 데 필요한, 역사적이고 철학적인 정당성을 논증하고 이를 한국 사회의 과학기술정책의 혁신과 새로운 과학기술 체제의 구축으로 연결하여 그런 사회를 지금 여기에 실현하고 싶다는 바람을 담았다. 그런 의미에서 이 책은 단순한 논저가 아닌, 한국 사회를 변화시키기 위한 일종의 지침서이기도 하다.

한국 학술 생태계에서 과학을 논의하는 대부분의 글은 외국 학자의 논저를 수입한 것이었다. 하지만 이제 한국은 국민총생산 대비

1위의 연구개발비를 사용하는 선진국으로 진입했고, 2020년 코로나19 사태에서도 가장 과학적인 방역을 실행해 모든 나라의 부러움을 사는 나라가 됐다. 독재와 산업화를 거치며 첫 단추를 잘못 끼웠어도, 과학은 한국 사회에 자리 잡았고, 과학 지식인의 성장을 통해 더 깊숙히 스며들기를 기다리고 있을 뿐이다. 《과학의 자리》는 바로 그 새로운 한국 사회를 기대하며 쓴 저술이기도 하다. 이 책을 통해 한국의 학술 생태계가 과학자라는 새로운 인문사회 학술 생태계의 구성원을 흡수하고, 한국에서도 건강한 과학과 인문학의 논쟁과 토론을 시작할 수 있기를 바란다. 과학이 빠진 모든 학술 논의는 반쪽짜리일 수밖에 없기 때문이다.

이 책을 쓰는 동안 나의 삶엔 커다란 변화가 생겼다. 캐나다에서의 첫 번째 교수 생활은 기초과학 연구비 공황이라는 세계적인 현상으로 인해 고통스러운 나날이었고, 나는 타운랩이라는 새로운 시도를 위해 교수라는 직업을 그만두려고까지 했다. 하지만 우연히 중국 하얼빈공과대학교에서 꿀벌의 유전학을 연구해도 좋다는 허락을 받았고, 5년간의 자유로운 연구 기간과 연구비 지원을 보장받았다. 이 책이 출판되고 난 후의 나의 생활은, 초파리와 꿀벌을 통해 사회성의 비밀을 풀어나가는 행동유전학자의 삶이 될 것이다. 꽤 많은 글을 썼고 책을 출판했지만 나의 직업적 정체성은 여전히 행동유전학자일 뿐이다.

이 책을 쓰게 된 계기는 2009년경, 〈자음과 모음〉이라는 계간지에서 내게 과학과 사회를 주제로 청탁을 했기 때문이다. 나는 당시 스노가 저술한《두 문화》의 낮은 수준에 진저리를 치던 박사후연구원이었고, 마침 좋은 기회라 생각하며 「두 문화 따위」라는 제목으로 네 편의 기고를 통해 내 생각을 정리했다. 스노가 조금의 역사적 관심이라도 있었다면 그처럼 무지한 발언을 과감하게 할 수 없었을 것이다. 스노는 사라져 가던 전통에 종지부를 찍었다. 그의 역사적 무지는 상황을 악화시켰다. 그의 충고 아닌 충고는 인문학자가 아니라 전통을 잃어버린 자신의 동료, 즉 물리학자에게 돌려야 하는 것이었다. 그것이 스노라는 인물에게서 우리가 아무것도 배울 점이 없는 이유다.

이 책을 쓰기 위해 나는 많은 논문과 책을 읽었지만 내 공부가 얼마나 부족한지 누구보다 잘 알고 있다. 실험과학자인 나는 인문학자의 관점에선 분명 공부를 게을리한 사람일 것이다. 나는 칸트를 제대로 읽은 적이 없다. 그의 위대하다는 저서를 원전으로 독해할 능력이 내겐 없다. 나는 그저 백종홍이 번역한 《순수이성비판》을 띄엄띄엄 훑다 말았을 뿐이다. 내게 칸트는 라이헨바흐의 간결한 말로 기억되고 있다. 라이헨바흐를 따라 그의 《실천이성비판》은 읽을 생각조차 하지 않았다. 나는 《실천이성비판》에서 칸트가 과학을 그만두었다고 생각한다. 그런 칸트는 내게 관심의 대상이 아니다. 내가 읽는 논문과 저작은 모두 과학에 관계된 것들뿐이기 때문이다.

마르크스의 《자본론》을 읽을 시간은 더더욱 없었다. 나는 김수행의 번역을 따라 1권쯤 읽다 그만두었다. 오히려 내겐 엥겔스의 《자연변증법》이 더욱 재미있게 읽혔다. 마르크스를 따라 좌파 철학자의 사상을 이해하려는 생각은 애당초 집어치웠다. 그들은 과학을 버렸다. 자본주의에 대한 관심이 싹튼 것도 마르크스를 따라간 길에서 발견된 것이 아니다. 평범하게 살던 집이 어느 순간부터 가난에 허덕이기 시작했을 때였다. 내 주변이 변해갈 때에야 나는 자본주의를 똑바로 쳐다볼 수 있었다. 대학 시절 나는 일명 운동권 선배들과 친하게 지냈지만 스스로는 운동권이 아니었고, 당시의 나에게 마르크스나 엥겔스는 도킨스나 굴드보다 중요하지 않은 학자였다. 나의 사회적 감수성은 내가 직접 사회의 구조적 모순을 경험한 이후에나 발현되었고, 나의 사회적 이해는 그렇게 속도가 느렸다.

세상을 움직이는 것은 과학이 아니라 경제학이라는 생각이 들었을 때도 나는 애덤 스미스의 《국부론》을 읽을 생각조차 하지 않았다. 《국부론》을 어딘가에 놓아둔 채, 나는 그의 《도덕감정론》을 읽었다. 나에게 《국부론》은 사회를 설명하기엔 어딘가 허술한 논의로 보였고, 그런 허술한 이론이 세계를 움직였다는 사실을 믿을 수 없었다. 생물학자로서 나는 도덕이라는 감정에 대한 스미스의 생각에 더 관심을 가졌다. 《도덕감정론》이 《국부론》보다는 더 과학에 가까워 보였다. 마찬가지로 베이컨의 《신기관》도 대충 훑다 말았다. 도대체 왜 법학자이자 관료인 그가 내가 속한 실험과학 전통의 철학을 세웠다는 것인지 나는 이해할 수 없었다. 그의 책은 다양한 사례의 서술일 뿐, 어떤 체계적인 철학이라 부르기 힘들어 보였다. 오히려 베이컨을 대강이라도 이해하고자 마음 먹은 것은 혜강 최한기의 《기측체의》를 읽고 난 후였다. 그의 '기학'은 과학이라고 부르기엔 터무니없는 것이었고, 사상이라고 부르기에도 조악했다. 300여 년이 지난 후에야 이 땅에서 베이컨과 비슷하게 사고하고, 과학에 대해 희미하게 눈을 뜨며, 그나마 저술을 할 수 있는 사람이 태어났다는 것은 과학자로서 느낄 수 있는 최악의 감정을 불러왔다. 더불어 최한기도 베이컨도 과학을 수행한 과학자는 아니라는 사실이, 내가 더 이상 그들에게 흥미를 느낄 수 없었던 이유였다.

헤겔 및 베버 등의 인물은 도올의 저작에서 받은 악감정 때문에 아예 읽기를 포기해버렸다. 아무리 사상을 체계적으로 종합한 인물들이라지만 저열한 수준의 인격과 세계관을 가진 이들이라면 사상은 오염되어 있을 게 뻔했다. 혜강을 읽고 나서 내가 느낀 좌절은 동양을 야만인 취급하던 그들에게 그대로 전가되었다. 나는 평생 헤겔과 베버는 읽지 않을 것이다. 게다가 그들은 과학과는 거리가 한참 먼 사람들이다. 당연히 니체나 프로이트도 읽지 않았다. 나는 니체의 글을 이해할 만큼 감수성이 예민하지 못하다. 그의 시적인 문체는 내가 혜강 이전의 조선말을 이해하지 못하는 것만큼이나 최악이다. 나는 시나 소설이 인간의 감정과 사회를 이해하는 데 직관으로서 기능하고 있다고 믿는다. 하지만 그것으로 체계적인 사상을 종합했다는 것을 나는 믿을 수 없다. 하지만 나는 니체의 단 한 문장, "모든 좋은 것은 웃으며, 자신의 길을 가는 자는 춤을 춘다"는 식의 문장을 참 좋아한다. 하지만 그 문장이 무엇을 의도했는지는 지금도 잘 이해하지 못한다. 프로이트는 정신분석학이라는 사이비 과학이 가뜩이나 정신분열증을 야기하는 현대문명에서 더더욱 환자에게 괴로움을 선사한다는 사실을 아는 순간 집어치웠다. 게다가 그는 스스로에게 코페르니쿠스나 다윈의 혁명적 상징을 선사하는 자만을 보였다. 따지고 보면 코페르니쿠스는 과학자도 아니었고, 다윈조차 매우 불완전하게 과학을 수행하고 있었을 뿐이다. 다윈은 지나치게 포장되어 있다.

그런 이유로 《종의 기원》도 처음엔 리키의 해설서로 하품을 하며 읽다가, 실망하며 내려놓았다. 기대가 컸던 만큼 실망도 컸다. 생물학을 시작했던 이유는 콘라츠 로렌츠의 동물행동학 연구 때문이었지만, 금방 내 관심의 궤적은 진화론에 도달했었다. 나는 생물학과가 유전자를 연구하는 곳인지도 대학에 가서야 알았다. 야외에 나가 동물을 관찰하고 싶었던 소년의 꿈은 대학생물학 첫 시간에 산산이 부서졌다. 그러다 우연히 집어든 도킨스의 《이기적 유전자》는 내게 환희로 다가왔다. 유전자가 진화의 중심에 있다는 말을 듣고, 그때부터는 도서관에 파묻혀 줄창 교양과학 도서들을 읽어댔다. 그 와중에 도킨스가 굴드와 논쟁한다는 이야기를 들었다. 나는 그렇게 굴드를 알았고, 그 좁은 분야에도 복잡한 논쟁사가 있음을 알고 놀랐다. 하지만 난 여전히 왜 그들이 그렇게 진지하게 싸웠는지 이해하지 못한다.

처음엔 대단한 사람인 줄 알았던 에드워드 윌슨도 그 무렵에 알게 되었다. 그의 대표작이라는 《사회생물학》은 그다지 흥미로워 보이지 않았고, 내가 처음에 집어든 책은 횔도블러와 함께 저술한 《개미세계 여행》이라는 화려한 그림책이었다. 그리고 《자연주의자》를 읽고는 제임스 왓슨은 참 나쁜 사람이라 생각했던 것 같다. 늙은이를 조롱하는 것을 넘어, 뭔가 불한당의 냄새가 느껴지는 나쁜 분자생물학자로 그려졌기 때문이다. 당연히 그때까지도 나는 동물행동학을 전공할 작정이었다. 나중에 알게 된 사실이지만 왓슨은 정말로 나쁜 사람이었다. 하지만 윌슨은 허술한 사람이다. 《통섭》은 그다지 수준 높은 과학 교양서가 아니다(이미 초파리 유전학자 앨런 오가 역사에 무지한 윌슨의 교양지식에 대해 신랄한 서평을 쓴 적이 있다). 그러다 윌슨의 제자가 한국에 들어와 있다는 소식을 듣고는 며칠 밤 잠을 이루지 못했다. 두근거리는 가슴으로 그를 찾아갔지만 그곳에 내 자리는 없었다. 실망이 밀려왔다. 게다가 IMF로 집안 사정은 나날이 기울고 있었고, 대학원 등록금을 낼 생각은 상상도 할 수 없었다. 그래서 소심한 복수를 결심했다. 동물행동학이라는 가장 거시적인 생물학을 못할 바에야, 생물도 무생물도 아닌 바이러스나 연구하자는 결심을 했다. 당신의 극단에서 당신에게 복수를 하리라. 그런 순간적인 감정으로 나는 바이러스를 연구하려

포항으로 내려갔다.

포항에서도 독서는 멈출 수 없었다. 하지만 나는 의기소침해 있었다. 마침 찾아낸 인터넷의 한 공간에서 나는 나와 비슷한 취향을 가진 독특한 사람들을 만날 수 있었다. 그들이 지쳐 있던 내게 힘이 되었다. 잠시 멈추었던 독서를 다시 시작했지만 여전히 내 머리는 진화론에, 몸은 분자생물학에 묶여 있었다. 몸과 머리가 따로 논다는 것은 철학적인 사람에겐 참 견디기 힘든 일이라는걸 그때 알았다. 그 정신분열적인 상태를 모두 견디기 시작한 건 마흔이 다 되어서였다. 하지만 여전히 초파리와 꿀벌을 연구하면서 프랑스 계몽주의를 공부하고 있는 스스로를 바라보면 어색함을 느끼는 건 어쩔 수 없는 일이다.

언제부터였는지는 알 수 없지만, 도킨스가 못마땅해지기 시작한 것도 그때쯤이다. 윌슨도 마찬가지였고, 다만 굴드만이 친근한 감정으로 내 주위를 맴돌고 있었다. 그때 나는 이상하라는 과학철학자를 만났다. 그는 철학자라기보다는 기인에 가까웠다. 도킨스가 못마땅하긴 했지만 그를 혐오하는 철학자들이 더 미웠던 나에게 이상하 박사는 도킨스를 인정하는 관용을 보여주었다. 물론 뒤에 우리 둘은 모두 도킨스를 혐오하게 됐지만, 적어도 누군가를 알고 나서 비판하는 태도를 견지해야 함을 그때 배웠다. 이상하 박사를 만나기 전에 읽다 말다 했던 과학철학, 과학사, 과학사회학의 책들이 명료하게 이해되기 시작했다. 아마 시작은 파이어아벤트였던 것 같다. 그를 중심으로 포퍼, 라카토슈, 쿤이 이해되었다. 이상하 박사는 나에게 빈학단의 전통을 알려주었고, 물리학과 수학이라는 절망의 늪에 반드시 빠질 이유가 없다는 사상적 신념을 심어주는 데 성공했다. 그때부터 나는 분자생물학과 생화학의 전통을 사랑하기 시작했다. 나의 이런 학문적 궤적은 모두 이상하 박사 덕분이다.

모랑쥬의 《분자생물학》를 읽었고, 함께 생리학의 역사를 공부했다. 생리학사를 공부하다가 화학사를 공부하게 됐고, 그러다 고전역학까지 거슬러 올라가버린 자신을 발견하고선 깜짝 놀랐다. 뉴턴은 나에게 아주 먼 사람인 줄 알았는데 꼭 그렇지도 않았다. 내가 서 있는 실험생물학의 전통이 눈에 들어오기 시작했다. 이 조용한 과학자들은 다윈처럼 화려하게 역사에 등장하지 않는다. 하지만 그들이 생물학을 과학으로 만들었다. 그때부터 다윈으로 무장한 진화론자들은 나의 적이 되었다. 진화론은 생물학의 중요한 지침서지만, 다윈은 이들 생리학자들의 교주가 될 수 없다. 다윈은 아인슈타인이나 뉴턴이 될 수도 없다. 생물학은 물리학과 다르며, 따라서 뉴턴이 필요 없기 때문이다. 생물학의 역사엔 다양한 과학자와 다양한 전통이 혼재되어 있을 뿐이다. 생물학의 체계는 무정부주의적이다. 거기서 아리스토텔레스를 원시적인 생물학자로 읽게 되었고 그의 《니코마코스 윤리학》을 사랑하게 되었다. 하지만 여전히 내겐 플라톤과 소크라테스가 들어올 자리가 없다. 그들을 읽어야 할 이유를 나는 찾을 수 없다.

뉴턴까지 거슬러 올라가자, 이제 다시금 칸트가 보였다. 칸트는 뉴턴을 계승한 사람이었다. 그렇게 다시 칸트를 읽었다. 그러고 나서 마르크스가 보였다. 마르크스는 다윈을 계승한 사람으로 보였다. 그렇게 다시 마르크스를 읽었다. 하지만 그 위대한 사상가들을 읽으면서도 사상적 공허함이 남았다. 그들은 중요하지만 사이비 종교의 교주를 닮아 있었다. 아니 적어도 그들의 사상은 해석의 폭이 넓고 깊었지만, 그 제자와 추종자들은 독단적이었다. 나에겐 교조가 아닌 사상, 생물학이라는 학문과 그 역사를 닮은 사상이 필요했다. 그렇게 아주 오래전에 다윈과 헉슬리에 밀려 멍청한 생물학자로 각인되었던 크로폿킨이 다시 내 머릿속에 나타났다. 아나키즘이었다. 아나키즘의 이론가 중 가장 인간적이고 교조적이지 않으며 체계적인 사람은 생물학자로 경력을 시작한 사회운동가였다. 나는 아나키스트가 되기로 결심했다. 이상하 박사도 아나키스트였고, 나도 아나키스트가 되어가기 시작했다.

그렇게 과학사를 공부하다가 과학사의 무미건조함에 질릴 무렵에 스티븐 툴민을 만났다. 그의 《코스모폴리스》는 실천적 함의에서도, 종합적인 체계에서도 내게는 마르크스와 칸트보다 나았다. 그의 저작들 속에선, 적어도 과학과 역사학이 함께 살아 숨을 쉬고, 춤을 춘다. 툴민을 통해서야 비로소 비트겐슈타인을 띄엄띄엄 읽어 나갔다. 하지만 난 여전히 이 괴짜의 저술을 제대로 이해하지 못한다. 나는 빈의 그 풍부한 학제간 정신을 사랑하지만, 그들의 논리실증주의까지 사랑하는 것은 아니다. 나는 논리실증주의자였으면서도 사회주의자였던 오토 노이라트의 삶과 글을 사랑하지만, 비트겐슈타인까지 사랑하는 것은 아니다. 나는 그들이 혼란한 20세기를 살면서 과학의 자리에 대해 치열하게 고민했던, 시대의 희생자들이라고 생각한다. 그들은 과학의 역할을 찾아야 한다는 올바른 신념을 지니고 있었지만, 논리학의 힘을 지나치게 믿었다. 그들의 실험은 실패했다. 하지만 실험은 실패를 통해 성공에 이르는 법이다.

과학사에 대한 관심이 깊어질수록 내가 실천하고 있는 일상의 삶 속에서 과학자들을 사유하게 되었다. 과학사는 분명히 흥미로운 분야지만, 나는 현장에서 과학을 수행하는 과학자다. 과학사는 내 실험에 아무런 도움이 되지 못한다. 낭만과 계몽, 두 전통이 과학과 역사로 인해 갈라진 이유를, 나는 현실 속에서 깨닫고 있었다. 나는 일상에서 과학자로 살고 싶었고, 내가 읽고 함께 울고 웃었던 과학자들의 대열에 합류하고 싶었다. 그렇게 나는 이상하 박사와 사상적으로 결별했다. 이상하 박사는 철학자로서는 보기 드물게 과학자들의 생활양식을 이해하는 사람이었지만, 그 역시 결국 철학자였다. 그 지점에서 우리는 갈렸다. 나는 역사를 사랑하지만 과학자가 지닌 무모함을 동시에 유지해야만 했다. 그래야 내가 다시금 역사를 사랑할 물질적 기반을 마련할 수 있기 때문이다. 당연히 나는 이런 거대한 기획을 시도할 만큼 뛰어난 사람이 못된다. 나는 철학사를 원전으로 독파할 능력도 없고 시간도 없었으며, 어떤 학자처럼 힐쉬베르거를 50번이나 읽을 만한 인내심도 없었다. 나는 그 시간에 최신 논문을 읽어야 했고, 실험실에서 손에 페놀을 묻혀가며 대장균을 갈아야 했으며, 틈틈이 좋아하는 책을 읽어야 했고, 집에 경제적 원조를 해야만 했다. 이상하 박사와 결별했던 또 하나의 이유는 그런 나의 경제적 절박함 때문이기도 하다.

그러는 동안 촛불은 고개를 들었고, 황우석의 등장에 그랬던 것처럼 다시 나는 펜을 들었다. 충분히 준비되기 전까지는 펜을 들지 않겠다고 다짐했던 나의 결심은 과학을 둘러싼 사회문제에 꺾였다. 미친 듯이 글을 쓸수록 우울증은 깊어만 갔다. 별반 관심도 두지 않았던 정치문제들이 내 면전으로 다가오기 시작했다. 오래된 정치철학 책들을 읽었다. 하지만 그건 국내의 논객들이 글을 쓰는 방식은 아니었다. 그들은 라캉을 읽고, 알랭 바디유와 지젝, 네그리, 데리다, 들뢰즈, 랑시에르 등을 통해 정치를 비평하고 있었기 때문이다. 마르크스는 과학의 성과를 찬양했고 어떻게든 이론의 자연과학적 기초를 찾고 싶어 했는데, 이미 이 땅의 후계자들에게 과학은 적이 된 지 오래였다. 화가 났다. 대한민국의 모든 사람은 정치전문가이고 과학자도 사람이다. 그러니까 과학자도 정치전문가 행세를 할 권리쯤은 있다. 하지만 그들의 연대는 꽤나 공고했다. 경제학자나 인류학자, 신학자와 인문 좌파들이 낄 공간은 있지만, 과학자가 끼어들 공간은 없었다. 화가 많이 났다. 마르크스가 보았어도 아마 화를 냈을 것이다. 칸트는 아마 그들에게서 등을 돌렸을지 모른다.

그리고 언젠가부터 자연스럽게 지면에 글을 쓰기 시작했다. 겸손하고 싶었고, 그래서 내가 8년을 현장에서 몸으로 배웠던 RNA에 관한 글을 썼다. 아무도 그다지 관심을 두지 않았다. RNA라는 물질을 둘러싼 생물학의 역사 안에는 다윈도, 라마르크도, 칸트도, 마르크스도 없다. 일단 분자 수준으로 내려가면 사람들은 흥미를 잃는다. 아마 내가 대학교에 입학해서 처음 느꼈던 그런 감정들을 누군가는 나의 글에서 느끼고 있을지도 몰랐다. 그래서 나는 그저 치열한 글쓰기를 지속했다. 누가 알아주건 말건, 그저 묵묵히 할 이야기를 했다. 아마 그런 작업이 2년쯤 지난 후였을 것이다. 우연히 〈자음과 모음〉에서 연락이 왔고, 그렇게 이 말도 안 되는 작업이 시작되었다.

내게 삶의 긍정적 태도가 있다면, 그건 무모함과 여기저기서 주워들은 이야기들, 그리고 부족하지만 꾸준히 해온 독서뿐이다. 하지만 그런 걸 소유한 사람은 아주 많다. 아무리 과학이 제대로 정착하지 못한 나라에서 과학자로 성장했지만, 국내 과학학자들의 글을 볼 때면 그들의 전문성에 두려움이 생기는 것도 사실이다. 나도 그들처럼 하루 종일 책상에 앉아 책을 읽고, 사색을 즐기고, 글을 쓰고, 강의를 할 수 있었으면 좋겠다는 생각을 한다. 사실 나는 그들에게 화가 나고,

그들이 두렵기도 하지만 실은 마냥 부러운 것인지도 모른다. 내게 그런 여유가 생기면 당장 실험을 박차고 나가고 싶을 만큼 나는 그들이 부러웠다. 하지만 나는 나의 현장을 떠날 만큼의 용기가 없었다. 생각해보면 내가 가진 가장 소박한 무기는 과학자로 27년, 현장에서 21년을 살았다는 경험이기 때문이다. 그리고 나는 초파리를 사랑한다. 그들이 짝짓기를 하는 모습을 보면 다른 아무것도 생각나지 않고, 배지를 바꾸고 옮겨줄 때면, 허겁지겁 먹이를 먹어 치우는 모습에 내가 더 행복하다. 남들이 보기엔 쉴 시간에 책이나 읽고, 글이나 쓰고, 가끔은 그 덕에 실험에 게으른 내가 얼마나 뛰어난 논문을 쓰고, 과학자로 성공할 수 있을지는 미지수다. 게다가 나는 머리가 매우 나쁘다. 하지만 나는 과학을 누구보다 사랑한다. 그리고 나는 과학에 사회를 바꿀 가장 강력하고 유일한 힘이 있다고 믿는다.

이 책은 많이 부족하다. 나는 책을 쓰기 위한 준비를 채 끝내지 못했을 때 펜을 들었다. 따라서 이 책 속에 등장한 수많은 사상가 앞에 들이밀기에도 부끄러운 책이다. 하지만 나는 이 책을 써야만 했다. 생각해보면 나는 계속 그렇게 삶을 살아왔다. 단 한 번도 나는 준비된 적이 없었고, 막상 현실에 부딪쳐서야 방법을 찾고 문제를 해결해왔다. 그리고 생물도 그렇게 산다. 진화도 그렇게 일어난다. 완벽한 준비 후에 글을 쓴다는 것은 얼마나 어리석은 일인가. 완벽하게 보이려고 애쓰는 것은 또 얼마나 거만한 짓인가. 그저 나의 어리석음을 만천하에 공표하고 모진 비난과 시험을 겪으면 될 일이다. 칸트에 비하면, 마르크스에 비하면, 이 책은 세상에 절대로 내놓아서는 안 되는 그런 책이다. 독자들은 이 책을 혹시 읽더라도 반드시 주에 달린 책들을 직접 읽어야 한다. 내 현장에서의 경험이 과학자의 경험을 대별한다고 확신하지 못한다. 심지어 독자들은 그것을 확인하기 위해 실험실로 뛰어들어야 할지도 모른다. 어쩌면 실험실과 철학서를 왕복하며 쓴 이 책은, 한국의 누구에게도 환영받지 못할지 모른다. 하지만 이 책을 쓰면서 행복했다. 그것으로 족하다.

미주

프롤로그

1) 내 주장과 비슷한 종류의 서양철학자의 논의로는 콜린스Harry Collins와 에번스Robert Evans의 《과학이 만드는 민주주의》(서울: 이음, 2018)가 있다. 나는 콜린스와 에번스의 논의 이외에, 과학학 문헌에서 이런 종류의 주장을 보지 못했다. 그들의 논의는 아직 엉성하고, 과학 현장의 의견에서 조금 멀다. 나는 두 사람보다 더 급진적으로 과학기술인의 사회적 역할이 필요하다고 주장할 것이다.
2) 이상하 박사는 최근에 출판한 《세속화 '저기'와 '여기'》(서울: 한국문화사, 2016)의 후기에서 과학적 방법론에 대한 생각을 자세히 밝혀두었다(이상하, 「〈세속화〉 후기: 첫 번째 종류의 독단적 지성사」, https://blog.daum.net/goodking/704) 다음 논문도 참고하길 바란다. 이상하(2005), 「과학적 권위」, 〈철학탐구〉 17: 65-93.
3) 과학사회학자 스티븐 섀핀Steven Shapin은 그의 책 《리바이어던과 공기펌프: 홉스, 보일, 그리고 실험적 삶Leviathan and the air-pump》(New Jersey: Princeton University Press, 2018)에서 홉스와 보일의 갈등을 추적한다. 하지만 섀핀의 사회구성주의적 관점은 분명히 존재하는 과학혁명이라는 사건을 부정할 만큼 허약하다. 그에 대한 비판에 대해서는 다음 논문을 참고

할 것. 이영의(2002), 「세이핀의 사회구성주의에 대한 비판적 고찰」, 〈과학기술학연구〉 2(2): 123-143.

4) 20세기 영국의 좌파 과학자에 대한 논의는 게리 워스키Gary Werskey의 《과학과 사회주의》(서울: 한국문화사, 2016)와 《과학……좌파》(서울: 이매진, 2014), 아울러 내가 〈사이언스타임즈〉에 연재했던 [과학 지식인 열전]의 일부와 〈이로운넷〉(www.eroun.net)에 연재했던 [과학적 사회]를 참고하면 좋다.

5) 우리는 최근의 코로나19 사태와 안티백신운동 등을 통해서 왜 사회 유지에 과학적 삶의 양식이 필요한지 유추할 수 있다.

1장

1) 이 글은 〈말과 활〉 3호(2014년 2월)에 실렸던 「텅 빈 지대: 한국 사회 진보 진영의 지형도와 버널 사분면(진보적 과학 지식인 그룹)의 정립을 위한 소고」를 보완한 것이다.

2) 김우재(2020), 「코로나19 사태에서 '구원자'는 자본주의나 종교가 아닌 '과학'이다」, 〈뉴스톱〉 2020년 4월 8일 자. 이 말의 진위는 불분명하지만 이 과학자의 말에는 과학자를 제대로 대접하지 않는 사회에 대한 불만이 명확하게 표현되어 있다.

3) 실리콘밸리를 이끄는 엔지니어 출신의 기업 대표들이 있지만, 그들의 정체성은 엔지니어보다 비즈니스맨에 가깝다고 해야 할 것 같다.

4) 독일에서 장기 집권 중인 앙겔라 메르켈Angela Dorothea Merkel 총리의 전공은 양자화학이다.

5) 김우재(2020), 「코로나19 사태에서 '구원자'는 자본주의나 종교가 아닌 '과학'이다」, 〈뉴스톱〉 2020년 4월 8일 자.

6) 김우재(2020), 「[숨&결] 삶으로서의 과학」, 〈한겨레〉 2020년 10월 15일 자.

7) Alex Berezow and Hank Campbell, 2012, *Science Left Behind: Feel-Good Fallacies and the Rise of the Anti-Scientific Left*, PublicAffairs.

8) 서영표(2013), 「황무지 위에 선 진보 좌파, '무엇'이 되어야 하는가?」, 〈문화과학〉 73: 178-199.

9) 김우재(2010), 「두 문화 따위- '과학의 과학화'를 위한 하나의 추측」, 〈자음과 모음〉 8~11호.

10) 김우재(2011), 「과학과 인문학, 그 충돌과 대화 '통행금지'와 '과학기술자 윤리강령'」, 〈사이언스타임즈〉 2011년 4월 28일 자.

11) 오세철(1982), 「과학적 마르크스주의와 비판적 마르크스주의 사이의 갈등 분석」, 〈현상과 인식〉 6(3): 304-307.

12) Paul R. Gross, and Norman Levitt, 1997, *Higher Superstition: The Academic Left and Its Quarrels with Science*, JHU Press.

13) 과학전쟁에 관한 문헌은 수없이 많다. 국내의 과학전쟁에 관한 논문으로 "홍성욱(1997), 「누가 과학을 두려워하는가: 최근 '과학전쟁'의 배경과 그 논쟁점에 대한 비판적 고찰」, 〈한국과학사학회지〉 19(2): 151-179"이 좋은 출발점이 될 것이다.

14) Paul R. Gross and Norman Levitt(1994), The natural sciences: Trouble ahead? Yes, *Academic Questions* 7: 13-29; Norman Levitt and Paul R. Gross(1996), Academic Anti-Science, *Academe* 82(6): 38-44.

15) 과학학, 흔히 metascience라 불리는 이 분야는 과학에 대한 다양한 연구를 수행하는 인문사회과학 분야를 지칭하는 단어다. 대표적인 학문으로는 과학이 작동하는 방식을 연구하는 과학철학Philosophy of Science, 과학의 역사를 연구하는 과학사History of Science, 그리고 과학과 사회의 상호작용을 연구하는 과학사회학STS가 있다.

16) 홍기빈(2013), 「좌파의 '엉터리' 공부, 정신 차리고 뒤집어라!」, 〈프레시안〉 2013년 6월 28일 자.

17) 방인혁(2013), 「진보사상의 교조적 수용에 대한 비판적 연구 - 1920년대 일본과 1980년대 중반 한국에서의 마르크스주의 수용 과정 비교를 중심으로」, 〈社會科學研究〉 21(2): 140-180.

18) 이러한 무분별한 이론적 식민지의 건설을 한 블로거가 '인문병신체'라

는 이름으로 희화하기도 했다. 다음을 참고하라. 「인문학이라는 제국의 언어」(http://news.khan.co.kr/kh_news/khan_art_view.html?art_id=201303142127325). 프랑스의 난해한 철학으로 진보 이론을 파괴한 이들에 대한 나의 비판은 내 블로그(heterosis.net)에서 확인할 수 있다. 국내 진보 논객의 반과학주의에 대한 비판은 〈한겨레〉(2013년 5월 6일 자)에 쓴 칼럼 「독단적 회의주의」를 참고할 것.

19) 학문 주체성에 관한 논의는 다음을 참고하라. 강정인(2003), 「서구중심주의의 폐해: 학문적 폐해를 중심으로」, 〈사상〉 겨울호; 김수영(2004), 「학문 종속성 탈피, 진보운동과 연계되는 좌파 대학원 추구」, 〈참세상〉 07.09; 김창진(2007), 「'우리 학문'의 정립을 위한 진지한 도전과 성취」, 〈민주사회와 정책연구〉 11: 235-241; 김태환(2004), 「세밀하게 읽기 - 학문적 주체성을 찾아서」, 〈문학과사회〉 17(4); 조희연 외, 2006, 《우리 안의 보편성: 학문 주체화의 새로운 모색》, 한울; 학술단체협의회, 2003, 《우리 학문 속의 미국: 미국적 학문 패러다임 이식에 대한 비판적 성찰》, 한울.

20) 이 책의 별책부록 「과학적 사회와 사회적 기술」을 참고할 것.

21) 김우재(2010), 「노벨상과 경제 발전, 그리고 박정희의 유산」, 〈새로운사회를 여는연구원〉 2010년 4월 26일 자.

22) 마이클 셔머, 「진보주의자들이 벌이는 과학과의 전쟁」, 뉴스페퍼민트, 2013년 1월 21일 자.

23) 국내에서 이런 이야기를 하는 학자는 없다. 왜냐하면 과학에 대해 다루는 대부분의 지적 생산물은 현장 과학자가 아닌 과학 현장에 대해 전혀 모르는 외부자가 썼기 때문이다.

24) Gary Werskey(2007), The Marxist Critique of Capitalist Science: A History in Three Movements? *Science as Culture* 16(4): 397-461.

25) 홍성욱(1990), 「급진적 과학운동」, 〈한국과학사학회지〉 12(1): 172-180.

26) 최종덕(2010), 「과학전쟁과 지식인」, 한겨레 문화센터 강의자료.

27) 한국 과학사학계의 원로인 송상용은 반과학의 정서를 아예 대놓고 표현하기도 했다. "얼마 전부터 한국의 과학기술운동은 정통 마르크스주의 과학론

에 매달려 노동운동으로 변모했다. 이렇게 본바닥에서 무너지고 있는 낡은 이론으로 돌아가는 것은 한국의 특수한 상황을 감안하더라도 이해하기 어려운 일이다. 과학기술운동의 이와 같은 변신은 과학을 비판적으로 보는 다수로부터 스스로 고립을 자초하는 결과를 가져왔다. 한국의 과학기술운동이 비현실적인 편향을 극복하고 올바른 방향을 잡기를 바란다. 내가 보기에 그것은 새 좌익이 지향했던 환경·반핵운동이다. 나는 1980년대 중반 영국의 반과학운동을 현지에서 알아보았다. 1970년대에 나의 가슴을 설레게 했던 반과학의 물결은 1980년대에 들어와 전 세계적인 보수 회귀 무드에 밀려 시들어버렸다. 운동은 아주 부진해서 명목만을 이어가는 형편이고 유일한 예외는 녹색당이 주목할 만한 정치세력으로 등장한 서독이다. 반과학의 퇴조는 안타까운 일이지만 부인할 수 없는 사실이며 이 경향이 반전되는 데는 시간이 걸릴 듯하다." 홍성욱 (1990), 「급진적 과학운동」에 대한 토론.

28) 김환석(2007), 「과학부정행위의 구조적 원인」, 〈과학기술학연구〉 7(2): 1-22. 구조적 원인을 내걸고 사적 윤리의 차원으로 환원하는 어리석음. 개인적 일탈이라는 청와대의 논리와 무엇이 다른가.

29) 이영희(2010), 「두 문화, 사회생물학, 그리고 통섭: 비판적 고찰」, 〈인간연구〉 18(1): 69-97.

30) 이성규(2001), 「진화론 논쟁에서의 신라마르크주의」, 〈한국과학사학회지〉 23(2): 144-156; 박희주(2000), 「상대주의와 과학-비과학 구획문제」, 〈과학철학〉 3(2): 49-65; 박희주(2002), 「과학과 이념으로서의 진화」, 〈한국과학사학회지〉 24(2): 121-146; 박희주(2005), 「지적 설계론의 기원」, 〈신앙과 학문〉 10(1): 51-74; 박희주(2007), 「1920년대 반진화론운동과 스코프스 재판」, 〈신앙과 학문〉 12(2): 46-71; 박희주(2009), 「다윈 탄생 200주년 기념-역사 속의 진화론: 다윈의 진화론과 종교」, 〈한국과학사학회지〉 31(2): 359-375.

31) 한국 과학자 그룹의 보수화는 한국과학기술단체총연합회(과총)가 18대 대선에서 보여준 행태와, 한국 과학자들의 최고 지위를 지닌 한림원이 《과학대통령 박정희와 리더십》와 같은 책을 펴내는 행태를 보면 알 수 있다.

32) 최세만(2002), 「신비주의의 제 문제」, 〈人文學誌〉 23(1): 29-49.

33) 우희종(2004), 「생명, 생태, 불교, 그리고 해방으로서의 실천」, 〈석림〉 38: 131-156; 우희종(2006), 「생명 조작에 대한 연기적 관점」, 〈불교학연구〉 15: 55-93; 우희종(2007), 「복잡계 이론으로 본 깨달음의 구조」, 《한국정신과학회 학술대회 논문집》 27: 67-87.

34) 김국태(1999), 「삶과 온생명 – 새 과학문화의 모색」, 〈과학사상〉 28: 288-300; 소흥렬(1999), 「삶과 온생명: 새 과학문화의 모색」, 〈과학철학〉 2(1): 111-129.

35) 최종덕(1993), 「신비주의 경향의 신세대 과학운동에 대한 철학적 비판」, 〈철학과 현실〉 17: 212-228.

36) Brian Martin(1993), The Critique of Science Becomes Academic, *Science, Technology, and Human Values* 18(2): 247-259; 브라이언 마틴(1998), 「과학 비판, 아카데미즘에 빠지다」, 〈시민과학〉 창간호 및 2호에서 재인용.

37) 에른스트 피셔, 2002, 《과학혁명의 지배자들》, 이민수 옮김, 서울: 양문, 192쪽에서 재인용.

38) 사분면의 종축을 '과학-인문학'으로 나눈 것은 단지 극단적인 경향의 일부를 보여주기 위함일 뿐이다. 실제로 과학과 인문학이라는 이분법으로 학문적 지형을 모두 표현하는 것은 불가능에 가깝기 때문이다. 다만 한국적 상황에서 이러한 구분은 한국의 무책임한 문이과 교육과 과학문화에 대한 무지로 인해 어느 정도 부합하는 것으로 보인다. 정치과학자 일군은 4대강이나 광우병 사태, 천안함 사건에서 정부에 충성하는 과학자를 뜻한다. 그들 대부분이 보수적이다. 뉴라이트로 표시된 그룹은 교학사 역사교과서 왜곡 등에서 드러난 인문학적 지식인 그룹을 뜻한다. '인문 좌파'란 문화평론가 이택광의 책 제목으로 철저히 과학적 좌파 그룹의 존재를 부정하고, 라캉, 지젝 등이 인문 좌파라는 순수혈통에서 등장했다고 믿는 그의 뜻을 존중해 그대로 싣는다. 어쩌면 과학자로서 인문학 출신의 진보진영에 느끼는 대부분의 황망함은 과거 균형 있게 양쪽을 오가던 강준만이나 진중권 같은 지식

인이 아니라, 오히려 그 이후에 더더욱 외골수로 인문학만을 파고드는 이택광 같은 지식인에게서 오는 것이리라.

39) 이들에 대한 자세한 전기는 최근 출판된 게리 워스키의 책《과학과 사회주의》,《과학……좌파》를 참고하면 된다.

40) 대표적인 사례로 초파리 진화유전학자 앨런 오H Allen Orr가 윌슨의《통섭》을 비판한 서평「큰 그림」(http://heterosis.net/archives/491)을 읽어보라.

41) 홍기빈, 2011,《비그포르스 복지 국가와 잠정적 유토피아》, 서울: 책세상.

42) Otto Neurath(1973), Wissenschaftliche Weltauffassung: Der Wiener Kreis, In: M. Neurath, R. S. Cohen(eds), *Empiricism and Sociology*. Vienna Circle Collection, vol 1. Springer, Dordrecht.

2장

1) 이 글은 "김우재(2010),「두 문화 따위 – '과학의 과학화'를 위한 하나의 추측: 제1부 두 문화의 역사적 배경과 역사 속 과학의 모습」, 〈자음과 모음〉 8: 818-851"을 수정·보완한 것이다.

2) 이상하(2008),「19, 20세기 과학의 학제간 연구 정신: 과학 발견의 역사에서 학제간 연구의 의미와 제도의 역할」, 학술연구교수지원 2004-050-A00008.

3) 김우재(2018),「[과학협주곡 2-11] 인문사회과학기술융합의 꿈」, BRIC Bio통신원 2018년 9월 4일 자.

4) 이에 대해선 "김우재(2010),「통섭의 경계」, 〈크로스로드(웹진)〉 통권 57호"를 참고할 것.

5) 스티븐 제이 굴드, 2003,《인간에 대한 오해》, 김동광 옮김, 서울: 사회평론.

6) A. C. Graham(1971), China, Europe and the origins of modern science, *Asia Major* 16: 178-196.

7) 게르트 기거렌처, 2008,《생각이 직관에 묻다: 논리의 허를 찌르는 직관의 심리학》, 서울: 추수밭.

8) 이 글에서는 스노의 1959년 강연문으로 다음 출처를 사용할 것이다. "C. P. Snow(1990), The Two Cultures, *LEONARDO* 23(2/3): 169-173". 스테판 콜리니의 해제와 스노의 강연문, 그리고 이후의 고찰이 합본된 책은《두 문화》(서울: 사이언스북스, 2007)라는 제목으로 국내에 번역되어 있다. 번역문을 찾을 수 있었던 경우에는 번역본을, 그렇지 않을 경우에는 "C. P. Snow, 1969, *The Two Cultures: and A Second Look*, Introduction by Stefan Collini, Cambridge University Press"을 인용할 것이다.

9) C. P. 스노, 2007,《두 문화》, 14쪽.

10) 같은 책, 15쪽.

11) C. P. Snow, 1969, *The Two Cultures: and A Second Look*, 170쪽.

12) Ralph A. Smith(1978), The Two Cultures Debate Today, *Oxford Review of Education* 4(3).

13) 마크 C. 헨리, 2009,《인문학 스터디》, 강유원 외 편역, 서울: 라티오출판사.

14) 예를 들어 다음 논문을 보라. 김환석(2001), 「생명과학과 '두 문화' 문제」, 〈과학기술학연구〉 1(2). 한국에서 두 문화가 받아들여지고 적용되는 과정은 10장에서 다루게 될 것이다.

15) 한글 위키백과 "인문학"(2012년 8월 12일 검색)

16) 김재완(2004), 「아인슈타인과 양자역학」, 〈물리학과첨단기술〉 13(1 · 2): 7-10

17) C. P. Snow, 1969.

18) Alfred North Whitehead, 1925, *Science And The Modern World*, Lowell Lectures, The Macmillan Company, p.46.

19) 데이비드 우튼David Wootton은《과학이라는 발명》이라는 책을 통해 이러한 근대과학의 탄생을 서구 유럽의 발명품으로 소개한다. 과학의 뿌리를 그리스로까지 소급하는 전통은 19세기 과학사라는 분야가 탄생하면서 나타난 최근의 현상이다. 데이비드 우튼, 2020,《과학이라는 발명》, 정태욱 옮김, 파주: 김영사.

20) 로버트 보일의 '보이지 않는 대학Invisible college'은 17세기 과학이 제도화

되지 않았음을 단적으로 드러내는 상징이다.

21) 영국에서의 이와 같은 과정은 다음 책에 더욱 자세히 기술되어 있다. Joseph Ben-David, 1984, *The Scientists' role in Society*, Chicago & London: The University of Chicago Press.

22) T. H. Huxley, 1880, *Science and Culture*, Collected Essays, 9 vols, London: Methuen, 1893-1902.

23) 프리스틀리와 무신론논쟁에 관해서는 이상하의 「18세기 무신론논쟁」(미간행 원고, 2016.6.20)을 참고할 것. 그의 블로그 주소는 다음과 같다. http://blog.daum.net/goodking

24) 하지만 헉슬리는 스펜서의 사회다윈주의가 품은 제국주의 정당화의 논리를 읽지 못했다. 그가 수호하려던 다윈의 과학적 진화론이 확장되는 것에 만족한 그의 과오는, 훗날 과학적 아나키스트 크로폿킨에 의해 강하게 비판당한다. 나의 다음 글들을 참고할 것. 김우재(2020), 「[김우재의 과학적 사회] 10. 과학은 어떻게 아나키즘을 되살리는가」, 〈이로운넷〉 2020년 1월 14일 자; 김우재(2020), 「[김우재의 과학적 사회] 11. 과학적 아나키즘과 고급교양으로서의 과학」, 〈이로운넷〉, 2020년 2월 4일 자.

25) Matthew Arnold, 1882, *Literature and Science: The Nineteenth Century*.

26) Frank Leavis, 1962, *Two cultures? The significance of C. P. Snow*, Chatto & Windus

27) 이 주제에 관심이 있는 독자는 다음 책을 참고할 것. 도널드 스토크스, 2007, 《파스퇴르 쿼드런트: 과학과 기술의 관계 재발견》, 윤진효 옮김, 서울: 북&월드; 조지 바살라, 1996, 《기술의 진화》, 김동광 옮김, 서울: 까치.

28) 맹자는 항원을 사이비라고도 했다.

29) 우생학의 역사는 복잡하다. 사회와의 관계 속에서도 그렇다. 자세한 논의는 글의 주제를 벗어나므로 생략한다.

3장

1) 이 글은 계간 〈자음과 모음〉에 실렸던 글 "김우재(2010), 「두 문화 따위 – '과학의 과학화'를 위한 하나의 추측: 제1부 두 문화의 역사적 배경과 역사 속 과학의 모습」, 〈자음과 모음〉 8: 818-851"의 후반부를 수정 보완한 것이다.
2) Isaiah Berlin, 1974, *The divorce between the sciences and the humanities*, The Second Tykociner Memorial Lecture, University of Illinois.
3) Jed Buchwald and Sungook Hong, 2003, Physics, in David Cahan(ed.), *From Natural Philosophy to the Sciences: Writing the History of 19th-century Sciences*, Chicago: the University of Chicago Press.
4) 백영서, 2014, 《사회인문학의 길》, 파주: 창비.
5) 토머스 S. 쿤, 2002, 《과학혁명의 구조》 개역판, 김명자 옮김, 서울: 까치.
6) Larry Laudan, 1996, *Beyond positivism and relativism: Theory, method and evidence*, Westview Press.
7) 조영란(1991), 「라메트리의 《인간기계론》에 나타난 심신이론과 18세기 생물학」, 〈한국과학사학회지〉 13(2): 139-154.
8) 광학 및 훅의 초기 작업들에 대해 뉴턴은 분명하게 인식하고 있었다. 정중한 훅의 서신에 대해 뉴턴이 보낸 편지에는 우리가 너무나도 잘 알고 있는 구절이 등장한다. "데카르트는 훌륭한 전진을 이루었습니다. 당신은 여러 방식으로 많은 것을 보태왔고, 특히 얇은 판의 색을 철학적 관점으로 끌어들였다는 점에서 그렇습니다. 만약 제가 더 먼 곳을 봤다면, 그것은 거인들의 어깨 위에 서 있음으로 해서 그렇습니다." 이 구절은 거인의 자리에 데카르트를 위치시킴으로써 의도적으로 훅의 연구를 폄하하려는 것이라고 해석될 수도 있다. 뉴턴의 선취권 싸움에 관해서는 다음의 논문을 참고할 것. Robert Merton(1957), Priorities in scientific discovery: a chapter in the sociology of science, *American Sociological Review* 22(6): 635-659.
9) Betty Jo Teeter Dobbs, Margaret C. Jacob, 1995, *Newton and the*

Culture of Newtonianism, Humanities Press.

10) 신응철(2004), 「다시 보는 계몽주의」, 〈칸트연구〉 13: 117-146.

11) 같은 글, 120쪽.

12 스티븐 툴민, 1997, 《코스모폴리스: 근대의 숨은 이야깃거리들》, 이종흡 옮김, 마산: 경남대학교출판부.

13) 이사야 벌린, 1982, 《칼 마르크스: 마르크스, 그의 생애 그의 시대》, 신복룡 옮김, 서울: 평민사, 61쪽.

14) 이사야 벌린, 2005, 《낭만주의의 뿌리》, 강유원·나현영 옮김, 서울: 이제이북스, 43쪽.

15) 신응철(2004), 「다시 보는 계몽주의」, 125쪽에서 재인용.

16) 이사야 벌린, 1982, 《칼 마르크스: 마르크스, 그의 생애 그의 시대》, 61쪽.

17) 같은 책, 65쪽.

18) 수학과 물리학을 중심으로 한 자연과학이 계몽주의의 바탕이 되었지만 계몽주의와 낭만주의의 대결이 단순히 철학자들의 대결로만 인식하는 것은 사태를 지나치게 단순하게 보는 관점이다. 벌린도 《낭만주의의 뿌리》에서 인간의 본성을 둘러싼 계몽주의의 다양한 모습을 간단하게 살피지만 당시의 생물학자, 화학자를 위치시키면 지형도는 더욱 복잡해진다. 이런 복잡한 사정을 무시하고 역사를 '뉴턴-계몽주의-칸트(계몽주의자였지만 낭만주의를 종합한 인물)-낭만주의의 반격'으로 그리는 것은 정당하지 못하다. 벌린의 역사서술이 세밀함에도 불구하고 과학사를 정밀하게 살피지 못한 그의 잘못은 분명 존재한다. 이에 대한 자세한 기술은 훗날 《생물학사의 새 지도》라는 제목으로 출판할 것이다.

19) 신응철(2004), 「다시 보는 계몽주의」, 137쪽.

20) 데카르트와 라이프니츠, 뉴턴에 대한 비교만으로도 근대과학으로부터 현대에 이르기까지 이어져 내려오는 과학의 다양한 모습을 관찰할 수 있다. 임시가설을 끌어들이는 과정은 과학에 필수적이다(라이프니츠). 하지만 임시가설은 실험에 의해 평가되기 전까지 도그마가 되어서는 안 된다(뉴턴). 데카르트의 수학적·연역적 세계관은 진공과 힘을 거부한다는 측면에서 논리

적·상식적으로 정당했지만 과학이 될 수는 없었다. 17세기 뉴턴을 근대과학의 시초로 삼는 것은 바로 이러한 측면 때문이다. 재확인 가능한 측정량과 가설의 연결성으로부터 과학적 생활양식의 기초를 찾는 논의는 이상하의 것이다. 이상하의《과학 철학: 과학의 역사 의존성》(서울: 철학과현실사, 2004)과《생각의 기차: 과학적 발견의 연결 1-2》(서울: 궁리, 2008)를 참고할 것.

21) 근대과학이 아리스토텔레스의 목적론과 결별하면서 시작되었다는 관점도 라이프니츠를 생각하면 수긍하기 어렵다. 특히 생물학이 정립되는 18세기에서 19세기에 걸쳐 아리스토텔레스의 목적론은 생기론과 결부되어 끊임없이 나타난다. 이에 대해서는《생물학사의 새 지도》를 통해 다룰 것이다.

22) 김성환(2004),「근대 자연 철학의 모험 2: 뉴턴과 라이프니츠의 동력학적 기계론」, 〈시대와 철학〉 15(2): 7-34.

23) 이사야 벌린, 1982,《칼 마르크스: 마르크스, 그의 생애 그의 시대》, 65-68쪽.

24) "헤겔은 이성의 권위에 대한 계몽주의의 믿음을 결코 포기하지 않았다"는 견해도 있다. 백훈승(2008),「계몽주의와 낭만주의의 종합자 헤겔」, 〈범한철학〉 48(1): 167-189. 12쪽.

25) 이사야 벌린, 2005,《낭만주의의 뿌리》, 113-114쪽.

26) 이 지점에서 칸트를 두고 과학의 지형도를 그릴 수 있는 여지가 있다. 10장에서 국내에 도입된 칸트의 실태를 통해 한국 과학문화의 지형도를 조감할 것이다.

27) 장세용(1997),「이사야 벌린의 적극적 자유와 소극적 자유의 개념」, 〈복현사림〉 20: 181-203.

28) 운동학과 동력학의 대립, 기계론이라는 통념에 녹아 있는 복잡한 철학에 대해 관심이 있는 독자는 김성환 교수의 20년의 노고가 담겨 있는 다음 책을 참고하면 된다. 김성환, 2008,《17세기 자연 철학: 운동학 기계론에서 동력학 기계론으로》, 서울: 그린비.

29) 데카르트의 사유도 그렇게 단순한 것은 아니다. 이에 대한 자세한 분석은

이미 스티븐 툴민에 의해 제시된 바 있다. 스티븐 툴민, 1997, 《코스모폴리스: 근대의 숨은 이야깃거리들》.

30) 신응철(2004), 「다시 보는 계몽주의」, 123쪽.

31) 하지만 한국에선 뉴턴의 지대한 영향력 때문에 방향 축이 바뀐 학문의 반쪽 역사에 대해 자세히 알려주지 않는다. 그 남겨진 이야기는 4장에서 다루게 될 것이다.

32) 김성환, 2008, 《17세기 자연 철학: 운동학 기계론에서 동력학 기계론으로》, 286쪽.

33) Eduard Farber, 1969, *The Evolution of Chemistry, A History of Its Ideas, Methods, and Materials*, New York: Ronald Press Co.

34) 호흡이라는 개념을 중심으로 한 생리학사는 다음의 논문을 참고할 것. 여기에 물활론자로서의 헬몬트가 등장한다. 권복규·황상익·지제근, 1997, 「호흡 개념의 역사적 변천 과정」, 〈의사학〉 6(2): 277-285.

35) 근대화학의 역사에 관한 가장 좋은 입문서는 에두아르드 파버의 《화학의 진화: 개념, 방법론, 물질의 역사The Evolution of Chemistry, A History of Its Ideas, Methods, and Materials》(1969)다. 화학의 복잡한 역사에 대한 나의 글을 참고할 것. 김우재(2008), 「유기 생물 화학의 탄생」, 〈사이언스타임즈〉 2008년 11월 26일 자.

36) 이상하(2006), 「19세기 과학적 발견의 학제간 연구 정신: 혈액 순환설을 둘러싼 하비 대 데카르트의 논쟁으로 본 그 역사적 기원」, 〈과학철학〉 9(1): 1-37.

37) 장 바티스트 드 라마르크, 2009, 《동물 철학Philosophie Zoologique》, 이정희 옮김, 서울: 지식을만드는지식; 김우재(2008), 「두 가지 생물학」, 〈사이언스타임즈〉 2008년 10월 23일 자에서 재인용.

38) 라마르크를 더 깊이 이해하려면 〈사이언스타임즈〉에 기고한 나의 글 「라마르크의 부활」 시리즈를 참고할 것.

39) 장 바티스트 드 라마르크, 2009, 《동물 철학》.

40) 라마르크의 사상에 대한 이해를 위해서는 다음 글을 참고할 것. 이정희

(2003), 「라마르크 사상의 이해」, 〈BRIC BioWave〉 5(1).

41) 이정희(2003), 「라마르크 사상의 이해」.

42) 끌로드 베르나르, 1985, 《실험의학방법론》, 유석진 옮김, 서울: 대광문화사.

43) 고인석(2005), 「생명과학은 물리과학으로 환원되는가?」, 〈범한철학〉 39: 179-202.

44) Lynn Nyhart, 1995, *Biology takes form: animal morphology and the German universities*, 1800-1900, Chicago: The University of Chicago Press.

45) 생리학사와 화학사는 왜 우리가 역사를 바라볼 때 과학사를 무시하면 안 되는지를 보여주는 단적인 예가 된다. 이야기가 많고 풍부하지만 이 정도면 현재의 논의를 진행하는 데 무리가 없다는 판단과 더불어 이에 대한 다른 작업이 진행 중이어서 여기까지만 다룰 것이다.

4장

1) 2010년 계간 〈자음과 모음〉에 연재할 글로 기획되었으나 중간에 연재가 멈추었고, 따라서 「두 문화 따위 – '과학의 과학화'를 위한 하나의 추측」 연재에서 다하지 못한 논증과 이야기를 이 책에 싣는다.

2) 볼테르(2011), 「데카르트와 뉴턴에 대하여」, 〈수필시대〉 40: 302-308.

3) 이효숙(2015) 「《철학서한》을 통해 드러난 철학자 볼테르」, 〈불어불문학연구〉 101: 229-256.

4) "《철학서한》에서 '로크의 형이상학'과 '뉴턴의 자연학'의 '통역자interprète'로 자처한 볼테르는 뉴턴을 데카르트와 비교하며 데카르트 철학에 대해서는 '기발한 소설일 뿐'이라는 극단적인 표현을 쓰는데, 그 이유는 데카르트가 영혼의 성질, 신의 존재에 대한 증거, 물질, 운동의 법칙, 빛의 성질 등에 대해 착각했고, 새로운 요소들을 만들어내서 하나의 세계를 창조하고 자기 식으로 인간을 만들었는데 진정한 인간과는 거리가 멀기 때문이라고 설명한다. 이에 비해 뉴턴이 밝혀낸 세계는 '자연의 정상적인 흐름과 천체 관찰

들'에 바탕을 둔 것임을 강조한다." 같은 글.

5) 뉴턴은 근대과학자로 알려져 있으니 이런 문장이 이상하지 않게 여겨지겠지만, 로크는 다르다. 우리에게 로크는 17세기 영국의 정치사상가 정도로 인식되고 있다. 하지만 로크는 의사였고 뉴턴과 교류할 정도로 근대과학에 대한 조예가 깊은 과학적 지식인이었다. 로크에 대해서는 뒤에서 다루게 될 것이다.

6) 이효숙은 「《철학서한》을 통해 드러난 철학자 볼테르」에서 '필로조프philosophes'의 의미를 다음과 같이 설명한다. "우선 볼테르를 위시한 계몽기의 대표적 '필로조프들'은 이전 세기의 데카르트나 스피노자처럼 형이상학을 통해 진리를 탐구하던 철학자들이 아니다. 이전의 형이상학 시스템이 철학적 이성에 오히려 방해가 된다고 여기고, 스스로 길을 터 나가려는 시도를 감행한다. 즉, 기존의 전통적인 형이상학이나 신학의 감독을 거부한 것이다. 정해진 진리를 근거로 한 추론이 아니라, 인간 조건과 관련된 개별적 사실들의 관찰과 경험(또는 실험)을 통해 원리를 도출해내려는 사유 방식을 취하며 사유 대상을 확장시켜 간다. 종래의 철학자들도 자연학을 위시하여 다른 분야들을 고찰 대상으로 삼긴 했으나, 형이상학 또는 신학의 위상과 다른 분야들의 위상은 엄연히 달랐는데, 이제 대등한 관계를 지향하거나, 심지어 역전시키려는 움직임이 활발해진 것이 변화의 핵심이다. 그러나 앞서 언급한 대로 18세기를 계몽철학자들만의 세기라고 볼 수 없는 복잡한 현실 속에서 '필로조프'란 단어는 그 어느 때보다 더 '자유사상가libre penseur'처럼 쓰이기 일쑤였고, 오랜 신앙이자 신념이던 '기독교정신'에 반대하거나 맞서는 정신 또는 사유 방식을 가진 사람으로 통하는 경우가 대부분이다."

7) 볼테르(2011), 「데카르트와 뉴턴에 대하여」.

8) 이상하(2005), 「개연적 판단: 논증과 추론」, 〈범한철학〉 39: 203-233.

9) 스티븐 툴민, 1997, 《코스모폴리스》, 이종흡 옮김, 마산: 경남대학교출판부.

10) 계몽사상가들 사이엔 분명 다양성이 존재하고 그들을 하나의 틀로 묶는다는 건 쉽지 않은 일이다. 하지만 굳이 당시 프랑스 계몽사상가들을 하나의

틀로 묶는 시대정신을 꼽자면, 그건 종교적 독단에 맞서 이성을 중시하는 태도였다. 흔히 루소가 이성을 멀리하고 감정을 중요하게 생각했다고 알려져 있지만, 루소 또한 이 틀에서 자유롭지 않은 인물이다. 이들의 다양성에 대해서는 뒤에서 자세히 다루게 될 것이다.

11) 김동원(1992), 「뉴턴의 프린키피아」, 〈과학사상〉 3: 219-230에서 재인용.
12) 같은 글에서 재인용.
13) 같은 글에서 재인용.
14) 문지영(2020), 「18세기 프랑스 여성과학자 에밀리 뒤 샤틀레Emilie du Châtelet의 삶과 연구 활동」, 〈프랑스사연구〉 42: 191-228.
15) 과정으로서의 과학에 대한 논의는 다음을 참고할 것. David L. Hull, 2008, 《과정으로서의 과학》, 파주: 한길사, 2008; 이상욱(2005), 「서평 논문: 실험적 실천과 이론망」, 〈과학철학〉 8(1): 115-127; 김우재(2020), 「[숨&결] 삶의로서의 과학」, 〈한겨레〉 2020년 10월 15일 자.
16) 김영식 외, 1999, 《과학사신론》, 서울: 다산출판사를 참고할 것.
17) 이효숙(2015), 「《철학서한》을 통해 드러난 철학자 볼테르」에서 재인용.
18) 볼테르라는 계몽주의의 화신에게 영향을 미친 영국의 두 지성 뉴턴과 로크는 서로 학문적으로 왕래하던 사이였으나, 그들 사이의 왕래는 주로 신학적 토론에 국한되었다. 뉴턴과 로크의 학문적 교류와 서로 간의 영향력에 대해서는 뉴턴이 세계를 변화시킨 방식을 다루는 5장에서 다루게 될 것이다.
19) 최요환(2019), 「《백과사전에 대한 질문들》과 화학의 문제: 분과들의 논쟁」, 〈불어불문학연구〉 120: 349-372에서 재인용.
20) 같은 글.
21) 같은 글에서 재인용.
22) 같은 글, 358쪽.
23) 김태훈(2013), 「[디드로 탄생 300주년] 디드로, 지식 혁명의 선구적 철학자」, 〈지식의 지평〉 15: 206-221.
24) 기계론과 유기체론 사이의 갈등에 대해선 "철학연구회, 2003, 《진화론과 철학》, 서울: 철학과 현실사"에 실린 글들을 읽을 것. 생물학 내부에서 생기론과

기계론 사이의 갈등은 에른스트 마이어Ernst Walter Mayr의 책《이것이 생물학이다This Is Biology》(최재천·황희숙·박은진·고인석·이영돈·황수영·김은수 옮김, 서울: 바다출판사, 2016)를 추천한다. 김우재(2009),「라마르크의 부활(1)」,〈사이언스타임즈〉2009년 4월 23일 자.

25) 국내에는 미학과 미술비평으로 잘 알려진 디드로에 대한 연구는 방대하지만, 디드로와 같은 선상에서 18세기 유물론을 주장했던 돌바크에 대한 연구는 거의 없다. 바로 이 점이 한국 사회의 인문학 편식을 보여주는 좋은 사례일 것이다.

26) Eduard Farber, 1969, *The Evolution of Chemistry: A History of Its Ideas, Methods, and Materials*, New York: Ronald Press와 나의 글「누가 라부아지에를 죽였나」(http://heterosis.net/archives/1317)를 참고할 것.

27) 이상하(2008),「19, 20세기 과학의 학제간 연구 정신: 과학 발견의 역사에서 학제간 연구의 의미와 제도의 역할」, 학술연구교수지원 2004-050-A00008.

28) 최요환(2019),「《백과사전에 대한 질문들》과 화학의 문제: 분과들의 논쟁」에서 재인용.

29) 같은 글에서 재인용.

30) 서정복(2003),「프랑스 살롱의 기원과 문화적 역할」,〈프랑스문화예술연구〉9: 169-190.

31) 같은 글.

32) 김응종(2012),「돌바크의 자연철학과 무신론」,〈프랑스사연구〉26: 117-136.

33) 같은 글에서 재인용.

34) 같은 글에서 재인용.

35) 같은 글에서 재인용.

36) 같은 글에서 재인용.

37) 고봉진(2014),「사회계약론의 역사적 의의 - 홉스, 로크, 루소의 사회계약론

비교」, 〈법과정책〉 20(1): 55-82.

38) 루소의 자연상태론은 스티븐 핑커Steven Pinker라는 심리학자가 그의 책 제목으로 만든《빈 서판The Blank Slate》이라는 개념으로 더 유명하다. 물론 이미 학문적으로 아무런 의미도 없는 진화심리학을 옹호하려던 핑커는 로크와 계몽주의 사상가들의 사상을 제대로 이해하지 못한 채 논의를 진행한다. 계몽주의 사상가에 대한 핑커의 이해는 수준 이하다. 그건 핑커나 도킨스 같은 교양과학 서적의 저자들이 역사에 대한 이해에 있어 경박함을 뛰어넘는 처참함을 보여주기 때문일 것이다.

39) 흥미로운 사실은 우리에게 가장 잘 알려진 루소의《인간 불평등 기원론》은 이 현상공모전에서 떨어졌다는 것이다. 김응종(2018),「계몽사상과 프랑스 혁명: 루소를 중심으로」, 〈역사와 담론〉 88: 379-413을 참고할 것.

40) 이충훈(2013),「루소와 화학」, 〈프랑스사연구〉 28: 57-83에서 재인용.

41) 같은 글에서 재인용.

42) 같은 글에서 재인용.

43) 같은 글에서 재인용.

44) 같은 글, 80-81쪽.

45) 장자크 루소, 2008,《(루소의) 식물 사랑》, 진형준 옮김, 파주: 살림.

46) 최내경(2015),「계몽사상을 통해 본 프랑스 문화의 다양성과 대립 양상」, 〈프랑스어문교육〉 51: 105-129에서 재인용.

5장

1) 2010년 계간 〈자음과 모음〉에 연재할 글로 기획되었으나 중간에 연재가 멈추었고, 따라서「두 문화 따위 – '과학의 과학화'를 위한 하나의 추측」 연재에서 다하지 못한 논증과 이야기를 이 책에 싣는다.

2) 박윤덕(2014),「루소와 프랑스혁명 –《사회계약론》의 역사적 역할과 한계」, 〈프랑스학연구〉 67: 299-316.

3) 같은 글.

4) 정동준(1999), 「미라보의 공립학교Ecole Publique 설립안」, 〈역사와 담론〉 26: 175-193.

5) 김응종(2018), 「계몽사상과 프랑스혁명: 루소를 중심으로」, 〈역사와 담론〉 88: 379-413에서 재인용.

6) 같은 글, 387쪽에서 재인용.

7) 같은 글, 387쪽에서 재인용.

8) 같은 글, 391쪽에서 재인용.

9) 같은 글.

10) 김응종(2012), 「돌바크의 자연철학과 무신론」, 〈프랑스사연구〉 26: 117-136에서 재인용; 이충훈(2013), 「루소와 화학」, 〈프랑스사연구〉 28: 57-83; 「루소와 화학: 계몽과 낭만의 조율자로서의 실험과학」(http://heterosis.net/archives/1645).

11) 최내경(2015), 「계몽사상을 통해 본 프랑스 문화의 다양성과 대립 양상」, 〈프랑스어문교육〉 51: 105-129에서 재인용.

12) 이충훈(2014), 「발효와 부패: 18세기 후반의 유물론적 상상력(1769-1789)-돌바크와 디드로의 화학 및 의학 사상을 중심으로」, 〈프랑스학연구〉 68: 305-339, 305쪽에서 재인용.

13) 김영욱(2018), 「달랑베르와 함께 장-자크를: 루소 자서전의 "실험적" 기획에 대해」, 〈불어불문학연구〉 113: 5-30.

14) 김태훈(2013), 「《백과전서》 번역을 통해 본 18세기 유럽에서 지식 소통의 한 양상」, 〈프랑스문화예술연구〉 45: 105-127.

15) 윤경희(2001), 「열정과 수난의 백과사전으로서의 《소돔의 120일》」, 서울대학교대학원 석사 학위 논문.

16) 안재구(1991), 「혁명의 길을 선택한 수학자들」, 〈말〉 61: 214-221.

17) 이충훈(2014), 「발효와 부패: 18세기 후반의 유물론적 상상력(1769-1789)-돌바크와 디드로의 화학 및 의학 사상을 중심으로」에서 재인용.

18) 권복규·황상익·지제근, 1997, 「호흡 개념의 역사적 변천 과정」, 〈의사학〉

6(2): 277-285.

19) 이충훈(2014), 「발효와 부패: 18세기 후반의 유물론적 상상력(1769-1789)-돌바크와 디드로의 화학 및 의학 사상을 중심으로」, 308쪽에서 재인용.

20) 이충훈(2017), 「발효와 존재의 연쇄-디드로 후기저작을 중심으로」, 〈프랑스어문교육〉 56: 271-299.

21) 이충훈(2014), 「발효와 부패: 18세기 후반의 유물론적 상상력(1769-1789)-돌바크와 디드로의 화학 및 의학 사상을 중심으로」.

22) 옹프레 미셸, 2010, 《계몽주의 시대의 급진철학자들》, 남수인 옮김, 파주: 인간사랑.

23) 김태훈(2013), 「[디드로 탄생 300주년] 디드로, 지식 혁명의 선구적 철학자」, 〈지식의 지평〉 15: 206-221.

24) 장세룡(2010), 「드니 디드로의 생물학적 유물론: 혼종, 분자, 감성 개념에 주목하면서」, 〈프랑스사연구〉, 23: 37-68.

25) 송태현(2015), 「디드로의 유물론적 과학관과 문학: 《운명론자 자크와 그의 주인》에 나타난 결정론과 자유 의지」, 〈世界文學比較硏究〉 52: 221-242.

26) 조영란(1991), 「라메트리의 《인간기계론》에 나타난 심신이론과 18세기 생물학」, 〈한국과학사학회지〉 13(2): 139-154에서 재인용.

27) 주명철(2020), 「루소가 뱅센성으로 디드로 면회를 가지 않았다면」, 〈한겨레〉 2020년 8월 1일 자.

28) 김용기(1999), 「계몽의 낙관주의와 디드로의 생물학적 사유」, 〈한국프랑스학논집〉 26: 89-103.

29) 조영란(1991), 「라메트리의 《인간기계론》에 나타난 심신이론과 18세기 생물학」에서 재인용.

30) 같은 글에서 재인용.

31) 김삼웅(2010), 「[인간진보와 저항의 발자취 15] 근대를 연 금속활자와 《백과전서》」, 〈기독교사상〉 618: 177-185.

32) 이영목(2012), 「《백과전서》와 계몽주의」, 한국사전학회 학술대회 발표논문

집, 11-15.

33) 같은 글, 13쪽에서 재인용.

34) 김삼웅(2010), 「[인간진보와 저항의 발자취 15] 근대를 연 금속활자와 《백과전서》」, 182쪽에서 재인용.

35) 같은 글, 183쪽에서 재인용.

36) 김태훈(2013), 「《백과전서》 번역을 통해 본 18세기 유럽에서 지식 소통의 한 양상」에서 재인용.

37) 김삼웅(2010), 「[인간진보와 저항의 발자취 15] 근대를 연 금속활자와 《백과전서》」, 183쪽에서 재인용.

6장

1) 2010년 계간 〈자음과 모음〉에 연재할 글로 기획되었으나 중간에 연재가 멈추었고, 따라서 「두 문화 따위 - '과학의 과학화'를 위한 하나의 추측」 연재에서 다하지 못한 논증과 이야기를 이 책에 싣는다.

2) 김보영(2017), 「라메트리의 《인간기계》와 유물론의 부활」, 한국교원대학교 대학원 석사 학위 논문.

3) 예를 들어 루소는 달랑베르의 극장 건립에 반대하며 장문의 글로 반박했다. 루소에게 연극이란 문명의 산물로, 인간을 타락하게 만드는 것이었기 때문이다. 하지만 아이러니하게도 루소는 여러 예술작품을 발표한 작가이기도 하다.

4) 이 장은 최내경(2015), 「계몽사상을 통해 본 프랑스 문화의 다양성과 대립 양상」, 〈프랑스어문교육〉 51: 105-129에서 큰 도움을 받았다.

5) 같은 글, 111쪽에서 재인용.

6) 안호영(2012), 「통섭에 내재된 '생물학주의': 물리학이 생물학에 끼친 영향을 중심으로」, 〈교양교육연구〉 6(3): 691-719.

7) 물론 디드로가 실험과학에 천착한 것은 주지의 사실이지만, 그는 라이프니츠의 철학을 연구하며 다양한 분야의 탐색을 즐겼던 인물이다. 이충훈

(2019), 「라이프니츠 철학 전통 속의 디드로」, 〈비교문화연구〉 55: 189-216.

8) 이 글에서 뷔퐁에 대한 논의는 자세히 다루지 않는다. 뷔퐁에 대한 논의는 향후 출판될 책 《과학적 사회》를 통해 드러날 것이다. 뷔퐁에 대해서는 다음 블로그 글을 참고할 것. 「진화론의 선구자, 뷔퐁 백작과 숙적, 카를 폰 린네」(https://m.blog.naver.com/kbs4547/221183167727). "이충훈(2019), 「노새는 괴물인가? 뷔퐁과 보네 논쟁 연구」, 〈프랑스어문교육〉 65: 125-151"의 초록도 참고할 것.

9) 콩도르세에 대한 국내 학자의 논문은 거의 대부분 그의 공교육 개혁론에 관한 것이다. 수학자 콩도르세에 대한 논의는 없다. 예를 들어 다음 논문은 한국 학계에서 콩도르세가 다루어지는 전형적 관점을 보여준다. 이윤미(2014), 「콩도르세의 자유주의적 공교육 개혁론의 시사점」, 〈한국교육사학〉 36(3): 153-182. 이 점 또한 한국 인문학계의 편향을 보여주는 좋은 사례다. 콩도르세에 대한 논의 또한 향후 출판될 《과학적 사회》에서 다룰 것이다.

10) 램프레히트Sterling Power Lamprecht는 "18세기의 많은 프랑스 사상가들 간에는 사상의 통일이 없다. 어떤 이는 이성을 높이 평가했고, 또 어떤 이는 사고 작용을 감각들과 심상들의 기계적 연속에 환원시켰다. 그리고 루소는 감정을 인간의 여러 가지 의견을 위한 현실적이고 합당한 기초로 보고 이성보다 높이 평가했다"라고 말했다. 하지만 루소를 빼면 이 언명은 틀렸다. 루소를 제외하면 계몽사상가 대부분은 오직 과학과 이성의 힘을 믿었기 때문이다.

11) 최내경(2015), 「계몽사상을 통해 본 프랑스 문화의 다양성과 대립 양상」, 124쪽.

12) 루소를 따라 계몽사상가들의 주류적 사고방식에 반대한 맨 드 비랑 등의 인물들은 프랑스 정신주의 전통을 이루고, 18세기 후반 독일의 슈탈, 프랑스의 비샤, 뷔송, 바르테즈 등의 생기론자들의 등장으로 이어진다. 여기서는 생기론과 낭만주의의 복잡한 동역학에 대해 다루지 않는다. 황수영(2004),

「맨 드 비랑의 근대과학적 사유 비판: 인과성과 생리학주의 비판」, 〈철학〉 78: 251-270.

13) 18세기 계몽주의에 대한 반발에서 낭만주의가 성립되는 과정에는 의학과 생리학 분야에서 활동한 생기론자들이 크게 기여했다. 이들에 대한 이야기는 이 책에서 다루지 않았다. 다음 논문들이 도움이 될 것이다. 황상익(1993), 「생기론과 기계론: 17, 8세기적 함의」, 〈의사학〉 2(2): 99-113; 황수영(2012), 「자비에르 비샤의 의학사상: 프랑스 생기론의 역사적 맥락에서」, 〈의사학〉 21(1): 141-170; 한희진(2010), 「폴-조제프 바르테즈(1734~1806)의 생기론」, 〈의사학〉 19(1), 157-188; 김미영(2018), 「쇼펜하우어와 19세기 초 생물학」, 〈대동철학〉 85: 73-95; 이진영(2020), 「쇼펜하우어의 자연철학 연구: 의지의 객관화와 개체화로서의 자연」, 제주대학교 대학원 박사 학위 논문; 김현미(2020), 「근대 유럽의 생기(生氣)론과 에드바르트 뭉크 회화의 전향」, 〈인문과 예술〉 9: 245-260.

    한국 인문사회과학계의 근대과학에 대한 편향을 생각해보면 낭만주의와 밀접한 생기론에 대한 수많은 연구가 존재한다는건 놀라운 일이 아니다. 하지만 그 생기론자들의 논의 속에서도 우리는 근대과학의 자장을 발견할 뿐이다.

14) 최내경(2015), 「계몽사상을 통해 본 프랑스 문화의 다양성과 대립 양상」, 125쪽.

15) 토머스 핸킨스, 2011, 《과학과 계몽주의: 빛의 18세기, 과학혁명의 완성》, 양유성 옮김, 파주: 글항아리.

16) http://elearning.kocw.net/KOCW/document/2013/hanyang/LeechougHoon/11.pdf

17) 피터 게이, 1998, 《계몽주의의 기원》, 주명철 옮김, 서울: 민음사.

18) Peter Gay, 1969, *The Enlightenment: An Interpretation-Volume II: The Science of Freedom*.

7장

1) 김동원(1992), 「뉴턴의 〈프린키피아〉」, 〈과학사상〉 3: 219-230.
2) 같은 글.
3) 조명래(2002), 「사회과학의 등장배경으로서 계몽주의의 재조명」, 〈공간과 사회〉 18; 161-179.
4) 물론 루소는 이에 반대하겠지만, 역설적으로 그의 학문적 활동은 이를 증명한다.
5) 조명래(2002), 「사회과학의 등장배경으로서 계몽주의의 재조명」.
6) 같은 글.
7) 철학자 이봉재는 분명 근대과학 이후 사회과학이 엄청난 과학의 자장 속에 성장했음을 알고 있다. 하지만 이봉재 또한 뒤에 다룰 김성환처럼 낭만주의적 성향을 감추지 않고 과학에 대한 적대감을 드러낸다. 왜냐하면 김성환이 세계관의 제시를 철학만의 임무로 제시하듯이, 이봉재 또한 윤리적 판단이 철학자만의 것이라는 착각에 빠져 있기 때문이다. 이봉재(2005), 「[논단] 방법 이후의 사회과학」, 〈과학사상〉 50: 230-251.
8) 조명래(2002), 「사회과학의 등장배경으로서 계몽주의의 재조명」.
9) 칸트와 뉴턴 물리학의 관계에 대한 다음의 논증은 철학자 한스 라이헨바흐의 논증을 재구성한 것이다. 한스 라이헨바하, 2002, 《과학철학의 형성》, 전두하 옮김, 서울: 선학사.
10) 이상은 "진병운, 2004, 《몽테스키외 「법의 정신」》(철학사상 별책 제3권 제14호), 서울: 서울대학교철학사상연구소"에서 인용한 것들이다.
11) 조명래(2002), 「사회과학의 등장배경으로서 계몽주의의 재조명」.
12) 김지원(2010), 「아담 스미스의 자연관과 뉴턴 과학에 대한 이해」, 〈한국과학사학회지〉, 32(1): 69-91.
13) 조명래(2002), 「사회과학의 등장배경으로서 계몽주의의 재조명」.
14) 같은 글.
15) 같은 글.
16) 김광수(2014), 「현대 과학철학 및 경제철학의 흐름과 스미스의 과학 방법론

에 관한 연구」, 〈경제학연구〉 62(1): 133-170.

17) 송규범(2005), 「존 로크: 삶과 시대」, 〈과학과 문화〉 2(1): 49-61.

18) 로크와 뉴턴은 모두 신학을 전공했고 신의 존재를 믿었다. 윤재왕(2011), 「자연법과 역사 - 존 로크 법철학의 양면성?」, 〈강원법학〉 34: 355-387.

19) 정병국(2014), 「계몽주의에서 아이작 뉴턴의 역할에 대한 비평: 존 로크와의 관계를 중심으로」, 〈인문과학연구〉 41: 225-244.

20) 홍태영(2007), 「몽테스키외의 [법의 정신] 에 대한 정치적 독해」, 〈한국정치학회보〉 41(2): 141-160.

21) 장세룡(2005), 「몽테스키외 정치사상의 근대성」, 〈대구사학〉 81: 283-314.

22) 진병운, 2004, 《몽테스키외 「법의 정신」》.

23) 알튀세르는 다음과 같이 말한다. "과학적인 정치학은 그 대상부터가 이전의 학문과 다를 수밖에 없는 것이 사회 일반에 대한 과학이 아니고 역사상의 모든 구체적 사회들에 대한 과학을 시도하기 때문이며 이에 따라 방법 역시 본질을 파악하려는 것이 아니고 법칙을 발견하려 한다는 점에서 다를 수밖에 없다." 진병운, 2004, 《몽테스키외 「법의 정신」》에서 재인용.

24) 알튀세르는 복잡한 철학자다. 말년에 그의 아내를 목졸라 죽이기도 할 정도로 정신분열에 시달렸던 이 문제적 인물은 18세기 계몽사상에서 근대과학에 대한 태도를 중심으로 하나로 묶기 힘든 몽테스키외와 루소를 동시에 설명하려 했다. 그의 시도는 실패한 것으로 생각된다. 오지 켄타·황재민(2017), 「필연성/우연성: 알튀세르의 루소와 계몽주의」, 〈문화과학〉, 91: 332-362.

25) 진병운, 2004, 《몽테스키외 「법의 정신」》에서 재인용.

26) 흥미로운 사실은 프랑스대혁명의 주역들이었던 미라보와 마라 또한 루소와 몽테스키외에 대해 상반된 평가를 하고 있다는 것이다. 김응종(2018), 「계몽사상과 프랑스혁명: 루소를 중심으로」, 〈역사와 담론〉, 88: 379-413. 이들 중 장 폴 마라는 루소를 지지하는데, 마라가 젊은 시절 과학자가 되기 위해 힘썼고, 라부아지에를 어느 정도는 질시의 눈으로 바라보고 있었다는 점도 이러한 그의 관점에 영향을 미쳤을지 모른다. 장 폴 마라와 라부아지

에에 대해서는 나의 글 「누가 라부아지에를 죽였나」(http://heterosis.net/archives/1317)를 참고할 것.

27) 홍태영(2007), 「몽테스키외의 [법의 정신] 에 대한 정치적 독해」.

28) 진병운, 2004, 《몽테스키외 「법의 정신」》, 42쪽에서 재인용.

29) 같은 책, 42쪽에서 재인용. 근대과학의 성취와 계몽사상에 적대적인 진병운이 서울대 철학사상연구소의 국가연구과제에서 루소 《사회계약론》의 독해를 맡았다는 사실도 이런 그의 편향과 무관하지 않을 것이다.

30) 백종현(2002), 「철학 텍스트들의 내용 분석에 의거한 디지털 지식자원 구축을 위한 기초적 연구」, 과제번호 KRF-2002-074-AM1020. 그나마 이 목록에 토머스 쿤이 끼어들어 간 건 유행에 민감한 한국 인문학자들의 어쩔 수 없는 선택이었을 것이라고 생각한다. 서울대학교 철학사상연구소 웹사이트(http://philinst.snu.ac.kr/)에서도 철학자들의 목록을 볼 수 있고, 한국 서울대학교 철학자들의 인문학적 편향을 읽을 수 있다.

31) 인문학자들의 편향에 관해선 내 글, 김우재(2010), 「과학을 여행하는 인문학도를 위한 안내서」, 〈고대문화〉 여름100호(http://www.komun.net/zbxe/quarterly_komun_2010/254782?ckattempt=1)를 참고할 것.

32) 괴테, 《대상과 주체의 매개로서의 실험》; 김연홍(2002), 「괴테의 자연개념: 원형현상Urphanomen, 변형Metamorphose 등의 핵심개념을 중심으로」, 〈독일문학〉 81: 29-47에서 재인용.

33) 괴테, 2003, 《색채론, 자연과학론》(괴테전집 12), 장희창·권오상 옮김, 서울: 민음사, 370쪽.

34) 같은 책, 333-338쪽.

35) 괴테의 자연과학에 대한 태도와 생각들에 관한 더 자세한 논구는 나의 글 「괴테, 대문호의 과학」(http://heterosis.net/archives/719)을 참고할 것.

36) 괴테, 2003, 《색채론, 자연과학론》, 310쪽.

37) 김성환(1998), 「헤겔의 자연 철학에서 뉴턴 과학」, 〈시대와 철학〉 9(1): 229-250.

38) 같은 글에서 재인용.

39) 예를 들어 헤겔의《정신현상학》에 대한 텍스트 독해를 찾아보면 과학이라는 개념이 사용된 흔적조차 찾기 어렵다. 강성화, 2004,《헤겔「정신현상학」》(철학사상 별책 제3권 제17호), 서울: 서울대학교 철학사상연구소.

40) 백훈승(2008),「계몽주의와 낭만주의의 종합자 헤겔」,〈범한철학〉48: 167-189.

41) 김현(2008),「헤겔의 낭만주의 비판: 낭만적 아이러니와 낭만적 자아를 중심으로」,〈철학논총〉51: 89-108; 권대중(2012),「헤겔 철학 전반: 헤겔의 반낭만주의에 함축된 철학적 층위들」,〈헤겔연구〉31: 155-176.

42) 권대중(2013),「헤겔의 반낭만주의적 낭만주의: 그의 체계에서 "낭만적인 것"의 변증법」,〈헤겔연구〉33: 77-98.

43) 김성환(1998),「헤겔의 자연 철학에서 뉴턴 과학」.

44) 김성환, 2008,《17세기 자연 철학》, 서울: 그린비.

45) 같은 책, 4쪽.

46) 같은 책, 5쪽.

47) 같은 책, 5-6쪽.

48) 한스 라이헨바흐의 글 "Hans Reichenbach(2014), The three tasks of epistemology, in Lydia Patton(ed.), *Philosophy, Science, and History: A Guide and Reader*, Routledge, p.62"와 나의 글「왜 철학자는 과학자들에게 존경받지 못하는가」(http://heterosis.net/archives/118)를 참고할 것.

49) 임레 라카토스, 1973,「과학적 방법론에 대한 제1강」; 스티브 풀러, 2007,《쿤/포퍼 논쟁》, 나현영 옮김, 서울: 생각의 나무, 78쪽에서 재인용.

50) 이곳에서 인용된 언급 외에 과학자와 철학자 사이의 긴장관계에 더 관심이 있는 독자는 나의 글「왜 철학자는 과학자들에게 존경받지 못하는가」(http://heterosis.net/archives/118)를 참고할 것.

51) 스티브 풀러, 2007,《쿤/포퍼 논쟁》, 78-79쪽

8장

1) 최무영(2008), 「[최무영의 과학이야기] 현대사회에서 과학의 영향」, 〈프레시안〉 2008년 8월 12일 자.
2) 빈학단의 설립과 과학전쟁까지의 역사는 한국적 상황에서 '학풍'의 부재라는 현실을 분석하는 10장에서 다룰 것이다.
3) 대한민국에 서구의 인문학이 수입되는 과정에서 이러한 상호작용에 대한 고려가 제거되었다는 주장도 10장에서 다룰 것이다.
4) 이 개념 또한 이상하 박사의 것이다.
5) 이에 관한 자세한 논의는 툴민을 다루는 책의 후반부에서 이루어질 것이다. 우선 독자들은 다음 논문에서 역사적 개괄을 얻을 수 있다. 이봉재(2005), 「방법 이후의 사회과학」, 〈과학사상〉 50: 230-251.
6) 아마 스노는 문학 지식인과 물리학자를 대별했다는 반론이 가능할 것이다. 하지만 훗날 스노가 회고했듯이 그는 강연을 기획할 당시 사회과학을 비롯해서 그의 범주 내로 포섭될 수 없으면서 과학과 밀접한 관계를 맺고 있던 문화를 보지 못했다. 스노의 논의가 언제나 인문학과 자연과학의 갈등으로 비춰지고 언급되는 이유도 바로 그 때문이고, 두 개의 문화가 아니라 여러 문화가 존재한다는 주장이 가장 적절한 반론이 되는 이유도 그 때문이다. 만약 이런 측면에서 반론을 해야 한다면 그 화살은 내가 아니라 스노에게 향해야 할 것이다.
7) 이봉재(2005), 「방법 이후의 사회과학」, 231-232쪽
8) '과학전쟁'을 다루는 9장에서 이에 관해 짧게 다루기로 한다.
9) 김형효(1993), 「포스트모더니즘의 철학」, 〈철학과현실〉 18: 144-159; 윤평중, 1992, 《포스트 모더니즘의 철학과 포스트 마르크스주의》, 서울: 서광사.
10) 프리드리히 엥겔스, 2008, 《루트비히 포이어바흐와 독일 고전철학의 종말》, 강유원 옮김, 서울: 이론과실천, 11쪽.
11) 같은 책, 11쪽.
12) 마르크스의 저작을 과학사의 관점에서 바라보는 작업은 나의 역량으로는 불가능하다. 또한 이 글의 목적과도 맞지 않는다. 다만 소박하게 20세기를

뒤흔든 사상이 근대과학의 숨결로 이루어진 것임을 보여주는 것으로 족할 것이다.

13) 김재기(1992), 「'철학', 과학, 계급투쟁: 마르크스와 엥겔스의 '철학사 연구'에서 무엇을 얻을 것인가?」, 〈이론〉 2: 8-41, 13쪽. 국내 좌파 지식인들의 실증과학에 대한 의도적인 무시와 혐오에 대해 마르크스는 그다지 동의하지 않을 것 같다. 좌파 지식인들과 과학의 관계에 대해서는 3부에서 자세히 다루게 될 것이다.

14) 프리드리히 엥겔스, 2008, 《루트비히 포이어바흐와 독일 고전철학의 종말》, 32쪽.

15) 김재기(1992), 「'철학', 과학, 계급투쟁: 마르크스와 엥겔스의 '철학사 연구'에서 무엇을 얻을 것인가?」, 20쪽에서 재인용.

16) 같은 글, 26쪽.

17) 이기홍(1991), 「마르크스의 과학적 방법」, 〈사회와역사〉 31: 11-39, 30쪽에서 재인용.

18) 역시 이상하 박사의 논의를 참고할 것.

19) 자세한 논의는 피한다. 독자들은 "끌로드 베르나르, 1985, 《실험의학방법론》, 유석진 옮김, 서울: 대광문화사"에서 한 단면을 확인할 수 있을 것이다.

20) 이기홍(1991)은 논문을 통해 로이 바스카Roy Bhaskar의 비판적 실재론을 끌어들인다. Roy Bhaskar, 2008, *A Realist Theory of Science*, Routledge. 그가 과학철학의 방법론적 분석을 통해 사회과학의 방법론적 해방을 추구하는 바스카의 비판적 실재론을 끌어들이는 이유는 분명한 것이다. 사회과학의 독립성 혹은 자율성을 보장받기 위한 노력의 일환일 것이다. 과학사 역시 학문의 방법론적 자율성을 두고 복잡한 사건들이 얽혀 있다. 만약 그것이 사회과학의 방법론적 자율성을 통해 자연과학의 지위를 확보하려는 것이라면 그것에 반대한다. 하지만 서영표의 주장처럼 "과학적 지식의 역할은 실천적 지식으로 표현되는 사람들의 능력의 지평을 넓혀가는 과정이어야 한다"는 소박한 생각이라면 바스카의 논의로 마르크스를 이해하려는 시도에 찬성한다. 서영표(2010), 「비판적 실재론과 비판적 사회이론」, 성공회

대 급진민주주의 연구모임 온라인 저널 창간준비호.

21) 에른스트 피셔, 1985, 《마르크스 사상의 이론구조》, 노승우 옮김, 서울: 전예원, 273쪽에서 재인용.

22) 이 글은 마르크스가 당시 과학의 발전에 얼마나 민감했고 그가 과학을 이해한 방식을 다루는 것을 목표로 한다. 따라서 마르크스의 학문적 방법론에 대한 이기홍(1991)의 논의는 과학적 방법론에 대한 다양한 시각이 담긴 이봉재(2005)의 논문을 통해 보완할 수 있을 것이다.

23) 도미니크 르쿠르, 김석진, 윤소영(1994), 「다윈의 체로 걸러진 마르크스」, 〈이론〉, 9: 122-169, 160-161쪽

24) 도미니크 르쿠르(1994)는 지나치게 마르크스를 정당화하는 데 몰두하고 있다. 그의 분석은 타당하지만 마르크스가 지나치게 자신의 이론을 위해서 자연과학의 성과들을 이용하려 했던 것도 사실이기 때문이다. 다윈을 '자신의 철학적 입장을 변경할 기회'로 삼았다는 주장은 과학에 대한 마르크스의 생각을 넘겨짚는 일이 될 수도 있다.

25) 예를 들어 이기홍(1991)의 입장이 정확히 그렇다.

26) 9장에서 이 문제를 다룬다.

27) 에른스트 피셔, 1985, 《마르크스 사상의 이론구조》, 180쪽에서 재인용.

28) 김수행, 1997, 《자본론의 현대적 의미》, 말.

29) 김수행, 1997, 아직도 《자본론》을 읽어야 하는 이유, 사람과 세상.

30) 루드비히 포이에르바하, 1983, 《미래철학의 근본원칙》, 강대석 옮김, 서울: 이문출판사, 23-24쪽.

31) 프리드리히 엥겔스, 1989, 《자연의 변증법》, 황태호 옮김, 서울: 전진, [전체 계획의 초안].

32) 프리드리히 엥겔스, 2008, 《루트비히 포이어바흐와 독일 고전철학의 종말》, 역자 후기, 2쪽.

33) 엥겔스와는 다른 방식으로 자연과학과 철학의 결합을 주장했던 포이어바흐를 비판할 때, 그는 추상성이라는 측면과 실천의 측면에서 그를 공격한다. 엥겔스의 구체적인 자료 수집과, 인간의 물질적 토대 위에서의 실천에 대한

강조는 《자연의 변증법》을 관통하는 주제이기도 하다. 단, 우리는 포이어바흐를 통해서도 과학과 인문학의 대화를 눈여겨볼 필요가 있다.

34) 프리드리히 엥겔스, 2008, 《루트비히 포이어바흐와 독일 고전철학의 종말》, 12쪽.

35) 백훈승(2003), 「자연변증법 비판: F. Engels의 《자연변증법》과 《반뒤링론》을 중심으로」, 〈범한철학〉 28: 238쪽.

36) 프리드리히 엥겔스, 1989, 《자연의 변증법》, 211쪽.

37) J. D. Bernal(1936), Engels and Science, *Labour Monthly Pamphlets* 6.

38) 물론 마르크스주의에서 근대과학의 영향이 점차 제거되어 가는 역사적 경로를 추적하는 일은 이 글의 주제를 벗어나는 작업이다. 또한 과학에 대한 민감한 이해를 통해 사상을 정초하려 했던 마르크스와 엥겔스를 이해하는 것이 현재 한국의 학문적 지형에 어떤 의미를 가지는가를 따져보는 것도 버거운 작업이 될 것이다. 9장에서 몇몇 과학자들의 사례를 들어 이러한 주제를 단편적으로 다루게 될 것이다.

39) 프리드리히 엥겔스, 1989, 《자연의 변증법》, 13쪽에서 재인용.

40) 그런 의미에서 김재기의 다음 논문 또한 과학에 대한 무지로 점철되어 있음을 알 수 있을 것이다. 김재기(1992), 「'철학', 과학, 계급투쟁: 마르크스와 엥겔스의 '철학사 연구'에서 무엇을 얻을 것인가?」.

41) 子曰, 由, 誨汝知之乎. 知之爲知之 不知爲不知 是知也, 《논어》 「위정편」.

42) 제럴드 에델만, 2009, 《세컨드 네이처: 뇌과학과 인간의 지식》, 김창대 옮김, 서울: 이음.

43) George Santayana, 1980, *The Life of Reason: Reason in Common Sense*, vol.1, Dover Publications Inc.

44) 김서형(2008), 「조지 산타야나와 새로운 미국의 정체성: 문화적 다양성을 중심으로」, 〈미국사연구〉 27: 79-113.

45) 심리학자 제임스 밑에서의 수학은 산타야나가 그의 이론을 정립하기 위해 심리학과 생리학적 지식을 동원하는 데 영향을 미쳤다. 이은정(1999), 「산타야나G. Santayana의 美論 연구: 『美感』에 나타난 '객관화 된 快'를 중심으

로」, 〈철학논총〉 17: 209-239.

46) George Santayana, 1980, *The Life of Reason: Reason in Science*, vol.5, Dover Publications Inc.

47) George Santayana, 1920, Little Essays: Ideal Immortality.

48) 디트리히 슈바니츠, 2004, 《교양: 사람이 알아야 할 모든 것》, 인성기 옮김, 서울: 들녘.

49) 에른스트 페터 피셔, 2006, 《또 다른 교양: 교양인이 알아야 할 과학의 모든 것》, 김재영 옮김, 파주: 이레.

50) 에른스트 페터 피셔, 2009, 《과학을 배반하는 과학》, 전대호 옮김, 해나무, 103-104쪽.

51) 같은 책, 456쪽.

52) 같은 책, 456쪽.

53) 피셔의 이러한 주장은 독일 사회에서는 비극적인 일이지만, 한국 사회에서는 참담한 일이다. 우리에겐 과학이 문화로 정착될 기회조차 없었으며, 역사적 조건이 유럽과는 판이하게 다르기 때문이다. 한국에서는 과학을 과학으로 또 문화로 정착시키는 일이 먼저 선행되어야 한다. 이를 9장과 10장에서 다루게 될 것이다.

54) 프랑수아 자코브, 1999, 《파리, 생쥐, 그리고 인간》, 이정희 옮김, 서울: 궁리.

55) 요한네스 힐쉬베르거, 2008, 《서양철학사(상·하)》 개정판, 대구: 이문출판사, 2008.

56) 하지만 그것은 과학이 아니다. 근대과학과는 단절되는 자연에 대한 철학이며, 수학적 사고일 뿐이다. 우리가 과학이라 부르는 이런 종류의 지식 체계는 17세기가 되어서야 등장한 것이다. 고대로까지 과학의 역사를 이끌어가는 서구의 과학사가와 한국과학사를 떠드는 이 땅의 과학사가는 모두 속고 있는 것이다. 근대 유럽의 제국주의적 정당성을 확보하기 위해 발명된 역사학의 전통에서 유럽의 과학사는 자유롭지 못하다. 한국의 과학사는 그 반동으로 나타난 오리엔탈리즘에서 자유롭지 못하다. 과학은 분명 그 둘이 헤매고 있는 반대쪽에 위치한다.

57) 물론 이에 관한 논의가 없는 것은 아니다. 이상욱(2002), 「역사적 과학철학과 철학적 과학사」, 〈한국과학사학회지〉 24(2). 하지만 나는 과학학 혹은 메타과학의 대화보다 더 넓은 학문 간의 대화가 필요하다고 생각한다. 일반적인 의미에서도 그렇지만, 한국이라는 특수한 문화적 전통 속에서도 그 점은 마찬가지다. 이에 관해서는 10장에서 다룰 것이다.

9장

1) John R. G. Turner(1990), The HIstory of Science and the Working Scientist, in Robert C. Olby et. al.(eds.), *Companion to the History of Modern Science*(Routledge Companion Encyclopedias), London, New York: Routledge. 전문 해석은 다음 링크에서 볼 수 있다. http://heterosis.net/archives/703
2) 이 책에서 동물학자이자 아나키스트 철학자였던 크로폿킨이 다루어지지 않는 것은 그의 사상이 지나치게 중요하기 때문이다. 크로폿킨에 대해선 훗날 출판될 나의 책《과학적 사회》에서 다룰 것이다.
3) 빈에 대한 이야기는 한국 학계의 인문주의적 편향성을 다루는 9장의 후반부와 학풍의 의미를 다루는 11장에서 다시 언급될 것이다. 논리경험주의의 탄생이라는 것보다 우리에게 더욱 시급하고 중요한 것은, 빈이라는 시공간 속에서 탄생한 다양한 학풍에 관한 분석이다.
4) 박병철(1999), 「비트겐슈타인과 비엔나 써클의 물리주의」, 〈철학〉 60: 211-236.
5) Hans Reichenbach, 1938, *Experience and Prediction: An Analysis of the Foundations and the Structure of Knowledge*, Chicago: University of Chicago press.
6) 라이헨바흐의 「인식론의 세 과제」에 관한 논의는 서강대학교 철학과 석사과정 전현우의 도움을 받았다.
7) 관찰이나 실험 결과와 양립할 수 있는 다양한 이론이 존재한다는 생각.

8) 정상모(1994), 「발견의 논리: 분석과 종합의 방법에 기초한 하나의 대안」, 〈철학〉 41: 132.

9) 같은 글, 127쪽.

10) 전통적인 과학철학과 '발견의 논리'를 주장하는 철학자들 간의 논쟁사는 상당히 길고 지루하다. 이에 관해서는 "러셀 노우드 핸슨, 2007, 《과학적 발견의 패턴: 과학의 개념적 기초에 대한 탐구》, 송진웅·조숙경 옮김, 서울: 사이언스북스"와 같은 고전적인 책을 참고할 것. 기본적으로 빈과 영미 분석철학의 관계에서 발견의 맥락을 둘러싼 논쟁은 존재했지만, 과학의 합리성이라는 측면에서는 그다지 갈등하지 않았음을 이해하는 것이 중요하다. 불문율로 여겨졌던 과학의 합리성에 의문을 제기한 것은 이어지는 논의에서 다룰 영국 에든버러의 과학사회학자들이었다. 그들은 발견의 맥락을 과학 활동의 논리적 분석에 얹으려 한 것이 아니라, 동원할 수 있는 모든 것을 동원해서 정당화의 맥락에서조차 합리성을 파괴하고자 했다.

11) 이를 이해하는 것은 매우 중요하다. 후반부에서 다룰 리히텐베르크 역시 물리학자이자 과학철학자였지만 과학의 객관적 절대성을 주장하지 않았다. 리히텐베르크에게조차 과학의 이론들은 잠정적인 것이었다. 따라서 국내 과학사회학자들이 말하는 '형성 중인 과학'과 '완결된 과학'을 대비시켜 보려는 시도는 무의미하다. 예를 들어 라이헨바흐나 빈의 철학자들에게도 과학의 절대적 객관성이란 관념은 설 자리가 존재하지 않기 때문이다.

12) 연희원(1998), 「퍼스의 상정논법에 관한 연구」, 〈철학연구〉 21: 177-213.

13) 그는 "나는 쿤 주의자kuhnian가 아니다"라고 말했다고 전해진다.

14) 머튼 역시 제도적 규범을 통해 이러한 구분을 분명히 했다는 점을 기억하자.

15) 이상하, 2004, 《과학 철학: 과학의 역사 의존성》, 서울: 철학과현실사.

16) 이런 의미에서 스티븐 섀핀 등의 로버트 보일과 토머스 홉스에 관한 논의나, 심지어 파이어아벤트의 《방법에 도전한다》 역시 비판받을 여지가 있다.

17) 강광일(2001), 「유전물질은 DNA이다 : 구성인가, 실재인가?」, 과학철학회, 《과학철학회 대토론회 자료집》, 과학철학.

18) 이에 대한 좋은 글로는 내가 번역한 존 터너의 「과학사와 현장의 과학자」(http://heterosis.net/archives/703)를 참고할 것.

19) 분명 월퍼트의 주장이 과학학의 오래된 주장에 대한 충분한 함의 없이 자신의 과학적 경험만을 토대로 과학을 절대화시키는 오해임은 분명하다. 이처럼 과학사와 과학철학의 역사가 보여주는 풍부한 지혜로부터 멀리 떨어져 있는 과학자들이 과학의 실제 모습을 왜곡시키고 있다는 것에 전적으로 동의한다. 예를 들어 국내에서 큰 인기를 끌고 있는 리처드 도킨스나 에드워드 윌슨의 나이브한 과학관이 대표적인 예가 될 것이다. 다만 홍성욱의 논의에서 월퍼트가 '무명 생의학 교수'라고 표현된 것은 홍 교수의 주관이 개입된 결과로 보인다.《과학의 비자연적 본질》을 저술하기 훨씬 전부터 월퍼트는 발생학 분야에서 상당한 권위를 지니고 있던 과학자였다. 홍성욱(1997), 「누가 과학을 두려워하는가: 최근 '과학전쟁'의 배경과 그 논쟁점에 대한 비판적 고찰」, 〈한국과학사학회지〉 19(2): 151-179.

10장

1) 이봉재(2000), 「지식으로서의 과학」, 〈철학연구〉 49: 217-234.
2) 홍성욱(1997), 「누가 과학을 두려워하는가: 최근 '과학전쟁'의 배경과 그 논쟁점에 대한 비판적 고찰」, 〈한국과학사학회지〉 19(2): 151-179.
3) 과학철학회(2001), 《과학철학회 대토론회 자료집》, 과학철학.
4) 물론 과학계는 이러한 논쟁의 존재조차 잘 알지 못했다. 이러한 상황은 여전하다.
5) 이러한 한국 학계의 두드러진 특징에 관해서 이 장의 후반부에서 다루게 될 것이다.
6) 과학전쟁 대토론회에 참여했던 생물학자 강광일도 그런 학자 중 한 명이다. 특히 그는 《분자생물학사: 실험과 사유의 역사》라는 저술로 국내에도 잘 알려진 과학자이자 과학사가인 미셸 모랑쥬의 영향을 깊이 받은, 한국 학계에서는 얼마 되지 않는 과학사의 중요성을 잘 인식한 과학자다. 하지만 언젠가부터 그의 활동을 볼 수 없다.

7) 이 문제는 '두 문화'라는 용어에서 나타나듯이, 과학이 하나의 문화로서 정착하지 못한 사회에서 '과학'과 '기술'을 무리하게 하나로 묶음으로써 이익을 얻는 집단이 어디인가라는 질문을 가능하게 한다. 특히 박정희 시대의 기술진흥정책의 일환으로 오용된 과학기술이라는 용어를 여전히 과학사회학자들이 반성 없이 사용하고 있다는 점과, 이러한 태도가 야기하는 문제에 대해서는 11장에서 다룰 것이다.

8) 김환석(2010), 「과학기술 민주화의 이론과 실천: 시민참여를 중심으로」, 〈경제와사회〉 85: 12-39. 이 논문에서는 처음에만 '과학'과 '기술'이 잠시 구분될 뿐, 곧 과학기술이라는 개념이 논문 전체를 장식한다. 기술결정론이 과학기술을 분석하는 이론으로 상정되며, 곧 현대사회에서 과학기술은 중요하지만 불확실하기 때문에 통제되어야만 한다는 나이브한 논의로 나아간다. 김환석에 따르면 이러한 과학기술의 불확실성에 대한 대안이 참여민주주의다. 특히 위험한 기술에 관한 울리히 벡의 논의가 과학에 관한 논의인 듯 버젓이 포장되어 있다. 김환석을 비롯한 국내 과학사회학자들이 실제로 다루는 주제들은 우리의 일상생활과 깊이 연관된 기술들의 영역인 경우가 대부분이다. 나는 이들이 왜 '과학'이라는 단어를 여전히 애용하고, 이를 통해 자신들의 지위를 보장받고 싶어하는지 이해할 수 없다. 과학 지식의 내용을 전혀 다루지 않는 이상, 과학이라는 단어는 과학사회학자에게 겉치레 혹은 포장에 불과할 뿐이다. 이런 의미에서 과학과 기술을 적절히 구분하지 않고 사용하는 행위로부터 이익을 보는 것은 과학자가 아니라 과학사회학자다. 특히 기초과학에 대한 지원을 항상 주장해온 과학계의 역사를 보면 과학사회학자가 도대체 누구를 위한 학문을 지향하는지 의문을 제기하지 않을 수 없다. 기술사회학이라 칭해도 전혀 그들의 학문적 지위가 손상받지 않을 것임에도, 김환석을 비롯한 과학사회학자들은 그들의 논문에 반드시 과학기술이라는 개념을 차용하며, 기술사가 전공인 홍성욱은 과학에 관한 모든 논의에 뛰어든다. 그들은 과학에 대한 근대적 의미의 절대적 권위를 부정하면서도, 역설적으로 과학의 권위를 이용하고 있는 셈이다. 이러한 문제에 대해서는 11장에서 더욱 자세히 다룬다.

9) 김동원(2001), 「누구의 무엇을 위한 전쟁인가: 불필요한 과학전쟁」, 과학철학회, 《과학철학회 대토론회 자료집》, 과학철학.

10) 사회구성주의에 대한 과학사학자의 전통적이고 합당한 비판은 김동원의 다음 논문을 참고하라. 김동원의 지적들은 여전히 타당하다. 김동원(1992), 「사회구성주의의 도전」, 〈한국과학사학회지〉 14(2): 73-84.

11) 하지만 이를 과학자와 인문사회학자들 간의 글쓰기 스타일의 문제로 환원하는 것이 정당해 보이지는 않는다. 홍성욱(1997), 「누가 과학을 두려워하는가: 최근 '과학전쟁'의 배경과 그 논쟁점에 대한 비판적 고찰」. 오히려 머튼과 토머스 쿤이 등장했을 때까지도 잠잠하던 두 진영 간의 갈등이 포스트모더니스트와 페미니스트 과학운동가 등과 같은 극단적인 일부의 주장을 빌미로, 소칼과 같은 극단적인 과학자 진영과 충돌했다고 보는 편이 적절할 것 같다. 이들처럼 극단적인 의견을 표출했던 학자들은 얼마 되지 않는다. 내가 아는 한, 과학의 모든 내용이 사회적으로 구성된다고 주장한 학자도 없고, 그것이 철저히 객관적이며 완결되었다고 주장한 과학자도 없기 때문이다. 진지하고 고려해볼 만한 논쟁은 언제나 과학과 인문사회과학 모두를 적절히 이해했던 학자들에게서 나왔다. 물론 한국 사회에서 논쟁의 추가 어느 쪽으로 기울어진 채 논의되었느냐는 조금 다른 문제가 될 것이다.

12) 이 세 번째 문제, 즉 문화로서의 과학의 지위와 그 의미에 관해서는 11장에서 다루게 될 것이다.

13) 단적인 예로 나는 인문학을 전공하는 학자들의 윤리성이 과학자들에 비해 우월하다는 그 어떤 논증도 본 적이 없다. 내가 아는 한, 한국 인문사회학계의 뿌리 깊은 권위주의와 부패는 과학계의 그것보다 더하면 더했지 덜하지 않다. 인문사회학계의 표절이 문제가 된 건 어제오늘의 일이 아니다. 서울대학교의 인문사회과학자들의 논문의 거의 절반이 표절임이 밝혀지기도 했다. 이러한 이중잣대는 황우석 사태에서 드러난 단 한 건의 논문 표절과 논문 조작을 두고 과학계 전체를 판단하려는 인문학자들의 주장과도 일치할 수 없다. 물론 황우석 교수의 논문 조작을 옹호하는 것은 결코 아니다. 또한 인문학이 과학과 기술의 사용에서 어떤 윤리적 성과를 거두었다는 것도 인

문학자들의 공허한 주장으로 존재할 뿐, 뚜렷한 사례연구를 통해 입증된 바 없다. 나는 이러한 사고가 한국 사회뿐만 아니라 전 세계 학자들에게서 나타나는 일종의 무의식이라고 생각한다. 마지막으로 이런 무의식 속에서는 인문학이라는 학문 자체의 윤리성을 어떤 학문이 보장해주는지 대답할 수 없다. 기초적인 순환논리를 피해갈 수 없다는 뜻이다.

14) 조인래(2003), 「20세기의 과학전쟁: 전통적 과학관과 그 적들」, 〈철학사상〉, 16(별책1권 제3호): 381-410.

15) 이에 관해서는 이상하의 《과학 철학》(서울: 철학과현실사, 2004)을 참조할 것. 한 가지 지적할 것은 과학의 세속화 여정을 고려하지 않고 모든 시대의 과학을 이러한 잣대로 일반화하는 것이 불가능하다는 점이다. 과학사회학의 분석 사례가 16~17세기에 집중되어 있다는 점을 기억할 필요가 있다. 과학은 이후로도 계속해서 발전해왔다. 이런 의미에서 과학사회학자가 전통적 과학철학자에게 '형성 중인 과학'을 의도적으로 무시한다고 비판하는 것도 역설적이다.

16) 블로어의 야심은 쉽게 깨진다. 논리학에 대한 그의 몰이해로부터도 그렇지만, 그가 비판하고자 했던 전통적 과학철학과 너무나도 닮아 있다는 재귀성의 입장에서도 그렇다. 전자의 경우는 다음 논문을 참고할 것. 박제철(2010), 「스트롱 프로그램에 대한 비판적 검토」, 〈철학논집〉 20: 197-214.

17) 브라이언 마틴(1998), 「과학 비판, 아카데미즘에 빠지다」, 〈시민과학〉 창간호.

18) 급진적 과학 운동과 그 의미에 대한 역사적 탐구는 11장에서 다룰 것이다. 마틴의 비판처럼 강단의 과학사회학자들은 과학자들이 주도한 급진적 과학운동의 의미를 역사적 흐름 속에서 제대로 소개하지 않았다. 이런 전통에 대한 소개가 있었지만(예를 들어 스티븐 제이 굴드 등에 대한 김동광의 번역물), 오히려 이러한 운동은 과학사회학자들 자신의 정당화 도구로 사용된 측면이 강하다. 즉, 한국의 과학사회학자는 이들의 실천적 행위를 자신들의 관념적 행위의 치장으로 사용했다. 그들은 과학자와 함께하지 않았다. 특히 이런 과학자의 전통이 전무한 한국 사회에서 관념을 정당화하는 도구로 사

용된 과학자들의 저술은 과학을 기술 발전의 이념으로 왜곡한 박정희 시대의 전통과 큰 틀에서 다르지 않다. 한국의 과학을 진심으로 걱정하는 과학사회학자가 수행했어야 할 과제 중의 하나는 과학운동의 한 축이 될 수 있었던 과학자를 논의의 장으로 끌어들이는 것이었다.

19) 박성래, 1998, 《한국사에도 과학이 있는가》, 서울: 교보문고, 300-302쪽.

20) 이에 대한 자세한 비판은 "김우재(2010), 「영원한 중인 계급」, 〈새로운사회를여는연구원〉 2010년 8월 13일 자"를 참고할 것.

21) 실제로 "송성수, 2004, 「한국 과학기술 활동의 성장과 과학기술자 사회의 특징: 시론적 고찰」, 〈과학기술정책〉 14(1): 77-93" 등의 논문과 이를 참조한 여러 보고서에는 박성래의 중인 의식이 빈번하게 거론되고 있다.

22) 사실 이런 분석은 박성래의 '중인 의식'보다 더욱 신빙성 있는 자료들로 뒷받침될 수 있다. 한국의 인문사회과학은 그 역사가 과학보다 훨씬 오래되었다는 것이 첫 번째 이유다. 두 번째 이유는 과학이 정착하는 과정에서 겪은 두 번의 단절, 즉 식민지 시대의 단절과 개발독재 시대의 단절을 인문사회과학은 경험하지 않았다는 것이다. 이는 사회에서 과학자라는 계층의 성립과 빗대어 생각해보면 이해하기 쉽다. 조선 시대에서 식민지를 거쳐 개발독재 시대와 지금에 이르기까지 이 사회의 지식인 혹은 사회지도층은 죄다 인문지식인으로 인식되었다. 세 번째 이유는 과학기술자들이 윤리적으로 인문사회과학자들보다 열등하다는 일종의 공감대가 한국 사회에 깊이 새겨져 있기 때문이다. 이는 교양, 혹은 교양인이라는 개념에서 가장 극대화되는데, 한국 사회에서 공돌이라는 단어가 갖는 의미와 한국 과학기술자에 대한 사회의 인식을 보면 잘 알 수 있다. 한국 사회의 과학기술자는 해당 분야의 전문가로서는 큰 권위를 갖지만, 사회지도층으로서의 지위를 획득하는 데는 실패했다. 과학기술은 경제 발전 혹은 실용적 도구로 인식·정착했고, 과학기술자는 그러한 도구의 행위자로서만 인식된다.

23) 특히 사회과학의 영역에서 이러한 논의가 활발하다. "김동춘, 1997, 《한국사회과학의 새로운 모색》, 서울: 창작과비평사"에서 시작된 논의는 "김정근, 2000, 《한국 사회과학의 탈식민성 담론 어디까지 와 있는가》, 서울: 지식산

업사"를 거쳐, "학술단체협의회, 2003,《우리 학문 속의 미국: 미국적 학문 패러다임 이식에 대한 비판적 성찰》, 서울: 한울" 및 "조희연 외, 2006,《우리 안의 보편성: 학문 주체화의 새로운 모색》, 서울: 한울" 등으로 이어지고 있다.

24) 선내규, 2010,「한국 사회학장의 낮은 자율성과 한국 사회학자들의 역할 정체성 혼란」, 〈사회과학연구〉 18(1): 126-177.

25) 가장 확실한 증거는 2006년에 이르기까지 사회학 내부에서 학문의 주체화에 대한 논의가 지속되고 있다는 점일 것이다.

26) 정말 아이러니한 것은 이러한 학문의 식민지성을 다루는 논문조차 외국 이론이 분석 틀로 사용된다는 점이다. 이것이야말로 코미디라고 할 수 있다. 백창재(2007),「로스(Dorothy Ross)의 논의를 통해 본 한국 사회과학의 정체성 문제」, 〈한국정치연구〉 16(2): 1-25; 선내규(2010),「한국 사회학장의 낮은 자율성과 한국 사회학자들의 역할 정체성 혼란」.

27) 강정인(2003),「서구중심주의의 폐해: 학문적 폐해를 중심으로」, 〈사상〉 59: 200-229.

28) 조희연 외, 2006,《우리 안의 보편성: 학문 주체화의 새로운 모색》.

29) 백종현(1995),「서양철학 수용과 한국의 철학」, 철학사상 5: 1-14.

30) 김혜숙(2019),「〈철학과현실〉과 나, 30년의 회고와 전망」, 〈철학과 현실〉 120: 297-301.

31) 강명구(2002),「한국문화연구에는 한국이 없다: 지식생산의 식민성을 넘어서」, 한국언론학회학술대회 발표논문집, 209-233.

32) 또한 이를 통해 자연과학이 다루는 대상의 보편성도 확인할 수 있다. 자연과학의 내용적 측면에 대해서 학문의 종속성, 식민지성, 주체성을 비판하는 논의는 없거나 존재하기 어렵다. 과학사회학의 강한 주장처럼 과학 지식의 내용이 사회적으로 구성되는 것이라면 이러한 현실은 이상한 것이다.

33) 김환석 외, 2010,《한국의 과학자 사회: 역사, 구조, 사회화》, 서울: 궁리.

34) 김환석(2006),「과학자 사회의 개념과 연구의 의의」,《한국과학기술학회 학술대회논문집》, 2쪽.

35) 같은 글, 2쪽.

36) 김동원(2001),「누구의 무엇을 위한 전쟁인가: 불필요한 과학전쟁」, 과학철학회,《과학철학회 대토론회 자료집》, 과학철학.

37) 이인식 외, 2005,《새로운 인문주의자는 경계를 넘어라》, 서울: 고즈윈.

38) 물론 대부분의 연구는 1993년을 전후로 그의 사후에 출판되었다.

39) 과학과의 관련성 속에서 인문학의 진정한 의미에 관해 기술한 글로는 비트겐슈타인의 제자 중 한 명인 라이트Georg Henrik Von Wright의 다음 논문을 참고할 것. Georg Henrik Von Wright(1979), *Humanism and the humanities, Philosophy and Grammar* .

40) 이사야 벌린, 2005,《낭만주의의 뿌리》, 강유원·나현영 옮김, 서울: 이제이북스, 114쪽.

41) 한스 라이엔바하, 1994,《(과학의 발전과 함께)새로운 철학이 열리다》, 김회빈 옮김, 서울: 새길.

42) 이충진(2009),「유교 문화권에서의 칸트 실천철학의 수용: 한국의 경우」, 〈칸트연구〉 24: 83-96.

43) 백종현(2005),「한국철학계의 칸트 연구 100년(1905-2004)」, 〈칸트연구〉 15: 335-416.

44) 칸트 철학의 수용에서 당시의 사회적 상황을 무시할 수는 없다. 하지만 이런 점을 모두 감안한다 하더라도 도덕철학에 대한 지극히 편향된 수용이 보여주는 바는 반드시 사회적인 요소만으로 설명할 수 없는 듯하다. 나는 뒤에서 이러한 수용의 편향성을 문화로서의 과학이 부재한 상태에서도 찾을 수 있다고 주장할 것이다. 또 한 가지 한국 학계의 지난한 풍토로서 학문의 원류를 깊이 분석하기보다는 그 해석만을 쉽게 연구하는 것을 들 수 있다. 예를 들어 유학에서도 공자보다는 주자학과 성리학이, 기독교 신학 연구에서도 도마복음과 같은 경전 연구의 부재가, 불교학 연구에서도 인도 불교의 초기 사상에 대한 연구의 부재 등을 들 수 있다. 이러한 한국 학문의 2차성에 대한 비판은 김용옥이 끝없이 주장해온 것이다.

45) 백종현(2005),「한국철학계의 칸트 연구 100년(1905-2004)」, 346쪽.

46) 앨런 재닉, 스티븐 툴민, 2005, 《빈, 비트겐슈타인, 그 세기말의 풍경: 합스부르크 빈의 마지막 날들과 비트겐슈타인의 탄생》, 석기용 옮김, 서울: 이제이북스.
47) 윌리엄 존스턴, 2008, 《제국의 종말, 지성의 탄생: 합스부르크 제국의 정신사와 문화사의 재발견》, 변학수·오용록 외 옮김, 파주: 문학동네, 299쪽.
48) 고인석(2010), 「에른스트 마하의 과학사상」. 〈철학사상〉 36.
49) Franz H. Mautner and Franklin Miller Jr(1952), Remarks on GC Lichtenberg, Humanist-Scientist, *Isis* 43(3): 223-231.
50) Gerhard Schulte(1992), Water Benjamin's "Lichtenberg", *Performing Arts Journal* 14(3).
51) 앞에서 발견의 맥락을 다루면서 퍼스를 간단히 다루었지만, 과학철학자로서의 퍼스의 일면은 이상하의 다음 글을 참고하라. 「C.S. Peirce, 과학자이자 진정한 철학자!」(http://heterosis.egloos.com/774068).
52) 바슐라르가 물리학을 전공했고 '인식론적 단절'이라는 개념을 통해 토머스 쿤과 그의 스승 쿠아레Alexandre Koyré에게 영향을 미쳤다는 사실도 종종 간과되곤 한다. 특히 과학에 대한 분석으로 시작한 그의 인식론이 알튀세르를 비롯해서 조르주 캉길렘Georges Canguilhem과 그의 제자 미셸 푸코에까지 영향을 미친다는 사실이 한국 학자들에게 깊이 인식될 필요가 있다. 그 모든 시작이 과학의 역사에 대한 분석에서 시작되었기 때문이다.

11장

1) 김영식(1987), 「과학사학의 동향과 문제점: 사상사와의 관련성을 염두에 두고」, 〈한국사상사학〉 1: 67-83.
2) R.G. 콜링우드, 2004, 『자연이라는 개념』, 유원기 옮김, 서울: 이제이북스, 2004
3) 지그문트 프로이트, 2004, 《정신분석 강의》, 임홍빈·홍혜경 옮김, 서울: 열린책들, 384쪽.
4) 인지과학과 뇌과학의 발달로 인해 신경윤리학이라는 분야가 유행했다. 물

론 신경윤리학에 대한 논의도 모두 수입되고 있는 것이며, 학문종속성의 틀에서 크게 다르지 않다. 이러한 학문종속성은 학풍의 부재와 연결되어 있는데, 이 글에서는 다루지 않을 것이다. 이상헌(2009), 「신경윤리학의 등장과 쟁점들」, 〈철학논집〉 19: 99-128.

5) 이 과정을 보여주는 가장 좋은 저술은 크뤼거 및 다양한 학자들이 참여했던 세미나의 결과물인 다음 책이다. 특히 제2권에는 다양한 사회과학 분과에 통계학적 방법론과 확률적 사고가 스며드는 모습들이 등장한다. 이 과정은 단순하지 않다. 이러한 다양성을 소개하는 것은 이 글의 목적을 벗어난다. Lorenz Kruger, Lorraine J. Daston, and Michael Heidelberger, 1999, *The Probabilistic Revolution: Ideas in History* v.1 and 2, Massachusetts: MIT Press. 제2부에서 로이 바스카를 언급하며 이 문제를 간단히 언급했다. 다음 논문은 균형 잡힌 시각을 보여준다. 서영표(2010), 「비판적 실재론과 비판적 사회이론」, 성공회대 급진민주주의 연구모임 온라인 저널 창간 준비호.

사회과학의 무분별한 수량화에 대한 경종은 앞의 책 《확률 혁명》에도 자주 등장하는데, 특히 기거렌처가 심리학에서 사용하는 통계검정법이 피셔의 것과 네이만-피어슨의 것을 적당히 혼합한 것임을 드러내는 부분을 주목할 필요가 있다. 수량화된다고 해서 반드시 엄밀함을 담보한다고 말할 수 없다. 각 분과학문은 필요한 만큼, 자신들이 다루는 대상의 특성에 따라, 해당 학문이 추구하는 가치를 잃지 않은 채로 자연과학의 학문적 방법론을 차용했다. 바스카의 비판적 실재론에 관한 책도 번역되었는데, 그곳에서 콜리어는 이러한 문제를 간략하게 정리하고 있다. 콜리어는 실험의 중요성도 잘 인지하고 있다. "정확한 것인 듯 수량화를 제시한다면, 거의 언제나 그것은 어떤 질적 특성을 그릇되게 무시했음을 드러내는 신호다. 이런 일을 발생시키는 (의심스러운) 상업적이고 경영적인 이유들이 있지만, 과학철학의 수준에서 말하면 그것은 단지 실험과학의 특징을 부적절하게 흉내 낸 것으로 실험이 불가능한 곳에서는 터무니없는 것이다. 대학의 사회과학 학과들에서는 흔히 소속 학생들에게 통계학 강의를 듣도록 규정하고 있지만, 이들 사회과학들이 사용하는 통계는 사람들로 하여금 숫자에 미숙한 것이 사회과학자의 긍정적인 미덕이 아닌가 생각하게 만든다. 그것은 단순히 통계나 또는 일반적으로 수량화를 부주의하게 사용하는 문제에 그치는 것이 아니다." 앤드류 콜리어, 2010,《비판적 실재론: 로이 바스카의 과학철학》, 이기홍·최대홍 옮김, 서울: 후마니타스, 354-355쪽.

6) 이장규·홍성욱(2005),「공학기술과 사회」,〈공학교육〉12(1):

7) 이재성(2008),「서양의 생태사상과 사유방식의 문제에 대한 일고」,〈인문학연구〉41: 273-304.

8) 다음 책이 이러한 시각을 대표적으로 보여준다. 폴 킹스노스, 2001,《위기의 현대과학: 제3세계의 대응》, 김명진·최형섭 옮김, 서울: 잉걸. 한국 과학사회학자와 과학사학자들의 사고방식 속에도 이러한 인식이 종종 나타나는데 그것은 학생운동과 관련된 깊은 연원을 갖고 있다. 이러한 주제는 뒤에서 다룬다.

9) Vannevar Bush(1945), Science: The endless frontier, Washinton, D.C.

10) 현대 산업사회의 기술적 급변이 야기한 문제의 원흉으로 근대과학이 지목되었고, 이러한 견해는 타당한 증거 없이 지속적으로 반복되어왔다. 의심스러운 사람들은 기술과 연결되지 않은 순수한 근대과학의 발견, 예를 들어 양자역학과 상대성이론, DNA 이중나선의 발견 등이 세계를 어떻게 변화시켰는지에 대한 논의를 찾아보면 된다. 그러한 논의는 없다. 기술과 연결되지 않고서는 과학의 발견은 세계 변화를 유발하지 못한다.

11) 김환석(2006),「위험사회와 과학기술윤리」,〈민주사회와정책연구〉9: 193-212.

12) 한국엔 과학기술정책은 있어도 과학정책은 없다. 박정희 정권하에서 과학은 정치적 안정을 위한 이념으로 사용되었다. 한국 근현대 과학기술사에 대한 이러한 인식에 대해서는 다음을 참고할 것. 김근배(2008),「과학기술입국의 해부도」,〈역사비평〉85: 236-261; 김우재(2010),「노벨상과 경제 발전, 그리고 박정희의 유산」,〈새로운사회를여는연구원〉2010년 4월 26일자.

13) 과학벨트를 둘러싼 이명박 정권 시기의 논의만 봐도 이러한 점은 분명해진다.

14) 소외된 과학자들에 대한 자세한 논의는 내가 〈새로운사회를여는연구원〉에 기고한 칼럼을 참고할 것.

15) 송성수(2001), 「과학기술자의 사회적 책임과 윤리」, 《과학기술정책연구원 정책자료집》.

16) 해러웨이는 여성해방이라는 급진적인 자신의 이념 속에서 생물학을 저울질한다. 우생학을 둘러싼 문제는 해러웨이의 판단처럼 단순하지 않다. 이 문제를 다루는 것은 이 글의 목적을 벗어난다. 〈사이언스타임즈〉에 연재한 [과학지식인열전]과 〈이로운넷〉에서 연재된 [과학적 사회]를 통해 이 문제를 다루었고, 이후 지속적으로 다루게 될 것이다.

17) Peter Galison(1994), The ontology of the enemy: Norbert Wiener and the cybernetic vision, *Critical Inquiry* 21(1): 228-266.

18) 이두갑·전치형(2001), 「인간의 경계: 기술결정론과 기술사회에서의 인간」, 〈한국과학사학회지〉 23(2): 157-179.

19) 에른스트 피셔, 2002, 《과학혁명의 지배자들》, 이민수 옮김, 서울: 양문, 192쪽에서 재인용.

20) 위너에 대한 다음의 서술은 더욱 풍부한 교훈을 제공한다. Stephen Toulmin(1964), "The Importance of Norbert Wiener." *New York Times*, September 24, 1964; Norbert Wiener, 1988, *The Human Use Of Human Beings: Cybernetics And Society*(Da Capo Paperback), Da Capo Press.

21) 이처럼 잘못된 현실 인식은 문화로서의 과학이 정착하는 과정에서 당연히 등장할 수밖에 없는 지식인으로서의 과학자를 소멸시킨다. 과학자라는 개성 넘치는 존재가 소외됨으로써 나타나는 문제는 다른 곳에서 다룬다. 여기서는 20세기의 혼란스러운 상황에서 과학자라는 주체적 존재가 소멸되어 가기 시작했다는 것이 분명해졌으면 한다.

22) 현대 산업사회 속에서 과학이 거대화되고 제도화되는 과정, 그리고 국

가에 종속되어 가는 과정을 다룬 책이 존재한다. Gili S. Drori et al., 2003, *Science in the modern world polity: institutionalization and globalization,* Stanford University Press. 과학사회학자들이 저술한 이 책은 서문에서 과학이 세계화되는 과정은 강력하고 보편적인 것이었음을 강조하면서, 만약 사태가 그렇다면 과학을 받아들인 국가의 지역적 특수성과는 별개로 과학은 그 사회 속에서 단순한 도구가 아닌 문화로서의 기능을 담당하고 있을 것이라고 예측한다. 저자들은 과학의 인프라로 '과학 지식'과 '과학 노동력'을 꼽는데 한국은 과학 노동력은 경제 규모에 비해 엄청나게 비대하지만, 새로운 과학 지식의 생산은 매우 저조한 것으로 나타난다. 이러한 데이터가 한국 사회에서 과학의 비정상적인 성격을 잘 보여주고 있다. 이제서야 한국의 과학정책 결정자들도 양적인 팽창에도 불구하고 질적인 팽창이 이루어지지 않는다는 제도적 문제점을 조금씩 인지하는 듯하지만, 진정한 문제가 무엇인지는 제대로 파악하지 못하고 있는 듯하다.

23) 문화로서의 과학이라는 문제를 해결하는 데 두 가지 과제가 요청된다. 나는 '과학의 과학화'를 위한 두 가지 선결 조건이라고 부른다. 첫 번째 과제는 과학의 역사 속에서 그러한 모습을 발굴해 복원하는 것이다. 이러한 작업이 〈사이언스타임즈〉에 연재한 [과학지식인열전]의 주제다. 두 번째 과제는 그러한 문화로서의 과학을 제도적으로 정립하는 것이다. 하지만 이 두 번째 과제는 정치적 활동을 필요로 하는 어려운 작업이다. 노벨상 시즌만 되면 터져 나오는 기초과학에 대한 지원 문제, 지나치게 산업적 효용만을 강조하는 과학정책의 문제, 과학정책의 결정 과정에서 소외되어 있는 현장의 목소리를 반영하는 문제, 이처럼 포괄적인 제도적 정비를 다루기 위해서는 이론적 작업이 아닌 실천이 요구된다. 이와 같은 실천의 준비 과정을 〈새로운사회를여는연구원〉에 기고한 칼럼을 통해 제시했다. 이 글에서는 첫 번째 과제를 위한 지도를 그리는 것으로 만족할 것이다.

24) 정성철. 1988,《조선철학사: 이조편》, 서울: 좋은책, 433쪽.

25) 김근배(1998),「식민지 시기 과학기술자의 성장과 제약: 인도, 중국, 일본과 비교해서」, 〈한국근현대사연구〉 8: 160-194.

26) 박홍종이 한국에서 혜강을 재발견한 때가 1960년대였다. 북한에서 혜강의 재발견이 훨씬 빨리 이루어졌지만 그것도 역시 해방 이후였다. 혜강은 자신의 과거와 미래 모두에서 철저히 단절된 비운의 철학자다.

27) 식민지 시대부터 지금까지 좌파적 사고와 과학은 화해하지 못하고 있다. 이러한 문제는 "과학과 인문 좌파의 문제"라는 주제로 따로 다룰 것이다.

28) 김근배(2008),「과학기술입국의 해부도」.

29) A. Rupert Hall, 1974, What Did the Industrial Revolution in Britain Owe to Science?, in Neil McKendrick(ed.), *Historical Perspectives: Studies in English Thought and Society*, London: Europa Pb., pp. 129-151.

30) 조지 바살라, 1996,《기술의 진화》, 김동광 옮김, 서울: 까치.

31) O. Mayr(1976), The science-technology relationship as a historiographic problem, *Technology and Culture* 17(4): 663-673.

32) G. S. Drori(1993), The Relationship between Science, Technology and the Economy in Lesser Developed Countries, *Social Studies of Science* 23(1): 201-215.

33) 그럼 과학사와 기술사 연구자들은 과학기술정책에 어떤 공헌을 할 수 있는가? 마이어는 여기서 역사 연구의 부정적 측면을 본다. 즉, 역사라는 연구 대상의 특성상 상황은 점점 다양하고 복잡해서 단 하나의 해결책이 도출될 가능성이 없기 때문이다. 하지만 역사에 대한 탐구는 정책에 철학을 부여할 수 있다. 과학기술 관료들이 역사가에게 귀를 기울인다는 전제하에 말이다. O. Mayr(1976), The science-technology relationship as a historiographic problem.

34) 노벨상 수상 시즌만 되면 여전히 한국 사회는 같은 화두를 반복한다. 이러한 지긋지긋한 반복은 오래된 것이다. 예를 들어, 화학자 김용준은 1990년대에 이미 현장의 과학자로서 비판적인 의견을 제시해왔다. "그러나 문제는 과학과 기술의 풍토는 마치 올림픽 선수촌에서 훈련시키는 발상만 가지고는 향상될 수 없다는 사실이다. (중략) 오늘의 첨단기술이 내일의 첨단기

술이라는 보장도 없다. 과학기술 풍토는 올림픽 금메달 식으로 조성되지는 않는다. 매스콤 아랑곳없이 불야성을 이루고 있는 후미진 대학 연구실에서 내일의 첨단기술은 잉태된다는 사실을 잊지 말기를 바란다." 김용준(1990), 「과학기술정책에 대한 유감」, 〈한국논단〉 7: 80-83.

35) 김영식·김근배 엮음, 1998, 《근현대 한국 사회의 과학》, 서울: 창작과 비평사.

36) http://www.kofac.or.kr/. 사업의 내용을 살펴보면 잘 알 수 있다.

37) http://www.stepi.re.kr/

38) http://scrc.chonbuk.ac.kr/

39) 고인석(2001), 「과학의 합리성과 메타과학의 합리성: 과학문화를 위한 기초 논의」, 전북대학교 과학문화연구센터 워크숍.

40) 김영식(2002), 「"과학문화"에 대한 다각적 고찰」, 〈한국과학사학회지〉 24(2): 238-250.

41) 과학사회학자들의 이러한 논문은 헤아릴 수 없이 많다. 대표적으로 송성수의 논문 대부분은 과학문화에 대한 연구라기보다는 과학기술자에 대한 윤리적·도덕적 제어에 초점이 맞추어져 있다. 대표적으로 다음 논문을 참고할 것. 송성수(2001), 「과학기술자의 사회적 책임과 윤리」.

42) 엄정식(2009), 「과학적 탐구와 기술의 윤리」, 〈철학논집〉 19: 5-29.

43) 이 글은 '과학의 과학화'를 위한 제도적 장치들을 제안하기 위한 것이 아니다. 다만 과학이 과학으로 바로 섰을 때 나타나는 현상을 역사적으로 살펴보고, 이를 통해 한국 사회의 과학의 모습을 반성적으로 되돌아보는 것이 이 글의 목적이다.

44) 김동원(2001), 「누구의 무엇을 위한 전쟁인가: 불필요한 과학전쟁」, 과학철학회, 《과학철학회 대토론회 자료집》, 과학철학.

45) 엄정식(2009), 「과학적 탐구와 기술의 윤리」.

46) 이상하, 2004, 《과학 철학: 과학의 역사 의존성》, 서울: 철학과현실사, 298쪽.

12장

1) 이 글은 2020년 7월부터 10월까지 한국과학창의재단 비상경영혁신위원회의 위원으로 활동하면서, 평소 생각하던 과학창의재단을 중심으로 한 한국 과학대중화 세력 혹은 과학문화에 대한 생각을 정리하고, 과학창의재단과 과학문화 확산이 나아가야 할 길을 제안한 혁신위 보고서의 일부로 쓰인 것이다. 혁신위 보고서에 글을 더 보태 과학문화 확산에 대한 내 철학을 담은 글로 완성했다.
2) 김우재(2017), 「[창조과학연속기고-16] 새로운 과학운동을 향해…(마지막 기고)」, BIRC Bio통신원, 2017년 9월 18일 자.
3) 이 용어에 대해 설명이 필요할 것 같다. 한국의 과학대중화 세력이란 내가 만들어낸 개념으로, 과학대중화 혹은 과학문화라는 시장을 만들어 거기서 이익을 보는 과학자, 과학커뮤니케이터, 강연자, 크리에이터, 과학교사, 과학교육 종사자, 영재학교 종사자, 과학잡지 종사자 등을 의미한다. 이후 설명하겠지만 과학대중화 세력은 한국과학창의재단이라는 수백억 원대의 예산을 집행하는 공공기관을 중심으로 한국 사회에 깊게 뿌리를 내리고 있다. 다음 글은 내가 공식적으로 처음 이 용어를 사용한 글이다. 김우재(2020), 「정부의 기초과학 투자가 '밑빠진 독 물붓기'인 이유는」, 〈뉴스톱〉 2020년 2월 12일 자.
4) 〈동아일보〉 1926년 1월 6일 자, 3면.
5) 과학기술연차대회의 공허한 구호와 쓸모없음에 대해서는 내 칼럼을 참고할 것. 김우재(2019), 「[공감세상] 과학기술연차대회의 비극」, 〈한겨레〉 2019년 7월 1일 자.
6) 2019년 한 해에만 과학창의재단이 사용하는 예산이 1080억 원이다.
7) 송성수·김동광(2000), 「과학기술 대중화를 보는 새로운 시각」, 〈과학기술정책〉 122: 24-36.
8) 같은 글.
9) '대중의 과학화' 담론을 가장 먼저 꺼낸 것은 최재천 교수다. 하리하라(2005), 「과학의 대중화, 대중의 과학화: 아젠다를 만드는 사람들, 최재천」

(https://m.blog.naver.com/harihara95/80018450569). 대중 과학자 중 한 명인 정재승 교수 또한 여전히 이런 담론에 매몰되어 있다. 정재승(2019), 「[정재승의 열두발자국] 과학대중화의 현실」, 〈중앙일보〉 2019년 9월 3일 자, 28면.

10) 문만용(2017), 「'전국민 과학화운동': 과학기술자를 위한 과학기술자의 과학운동」, 〈역사비평〉 120: 284-315.

11) 이주영(2018), 「[이주영의 과학돋보기] 방향 잃은 과기정통부의 '과학대중화」, 〈연합뉴스〉 2018년 9월 5일 자.

12) 여경구(1946), 〈인민과학〉 창간호; 김동광(2006), 「해방 공간과 과학자 사회의 이념적 모색」, 〈과학기술학연구〉 6(1): 89-118에서 재인용.

13) 〈동아일보〉 1934년 9월 22일 자, 3면.

14) 1970년대 텔레비전이 보급되면서 김정흠, 조경철, 김정만 등의 대중 과학자가 텔레비전의 과학 섹션을 채우기 시작했고, 1990년대부터는 그런 대중 과학자로 최재천, 정재승 등이, 이후엔 이정모, 김상욱 등으로 바뀌어왔을 뿐이다.

15) 고급교양으로서의 과학대중화에 대해서는 내 글을 참고할 것. 김우재(2020), 「[김우재의 과학적 사회] 11. 과학적 아나키즘과 고급교양으로서의 과학」, 〈이로운넷〉 2020년 2월 4일 자.

16) 이주영(2018), 「[이주영의 과학돋보기] 방향 잃은 과기정통부의 '과학대중화」, 〈연합뉴스〉 2018년 9월 5일 자.

17) 과학기술정보통신부 장관이었던 유영민은 현실에 부합하는 과학기술연구 전략을 내놓기보다 간부들에게 스피치 교육이라도 받게 만들겠다는 공허한 이야기로 과학대중화의 과오를 되풀이했다. 김영섭(2018), 「[인터뷰-상] 유영민 장관 "과학기술도 쉽게 전달하고 같이 호흡해야"」, 〈뉴스핌〉 2018년 7월 30일 자.

18) 이주영(2018), 「[이주영의 과학돋보기] 방향 잃은 과기정통부의 '과학대중화」, 〈연합뉴스〉 2018년 9월 5일 자.

19) 박철완(2019), 「이제 그만! 과학팔이 연예인급 석학들의 '과학 할리우드 액

션'」, 〈서울신문〉 2019년 5월 2일 자.

20) 2002년 과학 기술 위기 선언의 촉구 내용 중. 「과학의 날 성명서 100만 과학기술인 서명운동」(https://www.gie.or.kr/bbs/?code=notice&number=752&mode=view).

21) 과학대중화의 친일적 기원에 관해서는 나의 다음 글 「과학대중화의 비극」을 참고할 것. 김우재(2019), 「(시론)과학대중화의 비극」, 〈뉴스토마토〉 2019년 7월 8일 자.

22) 박정희 시대 이후의 과학계 원로들이 국가-과학 연합 체제에 대해서는 내 칼럼을 참고할 것. 김우재(2017), 「[야! 한국 사회] 박정희와 과학 원로들」, 〈한겨레〉 2017년 8월 14일 자. 과총의 어용화에 대해서는 내 칼럼을 참고할 것. 김우재(2018), 「[야! 한국 사회] 과총과 한인회」, 〈한겨레〉 2018년 6월 25일 자.

23) 문만용(2017), 「'전국민 과학화운동': 과학기술자를 위한 과학기술자의 과학운동」.

24) 임종태(2015), 「'과학의 날' 연대기-국가 · 과학 연합의 기원과 그 이후」, 〈과학기술정책〉 25(4): 14-17.

25) ESC라는 조직의 철학과 아이디어는 주로 내가 발의했으며, 이후 창립 과정을 통해 여러 의견을 반영해 확정되었다. 윤태웅 교수 또한 나의 설득에 의해 이 운동에 동참했고, 이후 초대 회장이 되었다. 박송이(2016), 「[주목! 이 사람] 6월 18일 창립된 ESC(변화를 꿈꾸는 과학기술인 네트워크) 윤태웅 대표 "과학은 사유방식이자 문화다"」, 〈주간경향〉 1183호, 2016년 7월 5일 자.

26) 박기영 교수의 임명에 반대하는 성명서는 내가 초안을 썼고, 몇몇 과학자가 수정해 발표한 것이다. ESC(2017), 「[성명] 박기영 교수의 과학기술혁신본부장 임명에 반대한다」, 2017년 8월 9일(http://www.esckorea.org/board/notice/463).

내가 뜻을 함께 하는 동료들과 ESC 같은 조직을 만들어야겠다고 생각했던 이유는 과학기술인의 사회적 지위가 국가에 종속된 중인 계급으로 낙인

찍힌 상황을 타파하고 이제 과학기술인이 과학과 기술이라는 새로운 패러다임으로 한국 사회를 주도해야 한다고 생각했기 때문이다. 김우재(2016), 「[야! 한국 사회] ESC 코리아!」, 〈한겨레〉 2016년 6월 20일 자. 나는 ESC를 소개하는 글에서, "여야와 진보 · 보수 모두 한국 사회의 이정표를 제시하지 못하는 상황에서, 과학기술의 합리적 사유를 바탕으로 한국 사회를 궁극적으로 변화시켜 보려는 ESC의 노력은 지켜볼 만하다. 역사적으로 사회의 궁극적 변화는 사회를 지탱하는 패러다임의 변화와 함께한다. 불교, 유교, 기독교로 변해온 그 축이 과학기술로 향할 수 있을까? 실험해볼 만한 일이다"라고 썼다. 하지만 식민지 시대와 군사독재 정권 시기에도 그랬던 것처럼, 사회문제에서 괴리된 과학대중화 세력에겐 사회의 변화가 그다지 중요하지 않다. 그들은 철저히 권력에 기생할 뿐이다. ESC는 유사과학 세력과 창조과학회가 나를 고소했을 때, 유사과학에 대응해 싸워야 한다는 나의 제안을 조직을 위태롭게 한다는 이유로 거부했고, 오히려 몇몇 회원을 통해 나에 대한 제명안을 제출한 바 있다. 그 제명안은 심각한 모욕 행위를 포함하고 있고, 훗날 공개할 것이다. 그 모욕 행위에 대해 법적으로 대응하지 않고, 그 조직을 떠난 것이 내가 만든 조직에 대한 마지막 자비였다. 이후 유사과학을 연구한다며 위원회를 만들었지만, 유사과학과의 싸움이 한시가 급한 상황에서 한가롭게 유사과학연구회나 만들고 있는 조직에게, 과학기술을 통한 사회의 변화를 기대하긴 힘들 것이다. ESC가 어떤 철학을 가지고 어떻게 시작되었는지에 대한 나의 회고는 다음 유튜브 동영상을 참고할 것. https://youtu.be/BzM-E0EpPdA

27) 〈동아일보〉 1934년 4월 17일 자.

28) 과학데이에 관해서는 "김우재(2013), 「[야! 한국 사회] 과학이라는 껍데기, 〈한겨레〉 2013년 8월 26일 자"를 참고할 것.

29) 해방공간에서 과학조선의 꿈이 좌절되는 과정은 〈이로운넷〉의 다음 글을 참고할 것. 김우재(2019), 「[김우재의 과학적 사회] 7. 해방공간의 진보적 과학지식인이 남긴 숙제」, 〈이로운넷〉 2019년 9월 28일 자; 김우재(2019), 「[김우재의 과학적 사회] 8. '국대안' 파동과 월북과학자들」, 〈이로운넷〉

2019년 10월 29일 자; 김우재(2019), 「[김우재의 과학적 사회] 9. 北을 선택해야만 했던, 잊힌 과학자들」, 〈이로운넷〉 2019년 11월 26일 자.

30) 인문학 정부 혹은 문과 정부에 대한 내 글들은 다음을 참고할 것. 김우재(2017), 「[과학협주곡-7] 인문학 정부의 과학기술 컨트롤 타워」, BRIC Bio통신원 2017년 6월 9일 자; 김우재(2019), 「[야! 한국 사회] 청와대 이공계」, 〈한겨레〉 2019년 1월 14일 자; 김우재(2017), 「[야! 한국 사회] 인문학 정부의 미래학」, 〈한겨레〉 2017년 6월 19일 자.

31) 김우재(2010), 「문화로서의 과학, 그리고 과학사」, 〈사이언스타임즈〉 2010년 9월 30일 자.

32) 김윤희(2018), 「유영민 "과학문화 행사 확대하겠다"」, 〈ZDNET KOREA〉 2018년 8월 9일 자.

33) 송상용(2003), 「과학문화의 뜻」, 〈사이언스타임즈〉 2003년 5월 7일 자. 인문학자들의 밥그릇 싸움은 역사가 길다. 인문학이 아무리 위기라지만, 대학에서 생존하려는 그들의 밥그릇 싸움은 오히려 학문 후속 세대를 멸종시키는 중이다. 나의 다음 칼럼을 참고할 것. 김우재(2020), 「[공감세상] 코로나 시대의 인문학」, 〈한겨레〉 2020년 6월 29일 자.

34) 이런 워크숍 외에도, 이초식 같은 과학학자는 어려운 철학용어를 사용하며 과학문화의 확산에는 아무런 도움도 되지 않는 논문을 쓰기도 했다. 이초식(2001), 「한국 과학문화의 비판적 재구성」, 〈과학기술학연구〉 1(1): 5-27.

35) 조숙경(2003), 「과학기술문화의 의미와 과제」, 〈과학기술정책〉 143: 40-50.

36) 13장을 참고할 것.

37) 송성수(2000), 「선진적 과학기술문화사업의 추진 방향」, 과학기술정책연구원 정책자료, 2000(2): 1-23.

38) 조숙경(2007), 「과학커뮤니케이션: 과학문화의 실행(Practice)」, 〈과학기술학연구〉, 7(1): 151-175.

39) 김우재(2019), 「[공감세상] 과학관 말고 연구소」, 〈한겨레〉 2019년 7월 29일 자.

40) 한국 이공계 대학원의 심각한 위기에 대해서는 내 칼럼들을 참고할 것. 김

우재(2018), 「[시론] 대학원 가지 마라」, 〈한국대학신문〉 2018년 7월 8일 자; 김우재(2018), 「[야! 한국 사회] 대학원에 가려거든」, 〈한겨레〉 2018년 10월 22일 자; 김우재(2019), 「[과학협주곡 2-31] 서울대 이공계가 무너져도」, BRIC Bio통신원 2019년 2월 28일 자.

41) 김우재(2020), 「(시론)한국과학창의재단의 비극」, 〈뉴스토마토〉 2020년 6월 15일 자.

42) 고재원(2020), 「과학창의재단 직원 19명 무더기 징계 및 주의조치…안 이사장 사표수리」, 〈동아사이언스〉 2020년 7월 12일 자.

43) 김우재(2020), 「(시론)한국과학창의재단의 비극」.

44) 최상국(2020), 「과학창의재단, 비상경영체제 선포…경영쇄신, 신뢰회복 다짐」, 〈아이뉴스24〉 2020년 7월 23일 자.

45) http://www.law.go.kr/법령/과학기술기본법.

46) 「과학문화 확산과 과학자의 사회적 책임」 나도선, 2006, 〈물리학과 첨단기술〉 15(7/8): 22-25. https://webzine.kps.or.kr/inc/down.php?fileIdx=7249, 《과학 철학》, 철학과 현실사, 298쪽.

47) 이덕환(2011), 「연구 관리에 묻혀버린 과학자의 자율과 창의」, 〈과학기술정책〉 183: 42-50; "김우재(2017), 「[야! 한국 사회] 마지막 과학세대」, 〈한겨레〉 2017년 11월 13일 자"도 참고할 것. 현대사회의 과학자들이 어떤 비극적인 환경 속에서 살고 있는지는 〈동아사이언스〉의 내 글 [김우재의 보통과학자]를 참고할 것.

48) 이재훈(2020), 「과기정통부, '과학문화 전문인력' 양성한다」, 〈이투데이〉 2020년 6월 22일 자.

49) 조향숙(2000), 「주요국 과학문화 사업의 교훈」, 〈과학기술정책〉 122: 14-23. 이 보고서를 작성한 조향숙 박사가 내가 비상경영혁신위원일 당시의 임시 이사장이다. 보고서에서 창의재단을 변호하기 위한 근거만 골라내기 전에, 선진 주요국이 과학 진흥을 위해 어떤 노력을 해왔는지 직시하기 바란다.

50) 김우재(2020), 「[김우재의 보통과학자] 유사비즈니스로 추락한 과학연구」,

〈동아사이언스〉 2020년 6월 18일 자.

51) 여준구(2016), 「[전문가 칼럼] 과학기술 R&D 제도 개선, 美 국립과학재단(NSF)을 보라」, 〈조선비즈〉 2016년 3월 28일 자.

52) 정혜경(2004), 「사회와 대중 속으로 뛰어드는 영국과학진흥협회(BA)-National Science Week(3.12~21)」, 〈사이언스 타임즈〉 2004년 3월 12일 자.

53) 내가 과거 창의재단의 〈사이언스타임즈〉에 연재하다 연재가 거부된 영국 좌파 과학자의 전통이 바로 이 영국과학진흥협회의 사회 속의 과학의 바탕이 되는 것이다. 당시 연재가 거부된 내 글의 마지막 제목은 겨우 「줄리안 헉슬리, 우생학과 진보적 정치사상의 중용」이었다. 김우재(2011), 「과학자는 과연 권력자인가」, 〈사이언스타임즈〉 2011년 7월 27일 자. 영국의 급진적인 과학자들이 만든 과학문화에 관해서는 〈이로운넷〉에 연재 중인 [김우재의 과학적 사회]를 참조할 것.

54) 최연지(2005), 「과학대국 초석 다지는 일본 과학기술진흥기구JST」, 〈사이언스타임즈〉 2005년 1월 14일 자. 심지어 이 글을 쓴 인물은 창의재단에서 단장까지 역임했던 인물이다.

55) 김우재(2018), 「[야! 한국 사회] 일본의 '위대한' 과학」, 〈한겨레〉 2018년 2월 5일 자.

56) 기초과학원의 설립과 구조적인 문제에 대해서는 〈동아사이언스〉의 나의 글 [김우재의 보통과학자]를 참고할 것.

57) 김우재(2020), 「기초과학연구원에 '코로나19연구'를 요구해서는 안 되는 이유」, 〈뉴스톱〉 2020년 3월 20일 자.

58) 〈한겨레〉(2012), 「[사설] 과학까지 넘보려는 기독교 창조론」, 2012년 6월 7일 자.

59) 김우재(2017), 「[오피니언] [창조과학연속기고-1] 미시시피 커넥션」, BRIC 오피니언 2017년 9월 1일 자.

60) 김우재(2020), 「코로나19 사태에서 '구원자'는 자본주의나 종교가 아닌 '과학'이다」, 〈뉴스톱〉 2020년 4월 8일 자.

61) https://www.wadiz.kr/web/campaign/detailPost/48815; 김우재(2020), 「돈 밝히는 유사과학 모니터링이 한국에 절실한 이유」, 〈뉴스톱〉 2020년 1월 14일 자.

62) 나는 유사과학의 폐해를 글과 방송으로 고발했다가 여러 건의 고소를 당했다. 이 과정은 여러 신문과 방송을 통해 대중에게 알려졌고, 와디즈 펀딩에는 수백 명의 시민이 과학자의 외로운 싸움을 응원했다. 하지만 그 자리엔 과학기술정보통신부도 창의재단도 없었다. 나에겐 이런 요구를 할 자격이 충분하다고 생각한다. 다음은 내가 유사과학 및 창조과학과 싸운 과정을 다룬 기사들이다. 이보라(2019), 「'초파리 연구' 유명 과학자가 "사이비" 비판… 국제뇌교육종합대학원대 · 창조과학회 "명예 훼손" 잇단 고소」, 〈경향신문〉 2019년 9월 12일 자; 윤신영(2019), 「명상단체·창조과학 정면 비판 김우재 교수 모욕·명예훼손 일부 '죄 없음'」, 〈동아사이언스〉 2019년 10월 8일 자; 방극렬(2019), 「"안아키·뇌호흡 등 일상에 너무 깊이 침투… 사이비 과학 감시할 플랫폼 만들 것"」, 〈국민일보〉 2019년 12월 10일 자; 김우재(2019), 「사이비과학을 구별하는 문제, 과학자들이 나서야 한다」, 〈뉴스톱〉 2019년 6월 6일 자; TBS(2019), 「이게 과학이라고? 가짜 학회 실태(김우재, 원종우)」, 〈김어준의 뉴스공장〉 2019년 5월 7일 자(https://www.youtube.com/watch?v=sNF2NJO528I).

63) 김우재(2017), 「[야! 한국 사회] 국립대에 진화생물학을!」, 〈한겨레〉 2017년 7월 17일 자.

64) 타운랩에 관한 인터뷰들은 다음 기사들을 참고할 것. 오철우(2019), 「악기를 배우듯 살면서 한번은 실험과학자가 돼보자」, 〈한겨레〉 2019년 2월 24일 자; 박유진(2019), 「"누구나 한번은 실험하고 논문 쓰는 사회 어때요?"」, 〈이로운넷〉 2019년 12월 9일 자; 길애경(2018), 「캐나다 교수 대신 '타운랩' 나선 '초파리 과학자'」, 〈대덕넷〉 2018년 12월 26일 자.

65) 조세종(2016), "호세 마리아 신부의 생각", 〈가톨릭뉴스 지금여기〉 2016년 2월 29일 자.

66) 현재 타운랩은 한국 사회에서 과학으로부터 가장 소외된 약자에게 가장 먼

저 다가서기 위해 준비 중이다. 언젠가 타운랩이 한국 사회에서 시작되고 퍼져나간 과정을 기술할 날이 오길 바란다.

67) 김우재(2010), 「삶의 양식으로써의 과학-'문화로서의 과학'이 지니는 함의」, 〈사이언스타임즈〉 2010년 10월 29일 자.

68) 김우재(2010), 「문화로서의 과학, 그리고 과학사」, 〈사이언스타임즈〉 2010년 9월 30일 자.

69) 김우재(2017), 「[창조과학연속기고-16] 새로운 과학운동을 향해…(마지막 기고)」, BIRC Bio통신원 2017년 9월 18일 자.

13장

1) Otto Neurath(1973), Wissenschaftliche Weltauffassung: Der Wiener Kreis, In: M. Neurath, R. S. Cohen(eds), *Empiricism and Sociology*. Vienna Circle Collection, vol 1. Springer, Dordrecht.

2) Neurath to Reichenbach, 22 July 1929, HR 014-12-04 Archives of Scientific Philosophy, Pittsburgh(hereafter referred to as ASP) 2 Neurath 1913b [1983], p. 3.

3) 김영식·김근배 엮음, 1998, 《근현대 한국 사회의 과학》, 서울: 창작과 비평사.

4) 박정희 시대의 정착한 한국의 근대과학에 대해서는 다음의 글들을 참고할 것. 김우재(2010), 「노벨상과 경제 발전, 그리고 박정희의 유산」, 〈새로운사회를여는연구원〉 2010년 4월 26일; 김근배(2008), 「과학기술입국의 해부도」, 〈역사비평〉 85: 236-261.

5) 김우재(2010), 「영원한 중인 계급」, 〈새로운사회를여는연구원〉 2010년 8월 13일 자.

6) 이 글에서 '문화로서의 과학'을 자세히 다루기는 어렵다. 김우재(2010), 「문화로서의 과학, 그리고 과학사-과학사는 창의성을 증진하는가?」, 〈사이언스타임즈〉 2010년 9월 30일 자를 참고할 것.

7) 과학자들에게 정치란 국회에 진입하는 것이 아니라 자신들의 환경을 결정하는 과학기술정책에 관여하는 일이다. 이런 견해에 대해 다른 곳에서 자세히 다룬 내 글을 참고할 것. 김우재(2010), 「노벨상보다 필요한 건 아인슈타인이다 – 한국과학자 사회에 고하는 제언」, 〈사이언스타임즈〉 2010년 10월 13일 자; 김우재(2011), 「프랑켄슈타인이 된 아인슈타인」, 〈사이언스타임즈〉 2011년 4월 4일 자; 김우재(2010), 「아인슈타인을 위한 정치」, 〈새로운사회를여는연구원〉 2010년 9월 15일 자.

8) 콰인의 〈단어와 대상〉(1960).

9) 윌리엄 존스턴, 2008, 「오토 노이라트: 만능 천재의 사라짐」, 《제국의 종말, 지성의 탄생: 합스부르크 제국의 정신사와 문화사의 재발견》, 변학수·오용록 외 옮김, 파주: 문학동네, 317-322쪽.

10) 최익현(2014), 「누가 이 과학논쟁에 대답할 차례인가」, 〈교수신문〉 2014년 3월 25일 자.

11) 에드워드 윌슨의 책《통섭》에 대한 진화유전학자 앨런 오의 치밀한 비판은 내가 번역한 서평을 참고할 것(http://heterosis.net/archives/491).
나는 노벨상을 수상한 과학자 막스 델브뤼크의 역사적 예를 통해 윌슨의 통섭이 지닌 어리석음을 비판했다. 김우재, 「통섭의 경계」, 〈물리학과 첨단기술〉 2010년 9월호.

12) 고인석(2010), 「빈학단의 과학사상: 배경, 형성 과정, 그리고 변화」, 〈과학철학〉 13(1): 53-82.

13) 앨런 재닉, 스티븐 툴민, 2005, 《빈, 비트겐슈타인, 그 세기말의 풍경: 합스부르크 빈의 마지막 날들과 비트겐슈타인의 탄생》, 석기용 옮김, 서울: 이제이북스; 윌리엄 존스턴, 2008, 《제국의 종말, 지성의 탄생》, 변학수, 오용록 외 옮김, 파주: 문학동네, 299쪽.

14) Otto Neurath(1973), Wissenschaftliche Weltauffassung: Der Wiener Kreis, In: M. Neurath, R. S. Cohen(eds), *Empiricism and Sociology*. Vienna Circle Collection, vol 1. Springer, Dordrecht.

15) 3장을 참고할 것.

16) 정현백(2008), 「아래로부터의 주거운동 – 오스트리아 비인의 실험을 중심으로(1918-1934)」, 〈사림〉 29: 331-365.

17) 이에 대해서는 "스티븐 툴민, 1997, 《코스모폴리스: 근대의 숨은 이야깃거리들》, 이종흡 옮김, 마산: 경남대학교출판부"를 참고할 것.

18) 최현철(2015), 「융합의 개념적 분석」, 〈문화와융합〉 37(2): 11-30.

19) 피라미드와 풍선으로 대비되는 지식융합의 의미. 여영서(2011), 「지식융합의 의미와 방법」, 〈지식융합〉 창간호에서 재인용. 이 그림들은 낸시 카트라이트가 노이라트의 철학을 설명하기 위해 제시한 것이라고 한다. *Otto Neurath: Philosophy between Science and Politics*(1996)

20) 여영서(2012), 「통일과학과 지식융합」, 〈과학철학〉 15(2): 209-232.

21) 김형재(2018), 「아이소타이프의 역사적 맥락: 초기 개발과 수용 과정을 중심으로」, 〈Archives of Design Research〉 31(3), 179-191.

22) 정현백(2007), 「자치사회주의의 실험 – '붉은 비인(Rotes Wien)'의 주거정책을 중심으로 (1918-1934)」, 〈독일연구: 역사·사회·문화〉 14: 145-178.

23) 철이(2011), 「Das Rotes Wien, 붉은 빈 프로젝트(1918-1934)」(https://m.blog.naver.com/grimm1863/80122484803).

24) 김형재(2018), 「아이소타이프의 역사적 맥락: 초기 개발과 수용 과정을 중심으로」.

25) 오토 노이라트, 「비엔나식 방법에 따른 그림통계학」; https://blog.aladin.co.kr/russell85/6392194에서 재인용.

26) 효진이네: 꼼꼼히 읽기(2013), 「말하는 기호-오토 노이라트의 국제적 그림언어」(https://blog.aladin.co.kr/russell85/6392194).

27) https://www.researchgate.net/figure/The-correct-way-to-illustrate-trends-Otto-and-Marie-Neurath-Isotype-Collection_fig2_31421408

28) 복거일(2019), 「다시 찾아본 '사회주의 계산 논쟁'」, 〈한국하이에크소사이어티〉 2019년 9월 29일 자.

29) 이상헌(1999), 「방법론적 시각에서 본 사회주의 계산 논쟁-미제스 · 하이에크의 사회주의 비판 재해석」, 〈경제학의 역사와 사상〉 2: 285-323.

30) Thomas E. Uebel, 2004, Introduction: Neurath's Economics in Critical Context, in Thomas E. Uebel and Robert S. Cohen(eds.), *Otto Neurath, Economic Writing Selection 1904-1945*, Springer, p.1.

31) 고명섭, 2006,《담론의 발견: 상상력과 마주보는 150편의 책읽기》, 파주: 한길사.

32) 불유구(2010), 논리실증주의와 노이라트의 배(http://blog.daum.net/luspj32/60).

33) 여영서(2012),「통일과학과 지식융합」.

34) 같은 글.

35) "S. Haack, 2011, *Defending science-within reason: Between scientism and cynicism*, Prometheus Books"의 4장 제목이 "The Long Arm of Common Sense"다.

36) 나는 이런 가능성을 극대화하는 방법으로 타운랩을 실천해나가고 있다. 타운랩은 동네 피아노학원 같은 실험실이다. 타운랩에서 누구나 과학자가 되는 경험을 할 수 있고 이 경험은 시민 모두를 자신의 삶 속에서 과학자로 살아가게 만들 수 있다. 타운랩은 상식의 긴 팔을 만드는 장소가 될 수 있다. 오철우(2019),「악기를 배우듯 살면서 한번은 실험과학자가 돼보자」, 〈한겨레〉 2019년 2월 24일 자; 박유진(2019),「"누구나 한번은 실험하고 논문 쓰는 사회 어때요?"」, 〈이로운넷〉 2019년 12월 9일 자; 길애경(2018),「캐나다 교수 대신 '타운랩' 나선 '초파리 과학자'」, 〈대덕넷〉 2018년 12월 26일 자.

37) 여영서(2012),「통일과학과 지식융합」.

38) 같은 글.

39) 통섭에 대한 국내 학계의 논의는 셀 수 없이 많으므로 인문학계의 적대적 반응에 대한 논문 한 편만 소개한다. 박승억(2008),「통섭(Consilience): 포기할 수 없는 환원주의자의 꿈」, 〈현상학과 현대철학〉 36: 197-218.

40) 과학계의 변화와 이러한 문제에 대한 나의 글은 〈동아사이언스〉의 [보통과학자]를 참고할 것.

41) 나의 〈한겨레〉 칼럼들 중「사회적 대학」,「코로나 시대의 인문학」,「목사 다

음 교수」 등과 〈뉴스토마토〉 칼럼의 「교수식당」 등을 참고할 것.

42) 예를 들어 최재천과 도정일의 대담이 좋은 예일 것이다. 도대체 과학에 대해 무슨 말을 하는지 이해하기 어려운 인문학자 이어령도 마찬가지다.

43) 인문학적 제어론에 대해선 나의 글들을 참고할 것. http://heterosis.net/archives/783; http://www.hani.co.kr/arti/PRINT/661586.html; https://www.eroun.net/news/articleView.html?idxno=11713

44) 스티븐 툴민, 1997, 《코스모폴리스: 근대의 숨은 이야깃거리들》, 111쪽.

45) 같은 책, 75쪽.

46) 송진웅(2001), 「1930-50년대 영국의과학시민의식운동과 L. Hogben 의 Science for the Citizen」, 〈한국과학교육학회지〉 21(2): 385-399에서 재인용.

47) 김우재(2020), 「[숨&결] 삶으로서의 과학」, 〈한겨레〉 2020년 10월 15일 자.

찾아보기

ㄱ

ㄴ

ㄷ

ㅅ

ㅇ

별책부록

한국 과학기술의 새로운 체제

한국 과학기술인 공동체의 정치적 부재

미국에서 공부하면서 우리나라에 군사정권이 들어선 것에 대해 매우 창피한 생각이 들곤 했어요. 그 후 우리나라 과학기술자들은 정치사회적 문제에 왜 관심이 없는가에 대해 의문을 갖고 살펴보니 조선 시대 중인 의식에서 그 연원을 찾게 되었습니다. 어느 사회든 인문사회계와 이공계의 문화가 약간 다르긴 한데 우리나라 과학기술자들에게는 이 중인 의식까지 겹쳐 여러 사회 모순의 원인이 되고 있습니다. 이를 극복하기 위해서는 과학기술자들도 과학기술사를 주의 깊게 살펴보면서 사회현상에 깊은 관심을 가질 필요가 있습니다. **박성래**[1]

한국의 근대 과학기술 전통은 한마디로 취약했다. (중략) 결국 한국은 20세기 중반까지도 과학기술을 내재적인 전통으로 확립하지 못했다. (중략) 다른 한편으로 과학기술 도약의 획기적 계기나 사건 역시 찾아보기가 어렵다. 한국의 근현대 과학기술사를 보면 세계적으로 내세울 과학자가 없다고 해도 지나치지 않는다. (중략) 그래서 과학기술의 눈부신 도약이라는 결과는 존재하되 그 결정

---

1 김병희(2015), 「과학기술인 '중인의식' 벗어나라」, 〈사이언스 타임즈〉 2015년 3월 24일 자.

> 적 요인은 도무지 감지되지 않는 패러독스가 발생한다. 근대 과학기술의 전통이 취약한 상황에서 특출난 과학자나 연구소가 없었음에도 과학기술의 비약적 발전이 어떻게 가능했을까? **김근배**[2]

김근배는 그의 책《한국 과학기술혁명의 구조》에서 한국이 단기간에 과학기술에서 이룬 성취의 메커니즘을 '제도-실행-도약론'으로 모델화했다. 서구와 달리 과학기술자 사회가 양적으로나 질적으로 역량이 낮은 상태에서 과학기술을 급격하게 강화시킬 저력은 '제도의 구축'과 '과학기술자들의 실행'이 효율적으로 연계되는 방식뿐이었고, 개발독재 시대 한국의 압축성장과 비슷한 방식으로 한국 과학기술은 짧은 시간 동안 도약을 이루어낼 수 있었다는 설명이다.[3]

그는 이 과정에서 부정적인 결과도 도출되었다고 지적하는데, 그가 지적하는 대표적인 결과는 지나친 경제개발 논리의 주입으로 과학기술 연구의 대부분이 응용 위주로 편제되어 기초연구가 낙후되고 혁신적인 연구는 대부분 한국에서 시작되지 않는 현상이다.[4] 과학기술정책

---

2 김근배, 2016,《한국 과학기술혁명의 구조》, 파주: 들녘, 24-25쪽.

3 같은 책, 34-35쪽.

4 김근배의 책은 현장 과학기술인의 관점을 전혀 투영하지 못한다. 한국은 분명 과학기술에 대한 투자가 많다. 하지만 과학기술을 도구적 시각으로 보았기 때문에 이 이상의 혁신은 힘들다. 과학기술 자체를 목적으로, 과학기술인을 사회 변화의 주역으로 만들어야 한다. 민주화 세대의 주축은 대학의 인문사회과학 계열을 주축으로 한 지식인 계층이었고, 그런 대학교수가 정부의 고위직 인사를 차지하는 것도 어쩌면 당연한 일이다. 그들은 그저 피땀 흘려 이룬 승리의 성과를 강렬한 동지 의식 속에 나눠 갖는 것인지도 모른다. 고위직에 시민사회운동의 선봉에 섰던 지식인이 들어오는 것도 낯선 풍경은 아니다. 그들 또한 거리에서 권력에 맞서 싸웠던 땀의 대가를 찾으려는 것뿐이다. 산업화 시기에 한국의 과학기술계는 양적으로나 질적으로 내세울 인물도 성과도 없었다. 마치 개발독재 시기 압축성장을 이룬 것처럼, 한국 과학기술의 도약 또한 정치권력이 마련해준 위압적인 제도와 그 제도에 어떤 의심도 갖지 않고 충실히 이를 실행한 과학기술자의 움직임, 즉 '제도-실행-도약'의 과정을 거쳐 이루어졌다. 김근배는 그 과정을 '한국 과학기술혁명의 구조'라고 부른다.
그는 이 과정에서 한국이 추격형 연구에는 뛰어나지만 선도형 연구나 혁신적 기초연

관료들이 추격형 연구를 탈피해 선도형으로 움직여야 한다고 말한 지 20여 년이 지났지만 여전히 한국 사회 과학기술 체제의 가장 치명적인 약점은 노벨상에 근접한 뛰어난 과학자를 배출하지 못하고 세계를 선도하는 혁신적인 기술 개발에서도 뒤처져 있다는 것이다.[5]

하지만 한국 과학기술의 압축성장 과정에서 김근배가 주목하지 않은 사실이 있다. 과학기술인 사회가 독립적으로 정체성을 만들고 사회 속에서 지위를 획득해온 주요국의 사례와는 달리,[6] 한국의 과학기술인 사회가 개발독재 시대의 강력한 정치권력의 통제 아래서 그 권력이 독단적으로 설정한 제도를 그저 충실히 실행하는 일종의 중인 의식을 지닌 집단으로 성장했다[7]는 것이다.

과학사학자 박성래는 한국의 과학기술인 사회가 대체적으로 사회 문제에 무관심하고, 이런 전통은 우리 역사가 과학기술의 문제는 중인 계급에 떠넘기고 양반 지배층은 정치를 주도한 것과 무관하지 않다고

구에는 약하다는 부정적 결과를 언급했다. 하지만 과학사학자의 한계가 바로 여기에 있다. 문만용이 그의 책《한국 과학기술연구체제의 진화》에서 언급했듯이 "제도는 단순히 연구소와 같은 인프라만을 의미하지 않으며, 문화적 측면까지 포함한 과학 전통"까지를 의미한다. 과학기술의 압축적 도약 과정에서 우리가 잃은 것 중 더욱 중요하게 분석해야 할 것은, 과학기술자 사회가 주체적으로 자신만의 문화와 전통을 만들어내지 못하고, 끊임없이 정치권력에 끌려다니는 집단적 노예 신세로 전락했다는 점이다. 한국 과학기술학자의 눈에 이런 문제는 결코 드러나지 않는다. 그건 그들이 과학기술계를 참여자가 아닌 관찰자의 시점으로만 분석하기 때문이다. 과학기술계에 대한 애정도 없는 연구가 과학기술계를 오롯이 담아내지 못하는 건 당연한 일이다. 내가 김근배였다면 책 한 장을 왜 산업화의 주역이었던 과학기술인은 권력에 다가가지 못했는지에 대한 분석으로 채웠을 것이다. 과학기술인의 사회적 지위와 한국에서의 자리를 염두에 두고, 과학기술 거버넌스를 축조해야 한다.

5 성지은 · 송위진(2010), 「탈(脫) 추격형 혁신과 통합적 혁신정책」, 〈과학기술학연구〉 10(2): 1-36.

6 예를 들어 서구에서 근대 엔지니어 계층은 각국의 독특한 문화와 제도 속에서 정체성을 획득하고 국가권력과의 관계를 주체적으로 설정해왔다. 김덕호 외, 2013, 《근대 엔지니어의 탄생》, 서울: 에코리브르.

7 박성래(2004), 「[박성래 교수의 과학 속 세상史] 뿌리 깊은 중인 의식 과학자여 걷어차라!」, 〈주간동아〉 458: 71.

주장했다. 그리고 실제로 한국에서 과학기술인 사회는 민감한 사회문제에서 거리를 두고, 민주화운동을 비롯한 근현대사의 격랑 속에서 행동하는 지성으로서의 역할을 수행하지 않았다.[8]

하지만 한국 과학기술계가 한국 사회의 정치사회적 문제를 주도하지 않았다고 해서 그들을 중인 의식을 지닌 집단으로 매도한다거나, 그들이 한국 사회의 산업화와 경제 발전을 이끌어온 주체임을 외면하는 건 공정한 평가가 아니다. 우리나라의 경제성장 및 사회 발전의 밑바탕에는 과학기술의 역할이 필수적이었고, 그런 자명한 사실 때문에 진보와 보수 정권을 가리지 않고 모든 정부는 국가경쟁력 확보를 위해 과학기술계에 투자하는 데 인색하지 않았던 것이다. 또한 근대적 의미의 과학기술연구 체제가 한국에 도입되는 1960~1970년대에 한국은 유신독재 시기를 겪고 있었다는 사실을 잊어서는 안 된다.

김근배는 바로 이 시기에 박정희라는 절대권력이 과학을 정치에 철저히 종속시키는 설계를 공고히 했다고 말한다. 즉, 과학기술인들은 스스로 주체적인 공동체를 만들어보기도 전에 정치적 격랑 속에서 권력이 쳐놓은 촘촘한 제도의 그물에 걸려 국가권력에 대항할 엄두조차 낼 수 없는 집단으로 추락한 셈이다.[9] 아마도 이러한 평가가 한국의 경제개발을 견인해온 과학기술인 사회가 정치적 권력에서 소외된 이유에 대한 공정한 해설이 될 것이다.[10]

---

8 임종태(2015), 「'과학의 날' 연대기: 국가 · 과학 연합의 기원과 그 이후」, 〈과학기술정책〉 25(4): 14-17.

9 김근배(2008), 「과학기술입국의 해부도: 1960년대 과학기술 지형」, 〈역사비평〉 85: 236-261; 김근배(2017), 「박정희 정부 시기 과학기술을 어떻게 볼 것인가?: 과학대통령 담론을 넘어서」, 〈역사비평〉 117: 142-168.

10 그리고 이 점이 한국 과학기술 거버넌스의 새로운 체제를 만드는 작업에서 가장 중요하게 고려되어야 할 사항이 된다. 그 이유에 대해서는 이 장의 마지막 부분에서 기술한다.

한국 과학기술 체제의 압축성장 뒤에는 정치권력에 대항할 수 있는 주체적인 문화와 전통을 만들어내지 못한 한국 과학기술인 사회의 정치적 부재가 놓여 있다.

빠른 경제성장을 위해 축조된 연구 개발체제의 숨막히는 속도전 속에서, 한국 과학기술인 사회는 현대사의 주요 사건에서 비켜나 있었다. 4 · 19혁명도, 5 · 18광주민주화운동도, 87년 체제의 성립과 군사독재의 종식, 그리고 국정농단과 촛불혁명에 이르기까지, 한국 과학기술인 사회는 그들이 산업화를 통해 주춧돌을 놓은 한국 사회에서 벌어진 주요한 정치적 격랑에서 단 한 번도 주체적인 역할을 수행하지 못했다. 그들에겐 사회문제에 대응할 자체적인 조직도, 문화도, 전통도 전무했기 때문이다.[11]

한국 과학기술인 사회가 한국의 사회문제를 외면했던 건 사실이다. 하지만 황우석 사태와 광우병을 거쳐 천안함 사태와 최근의 코로나19까지, 과학기술에 대한 지식이 필요한 한국 사회의 주요 사건에서 과학기술인은 조금씩 그들의 존재를 드러내기 시작했다. 그리고 억압된 역사가 언젠가는 진실을 드러내듯이, 한국의 과학기술인도 언젠가부터 그들이 한국 사회에서 차지하고 있는 사회적 지위에 대해 자각하

---

11 한국엔 과학기술인이 주체적으로 설립한 과학기술인협회가 없다. 과학이 시작된 유럽이나 미국 혹은 일본과도 차별되는 지점이다. 한국의 과학기술인 사회를 대표한다고 알려진 한국과학기술단체 총연합회, 즉 과총은 박정희 시대 만들어진 어용 단체에 가깝다.

김우재(2019), 「[김우재의 보통과학자] 맬서스의 학위공장, 그리고 과학기술인협회」, 〈동아사이언스〉(2019년 8월 1일 자); 김우재(2018), 「[야! 한국 사회] 과총과 한인회」, 〈한겨레〉(2018년 6월 25일 자); 김우재(2017), 「[야! 한국 사회] 박정희와 과학 원로들」, 〈한겨레〉(2017년 8월 14일 자); 김우재(2019), 「[과학협주곡 2-39] 신임 과총 회장님께」, BRIC Bio통신원 2019년 4월 25일 자.

고, 조금씩 사회문제를 향해 발언하기 시작했다.[12]

---

12 이런 움직임은 2000년대 노무현 대통령의 탄핵 소추를 기점으로 젊은 과학기술인에게 널리 퍼지기 시작했고, 황우석 사태와 광우병 사태 등을 거치며 점차 조직화되기 시작했다. 나는 이런 과학기술인 사회의 움직임을 조직화하기 위해 많은 과학기술인을 설득해 2015년부터 '변화를 꿈꾸는 과학기술인네트워크 ESC'를 기획했으며, ESC는 조직의 깃발을 들고 박근혜 국정농단 시위에 등장하기도 했다. 김우재(2016), 「[야! 한국사회] ESC 코리아!」, 〈한겨레〉(2016년 6월 20일 자). 또한 ESC 코리아를 통해 과학기술을 경제 발전의 도구로만 기술한 헌법 조문을 수정하려는 움직임도 있었다. 오철우, 「'과학기술이 경제발전 도구일 뿐?' 헌법 조문 개정 목소리」, 〈사이언스온〉(한겨레 과학웹진) 2017년 10월 26일 자. 이제 과학기술계는 박성래와 김근배가 연구하던 세대에서, 사회문제와 적극적으로 상호작용하는 새로운 세대를 주축으로 변화하고 있다.

한국 과학기술 체제의 진화, 그 간략한 역사[13]

한국 연구 체제의 역사는 한국이 강점을 보이는 겨울 스포츠인 쇼트트랙 계주를 떠올리게 한다. 4명의 선수가 출전하여 교대로 경기를 이끌어가는 쇼트트랙 계주처럼 국공립 연구소에서 정부출연연구기관, 기업 연구소, 그리고 대학에 이르기까지 각 시대를 대표하거나 특징짓는 연구 체제가 교대로 등장했고, 이들의 협력으로 한국의 과학기술이 진전되어 왔다. 이들은 동일한 목표를 두고 다투는 경쟁자이기도 했지만 동시에 함께 나아가는 동반자 관계였다. 한국 과학기술 연구 개발이라는 끝이 없는 레이스를 계속해나가기 위해서는 서로의 협력이 필수적이다. **문만용**[14]

한국에서는 연구소가 가장 중요한 제도로 작용했다. 한국의 과학기술연구소는 연구가 이루어지는 공간이라는 기본 의미를 넘어 과학기술정책이 본격화하는 출발점이라는 역사적 가치를 지니고 있다. 연구소는 정부의 과학기술에 대한

---

13 이 글의 상당 부분은《과학기술 50년사: 1편 과학기술의 시대별 전개》에 큰 도움을 받았다.《과학기술 50년사》는 과학기술정보통신부(www.msit.go.kr), 과학기술정책연구원(www.stepi.re.kr) 홈페이지에서 무료로 다운로드 받을 수 있다. 과학기술정보통신부, 2017,《과학기술 50년사》, 과천: 과학기술정보통신부.

14 문만용(2016),「한국 과학기술 연구 체제의 형성과 발전」,〈한국과학사학회지〉38(3): 453-483.

> 정책적 관심이 시작되기 이전부터 과학기술자들이 과학기술 진흥을 위해 가장 먼저 기대하고 주장했던 목표였으며, 정부가 과학기술정책을 전개할 때 가장 먼저 모색한 주요 시책이 해당 분야 연구소의 설립이었다. **문만용**[15]

2018년 한국의 연구 개발 투자 규모는 총 85.7조 원으로 GDP 대비 연구개발비는 세계 1위 수준이다.[16] 연구비의 총액 규모로 한국보다 큰 국가는 미국, 중국, 일본, 독일뿐이다. 국가연구개발비는 정부, 민간, 외국의 세 가지 형태로 구분되는데, 한국은 기업 등 민간의 비율이 76.6퍼센트, 정부는 21.4퍼센트로 기업이 연구 개발을 주도하는 국가로 분류된다. 여전히 연구자 주도 연구개발비의 비중이 낮고, 국가 주도형 연구개발비가 대부분을 차지한다는 비판이 있지만,[17] 한국은 명실상부한 연구 개발의 강대국으로 성장했다. 반세기도 되지 않는 시간 동안 한국의 과학기술 생태계는 기록적인 양적 성장을 이뤄냈다. 하지만 그 과정에서 나타난, 지나친 정부 주도의 하향식 연구 개발 체계 때문에 혁신에 대한 성적표는 그다지 좋지 않다.[18] 미국 실리콘밸리의 혁신기업과 같은 스타트업과 유니콘 기업이 한국에서 자주 등장하지 않는 이유도 연구 개발의 헤게모니를 쥐고 놓지 않으려는 관료주의의 폐해라는 지적이 많다.[19] 연구 개발 활동은 기업이 중심적 역할을 수행하지만 연구 개발의 헤게모니는 국가 주도의 관료주의적 행정에 의존하는

---

15 문만용, 2017, 《한국 과학기술 연구체제의 진화》, 파주: 들녘, 35쪽.

16 박용호(2019), 「국내 2018년 R&D 투자 총 85.7조 원, GDP 대비 연구개발비 비중 세계 1위 수준」, 〈아시아에이〉 2019년 12월 18일 자.

17 윤신영(2019), 「국가R&D 투자 최고 수준이라는데… 여전히 초라한 연구자 1인당 연구비…」, 〈동아일보〉 2019년 12월 18일 자.

18 양모듬(2019), 「R&D 투자 1위인데 혁신은 최하위… 정부 주도 방식 때문」, 〈조선일보〉 2019년 8월 19일 자.

19 한재영(2019), 「"韓 관료주의, 민간 혁신 갉아먹는다"… 돌직구 던진 OECD」, 〈서울경제〉 2019년 5월 9일 자.

체제, 그것이 지난 반세기 한국의 과학기술연구 체제가 놀라운 도약을 거듭하면서 남긴 상처다.

문만용은 '과학기술 체제science and technology system'란 국가 혁신 체제와 동일한 의미이거나, 한 국가의 과학기술 연구 및 행정 기구 전반을 지칭하는 용어라고 정의했다. 과학기술 체제는 크게 과학기술 연구 체제, 과학기술 행정 체제, 과학기술 지원 체제 등으로 이루어지며, 이 중 연구 체제는 과학기술 체제의 핵심 요소라고 할 수 있다.[20] 과학기술 거버넌스란 과학기술 행정 체제와 과학기술 지원 체제를 아우르는 용어로 볼 수 있는데, 기존의 정부 주도적인 일방적 국정 운영 방식에서 벗어나, 국가 과학기술 체제의 문제를 정부, 기업, 비정부기구 등의 다양한 행위자가 네트워크를 통해 해결하는 방식을 의미한다. 압축성장과 산업화 과정에서 정부 주도의 하향식 제도를 통해 발전을 이룩했던 한국 과학기술 체제는 연구 체제에서는 '연구소'라는 제도를 중심으로, 행정 체제와 지원 체제에서는 '정부'와 '관료'라는 실행 주체들이 주도하는 방식으로 진화했다. 특히 한국의 과학기술 연구소는 "연구가 이루어지는 공간이라는 기본 의미를 넘어, 과학기술정책이 본격화하는 출발점이라는 역사적 가치를"[21] 지닌 독특한 공간이자 제도다.

연구소를 중심으로 본다면 한국 과학기술 체제의 역사는 해방 직후부터 1960년대 중반까지 국공립 연구소의 시대, 1960년대 후반부터 1970년대까지 정부출연연구기관의 시대, 1980년대와 1990년대 초반까지 기업 연구소의 급증, 그리고 마지막으로 1990년대 중반부터 2000년대에 이르기까지 대학 연구조직의 상대적 부상으로 구분할 수 있다.[22]

---

20 문만용(2016), 「한국 과학기술 연구 체제의 형성과 발전」.

21 같은 글.

22 문만용(2016), 「한국 과학기술 연구 체제의 형성과 발전」의 구분을 따랐다.

1. 1945년 해방 이후 한국의 과학기술인들은 진정한 독립을 위해 '과학조선'을 건설하자는 구호를 외쳤고, 당시 대부분의 정치 세력은 과학기술인의 이 제안을 받아들여 과학기술 진흥이 새로운 국가의 중요한 기틀임을 인정했다.[23]

당시 과학기술인이 정부에 요구했던 가장 중요한 정책은 과학기술 행정을 책임지는 정부 부처의 설립과 제대로 된 연구소였다. 일본인이 물러난 시험연구소를 접수하고, 원자력연구소, 중앙공업연구소, 국방과학연구소 등이 설립되면서 1959년이 되면 국어사전에도 '연구소'라는 단어가 등재되기 시작했다. 당시 만들어진 국공립 연구소는 대부분 일제강점기에 뿌리를 두고 있었으나, 한국인과 한국 사회를 위한 연구를 통해 차별점을 부각했다.

일제가 사용하던 연구소를 개량한 국공립 연구소는 아직 제대로 된 연구소라고 부르기엔 미흡했지만, 1965년이 되면 연구소의 숫자는 79개로 증가하고, 주로 낙후된 시설 속에서 시험 및 조사 활동을 주된 임무로 삼았다. 1959년 세워진 원자력연구소는 국가 연구개발비의 80퍼센트 이상을 사용하며, 이 시기 국공립 연구소 시대를 주도했다.

2. 1966년 설립된 한국과학기술연구소KIST는 한국 연구 체제의 새로운 출발점이 된다. 우선 국공립 연구소의 경우 연구원이 공무원이었기 때문에 정부조직법와 공무원법의 규제를 따라야 했고, 매우 비효율적인 운영을 보여줄 수밖에 없었다. KIST는 설립부터 정부출연연구기관이라는 독특한 형태를 취하며, 비영리 재단법인으로 우수한 연구자를 유치해 연구소다운 연구소를 만들어보자는 과학기술인의 염원이 담겨

---

23 김우재(2019), 「[김우재의 과학적 사회] 9. 北을 선택해야만 했던, 잊힌 과학자들」, 〈이로운넷〉 2019년 11월 26일 자.

있었다. 다른 나라에도 국립이 아닌 별도 법인격의 연구소가 존재하지만, KIST는 국가와 계약 연구 체제를 택하면서도 국가 연구소의 기능도 수행하는 독특한 한국만의 정부출연연구기관이라는 특징을 보여준다. KIST의 설립 이후 과학기술처가 창설되면서 한국 과학기술정책은 과학기술처라는 컨트롤 타워를 중심으로 재편되었다. 즉, 한국은 KIST라는 연구소의 설립이 과학기술처의 창설이라는 행정 체제를 선도한 독특한 경로를 보인다. KIST의 설립 이후 수많은 과학기술 관련 정부출연연구소가 설립되었고, 이런 관행은 인문사회 연구소의 설립으로도 이어져 1960년대에는 한국적 연구소 제도가 완전히 정착하게 된다. 특히 KIST의 빠른 성공은 정부가 정부출연연구기관이라는 제도를 신뢰할 수 있는 계기를 마련해주었다.

1973년 대덕에 제2 연구 학원 도시를 건설하는 계획이 등장하면서, 1976년 한국표준연구소를 시작으로 대덕연구단지의 시대가 열리게 된다. 이 시기 한국 과학기술정책의 최우선은 연구소 설립이었고, 연구소 설립이 곧 과학기술정책이었다.

대덕연구단지의 건설로 인해 정부출연연구기관은 과학기술계를 주도하는 기관으로 급성장했고, 이 시기 한국의 과학기술 연구 제체는 양적 성장의 시대를 맞이했다. 정부출연연구기관의 설립은 한국 과학기술정책에도 변화를 유도하여 이제 인력 양성이나 연구 기반 구축이 아닌, 국가 주도의 연구 개발이라는 임무를 수행할 여지를 만들어주었다.

3. 1980년 전두환 신군부는 정부출연연구기관을 통폐합하고, 연구기관의 자율보다 효율적인 운영을 내세웠다. 국공립 연구소의 비효율적인 운영에서 벗어나 비영리 재단법인이라는 자율적 형태로 진화했지만, 결국 대부분의 연구소 운영비를 정부에 의존하다 보니, 정부출연연구기관은 정치 환경의 변화에 큰 영향을 받을 수밖에 없는 "자율성의 비

자율적 기초"[24]를 노출하게 되었다. 전두환 정부는 특정 연구 개발 사업을 정권의 대표적인 과학기술정책으로 추진했는데, 이는 지금까지 지속되는 정부 주도의 하향식 과학기술정책의 직접적인 기원이 되었다. 이 과정에서 국가의 특정 연구 개발 정책에 맞는 기업 연구소도 정부의 연구개발비를 지원받을 수 있는 길이 열렸고, 기업 연구소는 정부출연연구기관의 인력을 채용하는 방식으로 인력을 충원할 수 있었기 때문에 1980년대에는 기업 연구소 설립이 급물살을 타게 된다. 이 과정에서 군사정부는 민간 연구소를 직접 관리하는 정책까지 펼쳤으며, 1988년이 되면 기업 부설 연구소는 500개를 넘어서게 된다. 1970년대 정부출연연구기관의 설립으로 만들어진 과학기술 인프라는 정부가 직접 지원하는 기업 연구소라는 새로운 제도를 통해, DRAM반도체 등의 경제적인 성과를 내기 시작한다. 1980년대를 지나면서 기업 부설 연구소의 규모나 연구 개발 능력은 정부출연연구기관을 넘어섰으며, 1983년을 기점으로 민간의 연구개발비는 정부의 연구개발비를 추월하게 된다. 실제로 1990년이 되면 삼성전자 한 곳의 연구 인력이 전체 정부출연연구기관 연구원의 절반을 넘어설 정도로 한국의 과학기술 연구 체제에서 민간의 비중은 압도적으로 변모한다. 이 시기에 정착된 대기업 중심의 민간 주도 연구 체제가 현재 한국 연구 체제의 대표적 특징이 되었다. 이 체제는 정부가 기업의 연구개발비를 비롯 각종 지원책을 제공해 기업 연구소의 팽창을 이끌었고, 정부의 지원 아래 독자적 능력을 갖춘 기업 연구소들이 정부출연연구기관은 해내지 못한 과학기술의 경제적 번역을 이루어내는 방식으로 이루어졌다. 박정희 시대부터 연구 개발의 최종 목표는 '경제적 번역'이었고, 군사정권을 거치면서 이 목표는 기업으로 이전되며 한국 연구 개발 정책의 기저

24 문만용(2016), 「한국 과학기술 연구 체제의 형성과 발전」에서 재인용.

에는 '자본의 논리'가 더욱 분명하게 자리 잡게 된다.

4. 정부출연연구기관과 기업 연구소가 한국의 경제성장을 이끌던 당시에도 대학은 연구 개발 체제에서 큰 역할을 담당하지 못하고 있었다. 하지만 1993년 김영삼 정부 이후부터 2010년까지 기간은 대학의 상대적 부상이 특징이다. 특히 1980년대 미국의 대학을 중심으로 이루어진 제2차 대학 혁명, 즉 대학의 연구와 교육 방향이 경제적 발전에 기여하는 점이 강조되는 흐름 속에서, 한국의 대학도 각종 대학 부설 연구소를 설립하며 연구 체제의 운동장에 뛰어들었다. 특히 1970년대부터 대학원 교육에 대한 관심이 증가하고, 1981년 학술진흥재단이 대학에 학술연구비를 지원하기 시작하면서 유전공학처럼 새롭게 부각되는 최첨단 분야의 연구에서 대학은 두각을 나타냈다. 1989년에 통과된 기초과학연구진흥법은 대학의 연구 활동을 활성화시키는 촉매로 작용했는데, 포항공과대학교의 가속기연구소 또한 이 법에 근거해 건설비를 지원받을 수 있었다. 1989년부터는 과학재단의 우수연구센터 육성 사업으로 집단 연구 활동이 대학에 자리 잡았고, 이후 대학은 국가연구개발비의 10퍼센트 정도를 차지하며 국가 연구 개발 체제의 중요한 일원으로 합류했다. 대학이 연구 개발 체제의 한 축으로 등장하면서 해외 유학이 고급 연구 인력 양성의 주요 루트였던 한국의 과학 인력 양성 체제가 조금씩 국내 고급 인력으로 대체되는 효과가 생겨났다.

요약하자면, 한국 과학기술 체제의 발전은 연구소라는 기관의 설립이 과학기술 행정 · 지원 체제를 주도하면서 국공립 연구소 – 정부출연연구소 – 기업 연구소 – 대학 연구소의 순서로 발전해왔다. 하지만 개발도상국으로 해방 이후 압축성장을 이뤄야 했던 한국에서 과학기술 체제 또한 정부가 주도하는 관료 중심의 체제라는 특징을 갖게 되었다. 과학기술인 사회는 이러한 변화의 실행 주체로 정치권력이 설계한 제도를 충실히 이행하며 한국 사회의 발전을 이끌었다. 하지만 정부와 관료에 의해 설계된 과학기술 체제의 특징은 정치적 변화에 따라 쉽게 연속성을 잃고 이리저리 휘둘리는 구조에 있다. 과학기술 거버넌스에서 정부의 역할이 지나치게 비대한 한국 과학기술 체제를 좀 더 유연하고 혁신적인 방향으로 변화시키려면 한국 과학기술 거버넌스에서 과학기술인 사회의 역할을 지금보다 훨씬 더 증강하고, 현장 과학기술인의 목소리가 현장에 무지한 정치권력과 정치과학자 그리고 과학관료를 넘어 직접 과학기술 행정에 스며들 수 있는 체계를 구축해야만 한다.[25]

---

25 김우재(2014), 「[야! 한국 사회] 사이언스 마피아」, 〈한겨레〉 2015년 6월 2일 자.

한국 과학기술 거버넌스의 간략한 역사[26]와 박정희 체제

한국의 과학기술 정치와 거버넌스의 가장 큰 특징들은 무엇인가? 첫째, 정부는 경제성장과 국익이라는 관점에서 연구 개발을 주도해왔으며 국가의 정책과 과학기술자들의 부응은 국가 주도적인 과학기술 거버넌스를 낳았다. 둘째, 과학기술 규제는 한편으로는 해외 기관의 규제 압력과 다른 한편으로 시민사회의 도전으로 사전예방원칙, 참여민주주의 등 신거버넌스가 기술관료주의에 기초한 전통적인 거버넌스와 서로 결합되는 방향으로 전개되었다. 셋째, 과학기술 관련 사회운동은 정부 주도의 과학기술 거버넌스의 내파를 일으켰으며 보다 민주적이고 참여적인 과학기술 거버넌스의 방향을 요구했다. **박희제 · 김은성 · 김종영**[27]

오늘 과학기술 R&D에 대한 정부의 적극적 정책은 액면 그대로 받아들여지기보다 외형상 표방하는 구두선으로 여겨지는 처지에 있다. 엄청난 과학기술의 변화와 발전은 그 방향을 미리 예측하고 따라가기 힘들 만큼 역동적이라는 점이 근본적 이유이다. 결국 정부의 정책은 현장의 체감도가 낮을 수밖에 없고 이

---

26 과학기술정보통신부, 2017,《과학기술 50년사》.

27 박희제 · 김은성 · 김종영(2014),「한국의 과학기술정치와 거버넌스」,〈과학기술학연구〉 14(2): 1-47.

	1950	1960	1970	1980	1990	2000	2010
정권	이승만	박정희		전두환, 노태우, 김영삼		김대중, 노무현	이명박, 박근혜
주무부처	문교부, 원자력원, 경제기획원		경제기획원 과학기술처	과기처, 상공부, 정통부		과학기술부	교육과학기술부, 미래창조과학부
정책 기조	과학기술의 태동	과학기술 인프라 구축	기술 개발	선도적 연구 개발, 기초과학		과학기술 선진국, 국가 혁신 체제	녹색성장 창조경제
연구 개발비 (달러)		1963: 12억 원 (4백만 달러)	1975: 427억 원 (88백만 달러) 1980: 2,117억 원 (321백만 달러)	1989: 2조7천억원 (41억 달러) 1993: 3조 2천 억 원(47억 달러)	1997: 12조2천억 원(128억 달러) 1998: 11조 3천 억 원 (81억 달러)	2007: 31조 3천 억 원 2010: 379억 달러 2014: 605억 달러	
GNP 대비 연구비(%)		1963: 0.24%	1975: 0.42%	1980: 0.56% 1989: 1.75%	1990: 1.72% 1997: 2.48% 1998: 2.34% 2007: 3.21%	2010: 3.47% 2014: 4.29%	
정부 대 민간(%)	97:3	71:29	64:36	19:81	28:72	28:72(2010) 24:76(2014)	

그림 1 **과학기술 거버넌스의 연대기적 변화**

는 '불합리한 관료주의', '과학정책의 부재', '단기 프로젝트 위주' 등 과학기술자들이 지적하는 문제점으로 수렴된다. **송하중**[28]

과학기술 거버넌스란 앞에서 언급된 과학기술 체제의 범주를 넘어서는 개념이다. 과학기술 체제가 국가 혁신 체제의 일부로 국가가 경영한다는 의미를 강하게 내포하는 반면, 과학기술 거버넌스는 국가와 민간 그리고 시민사회 등 각 주체의 네트워크 속에서 과학기술이 발전해 나가는 네트워크 구조를 의미한다. 하지만 지난 50년의 역사 속에서

28 송하중(2017), 「[한국] 과학기술 거버넌스: 압축 성장의 신화와 절박한 미래」, 〈과학기술정책〉 27(3): 56-61.

한국 사회의 과학기술 거버넌스는 정부가 기틀을 다진 이후에 민간이 주도권을 경쟁하는 구도로 형성되었다. 정부가 시동을 걸었다는 이유 때문에 여전히 한국 사회의 과학기술정책은 정부가 직접 방향타를 설정하려는 의지가 강하고, 과학기술 관료 사회 또한 그 방향타를 일종의 권한으로 삼아 현장의 과학기술인 사회를 옭죄는 구조가 고착되어 있다. 연구자 주도의 연구비 비율이 여전히 낮고, 관료와 정치과학자의 밀실회의에서 정부의 과학기술정책이 하향식으로 결정되는 이유에는[29] 반세기에 걸쳐 고착된 한국 사회의 독특한 과학기술 거버넌스가 놓여 있는 셈이다.[30] 따라서 한국의 과학기술 거버넌스의 역사적 변천 과정은 정부의 과학기술 담당 부처를 중심으로 살펴볼 수밖에 없고, 새로운 거버넌스의 체계 또한 정부 부처를 중심으로 하는 개편과 새로운 거버넌스의 구축으로 펼쳐갈 수밖에 없다. 새로운 한국 과학기술 거버넌스를 구축하려면 국가 중심의 과학기술 체제라는 현실을 인정하고 이를 뒤집는 혁신안을 마련해야 한다는 뜻이다.[31]

과학기술을 담당하는 주무부처, 다른 말로는 '과학기술 컨트롤 타워'가 처음 생긴 건 1967년으로, 당시 과학기술 컨트롤 타워는 부가 아니라 처였다. 과학기술처 이전에는 과학기술 담당 부처가 문교부, 원자력

---

29 하지만 대학교수들을 중심으로 지난 몇십 년간 꾸준히 요구한 결과, 기초연구비의 경우 연구자 주도 연구개발비의 비중이 높아졌고 네이처도 이를 높게 평가하고 있다. 김민수(2020), 「네이처 "한국R&D 톱다운 방식에서 연구자 주도 기초연구 전환" 평가」, 〈동아사이언스〉 2020년 6월 27일 자.

30 송하중은 이를 다음과 같이 표현했다. "지난 반세기 동안의 과학기술 거버넌스 변화는 정부가 바탕을 다진 과학기술을 민간으로 주도권을 넘기려는 노력과 그것이 가시화되는 과정이었다. 과학기술 불모지에서 최초의 시동은 정부가 걸었으나, 민간 부문이 상당한 역량을 갖추게 된 시점에도 정부는 기존의 자세를 버리지 않고 유지해왔다. 과학기술이 나아갈 바를 판단, 제시하는 것은 정부이고 공공R&D는 물론이고 민간 부분의 연구 개발도 제시된 가이드라인에 따라야 한다는 인식이 유지되어 온 것이다." 송하중(2017), 「[한국] 과학기술 거버넌스: 압축 성장의 신화와 절박한 미래」.

31 같은 글.

원, 경제기획원 등에 산재되어 있었고, 과학기술처가 설치된 결정적인 이유는 1966년 KIST의 설립이었다. 초기 과학기술처에는 연구조정실과 기획관리실이 있었고, 진흥국과 국제협력국의 2개국 중심으로, 중앙관상대, 국립지질조사소, 국립과학관 등이 소속되었다. 과학기술처 내의 부서들은 다양한 변화를 겪는데, 이 중 가장 주목해야 하는 부서는 1975년 만들어진 정보산업국으로, 이 정보산업국이 훗날 체신부의 통신 인프라 조직과 통합해 정보통신부가 만들어지는 과정에 속한다. 과학기술처는 꾸준히 지속되다가 김대중 정부에서 과학기술부로 승격되었고, 이후 노무현 정부에서는 과학기술부 장관이 부총리급으로 격상되기도 했다. 하지만 이명박 정부에서 과학기술부는 오래된 독립 부처의 전통을 잃고 일본의 문부과학성처럼 교육부와 동거를 시작했고, 정권에 따라 과학기술 컨트롤 타워가 표류한다는 과학기술계의 비판은 이때부터 본격적으로 시작된다.[32] 박근혜 정부는 과학기술부를 교육부에서 독립시켰지만 정보통신부와 합쳐 미래창조과학부를 창설했으며, 박근혜의 탄핵으로 인수위원회 없이 등장한 문재인 정부는 부처의 이름만 과학기술정보통신부라고 변경하고 박근혜 정부의 과학기술 담당 부처를 그대로 유지하고 있다.[33]

주무부처 외에도 과학기술정책 지원 기구 역시 지난 수십 년간 진화해왔다. 1973년 설치되어 1996년까지 존속했던 종합과학기술심의회는 국무총리를 위원장으로 과학기술정책 및 사업을 조정하는 역할을 수행했다. 1996년 과학기술장관회의가 설치되지만 별다른 기여를 하지 못했고, 1999년 국가과학기술위원회가 대통령을 위원장으로 설치되어 과학기술정책의 총괄 조정 기구로 여전히 역할을 수행하다가

---

32 과학기술정보통신부, 2017, 《과학기술 50년사》; 성지은(2018), 「과학기술행정체제 및 혁신 거버넌스 연구의 현황과 과제」, 〈기술혁신연구〉 26(1): 1-30.

33 최영락(2018), 「한국의 과학기술정책: 회고와 전망」, 〈과학기술정책〉 1(1): 7-33.

이후 민간 위원의 확충 등의 변화를 겪으며 현재는 국가과학기술자문회의(이후 국과위)로 정착해 유지되고 있다. 국과위는 대통령을 의장으로 정부가 과학기술에 대해 책임을 지고 전략을 수립해나간다는 상징성을 지니지만 실제로 대통령이 자문회의에 출석하는 경우는 거의 없으며, 국회 예산정책처는 국과위의 국가 과학기술 컨트롤 타워 기능이 미흡하다고 지적했다.[34] 국과위는 과학기술계 현장에서도 그 정체성에 대해 항상 의문을 품는 형식상의 과학기술계 컨트롤 타워일 뿐이다.

대통령 비서실의 과학기술 담당 조직은 대통령의 바로 옆에서 과학기술 분야 현안에 대해 조언하고 자문 및 보좌를 수행하는 중요한 소통 채널이다. 하지만 청와대에 과학기술 전담 조직이 생긴 건 노무현 정부 출범 시 차관급의 정보과학기술보좌관 신설이 최초이며, 이전까지는 경제 분야 수석비서관실이 과학기술정책 현안을 담당했다. 이명박 정부에서 정보과학기술보좌관은 교육문화수석실의 과학기술비서관으로 축소되었고, 박근혜 정부는 과학기술 전담 보좌관 없이 미래전략수석비서관실을 설치하고 그 아래 과학기술비서관을 두었다. 문재인 정부는 현재 정책실장 아래 과학기술보좌관을 두고 있다. 하지만 보좌관의 기능을 '디지털 혁신'으로 표현하고 있어 과학기술정책에 대한 문재인 정부의 협소한 관점을 노출하고 있다.

---

34 최호(2019), 「과기 컨트롤 타워라더니… 외면받는 과기자문회의」, 〈전자신문〉 2019년 10월 23일 자.

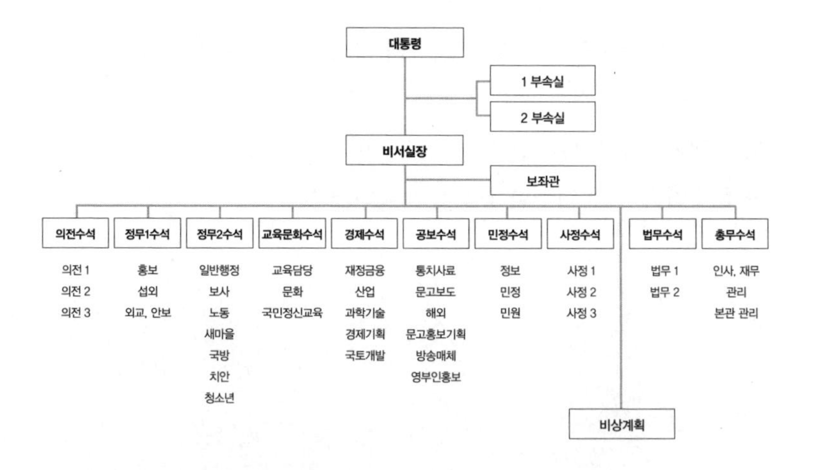

그림 2 박정희 정부의 청와대 조직도(1979)

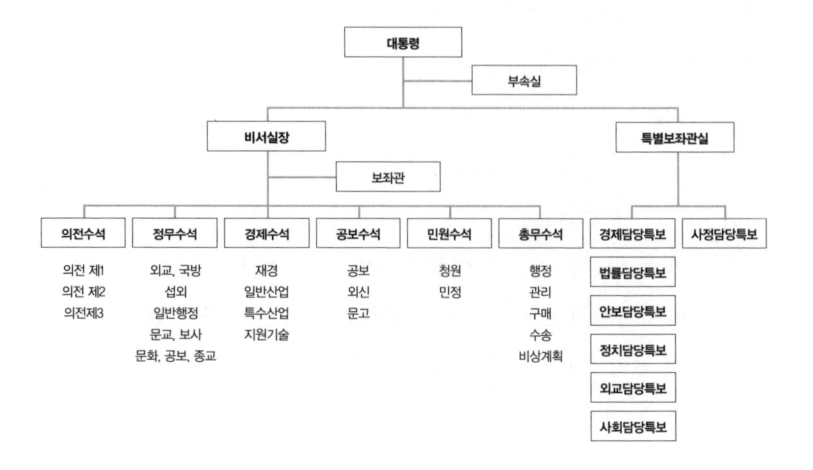

그림 3 전두환 정부의 청와대 조직도(1987)

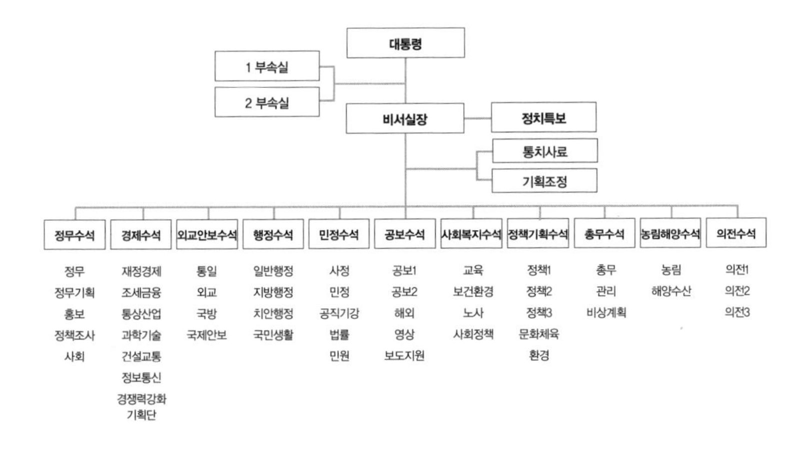

그림 4 김영삼 정부의 청와대 조직도 (1997)

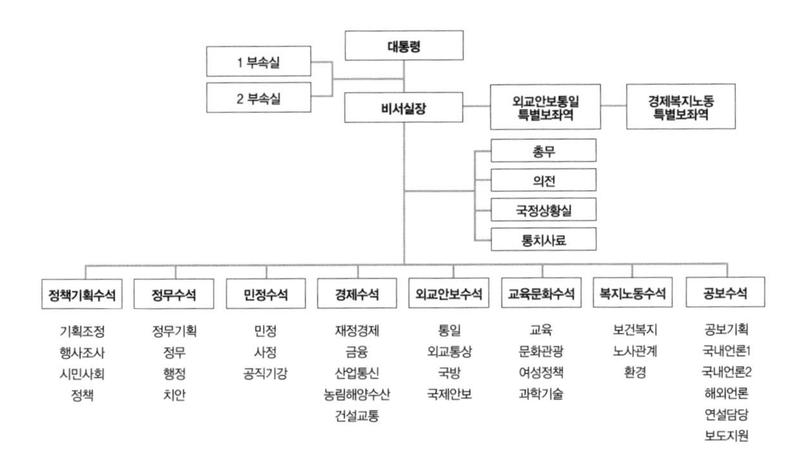

그림 5 김대중 정부의 청와대 조직도 (2002)

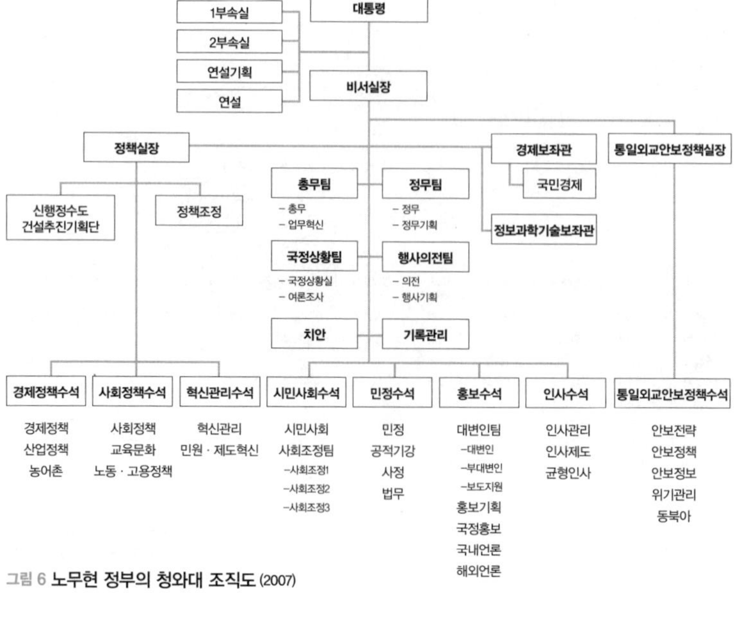

그림 6 노무현 정부의 청와대 조직도 (2007)

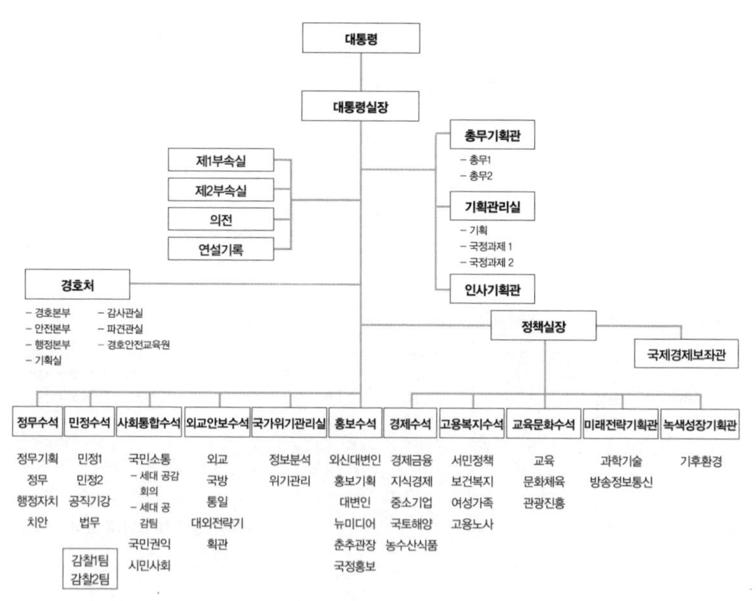

그림 7 이명박 정부의 청와대 조직도 (2012)

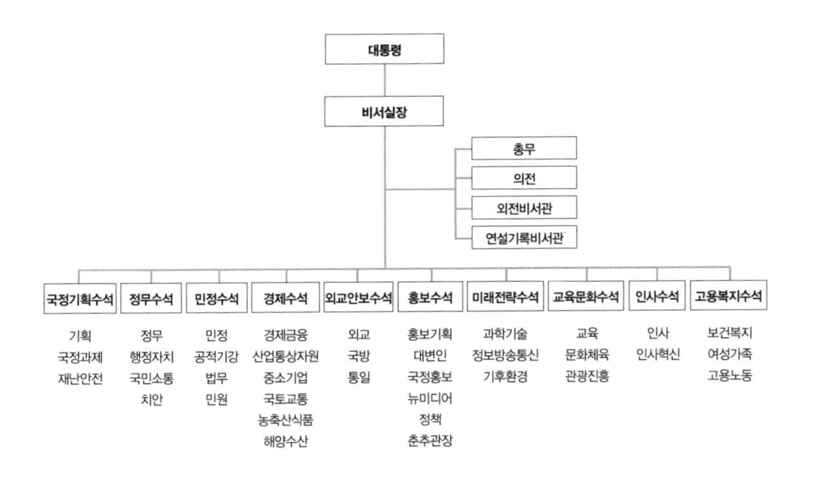

그림 8 박근혜 정부의 청와대 조직도 (2015)

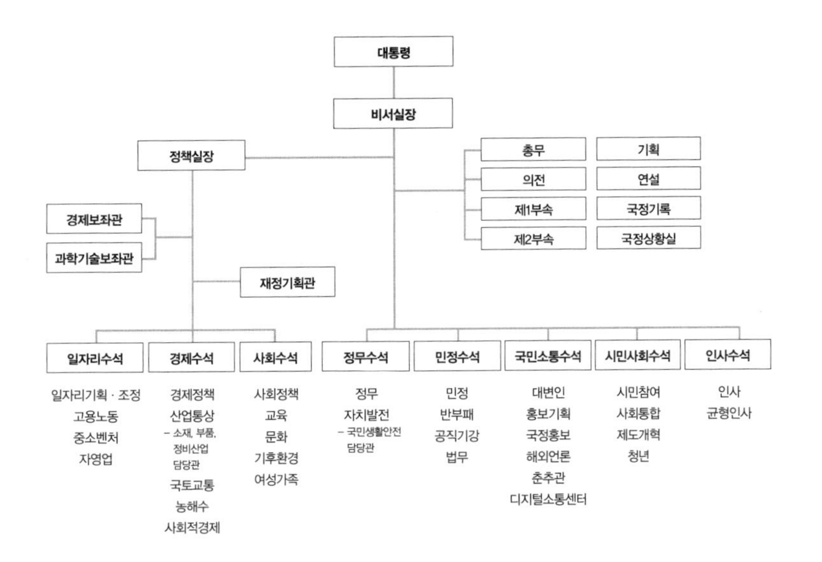

그림 9 문재인 정부의 청와대 조직도 (2020년 9월 10일 기준)

〈그림 2〉부터 〈그림 9〉는 박정희 정부 이래 청와대 조직도를 대통령 기록관실과 현재 청와대 홈페이지에서 가져온 것이다. '과학기술'이라는 키워드로 이 조직도를 살펴보면 흥미로운 점이 보인다. 이를 정리해보면,

- 박정희 정부: 경제수석 밑에 산업과 기술 관련 비서관만 있다.
- 전두환 정부: 경제수석 밑에 과학기술비서관이 처음으로 등장한다.
- 김영삼 정부: 경제수석 밑에 과학기술비서관이 존속된다.
- 김대중 정부: 경제수석 밑에 과학기술비서관이 사라지고 교육문화수석 아래로 이전된다.
- 노무현 정부: 과학기술비서관이 사라지고 정보과학기술보좌관이 생긴다.
- 이명박 정부: 미래전략기획관실 밑에 과학기술비서관이 보인다.
- 박근혜 정부: 미래전략수석실 밑에 과학기술비서관이 보인다.
- 문재인 정부(2020년 9월 10일 기준): 과학기술보좌관이 보인다. 미래전략수석실은 폐지되었다.

과학기술비서관실을 처음 설치한 건 전두환이다. 즉, 청와대가 과학기술이라는 분야에 대한 독립적인 컨트롤 타워를 만들어야겠다고 생각한 건 전두환 정부가 최초라는 뜻이다. 더 흥미로운 사실은 민주화 세력이 정권을 차지한 김대중-노무현 정부에서 과학기술비서관이 점차 사라진다는 점이다. 김대중 정부는 과학기술비서관실을 교육문화수석 아래로 이전했고, 노무현 정부는 과학기술비서관을 폐지하고 정보과학기술보좌관을 신설한다. 잘 알려져 있듯이 비서관이 보좌관보다 더 크고 강력한 조직을 갖는다.

과학기술비서관은 이명박 정부에서 다시 생긴다. 이때 과학기술을 중심으로 미래전략이라는 분야가 청와대에 처음 자리를 잡는다. 박근

혜 정부는 미래전략수석실을 신설하고 그 아래 과학기술비서관실을 만든다. 우리가 잘 아는 그 박근혜 정부가 노무현 정부보다 청와대에서 과학기술을 더 대접했다.

이 점이 믿기지 않는다면 현재 문재인 대통령 청와대의 조직도를 보면 된다. 노무현 정부와 동일한 과학기술보좌관제다. 정치적 고려를 하지 않고 과학기술이 국가의 장기적인 전략에 필수적이라는 점만 생각한다면, 문재인 정부의 과학기술 전략은 청와대 조직부터 틀렸다. 나는 다음 정권이 박근혜 정부의 미래전략수석실을 부활시켜야 한다고 생각한다. 심지어 당시에는 기후변화비서관이 미래전략수석실 산하에 있어서 기후변화 문제를 과학기술 전략의 관점에서 접근할 수 있었지만 지금은 사회수석 밑에 기후환경비서관이 있는 구조다. 둘 중 어떤 접근이 기후 위기에 대처하는 국가의 올바른 비전인지 생각해볼 필요가 있다. 과학기술과 관련해서 진보와 보수를 논하는 게 아무런 의미 없는 이유가 이와 같다. 물론 김대중 정부는 과학기술부를 만들었고, 노무현 정부는 과학기술부장관을 과학기술부총리급으로 격상시켰다. 청와대 조직은 내각 조직과 함께 고려해야 하는 것도 사실이다. 그럼에도 불구하고, 국가 차원의 장기적인 과학기술 전략을 개발하기 위한 조직이 과학기술부가 아닌 청와대 산하에 있어야 한다는 점에서 현 정부의 거버넌스 구조는 비효율적이라고 생각된다.

한국에서 과학기술 담당 부처와 조직의 주요 기능은 국가적 차원의 연구 개발이다. 과학기술부가 등장하면서 연구 개발을 관리하는 중간 기구도 진화를 거듭했는데, 현재 한국은 연구재단이 연구관리 전문기관으로서의 기능을 담당하고 있다. 1967년 과학기술처가 설치되고 박정희 대통령의 과학기술후원회 설립취지문이 방송되자 과학기술후원회가 설립되었다. 이 조직은 한국과학기술진흥재단과 한국과학문화재단을 거쳐 2008년 과학기술기본법 제20조에 의거해 과학기술문화를 창달하고 창의적 인재를 육성하는 역할을 담당하는 한국과학창의재단(이후 창의재단)으로 진화했다.[35] 하지만 창의재단은 과학문화 확산을 유치한 과학대중화 및 과학 엔터테인트먼트 사업으로, 창의적 인재 육성을 영재교육센터 설립과 영재교육 확산으로 편협하게 해석하며 과학기술계는 물론 국민의 삶과도 괴리된 조직으로 성장했고, 1년에 1,000억 원을 넘게 집행하는 창의재단은 지속되는 이사장의 비리와 중도사퇴 등으로 신음하다 2019년 과학기술정보통신부의 고강도 감사를 통해 청렴도에서 낙제점을 받는 등 제대로 된 기능을 담당하지 못하고 있다.[36]

한국의 성장 과정에서 과학기술의 역할이 지대했다는 건 부정할 수 없는 사실이다. 1966년 KIST의 설립은 한국 과학기술계의 빠른 성장을 주도했고, 과학기술을 담당하는 거버넌스는 그 빠른 속도를 따라잡으며 우후죽순처럼 진화해나갔다. 특히 박정희 시대에 그 틀이 완성된 한국 과학기술 거버넌스의 특징은 전략의 기획부터 정책의 집행까지 모두 중앙부처에서 담당하는 하향식 구조다. 특히 정치적 스탠스가 다른 정권이 들어설 때마다 과학기술정책은 해당 정권이 국민을 향해 던지는 미래전략의 메시지가 되는 경향이 강하며, 따라서 장기적인 계획을 수립하지 못하고 정권의 부침에 따라 표류하는 경향을 보여왔다. 김근배는 한국 과학기술의 이런 특징이 박정희 정부 시절 확립되었다고 말한다. 즉, 한국의 과학기술은 한 정권의 정치경제적 정당성에 종속된 도구가 되었고, 과학기술인은 주체적인 전문가 집단이 아니라 국가에 의해 관리받는 인력풀로 전락했다.[37] 과학기술정책에서의 박정희 체

35 한국과학창의재단 홈페이지 story(https://www.kofac.re.kr/50new/story.html).

36 김우재(2020), 「(시론)한국과학창의재단의 비극」, 〈뉴스토마토〉 2020년 6월 15일 자. 이 책의 다른 챕터 〈과학문화 확산의 진정한 의미〉를 참고할 것.

37 김우재(2010), 「노벨상과 경제발전, 그리고 박정희의 유산」, 〈새로운사회를여는연구

제는 1960년대 말 그 시작을 알렸고, 박근혜의 탄핵을 계기로 박정희 정권부터 내려오던 정치경제적 적폐가 청산되는 2020년에도 여전히, 마지막 남은 박정희의 유산으로 한국 과학기술정책을 지배하고 있다.

정권의 입맛에 따라 표류하는 하향식 과학기술정책의 흔적은 앞에서 살펴본 주무부처의 변화보다 과학기술 현장과 밀접하게 관련된 정부 공공기관의 불안정한 변화에서 더욱 잘 드러난다. 예를 들어 언젠가부터 한국 정부는 1970년대부터 한국 과학기술을 견인해온 정부출연연구기관(이후 출연연)의 연구생산성이 부족하다는 비판을 해결하기 위해, 독일식 연구회 모델을 수입해서 적용하기 시작했다. 다만 제대로 된 연구도 없이 시작된 이런 유럽 모델의 수입으로 처음엔 기초기술연구회, 공공기술연구회, 산업기술연구회 등의 세 연구회가 1999년 총리실 산하로 소속되었다가 이후 곧바로 과학기술부 산하로 소속이 변경되었고, 2008년 이명박 정부에서는 공공기술연구회가 폐지되고 기초기술연구회는 교육과학기술부 산하로, 산업기술연구회는 산업자원부로 이전되었다. 이후 박근혜 정부는 이 두 연구회를 모두 미래창조과학부 산하로 다시 재편해 국가과학기술연구회로 통합해 운영했는데, 2018년 문재인 정부에서는 과학기술정보통신부 산하로 운영되고 있다. 정권에 따른 이런 과학기술 관련 공공기관의 불안정한 변화는 과학기술계가 안정적이고 장기적인 전략을 수립할 수 없게 만드는 주요 원인이 되고 있다.[38]

현재 과학기술정책을 입안하는 작업은 다양한 주체를 통해 이루어지고 있는데, 주로 과학기술정보통신부의 주무부서나 국회의 해당 상임위원회, 그리고 대통령의 과학기술보좌관 등이 주요 정책 입안의 통

원〉 2010년 4월 26일 자.

38 박시훈 · 정선양(2019), 「독일 공공 연구기관의 성공요인 분석: 막스플랑크 연구회Max Planck Gesellschaft의 사례를 중심으로」, 〈기술혁신학회지〉, 22(5): 749-779.

로다. 정책이 입안되려면 정책기획서나 연구보고서 등이 필요한데, 이렇게 문건의 형태로 제안되어야 과학기술 관료에 의해 정책으로 실행할 수 있기 때문이다. 하지만 한국 과학기술정책을 연구하고 기획하고 평가하는 일종의 과학기술싱크탱크 역할을 하는 조직은 둘로 갈라져 있다. 한 조직은 과학기술정책연구원STEPI이고, 다른 한 조직은 한국과학기술기획평가원KISTEP이다. 이름도 비슷한 이 두 조직의 연원은 모두 1997년 KIST 내에 설치된 과학기술정책연구평가센터CSTP다. 현재 STEPI는 국가과학기술연구회가 아닌 경제인문사회연구회 소속의 출연연으로 되어 있는데, 1999년 국가연구개발사업 기획 · 평가 · 관리 기능을 KISTEP으로 넘겨주고 과학기술정책 연구 기능만을 남겨 경제인문사회연구회 소속으로 넘어간 것이다. 한 곳에 있어도 모자랄 과학기술정책의 두 싱크탱크가 과학기술정보통신부와 국무총리실 두 곳으로 나뉘어 있는 바로 이 현실이, 한국의 과학기술정책이 제대로 된 전략을 수립하지 못하고 표류하는 구조적인 이유를 단적으로 드러낸다.[39]

한국 과학기술 거버넌스의 특징은 다음과 같이 정리할 수 있다. 첫째, 한국 과학기술정책은 정권에 따라 불안정하게 표류해왔다. 그건 주무부처의 변화와 출연연 및 여러 공공기관의 난립과 이전으로 확연히 드러난다. 둘째, 한국 과학기술 거버넌스는 박정희 시절 정립된 정치권력의 정치경제적 정당성을 확보하는 수단으로 기능한다. 즉, 국가의 미래를 위한 장기적 전략으로 과학기술정책을 고민하는 정권은 존재하지 않는다. 지금까지 과학기술 거버넌스는 정권의 취향에 따른 선전도구의 역할만을 담당해왔다. 셋째, 한국 과학기술 거버넌스는 철저

---

39 정책 연구와 기획이 어떻게 서로 다른 기관으로 분리될 수 있는지 이해하기 어려운 일이다. 이 두 기관에 대한 비판은 "김우재(2018), 「[아! 한국 사회] 과학의 1987」, 〈한겨레〉 2018년 1월 8일 자"를 참고할 것.

하게 하향식 명령 구조로 움직인다. 전략과 기획은 중앙부처 공무원과 정치인의 몫이며, 과학기술계는 그 명령을 철저하게 이행하는 조직으로만 기능한다. 과학기술정책에서 과학기술 현장의 목소리가 반영될 통로는 거의 없다. 넷째, 이처럼 정치적으로 종속된 하향식 구조임에도 불구하고, 놀라울 정도로 과학기술 컨트롤 타워가 부재하다. 이는 철학 없이 난립한 과학기술 거버넌스 때문이기도 하지만, 과학기술정책에 진심으로 관심을 가진 정치적 리더십의 부재와도 연결되는 문제다.

새로운 과학기술 체제 – '과학적 사회와 사회적 기술'

> 제도는 단순히 연구소와 같은 인프라만을 의미하지 않으며, 문화적 측면까지 포함한 과학 전통을 의미한다. **문만용**[40]

박정희식 과학기술정책 체제는 후진국에서 개발도상국으로 빠르게 산업화를 이루어야 했던 한국에 적합한 정책이었는지도 모른다. 사회의 여러 부문이 정치권력에 의해 일괄적인 통제를 받아야 했던 시절, 한국의 과학기술 거버넌스는 바로 그 군사독재와 산업화의 시기에 탄생한 체제를 여전히 사용 중이다. 독재와 산업화 속에서 과학기술은 양적으로 성장했고, 어느새 한국은 국민총생산 대비 연구개발비가 가장 많은 나라로 자리매김했다. 연구개발비의 절대적 총량에서도 한국은 미국, 중국, 독일, 일본 다음으로 과학기술에 많은 투자를 하는 나라가 됐다. 하지만 그 과정에서 한국 과학기술은 정치권력에 철저히 종속된 거버넌스를 갖게 됐고, 과학기술 발전의 주체인 과학기술인은 정치권력을 두려워하고 정치권력에 의해 관리되는 도구, 즉 과학기술인력 혹

40 문만용(2017), 《한국 과학기술 연구체제의 진화》, 35쪽.

은 국가적 노예로 전락했다.[41]

박근혜 대통령의 탄핵과 문재인 정권의 등장으로 한국 사회는 적폐 청산이라는 화두를 공유하게 됐다. 독재와 일제 잔재 청산이라는 정치적 적폐부터, 재벌기업과 경제적 양극화라는 경제적 적폐까지, 한국 사회는 개발독재와 산업화 시기의 상처를 치유하려는 노력을 전방위적으로 추구하고 있다. 하지만 문재인 정부가 유일하게 박정희식 적폐를 여전히 유지하고 있는 분야가 바로 과학기술정책이다. 문재인 정부는 마치 박근혜 정권의 창조경제처럼 개념도 모호하고 실체조차 알기 어려운 4차산업혁명을 과학기술정책의 가장 중요한 화두로 내세웠고, 정치권력에 종속된 과학기술 거버넌스는 모든 정책의 초점을 4차산업혁명에 맞춰 추진 중이다.[42] 정치와 경제라는 영역에서는 박정희와 이별이 진행되고 있지만 과학기술은 여전히 박정희라는 망령에 갇혀 있는 현상. 새로 정권을 잡을 정치적 리더십은 바로 이 마지막 남은 박정희의 적폐를 청산할 역사적 기로를 마주해야만 한다.

박정희는 경제개발 논리를 통해 과학기술을 정치권력에 종속시켰다. 민주 정부가 들어선 이후에도 과학기술정책은 바로 그 논리를 따라 진행되었을 정도로 박정희식 과학기술 체제의 위력은 강력하다. 박정희식 과학기술 체제가 구축한 과학기술 거버넌스 또한 지난 50년간 크게 잘못되어 있을지언정 큰 불편이나 저항감 없이 한국 사회에 스며들어 있다. 박정희식 과학기술 거버넌스를 가장 강력하게 옹호하는 건 아이러니하게도 한국의 구세대 과학기술인들이다. 박정희라는 과학기술 대통령 치하에서 과학기술이 양적으로 성장하는 과정을 목도

41 김우재(2015), 「[야! 한국 사회] 노예-과학기술인 선언」, 〈한겨레〉 2015년 11월 2일자.

42 "김소영 외, 2017, 《4차 산업혁명이라는 유령》, 서울: 휴머니스트"에 실린 내 글 「기초라는 혁명」을 참고할 것.

한 이들이야말로 한국 과학기술 거버넌스에서 박정희라는 이름을 지우고 싶지 않은 주체다. 반면 이 구세대 과학기술인과 박정희식 체제 속에서 점차 학문 후속 세대로서의 삶이 위협받고 있는 신세대 과학기술인에게, 현장을 무시하고 정치권력의 취향대로 하향식으로 하달되는 과학기술정책은 적폐로 인식된다. 이미 한국 과학기술계는 마치 한국 사회의 세대 갈등을 반복이라도 하듯, 박정희식 체제를 절대적으로 신봉하는 구세대와 현장을 중심으로 새로운 과학기술 체제를 요구하는 신세대로 구분되어 있다.[43]

박정희식 체제를 넘어선다는 건 어려운 일이다. 군사독재를 몰아낸 민주화운동이 정치 영역에서 87년 체제를 구축했지만, 87년 체제의 한계는 독재에 대한 안티테제로서만 제대로 기능할 뿐 독자적으로 전략을 만들고 새로운 체제를 구축하지 못한다는 것이다. 박정희식 체제에 대한 안티테제로만 구성된 체제는 결코 한국 과학기술의 새로운 이정표가 될 수 없다. 87년 체제의 한계가 조금씩 드러나는 지금,[44] 적어도 과학기술의 새로운 체제는 안티테제가 아닌 한국 사회의 새로운 도약을 위해 현장에서 피어난 혁신적 대안으로서의 기능을 수행할 체제여야만 한다. 나는 그 새로운 과학기술 체제를 '과학적 사회, 사회적 기술'이라는 이름으로 부르려고 한다. 이 체제는 몇 가지 특징을 갖는다.

첫째, 과학기술은 경제 발전의 종속변수가 아니다. 과학기술은 경제 발전을 통해서만 사회에 기여하는 도구가 아니라, 정치, 경제, 문화 등 다층적인 구조 속에서 사회에 기여하는 사상이자 무기다. 과학기술은 사회의 발전을 위해 필수적인 상수다.

---

43 "김우재(2017), 「[야! 한국 사회] 마지막 과학세대」, 〈한겨레〉 2017년 11월 13일 자"를 참고할 것.

44 "김우재(2019), 「[공감세상] 기득권과 과학기술」, 〈한겨레〉 2019년 11월 18일 자"를 참고할 것.

둘째, 과학기술은 사회를 변화시킨다. 과학기술과 사회의 상호작용은 양방향이다. 즉, 사회는 과학기술의 발전 방향에 영향을 주고, 과학기술은 사회를 변화시킨다. 이 체제의 가장 큰 특징은 과학기술이 사회를 변화시키는 측면에 주목한다는 것이다.

셋째, 과학과 기술은 서로 다르지만 연결되어 있다. 과학과 기술이라는 중첩되면서도 독립적인 두 분야의 고유성을 살려 사회와의 연결고리를 찾아야 한다. 과학은 기술 개발의 도구가 아닌 사회변화를 이끄는 사상적 · 문화적 지위를 획득하고, 기술은 그 발전 과정에서 사회와의 합의를 자본주의적 효율성보다 우위에 두는 방식으로 변화해 나가야 한다.

마지막으로, 과학기술은 사회정의를 추구하는 과정 속에서만 그 의미를 찾는다. 이 체제 속에서 과학기술 혹은 과학과 기술은 사회와의 접점을 찾는 과정 속에서만 그 의미를 획득하는 활동으로 여겨진다. 실험실에서 자신만의 연구에 집착하는 과학자나 오직 돈을 벌기 위해 사람에게 해로운 기술을 개발하는 엔지니어는 이 체제 속에 편입될 수 없다. 과학자의 연구는 어떤 방식으로든 사회와 상호작용해야 하며, 엔지니어의 개발은 사회와의 타협 속에서 이루어져야 한다. 여기서 사회적이라는 의미는 중요하다. 과학기술이 사회적으로 의미 있는 활동이 된다는 것의 의미는, 과학기술이라는 활동이 사회정의를 추구하며 사회 전반의 이익을 고려하는 형태로 운영되어야 한다는 사회민주주의의 철학과 맞닿아 있다. 사회와의 연결고리를 잃어버린 과학기술은 과학기술이 아니다.

과학적 사회[45]

> 과학적 세계 이해는 삶에 봉사하며, 삶은 그것을 받아들인다. **빈학단**[46]

한국 사회에서 과학기술이 경제 발전의 도구로 받아들여진 것처럼 과학의 의미 또한 합리성 혹은 과학적 사고방식 등의 권위적 표현으로 받아들여지는 것이 사실이다. 하지만 20세기 초 과학적 세계 이해를 통해 학문을 관통하는 통일적 원리를 발견하려고 했던 빈학단의 학자들은 과학적 세계 이해는 오히려 현실적 삶에 가깝다고 선언했다. 그들의 선언문 마지막 구절은 다음과 같다.

---

45 《과학적 사회》는 나중에 출판될 내 책의 제목이기도 하다. 이 문제에 대한 관심은 오래됐다. 나는 창의재단의 〈사이언스타임즈〉에 "과학 지식인 열전"이라는 제목으로 연재를 시작했고, 연재가 정치적 탄압으로 중단된 후 〈이로운넷〉으로 옮겨 "김우재의 과학적 사회"라는 제목으로 1년 6개월 동안 연재를 다시 진행했다. 연재 글은 〈사이언스타임즈〉와 〈이로운넷〉의 웹페이지에서 볼 수 있다. 두 연재는 서로 연결된다. https://www.sciencetimes.co.kr/series/과학지식인-열전/; http://www.eroun.net/news/articleList.html?sc_serial_code=SRN44

46 1929년 빈학단이 발표한 「빈학단의 세계 이해」의 마지막 문장. Otto Neurath(1973), Wissenschaftliche Weltauffassung: Der Wiener Kreis, In M. Neurath, R. S. Cohen(eds.) *Empiricism and Sociology*. Vienna Circle Collection, vol 1. Springer, Dordrecht.

> 따라서 '과학적 세계 이해'는 현실적 삶에 가깝다. 확실히 '과학적 세계 이해'의 방식은 강력한 증오와 투쟁에 의해 위협당하고 있다. 그럼에도 불구하고 실망하지 않은 채, 현재 우리가 처해 있는 사회적 상황 속에서 앞으로 벌어질 일련의 과정을 희망적으로 바라보는 많은 이가 존재한다. 물론 '과학적 세계 이해'의 지지자들 모두가 투사가 될 수는 없을 것이다.
>
> 누군가는 고독을 즐기며 차가운 논리의 경사면 위에 동떨어진 존재가 될지도 모르고, 누군가는 심지어 대중과 섞이는 것을 경멸하면서 이러한 문젯거리들이 불가항력적으로 퍼져나가야만 했던 그 진부한 형태를 후회할지도 모른다. 하지만 그들의 성취 역시 역사적 발전의 위에 자리매김할 것이다. 우리는 과학적 세계 이해의 정신이 교육에서, 양육에서, 건축에서 사적 · 공적의 형태로 점차 퍼져나가는 것을 목격하고 있고, 또한 합리적인 원칙에 따라 경제적 · 사회적 삶이 바뀌어가는 과정을 목격 중이다. 과학적 세계 이해는 삶에 봉사하며, 삶은 그것을 받아들인다.[47]

빈학단의 좌파였던 오토 노이라트의 철학이 투영된 이 선언문은 과학적 세계 이해가 바꾸어놓을 세상을 희망하며 그 변화가 결국 우리 삶을 바꾸어놓을 것이라고 말한다.[48] 이미 노이라트가 말한 '상식의 긴 팔'[49]과 '과학적 삶의 양식'[50]을 통해 알아봤듯이, 과학적 사회란 과학적 결정론이 지배하는 사회 혹은 합리적 이성이 감성을 지배하는 사회가 아니라 과학이 우리 삶과 사회에 기여하는 방식에 대한 새로운 사고방식을 통해 열리는 세계다. 과학은 과학적 연구 결과를 통

---

47 Otto Neurath(1973), Wissenschaftliche Weltauffassung: Der Wiener Kreis.

48 이런 생각의 단초는 "김우재(2010), 「삶의 양식으로써의 과학-'문화로서의 과학'이 지니는 함의」, 〈사이언스타임즈〉 2010년 10월 29일"을 참고할 것.

49 이 책 13장 참고.

50 이 책 13장 참고.

해서만이 아니라 과학이 세계를 발견하는 방식, 즉 과학적 방법론이 지닌 상식적 가치를 통해서도 삶과 사회에 기여할 수 있다. 과학적 방법론은 머튼이 이야기했던 CUDOS, 즉 공유주의Communism, 보편주의Universalism, 탈이해관계 혹은 이해관계의 초월Disinterestedness, 조직화된 회의주의Organized scepticism 등을 넘어 다양한 규범적 가치로 사회의 상식을 지켜내는 역할을 수행할 수 있다.[51]

과학자 사회의 '공유주의'는 과학적 연구 결과에 대한 알 권리가 연구공동체는 물론 사회 전체에 있다는 지식의 공공성을 의미한다. 왜곡되지 않은 과학적 전통 속에서 과학지식은 사회 모두의 것이며, 자본주의적 왜곡 속에서도 과학자 사회는 유전자정보를 개인이나 기업의 사적 소유권이 아닌 공공데이터베이스로 구축하고,[52] 과학논문의 공공성을 거대 출판사로부터 지켜내기 위해 오픈액세스운동 등을 펼쳐왔다.[53] 과학자 사회가 발견한 지식을 다루는 방식은 중세의 신학자나 연금술사 등의 폐쇄적 학문공동체와는 그 시작부터 달랐고, 사회는 과학자가 과학적 발견을 공공재로 생각하고 다루는 방식으로부터 많은 것을 배울 수 있다.

'보편주의'는 과학적 연구 활동을 평가하는 과학자 사회의 가장 중요한 기준으로, 오직 과학적 기준으로만 연구 결과를 평가해야 하며 인종, 성별, 나이, 사회적 지위 등은 무시해야 한다는 규범이다. 지금까

---

51 이에 대한 내 생각의 단초는 "김우재(2011), 「사회가 변하면 과학자도 변해야」, 〈사이언스타임즈〉 2011년 5월 26일"을 참고할 것.

52 내 글 "김우재(2020), 「[김우재의 보통과학자] 공공지식은 누구의 소유인가」, 〈동아사이언스〉 2020년 8월 27일 자"를 참고할 것.

53 과학의 오픈액세스운동에 관해서는 내 글 "김우재(2020), 「[김우재의 보통과학자] 과학출판의 급진적 변화를 위해」, 〈동아사이언스〉 2020년 2월 13일 자"를 비롯해 [김우재의 보통과학자]의 과학출판에 대한 글과 다음 글을 참고할 것. 김우재(2018), 「[야! 한국 사회] '학술 시장'의 부패」, 〈한겨레〉 2018년 7월 23일 자; 김우재(2013), 「[야! 한국 사회] 과학지식의 공유」, 〈한겨레〉 2013년 10월 21일 자.

지 과학자 사회가 수행해온 자연에 대한 발견은 모두 보편주의적 규범을 통과해 이루어졌으며, 이는 현재 대부분의 사회가 겪고 있는 공정한 경쟁과 사회적 불평등에 대한 논의에 교훈을 준다. 문재인 정부가 들고 나온 "기회는 평등하고, 과정은 공정하고, 결과는 정의로울 것"이라는 슬로건은 이미 과학자 사회가 수백 년 전부터 일종의 규범으로 지켜온 오래된 상식일 뿐이다.

'탈이해관계 혹은 이해관계의 초월'은 과학자의 연구가 새로운 지식에 기여하려는 욕구 이외의 다른 정치경제적 동기로부터 자유로워야 한다는 것을 의미한다. 과학지식이 상업화되면서 담배회사의 연구비로 기업의 이익을 위해 연구 결과를 조작하는 등의 비위가 발생하기도 하지만, 여전히 과학출판의 과정에는 이해관계의 충돌에 대한 서약서가 항상 명시되어 있다. 생각해보면 이제서야 부정청탁 및 금품등 수수의 금지에 관한 법률, 이른바 김영란법 등으로 이해관계 충돌에 대한 법적 대안을 마련한 한국 사회보다 훨씬 오래전부터 과학자 사회엔 이해관계의 충돌에 대한 규범이 존재하고 있었던 셈이다. 특히 이 규범이 중요한 건 이해관계를 초월해야 올바른 과학지식이 산출된다는 역사적 경험 때문이다.

'조직화된 회의주의'는 과학자가 이미 출판된 연구 결과에 대해 끊임없이 의문을 품고, 권위와 상관 없이 그가 결과를 신뢰할 만한 충분한 근거를 확보할 때까지 비판할 수 있는 규범이다. 바로 이 조직화된 회의주의 규범 덕분에 과학자 사회에는 권위주의적 태도가 등장하기 어렵고 독재자도 등장할 수 없다. 단지 인정할 수 있을 때까지 충분한 근거를 따져 묻는 태도를 규범으로 정착시키는 것만으로도, 과학자 사회는 더 빠르고 효율적으로 자연의 비밀을 알아낼 수 있었다. 대부분의 국가는 권위주의적 정부의 등장을 경험해왔고, 인류 사회는 언제나 이 권위주의와의 전쟁을 치루고 있다고 해도 과언이 아니다. 과학의 규범은 근거 없는 권위주의는 무용하다는 교훈을 준다.

머튼 외에도 칼 포퍼 등의 과학철학자는 과학에서 발견되는 반증이라는 과정에서 현대 민주주의의 원형을 발견하기도 했고,[54] 최근 과학사회학자 해리 콜린스와 로버트 에번스는 '선택적 모더니즘'이라는 개념으로 과학과 과학자 사회가 민주주의에 기여하는 방식을 이론화했다.[55] 과학이라는 지식 추구의 방법을 공유해온 과학자 사회는 특별한 경험을 공유하는 하나의 공동체로서 규모가 더 큰 사회와 그 사회가 체제를 유지하는 데 필요한 규범을 발전시켜 왔다. 앞에서 이야기한 머튼의 규범 외에도, '정직성', '개방성', '체계성', '존중', '공정성', '근거를 통한 비판', '열린 토론' 등의 가치 역시 과학이 사회의 체제에 기여할 수 있는 규범들이다.

앞에서 살펴본 과학자 사회의 규범은 과학적 연구가 과학자 사회에 받아들여지는 과정에서 생겨난 일종의 도덕률이다. 이 외에도 서로 다른 과학연구 분야에서 각각의 규범이 실체화되는 과정에 나타나는 가치들 또한 각 사회가 체제를 건강하게 만들기 위해 모방할 만하다. 예를 들어 지난 100여 년간 초파리 연구공동체가 발전시켜 온 '도덕경제'는 협동조합이나 두레와 같은 공동체적 협업의 제도가 과학자 사회에서도 다양한 방식으로 구현되어 왔음을 알려준다.[56] 즉, 과학은 과학적 결과물이 과학자 사회에 받아들여지고 그 결과 과학이 진보하는 과정에서 찾아낸 도덕적 가치로 사회에 기여할 수 있고, 과학자 사회가 유지되고 진보하는 과정을 통해 지속적으로 추가된 가치에서도

---

54 정호범(2018), 「포퍼 사회철학이 사회과교육에 주는 함의: 사회과 목표관을 중심으로」, 〈사회과교육연구〉 25(2): 63-80.

55 김우재(2019), 「[공감세상] 과학적 국회」, 〈한겨레〉 2019년 5월 6일 자.

56 내 책《플라이룸》과 다음 칼럼을 참고할 것. 김우식(2018), 「[야! 한국 사회] 미국의 과학, 미국식 과학」, 〈한겨레〉 2018년 4월 30일 자.

사회의 체제에 기여할 수 있다. 물론 과학이 사회의 체제를 건강하게 만들기 위해 기여할 수 있는 방식이 이런 규범적 가치로부터만 비롯되는 건 아니다. 과학은 여러 학문 중 거의 유일하게 끊임없이 진보하는 학문적 방법론을 지니고 있으며, 바로 그 과학적 방법론에 내재된 가치와 기예로 사회체제에 기여할 수 있다.[57]

과학적 사회의 궁극적인 목표는 과학적 방법론과 과학자 사회, 그리고 과학이 발견한 진리가 모두 사회의 체제를 건설하고 진보시키는 데 기여하는 것이다. 하지만 과학적 사회라는 말의 뜻을 아주 단순하게 해석하더라도 한국 사회의 진보에는 큰 도움이 될 수 있다. 즉, 유사과학이나 비과학적 태도, 그리고 창조과학처럼 종교적 광신을 과학으로 포장하거나 안티백신운동처럼 과학을 왜곡해서 사회의 공익을 해치는 활동을 과학적 합리성을 동원해 막는 활동 또한 분명히 과학이 사회에 기여하는 하나의 방식이 될 수 있다.[58] 결론적으로 이제 과학은 단지 연구 개발이라는 기능을 넘어 국가의 정책 및 사회를 지탱하는 근거를 제시하는 전략적 기능으로 새롭게 조명되어야 한다. 그것이 과학적 사회라는 슬로건이 한국 사회에 제시하는 새로운 과학기술 체제의 핵심명제다.

---

57 과학적 방법론이 사회체제를 발전시킬 수 있는 다양한 방법이 존재한다. 사회문제를 해결하는 과정에 과학적 방법론을 도입하거나, 사회의 여러 문제 해결에 과학기술인을 투입하는 방식 등이 모두 가능하다. 이 문제는 추후 출간할《과학적 사회》에서 구체화할 예정이다.

58 내가 유사과학 단체 단월드와 한국창조과학회에서 고소를 당했던 경험이 이를 증명한다. 당시 과학기술 분야의 관련 학회, 과학기술정보통신부, 창의재단, 한국과학기술단체총연합회, 과학기술자가 만든 그 어떤 단체도 과학자가 유사과학자에게 고소당한 사건에 대해 아무런 성명서도 발표하지 않고 침묵했다. 그 경험은 사회에 과학적 상식을 스며들게 하려면 반드시 범국가적 기구가 필요하다는 것을 알려주었다. https://www.wadiz.kr/web/campaign/detail/48815

사회적 기술

과학적 사회라는 개념에 비하면 사회적 기술이라는 슬로건은 이해하기 쉬운 개념이다. 왜냐하면 과학적 사회에서 다루는 과학적 방법론의 사회체제 속의 가치에 대해서는 대부분의 사람이 관심을 갖지 않지만, 현대사회 속에서 매일 발전해나가는 기술의 사회적 가치에 대한 고민은 우리 일상과 밀접하게 연결되어 있기 때문이다.

매일 미디어를 장식하는 실리콘밸리 테크 기업의 뉴스를 읽다 보면, 우리가 살아가는 현대사회는 어느새 '기술결정론'을 일종의 상식으로 받아들이고 있는 것 같다. 기술결정론은 기술이 사회의 변화를 결정한다는 역사서술 방법론인데, 기술의 역사를 연구하는 기술사 분야에서 정밀한 이론으로 발전해왔다. 예를 들어 자본주의경제의 작동 방식을 이해하는 과정에서 공장제 기술의 역사와 기술의 본질에 대해 많은 연구를 했던 마르크스에게도 기술결정론자라는 딱지가 붙어 있다.[59] 인간의 의지나 문화의 역할 등을 무시한다는 이유로 기술결정론은 기술사에서 한때 기피 대상이었지만, 21세기 첨단기술의 시대를 살아가

59 홍성옥(2013), 「기술결정론과 그 비판자들: 기술과 사회변화의 관계를 통해 본 20세기 기술사 서술 방법론의 변화」, 〈서양사연구〉, 49: 7-39.

는 현대인에게 기술결정론은 소박한 형태로라도 거부하기 힘든 상식이 되었다. 기술은 분명 우리의 삶과 사회의 운명에 지대한 영향을 미치고 있다. 스마트폰이 등장하기 전과 후에 생긴 변화를 굳이 무시하려 하지 않는다면, 소박한 기술결정론을 받아들이지 못하는 대부분의 이유는 쓸데없는 인문주의자의 저항일 뿐이다.

기술은 분명 우리 삶과 사회의 변화에 큰 영향을 미친다. 그리고 기술결정론에서 벗어나기 위해 역사적 사례를 뒤져 그 반대 증거를 모았던 기술사학자와는 달리, 완전히 다른 방식으로 기술결정론을 역전시키는 방식도 존재한다. 그게 바로 '사회적 기술 혹은 사회기술Social technology'이라는 개념이다. 사회기술은 크게 세 가지 의미를 내포한다.

첫째, 사회적 기술이라는 우리말에 내포되어 있는 의미로, 기술technology을 기예skill로 해석해서 한 개인이 사회적 관계를 만드는 데 필요한 매너 · 태도 · 화법 등을 일컫는 것이다. 하지만 이런 사회적 기예는 테크놀로지 시대의 맥락에서 이야기하는 사회기술과는 다른 차원의 논의다.

두 번째로 사회과학Social science이라는 개념에 상응하는 개념으로서의 사회기술이다. 즉, 사회의 문제를 과학적으로 이해하는 학문이 사회과학이라면 사회기술은 사회의 여러 문제를 해결하기 위해 기술을 활용하는 것에 초점을 두는 학문이 된다. 이런 경우 사회기술보다는 사회공학이라는 단어가 더 어울릴 것이다.

세 번째로 인간의 사회적 활동을 매개하고 돕는 기술, 예를 들어 소셜 미디어나 더 광범위하게는 사회가 작동하도록 돕는 모든 기술의 총체를 사회적 기술이라고 부를 수 있다. 이 마지막 개념을 체계화한 리처드 넬슨Richard Nelson은 기술을 물리적 기술Physical technology과 사회적 기술로 구분하고, 우리가 흔히 사용하던 기술이라는 용어는 물리적 기술만을 지칭하는 것이라고 주장했다. 넬슨에 의하면 증기엔진, 마이

크로칩 같은 물리적 기술 외에도, '법, 제도, 화폐, 도덕규범처럼 사회를 지탱하고 유지하는 체계'로서의 기술이 존재하며, 예를 들어 화폐, 관료제, 정착농업, 법규, 공동출자회사, 벤처캐피탈처럼 우리가 흔히 제도라고만 불렀던 것들도 일종의 사회적 기술이라고 주장한다.[60] 넬슨은 이 두 가지 기술이 서로 공진화하며 사회를 변화시킨다고 주장했다. 이 관점에서 사회적 기술은 일종의 제도이며, 그 제도를 기술이라는 관점으로 연구하는 방법론이다.[61]

한국 사회의 새로운 과학기술 체제로서의 '사회적 기술'은 앞의 세 개념과 중첩되면서도 구분되는 일종의 과학기술정책을 위한 지침서다. 굳이 비교하자면 이 책에서 주장하는 '사회적 기술'은 두 번째 개념과 세 번째 개념의 스펙트럼 안에 존재하지만, 학문적 개념이라기보다는 과학기술 거버넌스가 한 사회의 기술정책의 방향성을 고민할 때 반드시 고려해야 하는 하나의 지침서라고 할 수 있다. 그 개념을 알아보기 전에, 우선 이미 한국 사회에서 논의되고 있는 두 번째와 세 번째의 사회적 기술에 대해 알아볼 필요가 있다.

한국은 이미 두 번째 개념으로 사회적 기술을 차용했고 이를 정책화하고 있다. 2010년경부터 사회 혁신이 화두가 되면서 STEPI를 중심으로 '사회문제 해결을 지향하는 기술'이라는 개념이 등장하기 시작했다. 정책연구로 제안된 이 개념은 '사회 · 기술전환론'이라는 이론에 기대고 있는데, 기술결정론과 사회결정론의 논의를 종합해서 기술과 사회

---

60 Richard Nelson(2003). Physical and social technologies, and their evolution(No. 2003/09). LEM Working Paper Series.

61 한국에서 이 세 번째 방식의 사회적 기술 논의는 드문데, 대표적으로 강철규 교수의 저작을 들 수 있다. 강철규 · 이재형, 2011, 《사회적 기술과 경제 발전》. 서울: 나눔A&T; 강철규(2013), 「사회적 기술에 의한 가치실현」, 〈문화저널21〉 2013년 9월 17일자. 그리고 다음 URL의 글도 참고할 것. 특히 블록체인을 일종의 사회적 기술로 보는 관점을 취할 때 아주 유용한 제안이다. https://steemit.com/kr/@blocho/what-is-social-technology; https://steemit.com/kr/@blocho/5-5-traits-of-social-technology

가 서로 분리되어 존재할 수 없는 하나의 통합된 시스템이라고 본다. 송위진에 따르면 '사회 · 기술전환론'은 혁신체제론에서 덜 중요하게 다루어졌던 수요 측면과 시민사회를 중요한 변수로 고려하며 논의의 틀을 확장하는데, 기술 개발에서 사회적 수요와 시민사회의 요구를 중요하게 고려하는 정책적 고려가 핵심이다.[62]

자본주의 체제하에서 기술의 개발과 진보는 기업의 이익과 목적에 맞게 이윤을 최대화하는 방향으로 진화해왔다. 역사가 말해주듯이 자본주의 체제 속에서 개발된 기술의 상당수는 인간의 삶을 윤택하게 해주기도 했지만, 경제적 불평등과 국가 간의 불평등을 가속화하는 반사회적 기능도 수행해온 것이 사실이다. 현재 한국 정부가 추진하고 있는 사회적 기술 혹은 사회기술을 기반으로 하는 여러 정책은, 바로 이런 기술의 탈주에 대한 반동으로 등장한 것처럼 보이며, 사회적으로 의미 있는 기술이 좀 더 많이 등장해야 한다는 소박한 생각으로, 지역사회 등에서 시민사회의 수요에 맞춘 기술을 개발하자는 정책으로 전환되고 있다. 요약하자면, 현재 한국 행정안전부의 주도로 이루어지고 있는 사회문제해결형 기술 개발의 핵심은 민간이 아닌 국가가 세금으로 사회문제를 해결하는 데 필요한 기술 개발을 수행하는 주체가 되겠다는 것이다.[63] 이런 정책 속에서 기술의 사회적 책임이 강조되며[64] 민간기업의 혁신 활동 속에서 나타나는 기술 개발과 사회적 기술 사이의 조율이 중요해진다.[65]

---

62 송위진(2013), 「지속가능한 사회 · 기술시스템으로의 전환」, 〈과학기술정책〉 193: 4-16.

63 송위진(2011), 「사회문제 해결을 지향하는 기술: 사회기술-특성과 정책과제」, 〈STEPI Insight〉 79: 1-25.

64 성지은 · 송위진(2013), 「사회에 책임지는 과학기술혁신」, 〈Issues & Policy〉 69: 1-24.

65 황혜란 · 송위진(2014), 「사회-기술 시스템 전환과 기업 혁신 활동」, 〈기술혁신연구〉 22(4): 57-88.

특히 과학기술정보통신부는 행정안전부의 사회 혁신에 대한 이런 정책 기조를 '리빙랩'이라는 아이디어로 구체화하고 있다.[66] 리빙랩은 기술을 이용해 사회문제를 해결하는 연구실을 뜻하는 말로, 정부는 리빙랩이 마을이 실험실이 되고 주민은 연구원이 되는 일종의 지역의 사회 혁신 플랫폼으로 선전하고 있다.[67] 기술로 사회문제를 해결한다는 아이디어는 이제 인문사회 연구에서도 사회문제 해결형 연구를 요구하는 방식으로 진화하고 있다.[68] 리빙랩은 최근 기술 · 사회 혁신 분야의 화두로 떠오르고 있으며, 사회적 기술이라는 개념을 '현장 및 사용자 중심 관점에서 문제를 해결하자는 취지의 참여형 혁신 플랫폼'으로 구체화한 정책이다.

사회적 기술을 사회문제를 해결하는 기술 혹은 사회공학으로 좁게 해석한 결과, 한국에서는 행정안전부의 주도로 리빙랩 사업이 사회적 기술의 주요 사업으로 등장했다. 이미 10년이 넘는 동안 다양한 리빙랩 사업이 제안되고 실시되었지만 정부가 주도하는 하향식 리빙랩 사업에 대한 사회적 공감대는 여전히 부족하고, 리빙랩을 통한 사회 혁신 사례는 거의 존재하지 않으며, 대부분의 리빙랩이 일회성 시범사업의 수준으로 실시되었다가 사라지고 있다.[69] 이런 현상은 마치 박정희 정부의 새마을운동과 비슷한 방식으로 사회 혁신을 이루려는 민주정부의 새마을운동이라고 불러도 될 것 같다. 사회적 기술을 사회문제 해결을 위한 기술로 좁게 이해한 결과는 여전히 관료 사회에 남아 있

---

66 송위진(2012), 「Living Lab: 사용자 주도의 개방형 혁신모델」, 〈Issues & Policy〉 59: 1-14.

67 이종규(2020), 「마을이 실험실 주민은 연구원…사회혁신 '리빙랩'이 뜬다」, 〈한겨레〉 2020년 5월 18일 자.

68 송위진(2012), 「사회문제 해결형 인문사회-과학기술 융합연구의 특성과 발전 방향」, 〈기술혁신연구〉 20(3): 129-151.

69 〈주민참여 리빙랩 실태조사를 통한 확산 공유 방안 마련〉, 행정안전부(2019).

는 박정희식 과학기술 체제와 만나 성과 없는 리빙랩 사업으로 나타났다. 사회적 기술은 사회문제를 해결하기 위해서만 존재하는 것이 아니다. 그런 도구적 시각으로 기술 분야를 바라보면 기술이라는 자체적으로 진화하는 인류의 소중한 자산을 망치나 톱 같은 기구 정도로만 사유하는 것이다. 박정희식 과학기술 체제가 과학을 경제 발전의 도구로만 다루어 나타난 결과를 우리는 현재 명백히 목도하고 있다. 과학은 경제 발전의 도구가 아니라 인류가 만들어낸 하나의 삶의 양식이며, 이러한 관점으로 과학을 바라볼 때 과학의 새로운 사회적 가치가 보이는 것처럼, 기술 또한 마찬가지다. 기술을 사회적으로 다시 재조명할 때, 기술을 도구적인 시각으로 차별하지 않을때, 사회적 기술의 진정한 의미와 그 정책적 함의가 생겨난다.

사회적 기술의 세 번째 의미, 즉 사회를 유지하고 관리하고 운영하기 위해 사용되는 기계나 장치를 비롯하여 기법이나 방법론, 그리고 시스템 모두를 '사회기술'로 부를 때, 박정희식 과학기술 체제와는 완전히 독립적인 기술에 대한 시각을 얻을 수 있다. 바로 이 세 번째 사회적 기술의 의미 속에서는 스마트폰, 컴퓨터, 인터넷, 전기자동차 등의 기계와 장치뿐만 아니라, 협동조합, 지역화폐, 기본소득, 고용보험 등도 모두 기술의 관점으로 해석할 수 있게 되기 때문이다. 블록체인을 단순한 기술로 볼 것인지, 혹은 기존에 신용을 유지하던 모든 중앙집권화된 제도의 대안으로 볼 것인지 고민해보면[70] 왜 사회기술의 관점이 우리가 통상 기술이라고 생각하지 않았던 제도나 시스템 등으로 확장되어야 하는지 쉽게 이해할 수 있다.[71] 전명산은 사회기술의 관점에서

70 전명산(2018), 「블록체인: 신뢰공학의 탄생」, 〈적정기술〉 10(1): 9-27.

71 이 관점은 전명산의 다음 스티밋 글들을 통해 배울 수 있었다. 무명의 필자에게 감사한다. https://steemit.com/kr/@blocho/what-is-social-technology; https://steemit.com/kr/@blocho/5-5-traits-of-social-technology; https://steemit.com/technology/@blocho/to-live-with-technology. 또한 다음 책의 일독을 권한다. 전명산, 2012, 《국가에서 마을

기술을 바라볼 경우 "기술만능주의나 기술무용론과 같은 시각과는 사뭇 다른 지평들이 열리"며, 그 이유는 사회기술이 "인간 사회의 상호작용을 전제하며, 개인들의 상호작용 사이에서 사회기술이 작동"[72]하는 것이기 때문이라고 말한다. 즉, 사회기술은 사회적으로 형성되고 결정되는 자체적인 동력을 지니고 있다. 만약 우리가 사회기술이라는 영역을 인정하게 되면, 기술결정론도 기술무용론도 의미 없는 이념적 구호일 뿐이다. 기술이 사회를 고려하고, 사회가 기술을 받아들이고, 또 그 기술이 사회를 변화시키는 순환이 가능한 분야가 존재하기 때문이다.

전명산은 사회기술의 다섯 가지 특징을 이렇게 정리했다.[73] 첫째, 사회적 기술에는 정해진 답이 없다. 기술에는 과학과 같은 정답 추구가 무의미하다. 한 가지 문제를 해결하는 다양한 기술이 존재할 수 있기 때문이다. 하지만 인간과 사회는 이런 정답 없는 게임에서 가장 효율적인 방법을 끊임없이 골라내려고 한다. 둘째, 사회적 기술은 끊임없이 진화하고 확산된다. 사회가 가장 효율적이고 효과적인 기술을 채택하기 때문이다. 마치 자연선택처럼 사회적 기술은 사회적 효율성이라는 선택압 속에 계속 진화한다. 셋째, 사회적 기술은 물리적 기술과 어울려 작동한다. 항상 그렇지는 않지만 둘은 실타래처럼 얽혀 있다. 문자의 도입, 종이 제조 기술의 도입, 인쇄기술의 도입, 인터넷의 도입, 자동차의 도입, 그리고 최근의 공유 전동킥보드의 도입과 전기차에 이르기까지, 사회적 기술은 언제나 새로운 물리적 기술을 수용하면서 개발되었고, 기존의 사회적 기술을 대체해왔다. 넷째, 중요한 사회적 기술의 변화는 사회시스템 자체의 변화를 의미한다. 예를 들어 언어의 도

로》, 서울: 갈무리.

72 블록체인은 그런 의미에서 정부와 사회기술이 가장 가깝게 융합하고 있는 최근 분야이다. 전명산, 2017, 《블록체인 거번먼트》, 서울: 알마.

73 https://steemit.com/kr/@blocho/5-5-traits-of-social-technology

입, 문자의 도입, 활자와 인쇄기술의 도입, 인터넷의 도입 등의 사건은 단순한 물리적 기술의 도입이 아니라 사회시스템 전체의 변화와 같은 의미다. 사회적 기술은 사회 자체를 변화시킨다. 다섯째, 사회적 기술의 상당수가 인간의 사회적 커뮤니케이션을 위한 기술이다. 앞에서 언급한 언어 · 문자 · 인쇄술 · 인터넷만 살펴보아도 알 수 있듯이, 사회적 기술은 말 뜻 그대로 인간의 사회성과 인류 공동체의 생존에 기여하는 역할을 수행한다. 이런 의미에서 생각해보면 인류 사회를 거대하게 변화시킨 기술 대부분은 단순한 물리적 기술이 아니라 인류 사회라는 맥락 속에서 사회와 함께 공진화한 사회적 기술이었다.

박정희식 과학기술 체제를 넘어서는 '사회적 기술'은 바로 이런 차원의 논의를 바탕으로 진행되어야 한다. 즉, 기술을 물리적 기술로 좁게 해석하고, 그런 기술의 응용조차 경제 발전이라는 사회적 현상의 지극히 일부에 국한되어 사고한 기존의 박정희식 과학기술 체제는 블록체인과 소셜미디어가 사회를 변화시키는 현대사회에서는 이미 낡은 것이다. 이제 한국은 사회적 기술이라는 대전제 아래 정부의 과학기술정책 기조를 새로 수립하고, 민간기업과의 협업을 이끌어내야 한다. 나는 사회적 기술이 구현되는 가장 좋은 사례로 네덜란드의 '에너지 전환' 전략과 대만의 디지털특임장관 탕펑唐鳳, Audrey Tang을 이야기하려고 한다.

역설적이게도 2004년 시작된 네덜란드 정부의 '에너지 전환' 전략은 리빙랩을 이론화하는 문건에 등장한다.[74] 네덜란드의 에너지 전환 전략은 지속가능한 사회로의 전환을 위한 네덜란드 경제부의 시스템 전환 전략으로, 2050년까지 지속되는 장기적인 시나리오 보고서에 근거하고 있다. 에너지 전환은 장기 비전-중기 전략적 비전-전환 경로-

---

74 송위진(2013), 「지속가능한 사회 · 기술시스템으로의 전환」.

전환 실험의 구조로 진행되며, 과학적 방식인 실험을 도입해 불확실한 장기 시나리오 전략의 혹시 모를 실패를 대비하고 있다. 네덜란드 정부는 이런 정책을 일종의 실험으로 접근하면서 민간과 정부 사이에 긴밀한 협조의 끈을 만들었고, 다양한 네트워크 조직을 구축하며 이 거대한 실험을 진행 중이다. 한국 정부가 사회기술이라는 개념을 겨우 리빙랩 정도의 유치한 관치 사업으로 만들었던 반면, 네덜란드 정부는 진정한 사회기술이 무엇인지를 에너지 전환을 통해 확실히 보여준다. 정부 차원에서 고려해야 하는 사회기술의 수준은 리빙랩과 같은 조악함을 넘어서야 한다. 과연 사회기술이 필요한 사회문제인지, 모든 사회문제가 사회기술의 관점에서 해결되어야 하는지, 지역 단위와 국가 단위에서의 사회기술은 어떤 형태여야 하는지에 대한 고민 없이, 무작정 사회문제 해결을 위해 리빙랩을 만들겠다는 발상이야말로 사회기술의 관점에서 배제되어야 한다.

2020년 코로나19 사태에서 대만은 거의 피해를 입지 않았다. 선제적인 방역과 대만 국민의 노력도 있었지만, 그 배후에는 30대 트렌스젠더 디지털특임장관 탕펑이 있다. 탕펑은 원래 유명한 해커였고, 실리콘밸리에서 잘 나가던 개발자였다. 애플 등의 기업에서 자문으로 일하던 그는 대만의 정치사회적 문제를 프로그래밍과 사회적 기술로 해결하는 시빅 해커Civic Hacker로 활동했다.[75] 이후 2016년 대만 정부는 과감하게 그를 디지털특임장관에 임명했고, 그는 이후 대만 정부의 디지털 전환과 정부의 시민사회 문제 해결에서 디지털 기술의 사회적 도입을 책임지고 있다.[76] 하지만 한국 정부에서 30대 개발자를 찾아본다는

---

75 김우재(2016), 「[야! 한국 사회] 해커 장관」, 〈한겨레〉 2016년 9월 12일 자.

76 김신영 · 윤형준(2020), 「천재 해커 대만 장관 "디지털 시대 우리는 모두 IQ 180"」, 〈조선일보〉 2020년 8월 17일 자.

건 거의 불가능하고,[77] 문과 정부인 청와대[78]가 개발자의 중요성을 깨달을 리도 만무하다.[79] 탕평은 2014년 국민당의 일방적 대중국 무역 정책을 비판하던 해바라기 운동의 리더였고, 당시 거브제로라는 온라인 플랫폼(www.g0v.tw)을 만들어 열린 정부 운동을 했던 인물이다. 해커의 정체성을 지닌 인물을 과감하게 기용한 대만 정부의 배짱도 배짱이지만, 심지어 트랜스젠더인 해커가 정부에서 자유롭게 활동할 수 있도록 용인하는 대만 국민의 수준도 주목해야 한다. 바로 그런 과감함 속에 대만은 마스크 대란을 겪지 않았고, 코로나19 감염자에 대한 정보도 정부 주도로 신속하게 디지털화할 수 있었다. 한국은 우리와 가까운 이 탕평의 사례로부터 사회적 기술의 힌트를 얻어야 한다. 단지 적절한 곳에 사회적 의지와 기술을 가진 인물을 채용하는 것만으로도 기술은 빠르게 사회적 의미를 획득하기 때문이다.[80]

사회적 기술은 사회를 돕는 그저 착한 기술이 아니라, 기획부터 실천까지 모든 측면에서 사회적 맥락을 고려하는 새로운 형태의 기술에 대한 사고방식을 뜻한다. 지금까지 한국은 박정희식 과학기술 체제 속에 사회의 넓은 의미 대신 '경제 발전'이라는 좁은 의미에서만, 그것도 도구적 의미로 기술 개발을 사고해왔다. 사회적 기술은 이제 기술의 의미를 확장하자는 제안이다. 기술은 사회에 기여해야 한다. 하지만 기술은 사회를 바꿀 수 있다. 기술과 사회는 공진화하는 시스템이

---

77 윤원섭 · 유준호, 「佛 · 대만 30대 디지털 수장들… "기술경쟁 밀리면 주권 잃는다"」, 〈매일경제〉 2020년 8월 11일 자; 김우재(2017), 「[과학협주곡-7] 인문학 정부의 과학기술 컨트롤 타워」, BRIC Bio통신원 2017년 6월 9일 자.

78 김우재(2018), 「[야! 한국 사회] 일본의 '위대한' 과학」, 〈한겨레〉 2018년 2월 5일 자.

79 김우재(2020), 「[공감세상] 개발자 없는 정부」, 〈한겨레〉 2020년 2월 10일 자.

80 한국에도 제주도 미래전략국의 노희섭 국장과 같은 사례가 있다. 이제 중앙정부가 이공계 인재와 개발자를 적극적으로 공공기관과 중앙정부, 그리고 지자체에 끌어들여 사회적 기술을 선도해나가야 한다.

다. 사회적 기술은 바로 이 문제를 인식하고, 기술의 독자적인 성격을 존중하며 사회에 진정으로 필요한 기술 개발의 가치를 찾아가자는 운동이기도 하다.

한국 과학기술 체제의 구조적 변화를 위한 공부

한국 과학기술은 지난 50년 동안 엄청난 발전을 이룩하였으며 선진국 수준에 접근하였다. 하지만 아쉽게도 현재의 접근방식, 시스템, 행태는 그 동력과 효력을 완전히 상실하였기에 그에 의존하여 더 이상의 발전을 기대하기는 어렵다. 즉, 21세기에 완전한 과학기술 선진국으로 도약하기 위해서는 새로운 틀로의 재창조가 매우 시급하며, 새로운 시각, 시스템, 방식의 과학기술정책으로 새로운 판을 짜야 한다. 다른 한편, 이렇게 엄청나게 어렵고 힘든 과업을 이끌고 나갈 과학기술계의 개혁주도 그룹이 필수적으로 요구된다. 그 몫은 오로지 과학기술계 지도자들의 것이며, 현재 실종되어 버린 과학기술계의 리더십 확립으로 직결된다. **최영락**[81]

구체적으로 과학기술 거버넌스가 어떤 모습을 갖춰야 하느냐는 입장에 따라 여러 가지 대안들이 있을 수 있다. 그러나 어떠한 대안에서도 부인할 수 없는 전제는 과학기술의 수월성 추구와 그를 지원하는 체제가 구축되어야 한다는 것이다. **송하중**[82]

---

81 최영락(2018), 「한국의 과학기술정책: 회고와 전망」.

82 송하중(2017), 「[한국] 과학기술 거버넌스: 압축 성장의 신화와 절박한 미래」.

세계 주요국의 과학기술정책 주무부처를 살펴보면 국가별로 과학기술을 바라보는 관점과 문화적으로 독특한 경로들이 드러난다. 과학기술이 생산하는 지식은 세계 보편적이지만 과학기술이 해당 국가의 특수한 정치적 · 경제적 · 사회적 맥락 속에서 자리 잡는 방식은 모두 다르다. 그런 의미에서 미국의 과학, 일본의 과학, 한국의 과학이라는 말은 불가능하지만, 미국의 과학기술 체제, 한국의 과학기술 체제라는 말은 가능해보인다.

한국의 과학기술 체제는 식민지 시기에는 일본의 영향을 많이 받았고, 해방 이후에는 미국의 영향을 받으며 성장해왔으며, 과학기술이 어느 정도 발전한 이후부터는 유럽, 특히 독일에서 과학기술 행정 체제의 일부를 수입해왔다. 긍정적이든 부정적이든 한국의 과학기술 체제에는 해방 이후 지금까지 불과 75년 동안 한국이 고민해온 과학기술 체제의 흔적이 남아 있다. 하지만 그 흔적의 대부분은 박정희식 과학기술 체제에 기원을 둔다. 새로운 과학기술 체제의 정부 거버넌스를 고민하기 전에 먼저 세계 주요국의 과학기술정책 조정 체계를 살펴볼 필요가 있다. 그 구조와 기능의 핵심만 설명한다.[83]

---

83 세계 각국의 과학기술 체제를 개괄적으로 이해하는 데 다음 논문이 도움이 될 것이다. 김세훈 · 정용일(2011), 「국가 과학기술 R&D 정책결정 체계 비교 연구」, 《한국거버넌스학회 학술대회자료집》, 175-195; 성지은(2010), 「세계 주요국의 과학기술혁신정책 조정체계와 최고 조정기구 비교분석」, STEPI Working Paper Series, 1-24; 김민기 · 고윤미 · 박노언 · 차두원(2012), 「강소국의 과학기술정책 및 행정체계 비교분석: 핀란드, 싱가포르, 이스라엘을 중심으로」, KISTEP 이슈페이퍼.

미국: 대통령 리더십을 중심으로 한 과학기술정책 이니셔티브

미국은 20세기 초반까지도 유럽에 비해 과학기술에서 낙후된 국가였고, 제2차 세계대전이 끝나는 1950년대가 되어서야 두각을 나타내기 시작한다. 당시 버니바 부시가 루즈벨트 대통령에게 제출한 보고서 「과학, 그 끝없는 프론티어」가 현재 미국 과학기술 체제의 형태를 만든 출발점이었다.[84] 미국은 이 시기부터 지식국가로서 발전을 거듭하며 1940~1950년대의 기초연구 및 군사기술, 1960~1970년대의 민간기술지식과 사회적 책임을 지는 지식, 1980년대 군사기술지식의 재강조와 민간기업 중심의 혁신 역량 강조, 1990년대 이후 특정 부문에 대한 강조를 넘어 국가 전반의 지식 생산 및 활용 체계의 효율화를 지향하는 방식으로 진화해왔다. 미국이 패권국가가 되는 과정에서 과학기술정책은 수단이 아닌 목적 그 자체로 인식되었으며, 그런 과학기술 체제 아래서 미국은 전 세계 과학기술의 중심국으로 부상했다.[85 86]

과학기술 체제는 1940~1950년대 그 기초가 만들어진 이후 큰 변화를 겪지 않았다는 특징을 지니고 있다. 대통령실 산하에는 국가과학기술위원회NSTC라고 불리는 위원회가 환경, 과학, 기술, 국토 및 국가 등의 분야로 나뉘어 과학기술 분야의 국가적 목표를 설정한다. 이렇게 설정된 목표는 백악관 대통령 집무실 산하에 '과학기술정책실Office of Science and Technology Policy, OSTP'을 통해 수립, 조정된다. 1976년 설립된 이 부서는 미국 과학기술정책조직우선법에 따라 설립되었으며 'OSTP

---

84 부시의 보고서에 대해선 내 글을 참고할 것. 김우재(2010), 「연어가 강물을 거슬러 오르지 않을 때」, 〈새로운사회를여는연구원〉 2010년 7월 9일 자.

85 배영자(2007), 「미국 지식패권 형성과 발전: 과학기술정책의 전개를 중심으로」, 〈21세기정치학회보〉 17(1): 125-148.

86 성지은(2017), 「[미국] 미국의 과학기술혁신정책과 거버넌스 현황」, 〈과학기술정책〉 224: 26-31.

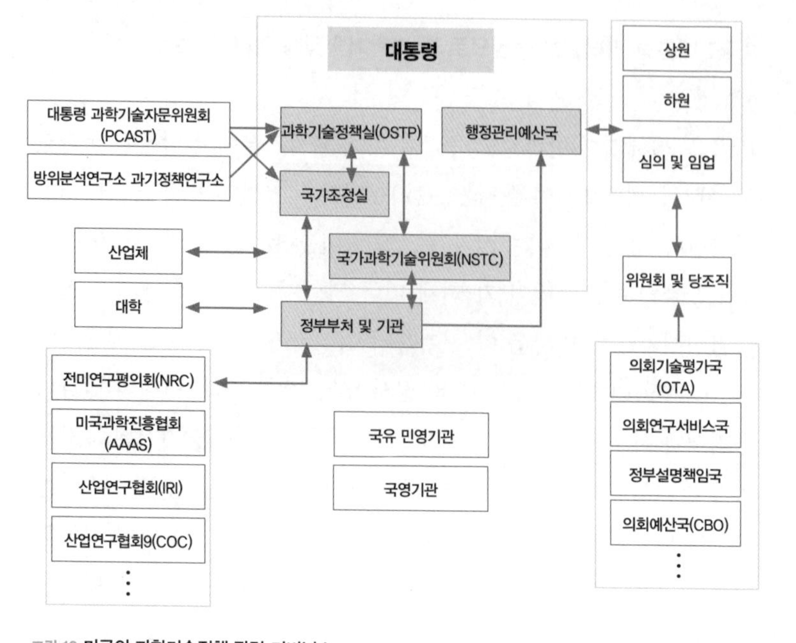

그림 10 **미국의 과학기술정책 관련 거버넌스**

정책실장의 기본적인 임무는 대통령 집무실 내에서 정부가 가장 높은 관심을 가져야 할 문제의 과학, 공학, 기술적인 측면에 대한 조언을 하는 것'이다. 정책실장을 중심으로 45명이 활동하며, 과학기술정책이 국내외에 미치는 영향에 대한 자문, 과학기술정책 및 예산, 개발, 이행 관련한 부처 간의 조율, 과학기술정책을 위한 정부와 기업 등과의 협조 체제 유지, 그리고 연방정부, 주정부 및 하위 기관 및 각국 정부의 과학 연구기관과의 제휴 등의 일을 수행한다.[87] 이 외에도 대통령실에는 한국의 국가과학기술자문회의와 비슷한 역할을 수행하는 대통령과학기술자문위원회PCAST가 존재한다.

87 같은 글.

미국 과학기술 체제의 특징 중 하나는 국회가 과학기술과 관련된 정책에 적극적으로 개입한다는 것이다. 미국 의회에는 상원과 하원에 과학위원회가 설치되어 과학기술정책의 대안을 제시하고 감시 및 감독의 역할을 수행한다. 특히 국립과학재단NSF는 독립적인 과학기술인의 기구로 정부와 의회를 상대로 과학기술정책을 제안하고 독립적으로 과학기술 분야를 지원하는 역할을 수행한다. 미국의 NSF는 대통령 산하의 독립기관으로 부시의 보고서 제출 이후, 정치적이고 행정적인 영향으로부터 자유롭게 새로운 지식을 탐구하고 발견하는 창의적 연구 분위기와 원천기술 탐구를 목적으로 설립되었다. 한국의 연구재단과 과학기술정보통신부의 일부 기능을 모두 지닌 NSF야말로 미국의 과학기술 체제 속에서 기초과학이 끊임없이 혁신의 숨결을 제공할 수 있었던 비결이다. 미국 과학기술 체제의 핵심은 대통령 이니셔티브를 통한 국가 차원의 과학기술 지원에 있다. 대통령 직속의 핵심 기관이 정책의 주도권을 쥐고 연구 개발과 관련된 연방정부의 각 부처와 학계 및 산업계 등의 의견은 NSTC를 통해 취합되는 구조다.[88]

미국의 과학기술정책국과 한국의 과학기술보좌관실을 비교하면 국가경제 규모를 감안하더라도 과학기술을 대하는 양국의 태도 차이가 확연히 드러난다. 45명으로 구성된 OSTP와, 보좌관 1명에 행정관 2명과 행정요원 1명으로 구성된 과학기술보좌관실의 규모 차이뿐 아니라, 실제로 과학기술보좌관의 직무가 정책자문 역할에 그치는 한국의 과학기술보좌관실은 개선되어야 한다. 특히 한국의 과학기술보좌관실에는 ICT를 전담하는 조직이 없어 과학기술과 정보통신이라는 구분되는 두 분야를 균형 있게 자문하는 역할조차 수행하지 못하는 실

88 같은 글.

정이다.[89]

일본: 종합과학기술회의를 주축으로 한 내각 중심의 통일적인 전략 수립

일본은 1990년대 들어 과학기술 체제에 큰 변화를 겪는데, 이 시기 과학기술에 대한 종합적인 정책이 추진된 것과 연관되어 있다. 2001년에는 종래의 과학기술회의를 폐지하고 종합과학기술회의를 설치하는데, 이 부분이 과학기술정책 조정에서 가장 중요한 변화라고 할 수 있다. 비상설기구였던 과학기술회의를 대체한 종합과학기술회의는 과학기술과 관련된 정책 조정 권한이 집중된 내각부의 4대 중요 심의회 중 하나로, 그 아래 과학기술정책대신과 과학기술혁신정책국을 설치하여 운영한다.[90]

내각에 대한 총리의 행정 장악력 강화를 위해 개편된 이 체제에서 종합과학기술회의가 과학기술 관련된 정부 차원의 포괄적인 전략과 자원 배분을 담당하고, 문부과학성은 이렇게 수립된 전략을 집행하는 책임을 진다. 종합과학기술회의는 과학기술정책대신 산하의 정책담당관을 필두로 세 명의 심의관을 포함, 100여 명의 인력으로 구성되어 있다. 과학기술정책대신은 회의에서 기획된 과학기술정책이 국가적으로 조화롭게 통일될 수 있도록 정리하고, 과학기술정책의 전체적인 기획, 입안 및 종합 조정의 역할을 담당한다.

일본의 종합과학기술회의에 해당하는 한국 내 조직은 없다. 한국은

---

89 성현희(2019), 「청와대, 과학기술보좌관실 확대 · 개편 검토… 이번 주 '청와대 2기' 인사 '주목'」, 〈전자신문〉 2019년 1월 6일 자.

90 같은 글.

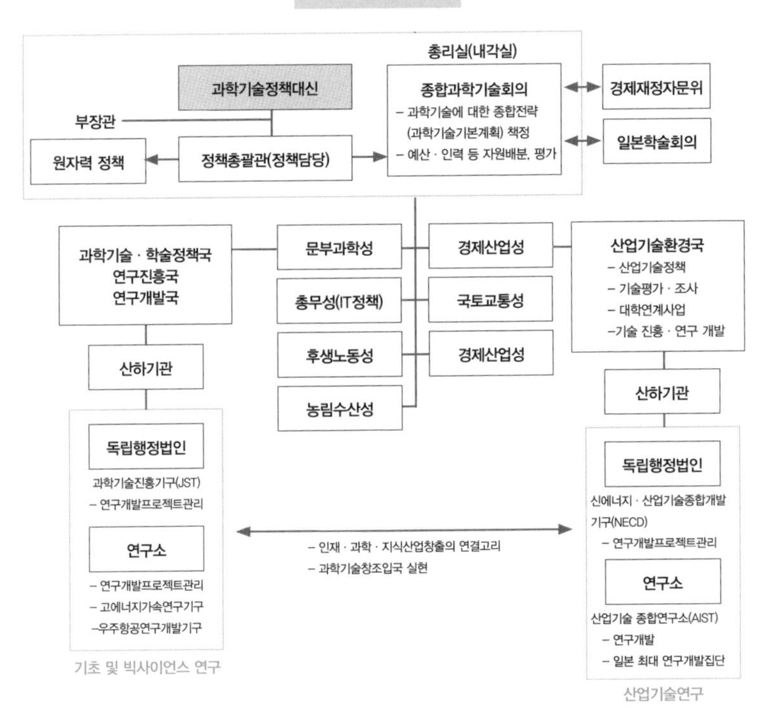

그림 11 일본의 과학기술 거버넌스[91]

대통령 과학기술보좌관, 과학기술정보통신부, 국가과학기술자문회의, 국가과학기술연구회 등이 이 기능을 분산 탑재하고 있으며, 뚜렷한 과학기술 컨트롤 타워가 보이지 않아, 과학기술 전략을 수립할 때 통일적이고 장기적인 전략을 수립하는 것이 거의 불가능한 구조로 되어 있다.

91 성지은(2010), 「세계 주요국의 과학기술혁신정책 조정체계와 최고 조정기구 비교분석」.

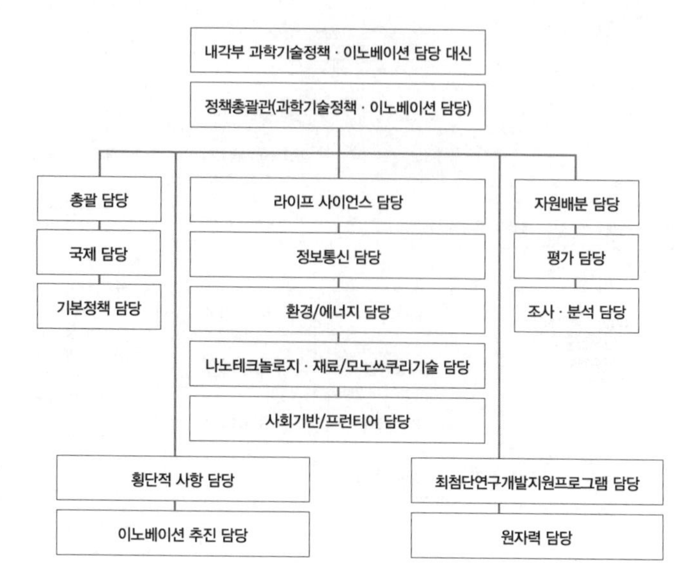

그림 12 일본 내각부 과학기술 정책담당 사무국 구조[92]

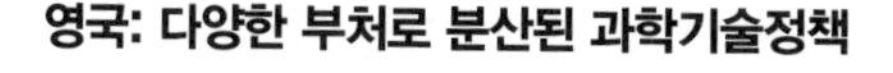

영국: 다양한 부처로 분산된 과학기술정책

영국은 근대과학이 시작된 곳으로 최근 유럽연합 탈퇴 등으로 어수선한 상황이지만 전통적으로 안정적인 과학기술 체제를 유지하고 있는 것으로 유명하다. 특히 영국은 전통적으로 기초과학의 중요성을 높게 인식하는 나라이며, 산학연 중에서도 대학이 연구 개발을 주도하는 경향이 강하다. 19세기 초 산업혁명으로 세계의 공장으로 불리며 제국주의를 주도했던 영국은 제2차 세계대전을 계기로 과학연구의

92 같은 글.

영향력과 산업적 응용에 대한 각성이 일어났다.[93] 1979년 집권한 대처Margaret Hilda Thatcher 총리의 신자유주의 정책으로 과학기술 분야에서 정부의 연구 개발 예산이 대폭 삭감되었고, 1980년대 후반부터는 기초연구의 경제 및 산업 발전에의 기여가 화두가 되면서, 연구 개발 투자의 핵심이 경제성과 사회적 수익성으로 옮겨가기 시작했다. 특히 대처 총리 이후 신자유주의와 경제 산업 등이 강조되면서 영국의 과학기술정책은 '기업혁신기술부BIS'라는 거대 부처 산하에서 관리하는 경향이 강하다.[94]

영국은 제2차 세계대전 이후 과학기술 분야에 대한 정부의 불간섭주의를 원칙으로 삼았다. 이에 따라 과학기술행정기구는 각 수요 부처별로 분산되어 있다는 특징을 보인다. 특히 영국은 보수당과 노동당의 정권 교체기마다 정책 기조에 따라 교육 및 과학기술, 산업 담당 부처가 통합과 분리를 거듭해온 특징을 보인다.[95] 1992년 총선 이후 영국 역사에서 거의 최초로 설치된 과학기술국Office of Science and Technology이 과학기술정책의 종합 조정을 담당했으나, 1995년 짧은 역사를 마감했다.

영국 과학기술 체제의 특징은 강력한 컨트롤 타워 없이 다양한 부처가 수요에 맞춰 역할을 담당하고 있다는 것이다. 특히 영국은 과학기술 분야의 정책 수립과 실행 과정에서 정부가 이를 통제하려 해서는 안 되며, 연구자 중심의 자율성이 가장 중요하다는 취지의 1918년 '홀데인 원칙'을 고수하고 있으며, 이에 따라 미국이나 일본과 같은 정

---

93 김기국, 2000,《영국의 과학기술 체제와 정책》, 서울: 과학기술정책연구원.

94 이장재(2017),「[신년기획] 향후 과학기술행정체제의 설계 방향」,〈전자뉴스〉 2017년 1월 4일 자.

95 홍형득(2014),「영국의 과학기술행정 체제와 투자구조의 변화와 특징 분석」,〈한국자치행정학보〉 28(1): 95-116.

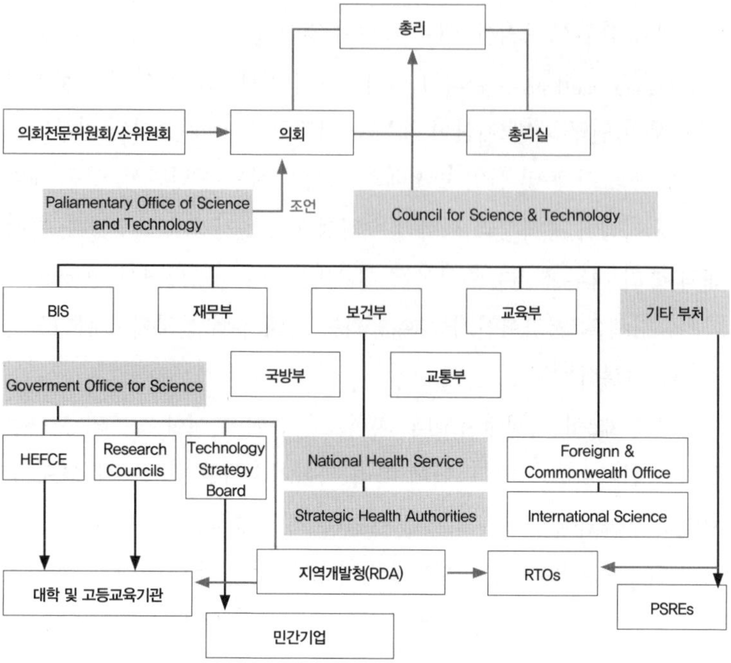

그림 13 **영국의 과학기술 거버넌스**[96]

부 중심의 과학기술 컨트롤 타워 중심의 하향식 정책은 찾아보기 어렵다.[97] 따라서 정부와 연구기관 사이에서 활동하는 중간지원기관인 연구회의 경우에도 비정부부처로 설립되어 있는 경우가 대부분이며, 연구회는 정부로부터 연구기관의 자율성을 보장해주는 장치로서 기능한다. 또한 연구회는 정부를 대신해 연구기관을 관리하고 예산 당국으

96 홍형득(2014), 「영국의 과학기술행정 체제와 투자구조의 변화와 특징 분석」, 〈한국자치행정학보〉 28(1): 95-116.

97 원호섭(2016), 「[People & Analysis] "연구자 독립성 존중한 '홀데인 원칙'이 英 과학굴기 비결"」, 〈매일경제〉 2016년 11월 2일 자.

로부터 연구 예산을 받아 배분하는 기능도 가지고 있다. 연구회는 연구기관에 대한 예산, 전략기획, 연구 단위의 구조조정 등의 실질적인 집행권을 행사하는 막강한 조직이지만, 정부의 통제와 간섭을 막는 것이 목표이듯, 통제와 간섭은 명시적 규칙의 범위 안에서만 행해진다.[98]

독일: 사회를 위한 연구와 연구기관의 자율성 확보

독일은 미국과 중국 다음으로 과학기술에 국가 세금을 가장 많이 투입하는 나라다.[99] 특히 독일은 오래된 연구회의 전통을 지닌, 혁신적 연구 개발 시스템에서 가장 앞서 있는 국가로 볼 수 있다. 독일 정부는 신공공관리론New Public Management의 기조하에 과학기술 체제의 비효율적 요소를 제거하고 경쟁력 있는 연구성과 도출을 주도하고 있으며, 과학기술계는 연구에 필요한 지원을 확보하고 연구의 자율성을 최대화하려는 긴장관계 속에 과학기술 거버넌스가 유지되고 있다. 독일은 특히 몇 가지 측면에서 한국 과학기술 체제의 형성에 영향을 미쳤는데, 그 대표적인 사례가 독일의 연구회 체제를 수용한 것이다. 현재 한국에서 운영 중인 국가과학기술연구회는 1999년 '정부출연연구기관 등의 설립운영 및 육성에 관한 법률'에 따라 기초기술연구회, 공공기술연구회, 산업기술연구회의 체제로 설립되었다. 국무총리실, 과학기술부, 교육과학기술부, 미래창조과학부 등을 부유하다가 2008년

98 홍형득(2014), 「영국의 과학기술행정 체제와 투자구조의 변화와 특징 분석」.

99 독일의 경우 막스플랑크 연구회를 중심으로 〈동아사이언스〉에 연재한 글을 참고할 것. 김우재(2020), 「[김우재의 보통과학자] 독일의 과학엔 특별한 것이 있다」, 2020년 7월 2일 자; 「[김우재의 보통과학자] 동물행동학자에서 과학행정가로 변신한 후베르트 마르클」, 2020년 7월 16일 자; 「[김우재의 보통과학자] 과학적 인본주의자의 길」, 2020년 7월 30일 자.

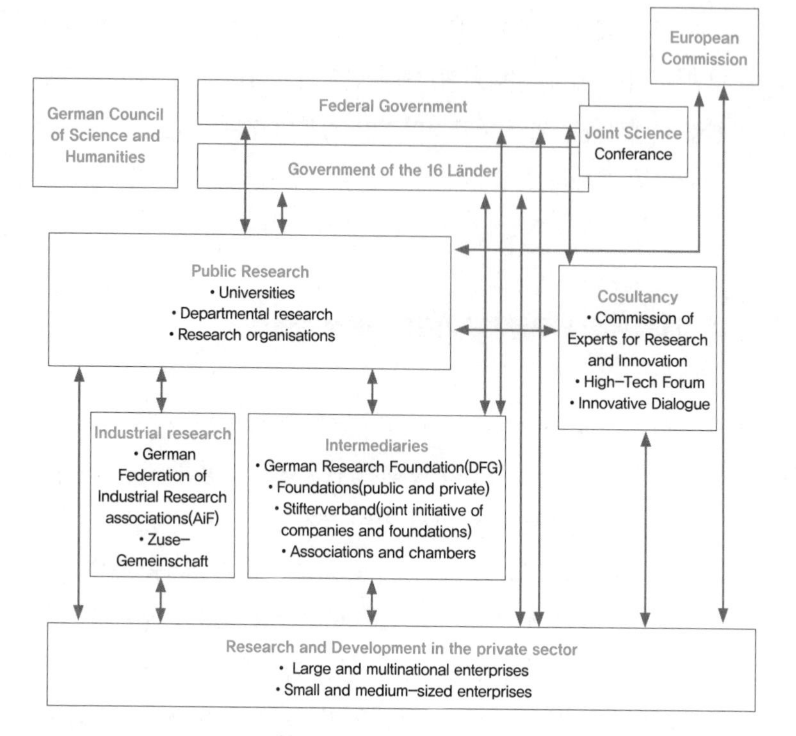

그림 14 **독일의 과학기술 거버넌스**[100]

엔 공공기술연구회는 폐지되고, 나머지 두 연구회는 통폐합되어 과학기술정보통신부 산하로 이전되었다. 이와는 별도로 같은 법률에 의거 1999년 경제사회연구회와 인문사회연구회가 설립되었다가 2005년 인문사회연구회는 해산하고 현재 국무총리실 산하의 경제인문사회연구회로 통폐합되었다. STEPI는 어울리지 않게 경제인문사회연구회에서 운영 중이다.

---

100 서지영(2017), 「[독일] 독일의 연구 개발 거버넌스 현황과 변천」, 〈과학기술정책〉 224: 18-25.

독일의 과학기술 체제가 한국에 영향을 미친 또 다른 케이스는 한국기초과학연구원IBS의 설립과 운영 과정이다. 이명박 대통령의 과학비즈니스벨트 계획으로 시작된 IBS는 은하도시라는 민동필 교수의 초창기 계획과는 달리, 과학과 산업을 연결한다는 대통령의 무지한 리더십 때문에 이리저리 표류하다가 결국 물리학자 오세정 교수가 막스플랑크 연구회 방식을 도입하면서 저명한 과학자 한 명에게 과도한 예산과 권력을 몰아주는 기형적인 구조로 자리 잡았다.[101] IBS는 한국의 과학기술정책에 대한 주도면밀한 조사와 현장 과학기술인의 의견 수렴 없이, 서울대 물리학과 교수들을 중심으로 한 엘리트 그룹의 기초과학연구에 대한 지원은 무조건 좋은 것이라는 나이브한 계획이 기초과학에 대한 철학이 전혀 없던 이명박이라는 정치적 리더십과 만나 생겨난 기형적인 연구소다.[102] IBS가 독일 막스플랑크의 핵심이라고 생각하고 가져온 원칙 하나는 저명한 과학자가 정부나 관료로부터 독립적으로 연구의 자율성을 지키는 것이지만, 한국에서 그 원칙은 권력

---

101 IBS에 대한 나의 비판은 〈동아사이언스〉 [김우재의 보통과학자]와 〈뉴스톱〉에 연재한 기초과학 시리즈를 모두 참고할 것. 다음 순서대로 읽어야 한다. 김우재(2019), 「[김우재의 보통과학자] 철학 없는 기초과학의 몰락」, 2019년 10월 11일 자; 김우재(2019), 「[김우재의 보통과학자] 누더기가 된 은하도시의 꿈」, 2019년 10월 24일 자; 김우재(2019), 「[김우재의 보통과학자]한국 기초과학 발전의 기구한 역사」, 2019년 11월 7일 자; 김우재(2020), 「정부의 기초과학 투자가 '밑빠진 독 물붓기'인 이유는」, 〈뉴스톱〉 2020년 2월 12일 자; 김우재(2020), 「기초과학연구원에 '코로나19연구'를 요구해서는 안 되는 이유」, 〈뉴스톱〉 2020년 3월 20일 자; 김우재(2020), 「코로나19 사태에서 '구원자'는 자본주의나 종교가 아닌 '과학'이다」, 〈뉴스톱〉 2020년 4월 8일 자.

102 다음 오세정의 인터뷰를 보면, 기초과학은 무조건 좋은 것이라는 서울대 물리학과 출신의 나이브함이 그대로 드러난다. 「기초과학연구원 오세정 원장, "IBS는 기초과학을 선도하는 세계적인 연구기관이 목표"」, [BRIC이 만난 사람들], 2013년 6월 25일 인터뷰(https://www.ibric.org/myboard/read.php?Board=interview&id=1226). 막스플랑크의 운영 원칙은 리더 한 명에게 100억 원을 지급하는 무식한 방식과는 차원이 다르다. 김상규(2013), 「"기초과학 비교모델" 막스플랑크 연구소에 관한 몇 가지 오해」, 〈사이언스온〉(한겨레 과학웹진) 2013년 9월 24일 자.

을 가진 단장급 과학자들의 부패로 나타났다.[103] IBS의 단장 중 상당수가 비리 혐의로 중도 낙마하거나 징계를 당했으며, 스스로 자초한 부정부패 덕분에 현재는 1인에게 100억 원을 지급한다는 원칙도 사라졌고, 이명박 정부와 박근혜, 문재인 정부를 거치면서 IBS의 부실한 철학에 대한 지원 의지도 낮아져 초기에 계획했던 과학자의 숫자조차 채우지 못하고 있다.[104]

독일의 연구 개발 기획 및 평가는 국가과학심의회에서 맡고 있는데, 그 역할은 중요한 과학기술정책 의제에 대한 권고와 제안, 독일 과학기술 체제의 거시적 관점에서 기존 사업을 평가하고 기획, 그리고 공공섹터에 존재하는 과학기술연구기관의 성과를 평가하는 것이다. 이 기관은 미국의 OSTP나 일본의 종합과학기술회의와 비슷한 기능을 수행한다. 한국의 연구재단과 비슷한 독일연구협회는 연구 프로젝트와 연구기관에 대한 지원을 담당한다. 독일의 연구 개발 주체는 대학, 공공연구기관, 그리고 민간 연구기관과 민간기업 연구소로 나뉜다. 이 중 독일은 한국의 정부출연연구소에 해당하는 공공 연구기관이 1,000여 개로 독일 과학기술 체제에서 이들 공공 연구기관의 역할은 절대적이라고 할 수 있다. 이들 공공 연구기관은 네 개의 연구회 소속으로 나뉘는데 각각이 바로 막스플랑크 연구회, 프라운호퍼 연구회, 헬름홀츠 연구회, 라이프니츠 연구회다.

연구회의 이름만으로도 알 수 있지만 독일은 과학에 대한 자부심과 오래된 전통을 중요하게 여기며 연구회의 기능과 특징을 역사 속의 과학기술자들이 남겨둔 철학으로 명시하고 있다. 우선 프라운호퍼 연구

---

103 최소망(2019), 「연구비리 온상 된 '위기의 IBS'… 과기정통부, 전방위 추가 감사 나선다」, 〈뉴스1〉 2019년 6월 24일 자.

104 박세미(2018), 「MB 때 시작한 '노벨상 프로젝트', 연구비 대폭 깎이며 7년 만에 위기」, 〈조선일보〉 2018년 11월 14일 자.

회는 80여 개의 기관이 속해 있으며 응용연구를 주로 수행한다. 이와 반대로 막스플랑크 연구회는 기초연구를 주로 수행하며 약 82개의 기관이 참여하고 있다. 라이프니츠 연구회는 사회적으로 중요한 문제를 주로 다루며, 헬름홀츠 연구회는 자연과학, 공학, 생명공학 영역에서 전체 사회에 중요한 연구 테마와 거대 기수를 중심으로 하는 학술 인프라를 운영한다.[105]

독일의 과학기술 체제는 연구 현장의 연구자를 중심으로 구축된 합리적인 시스템을 특징으로 한다. 독일은 연방국가임에도 불구하고 교육과 연구는 연방과 주정부의 공동 과제로 설정되어 있기 때문에 과학기술 컨트롤 타워가 통일적으로 전략을 세우고 실행할 수 있는 구조로 되어 있다. 특히 독일은 대학부터 공공 연구기관까지 정부의 재정적 지원이 중요한 역할을 수행하기 때문에, 대학의 연구 활동 또한 국가 연구 개발 체제와 긴밀하게 연계되었거나 통합되어 있다. 대학교수의 공공 연구기관 겸직은 독일에서 흔한 일이며, 이런 제도적 장치 덕분에 독일은 공공 연구기관과 대학이 연구 개발을 공동수행하는 네트워크를 갖추게 되었다. 독일 공공기관이 정부의 지원을 받으면서도 운영의 자율성을 확보할 수 있는 중요한 제도적 장치는 연구회의 자체적인 평가제도다. 각각의 연구회는 연구회 소속이 아닌 외부 기관과 해외에서 선출된 자문위원회를 평가기구로 활용, 정부의 간섭을 최소화하고 연구의 자율성을 유지하면서도 연구소들을 관리한다.[106]

---

105 서지영(2017), 「[독일] 독일의 연구 개발 거버넌스 현황과 변천」.

106 성지은(2008), 「독일 과학기술행정 체제의 변화와 정책적 시사점」, 〈과학기술정책〉 172: 84-99.

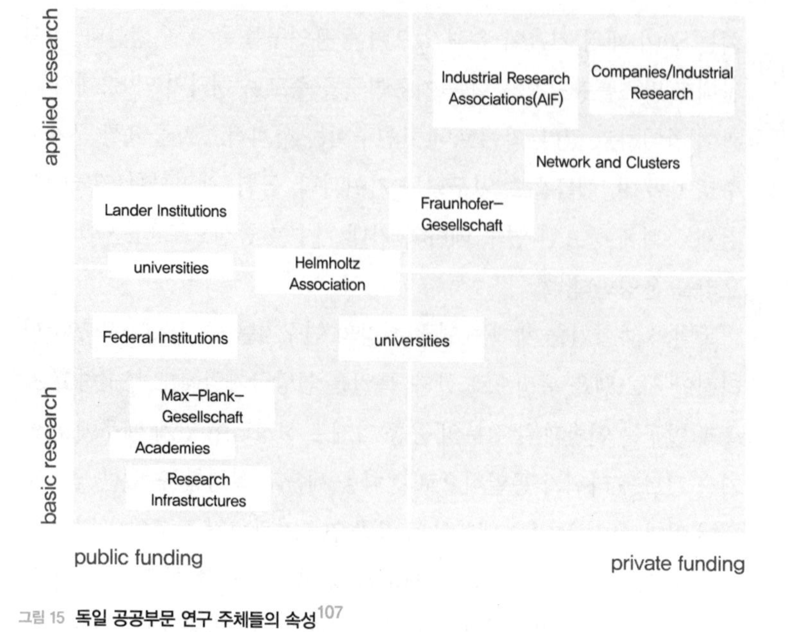

그림 15 **독일 공공부문 연구 주체들의 속성**[107]

중국: 정부 주도의 강력한 과학기술 육성정책

중국은 정부가 과학기술 육성을 주도하는 대표적인 국가다. 중국이 과학기술을 육성하는 이유는 경제적 목표 외에도 정치적 정당성이 있다. 중국은 전통적으로[108] 20세기 초반부터 구망과 계몽의 관점에서 과학기술과 민주주의를 새로운 중국을 위한 대안으로 받아들인 역사가 있고, 과현 논쟁 등의 사회정체성 논쟁을 거치며 과학기술을 국가

---

107 같은 글.

108 윤신영(2019), 「[뉴스룸]이제 중국 과학이 '초일류'다」, 〈동아사이언스〉 2019년 1월 4일 자.

발전의 기반이자 사상으로 흡수했다.[109] 중국의 과학기술정책은 철저한 국가주의와의 연결을 꾀하는데, 현재 우리가 보고 있는 중국과학기술 체제의 모든 결과물은 바로 이런 철저한 국가 주도 과학기술혁신의 결과물이다.

중국은 2000년 이후 과학기술 육성에 엄청난 자금을 투입하기 시작해서 2013년엔 미국에 이어 세계 2위의 과학기술 강대국 자리를 차지했다. 이제 중국은 과학에서도 첨단기술력에서도 미국을 압도하는 초일류로 불리기에 손색이 없는 국가로 성장했다. 특히 과학연구 논문 숫자와 질 모두에서 이미 미국을 압도하고 있으며, 첨단농업, 인공태양, 양자통신, 우주탐사, 인공지능, 면역항암제 등 대부분의 분야에서 세계 1위를 달리고 있다. 연일 뉴스를 장식하고 있듯이, 중국 화웨이의 5G기술 개발을 필두로 미국과 중국은 무역전쟁을 시작했으며, 그 배후에는 과학기술 분야에서 이미 미국을 능가했다는 평가를 받는 중국의 국가경쟁력이 자리 잡고 있다.[110] 이제 한국은 미국이나 일본, 독일뿐 아니라 중국의 과학기술과 경쟁에서도 밀리는 형국으로, 과학기술 거버넌스의 재정비와 혁신적인 도약이 없다면 한국의 과학기술 체제 하에서 과학기술 경쟁력으로 결코 중국을 따라잡을 수 없게 될 것이다.

중국 과학기술 체제의 핵심에는 국무원과 과학기술부, 그리고 공업·신식화부가 있다. 국무원은 중국 공산당의 최고기관인 정치국 상무위원회의 기본 방침에 따라 과학기술정책의 기본적인 방향을 설정하는 부서다. 국무원 산하에 중국과학원, 중국사회과학원 등의 직속기

---

109 20세기 초반 중국이 받아들인 과학이라는 사상에 대해서는 〈이로운넷〉에 연재한 [김우재의 과학적사회]를 참고할 것. 다음 글은 연재의 마지막 글이다. 김우재(2020), 「[김우재의 과학적 사회] 19. 과학과 사회주의가 직조한 중국사회」, 〈이로운넷〉 2020년 8월 19일 자.

110 Richard Suttmeier(2019), 「중국의 과학수준과 미-중 기술 전쟁」, 〈다른백년〉 2019년 9월 18일 동아시아포럼에서 발췌함(http://thetomorrow.kr/archives/10705).

구와 사업 단위들이 포함되어 있어 실제로 국무원이 중국 과학기술정책의 컨트롤 타워라고 할 수 있다. 과학기술부는 과학기술정책의 입안 및 실행을 담당하는 집행기구로, 각종 연구소와 연구원을 보유하고 있다. 중국은 공업 · 신식화부가 따로 존재하는데 이 부처는 옛 국방과학기술공업위원회에서 변화한 것으로, 정보화 전략 수립 및 관련 산업을 육성하는 중앙정부부처다. 즉, 한국의 과학기술정보통신부에서 정보통신부가 좀 더 융합인프라산업을 포괄하는 방식으로 독립적으로 존재하는 셈이다.[111]

---

111 같은 글.

112 정병걸(2017), 「[중국] 중국의 과학기술정책과 행정 체제 변화」, 〈과학기술정책〉 27(3): 50-55.

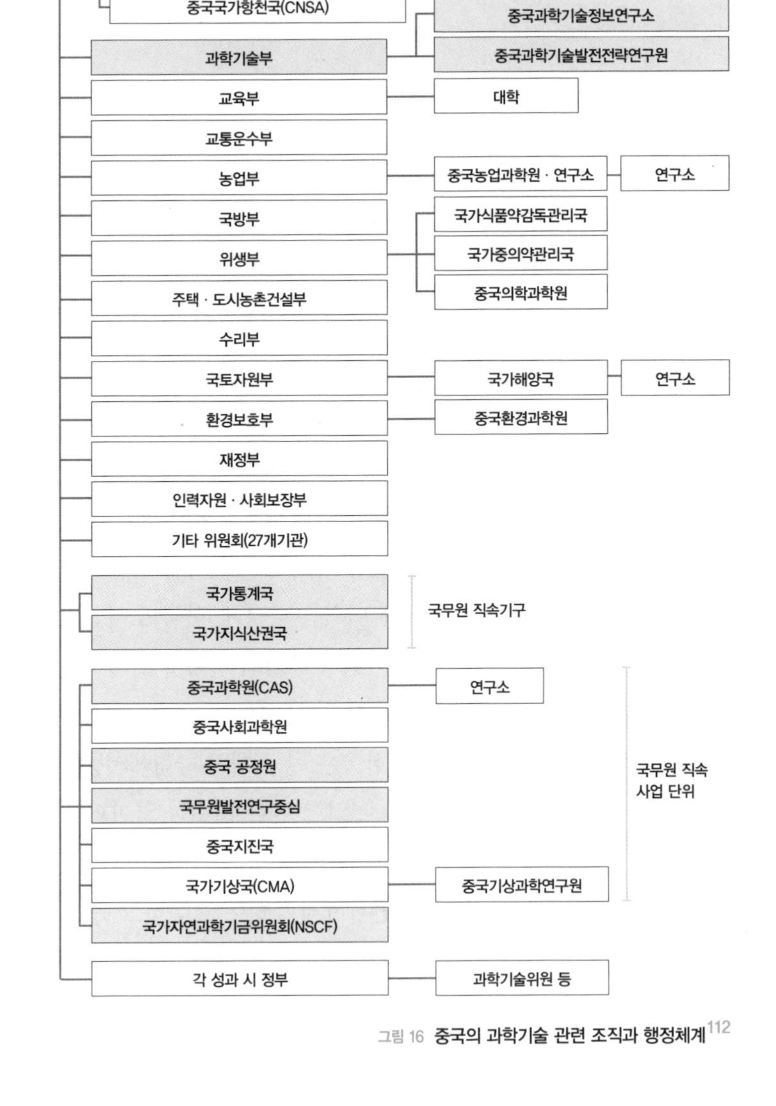

그림 16 중국의 과학기술 관련 조직과 행정체계[112]

우리의 상황과 제도적 맥락에 맞는 과학기술 체제를 위하여

앞에서 살펴본 세계 각국의 과학기술 체제에 대한 공부는 각 국가마다 독특한 경로로 과학기술 체제가 형성되었음을 드러낸다. 한국은 지난 산업화 과정에서 과학기술 체제를 위해 우리와 문화 및 제도적 맥락이 상이하게 다른 세계 각국의 체제를 무분별하게 수입해왔다. 그 결과 한국의 과학기술 체제는 긍정적으로는 독특하고, 부정적으로는 난삽한 구조와 형태를 지니게 되었다. 물론 사회의 여타 분야와 마찬가지로 한국 과학기술 행정과 거버넌스 또한 비슷한 경로를 걸어왔다고 말할 수 있을 것이다. 다만 어쩔 수 없이 한국 사회의 목소리에 민감할 수밖에 없는 노동, 복지, 의료, 경제 등의 분야와는 다르게, 한국 소시민의 삶과는 괴리되어 있는 과학기술 체제는 현장 중심의 전략 수립과 기획보다는 선진국의 사례를 분석하고 이를 모방하는 데 치중했던 게 사실이다.

하지만 이제 상황이 달라졌다. 한국은 연구 개발 능력에서 세계 5위권의 대국으로 성장했고, 더 이상 추격할 만한 비슷한 국가와 사회도 찾기 어려운 상황에 놓여 있다. 그동안 무분별하게 수입한 제도는 한국 과학기술 현장에 자연스럽게 안착하지 못하여 표류하고 있고, 과학기술을 이해하고 애정을 가진 정치적 리더십의 부재로 한국 과학기술계는 신음하고 있다. 미국 존슨 대통령의 초대로 시작된 박정희의 과학에 대한 관심이 현재 한국 과학기술 체제의 기원이 되었다. 그는 기술 개발이라는 시대적 사명 위에 과학이라는 정치적 구호를 더했고, KIST라는 연구소를 건립하면서 한국 과학기술 체제의 독특한 시작을 알렸다. 이후 한국의 과학기술은 정치권력의 상징적 구호로 사용되기 시작했고, 과학기술인은 국가 과학기술 인력의 관리라는 전근대적 체제 속에서 과학기술 체제의 주체가 아닌 노예로 신음해야만 했다.[113]

근대과학의 유산이 사회에 강력하게 뿌리내린 국가에는 과학기술 연구 현장의 목소리를 존중하는 문화가 제도로 정착해 있다. 영국엔 '홀데인 원칙'이라고 부르는 연구자의 자율성을 과학기술정책의 최우선으로 여기는 제도가 있고, 독일엔 '하르나크Harnack 원칙'이라는 이름으로 저명한 과학자가 연구소를 운영해야 한다는 제도가 존재한다. 미국엔 '버니바 부시 원칙'이라는 이름으로 부시가 제시한 연구 프로그램의 효율성을 위한 5대 원칙이 문화로 전승되고 있다. 이 모든 원칙의 공통점은 현장 연구자를 중심으로 하는 정책의 수립과 연구기관의 운영이다.

한국엔 이미 과학기술정책을 전문적으로 연구하는 STEPI, KISTEP, 과학기술학회 등등에서 쏟아져 나온 수많은 연구보고서와 논문이 존재한다. 이들의 논문을 통해 전체를 조망하는 데 도움을 받으면서도 한편으로는 이 수많은 연구보고서에서 큰 감동을 받아본 적이 없다. 그 이유는 아마 연구 현장을 전혀 경험해보지 못한 이들 연구소의 과학기술정책학 박사, 행정학 박사, 경영학 박사, 경제학 박사가 현장과 괴리된 공허한 이론화 작업에 지나치게 몰두한 결과가 아닐까 싶다.[114]

---

113 정병걸 · 성지은(2005). 과학기술과 상징 정치: 참여정부의 과학기술 정책을 중심으로」, 〈한국정책과학학회보〉 9(1): 27-48.

114 실제로 KISTEP과 STEPI의 대부분의 연구원은 과학기술 현장과 거리가 먼 사람들이다.

지난 몇십 년간 한국 과학기술정책 싱크탱크가 미국, 일본, 영국, 독일 등을 분석하며 과학기술정책의 틀을 세우려 했던 노력은 이해할 수 있다. 하지만 이제 우리는 진지하고 치열하게 질문을 던져야 한다. 외국의 사례를 찾아보려는 노력만큼, 우리는 얼마나 한국 과학기술 체제의 현장을 돌아보았는가. 바로 이 땅에서 연구에 매진하는 과학기술인이 원하는 정책과 거버넌스는 무엇인가. 왜 우리는 그런 고민이 담긴 문건은 단 하나도 찾아볼 수 없는가.

과학기술정책이라는 이름으로 생산되는 수많은 보고서에 현장에서 채취한 영혼이 없는 이유는 한국의 과학기술정책이 현장이 아닌 관료사회를 위해 봉사해왔기 때문이다. 그 모순을 깨지 않으면 과학기술정책 분야는 풍요 속의 빈곤을 결코 벗어나지 못할 것이다. 이제 과학기술 현장을 중심으로 짜인 새로운 과학기술 체제를 기획하고 구축해나가야 한다. 미국, 일본, 영국, 독일, 중국 그 어느 나라도 완벽한 과학기술 체제를 갖추고 있지 않다. 그 말은 한국의 과학기술 체제를 구축하는 일에 정답이 없다는 뜻이기도 하다. 그럼에도 과학기술 현장의 목소리가 더 잘 전달되는 나라에서 과학기술 체제가 더 혁신적이고 빠르게 발전한다는 건 공통적인 진리다. 한국 과학기술 체제의 새로운 전환은 현장을 중심으로 하는 새로운 과학기술 전략과 과학기술과 과학기술인의 위상에 대한 새로운 인식으로부터 시작되어야 한다.

중앙 통제에서 분산으로의 전환

한국 과학기술 체제를 위한 거버넌스와 관점의 전환을 말하기 전에 한국 사회가 오랫동안 유지해왔던 중앙 통제적 과학기술정책의 오류와 그 대안에 대해 짚고 넘어가려 한다. 조셉 벤다비드Joseph Ben-David는 과학사회학자로 주요 선진국에 대한 연구를 통해 과학 생산성을 결정하는 요소를 발견했다. 벤다비드에 따르면 국가의 과학 생산성을 결정한 요소 중 가장 중요한 세 가지는 다음과 같다.

1. 실험실과 연구소에 대한 국가의 투자 전략
2. 과학과 과학자들의 중요성에 대한 사회적 인식
3. 교수들과 학생들이 이동하고 교환될 수 있는 많은 연구 기관의 분산과 그들 간의 경쟁의 정도[115]

특히 과학이 성장하기 위해서 정부는 중앙 통제보다는 플랫폼을 제공하고 분산적 통제를 하려는 노력을 취해야 한다. 왜냐하면 정부의 강

115 오진곤(1984), 「과학의 사회적 측면에 관한 연구: Joseph Ben-David를 중심으로」, 〈과학과 과학교육 논문지(구 과학교육논총)〉 9: 97-103.

력한 통제가 장기적으로 과학의 성장에 해가 되기 때문이다.[116] 한국은 과학기술정책에서 강력한 중앙 통제를 실행해온 대표적인 나라다. 하지만 앞에서 살펴보았듯이, 한국 사회의 과학기술은 양적 성장에는 성공했지만 질적 성장에 계속해서 실패하고 있다. 벤다비드는 과학 생산성을 높이기 위한 네 가지 대안을 제시한다. 한국 사회의 과학기술 관료와 정치인이 반드시 새겨들어야 하는 조언이다.

1. 대학과 연구소의 분산을 통한 경쟁
2. 경쟁을 통해서 얻는 과학자 사회의 기득권 구조의 타파
3. 경쟁을 통해 생산된 혁신
4. 혁신을 모방하고 이를 넘어서려는 시도에서 파생된 또 다른 혁신

과학철학자 이상하는 19세기 학제간 연구를 통해 한국 사회의 과학기술정책이 놓치고 있는 현실적인 문제에 대한 탁월한 대안을 제시하고 있다. 그의 말을 경청할 관료와 정치인이 늘어나길 바란다.

> '학제간 연구'는 이제 상투어처럼 생활 세계 속에 정착했고, 아예 현대적 과학기술을 상징하게 되었다. 그러나 현대적 학제간 연구의 성격 규명 작업은 진행 중이며, 19~20세기 실제 발견사에 근거한 실질적 성격 규명 작업은 찾아보기 힘들다. 그러한 작업이 선행될 때만이 발견을 촉진시킬 수 있는 학제간 연구 정책의 실현 가능성도 높아진다.
>
> 분과 유지, 새로운 분과의 창출, 분과 다양성의 확보로 대표되는 학제간 연구의 바탕이 되는 정신은 무엇인가 연구 공간 내에서 다양한 관점이 거

---

116 "이것은 과학 성장에서 정부의 역할에 대한 중요한 시사점을 던져준다. 즉 정부의 강력한 중앙 통제를 통한 연구비와 연구 인력의 집중화는 과학 성장에 커다란 장애가 된다는 역사적 교훈을 주고 있는 것이다(de Silva, 1978; Tweedale, 1985; Khondker, 1988)."

래 관계를 맺는다는 것인데, 이러한 학제간 연구 정신의 핵심은 19, 20세기에 걸쳐 정착했다. 그 연구 정신의 핵심을 분석해보고, 그 정신이 정착하는 과정과 맞물린 두 배경을 살펴본다면, 남는 것은 실제 정책 짜기에 필요한 일반 준칙들을 마련하는 것이다. 이를 위해 먼저 사회 속에 기능하는 다른 분야와 과학과의 관계를 따지는 거시적 측면에서 '과학적 권위'를 논했다. 좀 더 세부적인 측면, 곧 국소적 측면에서 과학과 기술의 원활한 결합과 연구 공간의 성격 구분에 따른 정책틀을 짤 때 피해야 할 점들이 논의되었다. 이와 함께 마련된 '과학기술정책가가 고려해야 할 다음의 일반 준칙'들은 다음과 같다.

준칙 1. 과학기술 공동체의 의견이 정책에 반영될 수 있도록 과학적 권위를 내재적으로 만드는 거시적 정책틀에 신경을 써라. 과학적 권위를 내재적으로 만든다는 것은 과학기술자들을 사회설계의 능동적 참가자로 유도하는 것과 다르지 않고, 과학과 타 분야 사이의 갈등 해소를 위한 두 가지 중재 준칙으로서 어설픈 모방을 금지하는 '한계 인정의 준칙', 고정된 사회의 위계질서를 허락하지 않는 '성역 부정의 준칙'이 제안되었다.

준칙 2. 국소적 측면에서 연구 공간의 기능적 성격 구분을 명확히 하고, 참다운 과학기술 정책은 '방향성 정책'이어야 한다는 것을 잊지 말라. 실제 구체적 연구의 목적과 연구 방법론에 일괄적으로 적용될 수 있는 만능 매뉴얼과 같은 것은 존재하지 않는다.

준칙 3. 정책 짜기 및 관리 기준을 마련하는 데 있어 연구의 성격에 대한 분별력을 키워라. 가능성 연구 공간을 실효성 연구에 가둬 예산 및 결과 평가가 획일적으로 진행될 때 과학기술에 근거한 발전은 결코 장기적일 수 없다.

준칙 4. 지나치게 특정 연구에만 일방적으로 예산이 쏠리는 것과 같은 편향을 조심하라. 지나치게 특정 연구에만 예산이 쏠리는 경우, 과학기술은 인기 종목과 비인기 종목으로 양분될 수밖에 없다. 문제는 그 누구도 미래에 필요한 과학기술이 무엇인지 정확히 예측할 수 없으며, 또 설령 예측한다고 할지라도 경제적 이윤을 창출하는 인공물의 탄생은 온갖 지식의 합성을 요구한다.

준칙 5. 과학과 기술의 결합 및 다양한 연구 공간들의 정책적 배열에서 단선적 연결을 피하라. 특정 연구에 일방적으로 예산 및 정책적 관심이 쏠리는 것을 막기 위해서는 과학과 기술의 결합 및 다양한 연구 공간들의 정책적 배열이 다원화되어야 한다. 이러한 연구 공간들의 다원화된 배열 속에서만이 지식의 유기적 연결성이 가능해지는 것이지, 추상적인 지식의 체계에 맞춰 연구 공간들을 배열하려고 하지 말라.

이 다섯 가지 준칙들이 구체적 연구에 직접 적용되는 것은 아니다. 하지만 역으로 현대 과학기술의 가변적 확장 방식이나 그 제어 가능성의 어려움을 인식한다면, 과학기술 정책은 결코 일방적인 매뉴얼을 각 사안에 적용하는 방식이 될 수 없다. 구체적 연구에 대한 예산 책정 및 관리는 그 연구에 그에 걸맞는 특수성을 갖고 있기 때문에, 해당 연구에 대한 구체적이고 세밀한 분석이 필요한 것이다. 그러나 위에서 열거된 준칙들을 체득한 정책가가 과학기술을 다루는 것과 그렇지 않은 정책가가 과학기술을 다루는 것은 판이한 차이를 보일 것이며, 그 차이는 사회 전체에 걸쳐 나타나게 될 것이다.

이제 흥미로운 질문이 남는다. 과연 학술진흥원의 각종 학문 육성 장려 프로그램은 위 준칙들을 만족하는가. 누군가 분과의 수적 증가, 논문 종류의 수적 증가 등을 통계치에 근거해 그렇다고 주장한다면, 나는 이것이야말로 통계의 남용이라고 말할 것이다. 왜냐하면 위 다섯 가지 준칙이 실제 정책으로 구현되었는가는 질적인 문제이며, 질적인 측면에서의 수준 향상을 측정하는 통계적 방법론은 단순히 빈도수 증가나 가감의 방법이 될 수 없다. 그렇다면 그러한 통계적 방법론은 어떤 것인가 이 질문은 본 연구의 범위를 벗어날뿐더러 나 같은 사람이 다뤄야 할 문제가 아니다. 정책가들이 진정으로 열정을 가지고 이 질문에 고민한다면, 먼저 측정에 필요한 변인들을 선별해내야 하는데, 이것은 해당 실무자들의 몫이다. 그리고 아무리 통계가 중요하더라도, 실제 과학기술이 사회 속에서 기능하는 방식에 대해 정책가가 민감하지 못하다면 그 어떤 방법론도 실효성을 거두기 힘들다. 실례로 새로운 연구를 장려한다면서 아예 연구계획서에 필요한 조직구성도가 정해진 경우가 많다. 충격적인 것은 그러한 구성도가 수직상하의 명령 체계에 따라 사람 이름을 집어넣는 방식이라는 것이다. 그러한 방식의 학제간 연구로는 새로운 지식을 탄생시킬 수 없다.[117]

117 이상하(2008), 「19, 20세기 과학의 학제간 연구 정신: 과학 발견의 역사에서 학제간 연구의 의미와 제도의 역할」, 학술연구교수지원 2004-050-A00008.

한국 과학기술 체제의 새로운 전환

> 현대사회의 문제를 해결해가는 과정을 어떻게 과학만으로 감당할 수 있겠는가? 기술, 사회과학, 정치, 철학도 모두 필요할 것이다. 그렇다면 내가 이 글에서 과학을 여전히 유효한 인류의 최대 자산이라고 말했던 것은 무슨 뜻인가? 거기서 과학이란 공공적 지식으로서의 과학이다. 이때 공공적이라는 말은 더불어 진리에 접근해가는 과학의 과정, 그 과정을 관통하는 규범을 뜻하는데, 그런 의미로서의 과학은 사실 민주주의적이며 합리적인 태도 일반과 동의어이다. 그런즉 나로서는 문제에 접근하는 모든 방식에 대해 과학적이기를 주문할 수 있다. 종교적, 이데올로기적, 전통적 사유에 반하여 과학적이기를 요청하는 것이다. 왜? 이유는 간단하다. 실제적 문제를 해결키 위해서는 과학의 공공적 사유 방식—창의적인 동시에 협동적이며 자유롭고 실험적인 정신 이외의 다른 방법이 없어 보이기 때문이다. **이봉재**[118]

세계 각국의 과학기술 체제는 그들이 발전해온 역사적 경로와 시대적 맥락 속에서 성립된 최소한의 합리성을 내포하고 있다. 한국 과학기술 체제 또한 그 나름대로의 합리성을 내재하고 있다고 가정해야 한다. 지

---

118 이봉재(2000), 「지식으로서의 과학」, 〈철학연구〉 49: 217-234.

금까지 한국의 과학기술 체제 개혁이 대부분 실패한 이유는 정치권력이 과학기술 체제에 대해 무지했기 때문이다. 박정희식 체제에서 기원한 한국 과학기술 체제는 군사독재 정권과 민주 정권을 거치면서 독특한 경로를 밟아 왔다.[119] 현재 유지되고 있는 과학기술 체제에 나름대로의 합리성이 있다는 전제하에 박정희식 체제에서 새로운 체제로 전환하는 일은 충분히 가능하다. 가장 늦게 시작된 결별이긴 하지만, 지난 몇 번의 진보 정권하에서 과학기술 체제를 바꾸려는 노력이 존재했기 때문이다. 하지만 그런 노력은 체계적이지 않았고, 과학기술에 대한 도구적 관점에서 실행된 불충분한 시도였다. 앞에서 설명한 '과학적 사회, 사회적 기술'이라는 새로운 체제를 구축하기 위해 필요한 최소한의 물리적 체제, 즉 정부 및 민간 기구의 재편이 필요하다. 다음은 현재 한국 과학기술 체제를 구성하고 있는 기관과 조직의 대략적인 청사진과 각 기관과 조직이 품고 있는 문제점을 요약한 것이다.

과학기술을 포괄하는 미래전략수석실의 설치

한국 과학기술 체제의 가장 큰 특징 중 하나는 뚜렷한 과학기술 컨트롤 타워가 보이지 않는다는 것이다. 현재 한국에서 과학기술 연구 개발의 전략 및 기획을 담당하는 부서는 과학기술정보통신부다. 하지만 과학기술 연구 개발 예산 배분 · 조정권은 과학기술혁신본부에 있고, 예산심의권은 국가과학기술자문회의가 갖고 있다. 즉, 장기적인 연구 개발 전략을 지휘하고 이를 위해 효율적인 예산을 집행할 컨트롤 타워

---

119 그 경로는 이 글의 가장 처음에 소개되었다.

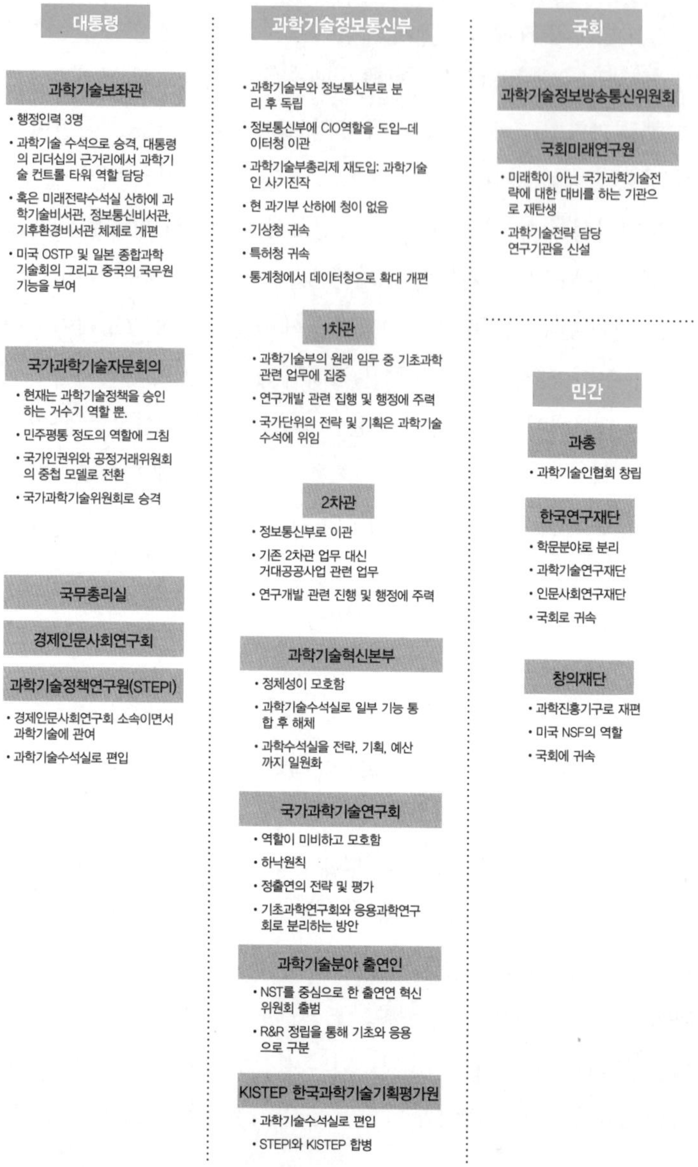

대통령

과학기술보좌관
- 행정인력 3명
- 과학기술 수석으로 승격, 대통령의 리더십의 근거리에서 과학기술 컨트롤 타워 역할 담당
- 혹은 미래전략수석실 산하에 과학기술비서관, 정보통신비서관, 기후환경비서관 체제로 개편
- 미국 OSTP 및 일본 종합과학기술회의 그리고 중국의 국무원 기능을 부여

국가과학기술자문회의
- 현재는 과학기술정책을 승인하는 거수기 역할 뿐.
- 민주평통 정도의 역할에 그침
- 국가인권위와 공정거래위원회의 중첩 모델로 전환
- 국가과학기술위원회로 승격

국무총리실

경제인문사회연구회

과학기술정책연구원(STEPI)
- 경제인문사회연구회 소속이면서 과학기술에 관여
- 과학기술수석실로 편입

과학기술정보통신부
- 과학기술부와 정보통신부로 분리 후 독립
- 정보통신부에 CIO역할을 도입–데이터청 이관
- 과학기술부총리제 재도입: 과학기술인 사기진작
- 현 과기부 산하에 청이 없음
- 기상청 귀속
- 특허청 귀속
- 통계청에서 데이터청으로 확대 개편

1차관
- 과학기술부의 원래 임무 중 기초과학 관련 업무에 집중
- 연구개발 관련 집행 및 행정에 주력
- 국가단위의 전략 및 기획은 과학기술 수석에 위임

2차관
- 정보통신부로 이관
- 기존 2차관 업무 대신 거대공공사업 관련 업무
- 연구개발 관련 진행 및 행정에 주력

과학기술혁신본부
- 정체성이 모호함
- 과학기술수석실로 일부 기능 통합 후 해체
- 과학수석실을 전략, 기획, 예산까지 일원화

국가과학기술연구회
- 역할이 미비하고 모호함
- 하낙원칙
- 정출연의 전략 및 평가
- 기초과학연구회와 응용과학연구회로 분리하는 방안

과학기술분야 출연인
- NST를 중심으로 한 출연연 혁신위원회 출범
- R&R 정립을 통해 기초와 응용으로 구분

KISTEP 한국과학기술기획평가원
- 과학기술수석실로 편입
- STEPI와 KISTEP 합병

국회

과학기술정보방송통신위원회

국회미래연구원
- 미래학이 아닌 국가과학기술전략에 대한 대비를 하는 기관으로 재탄생
- 과학기술전략 담당 연구기관을 신설

민간

과총
- 과학기술인협회 창립

한국연구재단
- 학문분야로 분리
- 과학기술연구재단
- 인문사회연구재단
- 국회로 귀속

창의재단
- 과학진흥기구로 재편
- 미국 NSF의 역할
- 국회에 귀속

그림 17 **한국 과학기술체제의 구조와 문제점 분석**

한국 과학기술 체제를 한 눈에 보여주는 도식은 어디에서도 찾을 수 없다. 이 그림은 내가 지난 십여 년간 한국의 과학기술정책 보고서와 논문 그리고 책을 통해 독학해 그린 한국 과학기술 체제의 현재 상태다. 그림에서 한 눈에 보이듯이, 한국 과학기술 체제에는 컨트롤타워는 물론 그 어떤 통일성도 찾아볼 수 없다.

가 산재해 있다는 것이다.[120] 과학기술정보통신부는 행정부처로 과학기술 연구 개발의 집행 및 행정에 최적화되어 있는 곳인데, 현재 전략 수립 및 기획의 역할까지 맡고 있는 데다, 과학기술 전략의 리더십을 쥐어야 할 청와대에 인원 네 명 남짓만 휘하에 둔 과학기술보좌관 한 명 뿐인 상황에서 대통령 리더십을 중심으로 한 과학기술 전략이 일사불란하게 지휘될 수 없는 구조다. 과학기술 체제에서 가장 중요한 부분은 장기적이고 체계적인 전략의 수립이다. 하지만 한국의 과학기술 체제에서는 전략 수립 및 기획의 기능이 행정 및 집행 부처에 집중되어 있고, 전략 및 기획 단계에서 가장 중요한 예산 관련 기능 또한 여기저기 산재되어 있어 통일된 전략의 수립이 불가능하다.

국가 과학기술 전략의 중추는 청와대로 옮겨야 한다. 특히 한국처럼 대통령의 권력이 비정상적으로 강력한 국가에서 과학기술 전략의 컨트롤 타워는 당연히 청와대에 있어야 한다. 특히 미국과 일본의 과학기술 체제를 다방면으로 모방 및 수입해온 한국이 같은 대통령제 국가인 미국의 과학기술 컨트롤 타워이자 백악관 대통령 직속으로 운영되는 OSTP 및 일본 종합과학기술위원회의 장점을 취하지 않는 건 이해하기 어려운 일이다. 과학기술수석을 청와대 정책실 산하에 설치하고, 청와대 과학기술수석이 종합적이고 장기적인 국가과학기술 전략 기구의 역할을 맡는 것이 가장 효율적인 대안으로 보인다. 특히 강력한 과학기술 컨트롤 타워를 원했던 과학기술계의 염원을 이뤄주는 수석실의 설치는,[121] 과학기술계를 동반자로 국정을 이끌어가는 핵심적인 주춧돌이 될 것이다.

---

120 과학기술혁신본부의 정체성이 모호하다는 지적은 계속해서 나오고 있다. 최형창(2019), 「R&D 컨트롤타워 과기혁신본부 부활시켰더니 되레 '패싱' 논란」, 〈세계일보〉 2019년 10월 15일 자.

121 길애경(2017), 「文 정권, 왜 과학은 보좌관인가? "위상강화 필요"」, 〈대덕넷〉 2017년 5월 14일 자.

수석실의 지위는 비서관의 숫자와 직결된다. 현재 청와대 수석실의 비서관실 명칭을 보면 과학기술과 관련된 지위는 단 하나도 보이지 않는다.[122] 과학기술수석실의 비서관은 전략을 집행할 과학기술부의 조직과 일관성 있게 구성해야 전략 기능에 효율성이 담보될 수 있다. 비서관실로는 우선 '기초원천연구', '거대공공연구', '국가 과학기술 전략'을 만들어 과학기술부의 1차관실 업무와 일치시키고, 과학기술혁신본부의 업무를 '국가과학기술 전략' 비서관 산하로 흡수해, 전략 기획부터 예산의 분배 및 조정까지 수석실이 책임지고 수행할 수 있도록 한다.

물론 과학기술수석실의 설립이 국가 운영에서 지나치게 협소한 분야를 다룬다는 비판이 있을 수 있다. 이 경우 과학기술수석실 대신 미래전략수석실을 두고 산하에 과학기술비서관실을 두는 방안을 생각해볼 수 있다. 역설적으로 박근혜 정부에서는 미래전략수석실 산하에 과학기술 비서관실, 정보방송통신 비서관실, 기후환경 비서관실이 존재했고, 과학기술 담당이 보좌관이 아닌 비서관이었다. 즉, 문재인 정부에서 청와대의 과학기술 담당 조직은 오히려 축소된 것이다. 과학기술수석의 설치가 부담스럽다면, 청와대에 미래전략수석실을 설치하고 이 조직을 과학기술의 컨트롤 타워로 만드는 방안을 제안한다. 이 경우 정보통신 분야가 미래전략수석실에 함께 들어올 수 있고, 기후환경 분야도 들어올 수 있어, 국가미래전략에 대한 큰 그림을 그리는 진정한 과학기술 중심의 컨트롤 타워를 운영할 수 있을 것이다.

과학기술부와 정보통신부는 노무현 정부 시절처럼 분리해 운영하는 것이 여러모로 효과적이다. 이 경우 청와대 내에 정보통신보좌관직을

---

122 청와대 비서관실 중에 과학기술보좌관을 제외하고 과학기술과 관련된 직위가 단 하나도 없다는 사실은 한국 정부가 국가과학기술정책을 어떻게 생각하는지 보여주는 상징적인 사례다.

신설하여 이 보좌관이 청와대의 디지털 정보를 관리하고, 분리된 정보통신부의 CIO 기능이 청와대와 공명할 수 있도록 부처와 청와대 사이를 조율하는 역할을 맡으면 좋을 것이다. 현재의 청와대는 디지털소통센터를 국민소통수석 산하에 두고 있어, 세계 각국 정부의 디지털 혁신 움직임에 제대로 대처하지 못하고 있다. 정보통신보좌관은 대만의 디지털특임장관 탕펑처럼 현장 개발자 출신을 임명, 청와대의 디지털 혁신과 정보통신부를 통한 정부의 디지털 혁신을 주도하도록 해야 한다.

과학기술과 정보통신의 분리–과학기술부총리 제도 부활–기상청, 통계청, 특허청

2021년 현재 문재인 정부의 과학기술 관련 주무부처는 과학기술정보통신부이다. 정보통신이 과학기술과 대등하게 부처의 이름이 된 건 2013년 출범한 박근혜 정부가 김영삼-김대중-노무현 정부시절 과학기술부와 정보통신부로 나누어 놓았던 두 부처를 미래창조과학부라는 이름으로 합쳐놓았기 때문이다. 실제로 문재인 정부는 미래창조과학부의 명칭만 변경했을 뿐, 과학기술과 정보통신이라는 두 부처의 융합에는 동의한 셈이다. 하지만 어떻게 보면 과학기술부의 업무와는 이질적인 정보통신 업무를 하나의 부처 아래 묶어 놓은 것이 좋은 선택인지는 여전히 미지수다.[123] 특히 ICT와 모바일산업, 우편업무 등을 담당하던 정보통신부의 주요 업무는 국가의 연구 개발을 주도하던 과학

---

123 실제로 이 두 부처가 잘 화합하고 있는지에 대한 평가는 아직 내려지지 않았다. 과학기술정보통신부 장관이 정보통신 업무 때문에 과학기술에는 신경쓰지 못한다는 이야기가 나오는 상황이다. 김영섭(2018), 「[ANDA 칼럼] 과학기술 · 정보통신, 가까이 하기엔 너무 먼 당신?」, 〈뉴스핌〉 2018년 7월 16일 자.

기술부보다는 오히려 산업자원부의 업무와 가까워 보이는 것도 사실이다. 문재인 정부 또한 미래창조과학부에서 과학기술정보통신부라는 업무 중심의 이름을 지으면서, 두 부처를 다시 나누려는 방안을 고민했던 것 같다.[124]

과학기술정보통신부를 노무현 정부 시절처럼 과학기술부와 정보통신부로 분리하는 방안이 현재로서는 가장 현실적이고 자연스러운 방향의 정부조직 개편안이다. 국가 연구 개발 체제를 기획하고 운영해야 하는 과학기술부의 업무와 ICT산업의 미래를 기획하고 관련 기업의 이해관계를 조정해야 하는 정보통신부의 업무는 거의 겹치지 않는다. ICT산업의 연구 개발이 필요하다면 해당 기업이나 연구기관은 과학기술부를 통해서 연구개발비를 지원받을 수 있기 때문이다. 특히 과학기술정보통신부 산하에선 방송통신위원회의 업무와 부처의 업무가 중첩되고 엇박자를 낸 적도 있고,[125] 과학기술정보통신부장관의 업무에서 5G나 우정사업본부처럼 정보통신이 차지하는 비중이 줄면 과학기술부장관이 국가연구개발사업의 큰 그림을 그리고 정책의 일관성과 깊이를 더할 수 있게 될 것이다. 이 과정에서 반드시 해결해야 할 부분은 우정사업본부를 행정안전부 소속으로 이관하는 것이다. 우정사업본부의 업무 특성상, 이 부처가 과학기술부나 정보통신부 산하에 있을 이유가 전혀 없다.

과학기술부를 분리해 이 부처를 국가과학기술 전략의 실행 및 행정 총괄 기구로 삼고, 노무현 정부 시절의 과학기술부총리제를 부활, 과학기술인의 사회적 지위를 보장하는 행정조직을 구성한다면 과학기

---

124 〈연합뉴스〉, 「미래부→과학기술정보통신부… 9년 만에 '정보통신' 표현 부활」, 〈사이언스타임즈〉 2017년 7월 21일 자.

125 임화섭(2018), 「과기정통부-방통위 ICT 정책 잇단 엇박자 '어리둥절'」, 〈연합뉴스〉 2018년 1월 15일 자.

술인 40만 명을 정부의 동반자로 혁신을 함께 도모할 수 있게 될 것이다. 과학기술부장관의 부총리급 승격과 동시에, 기존의 제1차관실을 기초원천연구의 새로운 제1차관실과, 거대공공연구의 새로운 제2차관실로 확대 개편해 청와대 과학기술수석실 혹은 과학기술비서관실과 공조를 맞춘다.

현재 과학기술정보통신부 내에는 단 하나의 청도 존재하지 않는다. 중앙정부 산하에 산재되어 있는 청들 가운데 기상청의 경우 원래 과기처 산하의 중앙관상대였던 것이 현재는 환경부 산하로 이전되어 있다. 기상청의 업무가 빅데이터와 인공지능 등 과학기술부의 업무와 밀접하게 연관되어 있고, 기상청의 주요 임무가 첨단과학기술을 이용해 최대한 정확하게 기상을 예측하는 것이라고 할 때, 현재 환경부 산하에 속해 있는 기상청은 이러한 목적을 달성하기 어려운 구조다. 기상청은 다시 과학기술부로 귀속되어야 한다. 특허청의 경우에도 대부분의 특허가 과학기술계와 이와 연관된 산업계에서 등장한다는 점을 생각해보면 현 산업통상자원부 산하의 특허청이 맞는지, 아니면 과학기술부로의 이전이 맞는지 논의해볼 여지가 있다.

현재 통계청은 기획재정부 산하에 있는데, 빅데이터 시대와 첨단과학기술 시대를 대비해 데이터청으로 확대 개편해야 한다는 논의가 정치권에서 활발한 실정이다.[126] 이 경우 데이터청의 귀속은 기획재정부보다는 과학기술부 산하로 옮겨 과학기술부의 미래전략 기능과 공조하도록 만드는 것이 국가의 장기적인 발전 전략을 세우는 데 더욱 효율적일 수 있다. 현재의 기획재정부 산하의 통계청 산하에서는 현장 개발자나 빅데이터 전문가 등이 효율적으로 업무에 투입되기 어려운

---

126 황민규(2020), 「데이터 경제시대… 韓은 '데이터청', 美는 '범정부 총력전'」, 〈조선비즈〉 2020년 6월 12일 자.

구조이며, 기획재정부가 사용하기 위한 목적으로 통계청을 활용하는 현재의 소극적 방식은 정부데이터를 민간과 함께 활용하는 데 오히려 방해가 되고 있다. 만약 통계청의 역할이 여전히 필요하다고 생각될 경우 통계청은 그대로 두고 데이터청을 신설하는 방안도 논의해볼 수 있다. 단, 이 경우 데이터청은 과학기술부와 분리된 정보통신부 산하로 둘 것을 추천한다.

과학기술부와 분리된 정보통신부는 국가 CIO Chief Information Office로 만들어야 한다. 현재 대만이나 싱가포르 등은 디지털 정부를 만들기 위해 다방면의 노력을 경주하고 있는데, 정보통신부의 기능을 국가 정보의 디지털화 및 국가 정보를 데이터로 만들어 정부의 디지털 혁신을 주도하는 것으로 만들 수 있다면, 한국도 뒤처진 정부 디지털 혁신을 금방 따라잡을 수 있을 것이다. 이런 정보통신부의 기능을 위해 현 과학기술정보통신부의 제2차관실을 확대 개편하고 정보통신부 산하에 데이터청을 두어, CIO라는 역할의 컨트롤 타워가 될 수 있도록 하는 것이 가장 효과적인 정보통신부의 역할이 될 것이다. 또한 청와대에 신설되는 정보통신보좌관과 공조해, 정보통신부는 정부-부처-공무원 전체의 디지털 혁신을 주도하는 집행부처로 재탄생해야만 할 것이다.

국가과학기술자문회의의 기능 확대 및 국가과학기술위원회로의 격상–과학적사회위원회의 설치–'과학적 사회'를 위한 과학적 근거에 대한 권고 기능

현재 예산 심의 기능만을 하고 있는 국가과학기술자문회의는 국가 과학기술 컨트롤 타워의 기능을 전혀 수행하지 못하는 자문위원회로, 정체성이 모호하고 그 성과 또한 과학기술계에서 신뢰받지 못하는 형국이다. 국가 과학기술 예산의 심의 기능은 원래 국회가 하면 되는 것으로, 이를 자문회의라는 기구에서 하는 건 업무 중복 및 과학기술인에 대한 생색내기 이상의 기능이 없다. 특히 대통령이 의장임에도 거의 참여하지 않는 자문회의 자체에 대한 회의론이 대부분의 과학기술인에게 퍼져 있으며, 따라서 국가과학기술자문회의는 뚜렷한 일을 하는 조직으로 재탄생할 필요가 있다.[127]

이를 위해 국가과학기술자문회의를 국가과학기술위원회로 격상하고 국내외의 저명한 과학기술인을 위원장 및 위원으로 선임해 청와대 과학기술수석실 · 미래전략수석실의 전략 및 기획을 심의하고 자문하는 역할을 담당하도록 하는 것이 효율적인 조직개편안으로 보인다. 국가과학기술위원회는 노무현 정부가 추진하던 방식으로, 이명박 정부가 도입했으나 불명확한 철학으로 실패한 전력이 있다.[128] 이는 국가과학기술위원회의 기능을 정확히 명시하지 않았기 때문이다. 국가과학기술위원회는 민주평화통일자문회의 모델에서 공정거래위원회와 국가인권위원회 모델로 바뀌어야 한다. 현장 과학기술인의 의견을 모아 청와대 미래전략수석실의 업무를 자문하고, 심의하는 기능을 국가과학기술위원회만이 할 수 있는 특유의 기능을 찾고 그 기능에 대한 집행권과 연구 및 권고의 기능을 부여해야 한다.

이를 위해서 국가과학기술위원회 내에 '과학적근거위원회'를 설치하고 국가의 정책 시행 및 법안 등에 필요한 과학적 근거를 마련하기 위한 진정, 조사, 및 권고 기능을 담당하게 하고, 또한 사회 공공의 여러 문제에 필요한 과학적 근거를 제공하거나, 사회 공공의 이익을 해치는 비과학적 사건 사고에 대한 감시 및 견제 기능을 담당하도록 한

---

127 〈연합뉴스〉, 「미래부→과학기술정보통신부… 9년 만에 '정보통신' 표현 부활」, 〈사이언스타임즈〉 2017년 7월 21일 자.

128 한국민족문화대백과사전, "국가과학기술위원회" 항목 (http://encykorea.aks.ac.kr/Contents/Item/E0068987).

다. '과학적근거위원회'는 앞에서 언급한 '과학적 사회'의 철학이 구현되는 플랫폼으로, 과학적 합리성이 한국 사회를 좀 더 건강하고 합리적인 곳으로 만들 수 있는 정초를 제공하는 것을 목표로 한다. 과학적근거위원회의 모델은 국가인권위원회로 하고, 그 조직은 처음에는 국가과학기술위원회 산하로 두었다가 그 역할의 재정립과 확대가 필요하다고 생각할 때 국가인권위원회처럼 대통령 직속의 독립기관으로 만드는 방안을 고려한다. 또한 과학적근거위원회에 공정거래위원회 같은 법 집행 기능을 부여하여 공익을 해치는 비과학적인 사건 사고 등에 적극적으로 개입할 수 있는 근거를 마련할 필요가 있다.

국가과학기술연구회 NST의 역할 재조정–출연연의 구조조정–연구 동기에 따른 NST의 분리–'이태규연구회 혹은 세종과학연구회'와 '이승기연구회 혹은 영실기술연구회'

국가과학기술자문회의와 더불어 과학기술계에서 존재감이 거의 없는 조직이 바로 국가과학기술연구회NST다. NST는 독일의 연구회 체제를 큰 고민 없이 한국에 들여왔다가 기능이 모호해진 대표적인 사례로, 원래는 과학기술과 관련된 출연연을 관리하고 평가하는 기능을 해야 하지만 출연연의 직속 상부 기관이 과학기술정보통신부인 관계로 거버넌스가 전혀 공조되지 않는 특징을 보여준다.

독일 연구회 체제를 본따 만든 최초의 세 개 연구회 체제가 결국 하나로 합쳐진 이유는 연구회의 기능이 딱히 두드러지거나 필요해 보이지 않았기 때문이다. 독일 연구회 체제의 핵심은 국가로부터 독립적이고 자유로운 연구 체제의 보장인데, 한국의 연구회 체제는 정권이 바뀔 때마다 소속이 변하고 직제가 변하는 등 독일의 연구회 체제와는

	막스플랑크 연구회	프라운호퍼 연구회
설립	• 1948년 • 1911년 설립되었던 카이저빌헬름연구회(KWG)의 후신으로 설립 • 중앙정부의 연구기관으로 설립	• 1949년 • 신규설립 • 지방정부의 연구기관으로 설립되어 전국적인 연구조직으로 변환
본부 위치	• 바이에른 주의 뮌헨	
미션	• 기초과학의 진흥	• 응용연구의 진흥
연구영역	• 기초과학의 신규분야 • 연구예산, 연구기간 등으로 인해 대학이 수행하기 어려운 기초과학 분야 • 연구를 통해 전문 신규 인력의 육성이 가능한 분야	• 산업계, 특히 중소기업의 기술경쟁력 강화 • 연구지원, 특허 등 연구 서비스 분야 • 공공적인 정책수요에 대한 충족
법인격	• 연구회만 가지고 있으며 산하 연구소들은 법인격 없음 • 연구소들은 연구소 규정을 가지고 있음	
연구소 분포	• 전국적으로 골고루 분포되어 있음	
기타 특징	• 설립 초기부터 국제화 전략의 추구 • 학문적 동기에 의한 국제화 전략 추구	• 1990년대 중반 이후 국제화 전략의 추구 • 기업가적 동기에 의한 국제화 전략 추구

표 1 독일연구회의 일반적 특징[129]

정반대의 길을 걸어왔다.

현행 NST 체제를 개혁하는 가장 손쉬운 방법은 과학기술정보통신부가 아닌 NST 산하로 모든 출연연을 이관하는 것이다. 현재 각 출연연 원장은 자동으로 NST 이사가 되며 연구회가 아닌 과학기술정보통신부에 소속되어 부처의 지시를 받기 때문에, NST는 중간에서 이도저

129 정선양(2003), 「독일 연구회 체제와 시사점」, STEPI 포럼 발제자료, 2003년 7월 4일.

도 아닌 모호한 역할을 담당할 뿐이다. 만약 독일식의 자율적이고 혁신적인 연구회 체제의 도입을 원한다면 과학기술 관련 출연연 모두를 NST 산하로 이전하고, NST 이사장을 과학기술인들 모두의 존경을 받는 인물로 선정해야 한다. 독일 연구회 체제를 움직이는 핵심 철학은 '하르나크 원칙'이고, 하르나크 원칙은 연구회가 과학기술계에서 존중받는 인물에 의해 지휘되어야 한다는 최소한의 원칙이기 때문이다. 실제로 현재 경제인문사회연구회는 국무총리실 산하의 독립기관으로 운영되고 있으므로 국가과학기술연구회 역시 총리실 산하로 이동하는 방안을 생각해볼 수 있다.

독일의 연구회 체제에서 한국 출연연과 가장 비슷한 연구회는 막스플랑크 연구회와 프라운호퍼 연구회다. 한국의 과학기술 역사에서 출연연은 그 시작부터 중요한 역할을 담당해왔지만 2000년 이후 대학이 급격히 성장하면서 현재는 그 정체성을 재고해야 할 시점에 이르렀다.[130] 현재 한국의 출연연은 학문적 동기도 아니고 기업가적 동기도 아닌 그 중간의 애매모호한 지대에서 연구 개발을 진행하고 있으며, 최근 코로나19 사태에서 드러났듯이 실제 투입된 연구 개발 예산의 대부분이 그 목적에 부합하는 연구기관으로서의 기능을 거의 상실한 것으로 보인다.[131]

현재 출연연이 정체성을 찾지 못하는 가장 본질적인 이유는 연구의 동기가 확연히 다른 서로 다른 성격의 출연연이 산재해 있기 때문이며, 출연연을 중심으로 과학기술계가 성장하던 산업화 시기에 우후죽순으로 분야에 맞춰 출연연을 난립했기 때문이다. 이제라도 출연연은

---

130 출연연 개혁은 현재 과학기술계의 가장 골치 아픈 문제로 떠오르고 있다. 송혜영(2016), 「[출연연 대개혁] 5. 혁신을 위한 10대 제언」, 〈전자뉴스〉 2016년 7월 24일 자.

131 길애경(2020), 「연구비는 밑 빠진 독?…1천억 투입에 제품화 단 1건」, 〈대덕넷〉 2020년 4월 1일 자.

독일의 경우처럼 목적에 맞게 두 분야로 나누어 관리할 필요가 있다. 즉, 학문적 동기에 의해 연구를 수행하는 출연연을 막스플랑크 연구회처럼 기초과학연구회로 묶어 연구회의 미션을 기초과학의 진흥으로 정립하고, 기업가적 동기에 의해 연구를 수행하는 출연연을 프라운호퍼 연구회처럼 응용기술연구회로 묶어 응용연구의 진흥을 미션으로 정립하는 방안이다.[132]

현재 국가과학기술위원회에 소속되어 있는 연구기관은 총 25개다. 이 중 '기초과학연구회'로 묶어 관리할 수 있는 연구기관은 다음과 같다.

> 한국과학기술연구원KIST(일부), 한국기초과학지원연구원(일부), 한국천문연구원, 한국생명공학연구원(일부), 한국과학기술정보연구원KISTI, 한국화학연구원(일부)+기초과학연구원IBS, 고등과학원, 한국뇌연구원

나열된 연구기관 외에 기초과학연구원IBS, 고등과학원, 한국뇌연구원을 모두 기초과학연구회 산하로 묶고, 이들 연구기관과 과학기술부 산하에 속해 있는 과학기술교육기관인 한국과학기술원KAIST, 대구경북과학기술원DGIST, 울산과학기술원UNIST, 광주과학기술원GIST, 한국과학영재학교, 과학기술연합대학원대학교 간의 상호 협력을 증진시키는 방안을 구상해야 한다. 나는 이렇게 새로 묶인 연구회의 이름을 '기초과학연구회'보다는 '이태규연구회'로 부를 것을 제안하는데, 독일 막스플랑크 연구회처럼 저명한 과학자의 원칙인 하르나크 원칙이 지켜지기를 바라기 때문이다.

---

132 정권의 철학이 허락한다면 독일식 명칭을 본따 한국 해방정국에서 기초와 응용으로 가장 유명했던 구 과학기술자의 이름을 따 기초과학연구회를 '이태규연구회'로, 응용과학연구회를 '이승기연구회'로 이름 짓고, 통일에도 대비하는 방안을 생각해볼 필요가 있다.

'응용기술연구회'는 다음 기관들을 하나로 묶는다.

> 한국한의학연구원, 한국생산기술연구원, 한국전자통신연구원, 한국건설기술연구원, 한국철도기술연구원, 한국표준과학연구원, 한국식품연구원, 한국지질자원연구원, 한국기계연구원, 한국항공우주연구원, 한국에너지기술연구원, 한국전기연구원, 한국원자력연구원, 한국화학연구원(일부), 한국생명공학연구원(일부), 한국기초과학지원연구원(일부)

특히 이들 중 국가 전략 차원의 연구 개발이라는 과학기술부의 기능과 큰 관련성이 없는 연구원은 소관 부처로 이관하는 방안을 생각해볼 필요가 있다. 그 대표적인 예로 한국한의학연구원은 보건복지부 산하로, 한국전자통신연구원은 새로 만들어질 정보통신부 산하로, 한국건설기술연구원과 한국철도기술연구원은 국토교통부 산하로, 한국식품연구원은 식품의약품안전처 산하로 이관시키는 것을 고려하고, 프라운호퍼 연구회처럼 빠르게 발전하는 현대 과학기술에 대처할 수 있는 다양한 연구 분야를 신설해 운영할 필요가 있다. 나는 이렇게 신설된 연구회에 해방 이후 남한에서 연구하다가 미군정의 국대안 파동으로 월북한 한국 최고의 화학공학자 이승기 박사의 이름을 따 '이승기연구회'라는 이름을 제안한다. 이태규와 이승기는 해방정국에서 세계적 수준에 이른 몇 안 되던 한국 과학자의 이름이고, 이들 중 한 명은 미국으로, 한 명은 북한으로 이주했던 비극적인 역사를 기억하자는 의미이기도 하다. 이러한 작명은 통일 시대를 대비하는 정무적 의미에서도 고려해볼 만한 가치가 있다.[133]

---

133 김근배(2008). 「남북의 두 과학자 이태규와 이승기: 세계성과 지역성의 공존 모색」, 〈역사비평〉 82: 16-40. 만약 '이승기연구회'에 대한 반발이 심하다면, 기초과학연구회를 '세종과학연구회'로, 응용과학연구회를 '영실기술연구회'로 지어도 무방하다. 한국에는 근대 이후 세계적 수준에서 막스플랑크나 프라운호퍼처럼 저명한 과학자로 부를 만한 과학기술인이 부재하기 때문이다.

독일의 경우 연구회가 독일 각지에 퍼져 있지만, 한국의 경우 연구의 효율성과 관리의 효율성이 떨어질 위험성이 있다. 이미 대부분의 출연연이 대전 및 세종으로 이전한 상태이고, IBS를 제외한 대부분의 출연연이 대전 지역에 위치하고 있으므로 연구회는 대전과 세종 지역에 집중해 건설하는 방안을 추천한다. 그렇게 되면 행정수도 이전과 더불어 과학기술중심사회라는 어젠다가 자연스럽게 대전 및 세종 지역으로 이동하는 부수 효과를 누릴 수 있다.[134]

한국연구재단의 분리: 과학기술연구재단과 인문사회연구재단

현재 한국 연구지원사업 추진 체계의 가장 큰 문제점은 인문사회 분야의 연구지원과 과학기술 분야의 연구지원이 한국연구재단이라는 단일한 창구를 통해 집행되고 있다는 점이다. 또한 한국연구재단과 국가과학기술연구회 및 경제인문사회연구회가 공조하지 못하기 때문에 서로 성격이 다른 연구 분야가 획일적으로 집행되면서 나타나는 불만이 누적되어 있다. 특히 인문사회 분야 연구자들은 통합 연구재단의 출범 뒤 인문사회 분야에 대한 지원이 취약해졌다는 생각이 강하며, 이러한 불만은 여전히 지속되고 있다.[135]

한국연구재단은 현재 과학기술정보통신부와 교육부의 예산으로 사업을 시행하고 있다. 과학기술 분야와 인문사회 분야 또한 그 두 부처로 확연하게 구분되는 경향이 강하다. 캐나다의 경우에도 과학기술 분

---

134 특히 최근 오창방사광가속기의 청주 인근 설립으로 한국 과학기술의 메카를 국가균형발전의 관점에서도 서울에서 대전 지역으로 옮겨올 수 있는 절호의 기회가 생겼다.

135 최원형(2010), "통합 연구재단 출범 뒤 인문 · 사회 지원 취약해져", 〈한겨레〉 2010년 9월 29일 자.

야를 담당하는 NSERC과 의생명및 보건의료를 담당하는 CIHR, 그리고 인문사회과학 분야를 담당하는 SSHRC가 나뉘어 있으며, 이러한 연구지원 체계의 분리는 각각의 학문 생태계에 독자적인 연구지원 방식을 개발하고, 현장 연구자들의 의견을 수렴하기에 더 나은 방식이며, 대부분의 선진국이 채택하고 있는 방식이기도 하다. 한국연구재단을 '과학기술진흥재단'과 '인문사회진흥재단'으로 분리하고 독립적인 연구지원 체계를 갖추는 방안이 장기적인 학술 생태계 발전에 더욱 효과적일 것이라 생각한다.

현재 한국연구재단은 준정부기관으로 위탁집행형 사업만을 수행하고 있다. 이는 한국연구재단이 미국의 NSF처럼 독립적으로 연구과제를 설정하거나 기획할 수 없다는 뜻이기도 하다.[136] 한국연구재단에 위탁을 주는 기관은 과학기술정보통신부와 교육부로, 대부분의 연구예산은 이 두 부처로부터 출자되며 연구과제 또한 이 두 부처에서 이미 결정되어 하달되는 경우가 대부분이다. 즉, 한국연구재단은 독자적인 사업을 기획하기보다는 위탁사업을 수행하는 기관으로 저평가되어 있다는 뜻이다. 하지만 미국의 NSF, 캐나다의 NSERC 및 SSHRC, 일본의 과학진흥기구JST 등은 모두 정부 부처와는 독립적으로 연구과제를 설정하고 지원하는 구조를 갖추고 있다.[137]

연구비를 지원하는 기관, 즉 연구재단이 과학기술 연구과제 기획 및 전략을 수립하는 구조는 선진국 대부분이 과학기술 연구의 자율성과 창의성을 위해 채택하고 있는 제도이다. 한국도 대학을 중심으로 하는 과학기술 연구는 청와대 과학기술수석을 중심으로 하는 컨트롤 타워와 교감을 바탕으로, 한국연구재단이 독립적인 컨트롤 타워 역할을

136 한국연구재단 재단소개 주요 역할(https://www.nrf.re.kr/cms/page/main?men u_no=99).

137 뉴문(2020), 「[글로벌하게 배워보는 과학기술정책 이야기] 글로벌 연구지원기관-미국 국립과학재단(NSF)」, BRIC Bio통신원 2020년 3월 26일 자.

해야 할 필요가 있다.

따라서 나는 한국연구재단을 과학기술연구재단과 인문사회연구재단으로 분리하고, 이들을 위탁집행형 사업기관이 아닌, 대학 및 민간을 중심으로 운영되는 연구과제를 기획하고 이를 수행하는 독립적인 연구지원기구로 만들 것을 제안한다. 이 경우 청와대 과학기술수석실을 핵심으로 하는 컨트롤 타워는 연구회와 출연연 등이 수행하는 국가기반의 공공연구사업을 기획하는 중심이 된다. 이렇게 구조를 조정하면, 국가개발전략에 필요한 과학기술연구 개발은 청와대 과학기술수석실을 중심으로 일사분란하게 하향식 구조로 수행될 수 있고, 장기적인 관점에서 모험적인 연구를 진흥하고 창의성과 자율성을 중시해야 하는 대학과 민간의 연구는, 과학기술진흥재단과 인문사회진흥재단을 중심으로 상향식 혹은 연구자 주도 과제 방식으로 집행이 가능해진다. 나는 이를 위해 현재의 연구재단을 미국 NSF처럼 독립기구로 만들어 정부와 국회가 동시에 운영하며, 국회를 상대로 직접 예산을 신청하고 지원받는 기관으로 탈바꿈시켜야 한다고 생각한다.

과학기술정책 지원기구의 재조정

현재 STEPI와 KISTEP, KISTI 등으로 난립되어 있는 과학기술정책 지원기구를 모두 통합, 청와대 과학기술수석실로 편입시킨다. 이 과정에서 현재 이들 정책 지원기구에서 가장 부족한 부분으로 여겨지는 과학기술 현장 중심성을 보완하기 위해 현장에서 훈련받은 과학기술인과 과학기술정책 전문가의 협업을 증진시키는 방안을 과학기술수석실 내에서 만들어나갈 필요가 있다.

지금까지 한국 과학기술정책 지원기구가 현장 과학기술인으로부터

큰 신뢰를 받지 못했던 이유는 현장과 괴리된 정책의 제안과 기획평가 방식 때문이었기 때문이다.[138]

과총에서 과협으로

한국과학기술단체총연합회(과총)는 박정희 시대 과학기술 체제의 마지막 적폐다. 과총은 정치에 종속된 과학기술 체제의 상징적인 사례인데, 박정희 시대 새마을운동을 통해 정치적 권력을 얻은 이들은 과학기술계의 발전보다 개인의 정치적 야망을 달성하기 위한 어용 단체로 과총을 전락시킨 지 오래다. 특히 과총은 과학기술인 개인을 회원으로 받는 민주적 운영기구가 아니며, 과총의 원로 또한 과학기술계의 존경을 받지 못하는 이들로 구성되어 있음에도 대부분의 정권은 과총을 통해 과학기술 자문을 받는 등 과학기술 체제의 가장 뿌리깊은 적폐로 자리잡고 있다.[139] 과총은 과학기술단체를 육성하고, 과학기술인의 사회참여 확대 및 역할 강화, 권익 신장을 도모한다는 목표에 부합하는 역할을 하지 못했고, 오히려 과학기술계를 은퇴한 원로의 노인정이 되어 학문 후속 세대의 목소리를 대변하기는커녕, 그들을 압박하고 시대에 거스르는 정책만을 조언하는 꼰대 가득한 조직으로 타락해버렸다. 더 이상 과총이 한국 과학기술인을 대변하는 단체로 남게 해서는 안 된다.

미국과 일본 및 영국 모두 과학기술인이 자체적으로 만든 협회가 존재한다. 한국도 과학기술인협회가 만들어질 시기가 훨씬 지났지만, 과

---

138 김우재(2018), 「[아! 한국 사회] 과학의 1987」, 〈한겨레〉 2018년 1월 8일 자.

139 김우재(2018), 「[아! 한국 사회] 과총과 한인회」, 〈한겨레〉 2018년 6월 25일 자; 김우재(2017), 「[야! 한국 사회] 박정희와 과학 원로들」, 〈한겨레〉 2017년 8월 14일 자; 김우재(2019), 「[과학협주곡 2-39] 신임 과총 회장님께」, BRIC Bio통신원 2019년 4월 25일 자.

총을 비롯한 박정희식 과학기술 체제에 중독된 과학기술계 원로들 때문에 아직도 과학기술인협회가 만들어지지 못하고 있다.[140] 이제 한국의 과학기술인에게도 정치권력과 평등하게 과학기술인의 권익과 사회적 지위를 위해 싸울 단체가 필요하다. 과학기술인협회는 의협이나 변협처럼 과학기술인의 권익과 사회적 지위를 위해 노력하며, 과학기술인 개개인을 회원으로 거느린 독립적 단체여야 한다. 그리고 앞으로 정권을 잡은 정부는 과총이 아닌 과학기술인들이 주체적으로 만든 과학기술인협회와 과학기술 현안을 상의하고 협상해야 한다.

창의재단의 분리: 과학진흥재단의 국회 귀속

창의재단은 과학기술기본법에 의거해 과학문화의 확산과 창의적 인재 육성이라는 두 가지 목표를 이루기 위해 박정희 시대에 설립된 조직이다. 하지만 창의재단은 재단의 목표를 저질스러운 과학대중화와 영재교육으로 협소하게 해석하고, 조직의 기강을 문란하게 만들어 재단이 역사상 최악의 위기를 맞는 사태를 야기했다.

버니바 부시의 「과학, 그 끝없는 프론티어」 이후 성립된 NSF에 가장 가까이 갈 수 있는 조직이 바로 창의재단이다. 창의재단은 한국과학진흥재단으로 이름을 바꾸고 교육부의 사업을 분리해내야 한다. 교육부의 과학영재 사업은 교육부로 모두 이관하고 과학기술부의 예산으로 기초과학 진흥사업에 몰두하는 것이 창의재단이 새롭게 거듭나는 가장 좋은 방법이다.

---

140 김우재(2019), 「[김우재의 보통과학자] 맬서스의 학위공장, 그리고 과학기술인협회」, 〈동아사이언스〉 2019년 8월 1일 자.

과학진흥재단의 주요 역할은 기초과학의 토양을 마련하기 위한 다양한 연구지원사업 및 인재양성사업이어야 하며, 현재 재단의 주요 사업인 과학대중화는 이런 기초과학 진흥사업을 통해 새롭게 재조직되어야 한다. 정부나 과학기술정보통신부로부터 예산을 받지만 국가의 장기적인 기초과학 진흥사업을 펼치는 독립기구의 역할을 담당하기 위해, 과학진흥재단은 국회에 귀속시키는 방안을 적극 검토할 필요가 있다. NSF도 의회와 행정부 양측으로부터 모두 위원회를 추천받으며, 의회와 직접적인 로비를 통해 예산을 확보한다. NSF는 의학을 제외한 기초과학 및 공학 전 분야를 지원하며 2020년 기준으로 83억 달러의 예산을 사용하는 거대한 연구지원재단이자 과학진흥재단이다. NSF가 사용하는 10조 원에 달하는 예산은 주로 대학의 기초과학 및 기초학문 연구에 지원되며, 이렇게 NSF가 독립적으로 지켜온 기초과학이 미국 과학기술의 기초를 떠받치고 있는 것이다.[141]

한국의 경우 연구재단이 대학 및 출연연의 기초과학 관련 연구지원 역할을 수행하며, 이는 연구재단이 NSF의 역할 중 상당수를 수행하고 있는 구조임을 뜻한다. 이미 앞에서 설명했듯이 연구재단은 과학기술과 인문사회로 분야를 나누고, 현재의 위탁집행기관에서 벗어나 독립적으로 연구과제의 설정과 전략 수립을 할 수 있는 독립기관으로 국회에 귀속되어야 한다. 창의재단 또한 마찬가지로 현재의 위탁사업 수행기관에서 독립적인 기초과학 진흥기구로 탈바꿈하기 위해선 국회에 귀속되어야 한다. 창의재단 운영은 정부와 국회가 함께하며, 예산 또한 창의재단이 직접 국회를 상대로 받는 형태로 만들어 독립성을 강화하고, 기초과학 진흥의 역할을 전담하는 독립재단으로 변화해야 한

141 뉴문(2020), 「[글로벌하게 배워보는 과학기술정책 이야기] 글로벌 연구지원기관: 미국 국립과학재단(NSF)」.

다. 만약 연구재단에서 과학기술연구재단이 분리되어 나올 경우, 창의재단은 과학기술연구재단의 산하로 들어가 기초과학 진흥과 과학문화 확산을 담당할 수도 있다. 과학기술연구재단의 산하로 들어가는 경우의 장점은 창의재단의 사업이 좀 더 과학기술과 친화적이고 현장 중심적인 철학으로 돌아갈 수 있다는 것이다.

국회: 정부를 견제하는 장기적 과학기술 전략의 수호자

현재 한국의 국회에는 과학기술정보방송통신위원회라는 장황한 이름의 상임위원회가 과학기술 관련된 행정부의 정책을 비판하고 견제하는 역할을 담당하고 있다. 하지만 워낙 다양한 분야를 다루는 이 상임위원회가 과학기술정책을 제대로 심사하고 견제할 수 있는지는 미지수다. 법제사법위원회나 다른 상임위원회처럼 언론의 관심도 적고, 과학기술 관련 의제보다는 주로 방송통신과 관련된 의제가 위원회의 뜨거운 감자인 경우가 다반사이기 때문이다. 물론 이보다 심각한 문제는 국회에 과학기술 관련 의제를 제대로 이해하고 비판할 전문가가 없다는 것이다.[142] 이 문제는 과학기술이 국민의 삶에 더욱 가깝게 다가가고, 과학기술의 역할이 새롭게 변화한 모습이 보일 때에야 선거라는 과정을 통해 변화시킬 수 있는 일이다. 현재로서는 과학기술을 전담하는 상임위원회를 설치하는 것이 가장 좋은 전략이겠지만 이는 국회가 결정해야 할 일로 보인다.

현재 국회에는 '국회미래연구원'이 설립되어 혁신성장, 삶의 질, 거

---

142 조정형(2020), 「포스트 코로나 외친 21대 국회, 이공계 출신 10% 밑돌아」, 〈전자신문〉 2020년 4월 26일 자.

버넌스 등에 관한 연구를 수행하고 있다. 국회 직속으로 연구원이 생긴 것은 장려할 만한 일이지만, 한국의 미래를 준비한다는 연구원 내에 과학기술 전공자가 단 한 명도 없다는 것은 우려할 일이다. 한국 과학기술정책을 지원하는 기구인 KISTEP과 STEPI도 마찬가지지만, 과학기술 현장에 대한 이해가 없는 싱크탱크는 국가의 미래 전략을 수립하기는커녕, 엉뚱한 정책으로 국민의 세금만 낭비할 가능성이 크다.

나는 국회미래연구원을 과학기술 전략을 다루는 조직으로 확대 개편하거나, 국회 내에 과학기술 전략을 담당하는 연구원을 신설할 것을 제안한다.

앞에서 상세하게 기술한 새로운 한국 과학기술 체제의 조감도를 요약하면 〈그림 18〉과 같다. 이런 거버넌스 구조를 만드는 일은 행정부의 노력만으로 이루어질 수 있는 것이 아니다. 하지만 행정부가 과학기술과 과학기술인을 존중하며 그들의 사회적 지위를 끌어올리고, 그들을 국정 운영의 동등한 파트너로 대우하는 태도와 제도를 구축한다면, 민간과 국회 또한 이에 맞춰 움직이게 될 것이다.

소속	직책(직급)	전공
혁신성장 그룹	그룹장(연구위원)	정치학/미래학
	연구위원	에너지/환경
	부연구위원	교육학
	부연구위원	공학
	부연구위원	행정학/정치학
	연구조원	연구행정지원
삶의질 그룹	그룹장(부연구위원)	지리학
	부연구위원	환경공학
	부연구위원	사회학
	부연구위원	정책학
	부연구위원	공중보건학
거버넌스 그룹	그룹장(초빙 연구위원)	정치학
	연구위원	경제학
	연구위원	법학
	부연구위원	경제학
	연구조원	연구행정지원

표 2 국회미래연구원 조직도[143]

143 국회미래연구원 제공(http://nafi.re.kr/nafi/intro/people.do).

대통령

미래전략수석실

- 국가 과학기술전략의 컨트롤타워
- 과학기술정책/기획/예산 배분/조정
- 백악관 OSTP 모델
- 과학기술부/정보통신부/환경부와 각각 공조하는 3 비서관 체제

국가과학기술위원회

- 기능 확대 개편
- 민주평통 모델에서 공정거래위원회+인권위원회 모델로
- 저명한 과학기술인 중심의 위원회
- 미래전략수석실 자문 및 심의

과학기술비서관실

- KISTEP
- STEPI
- 과학기술혁신본부

과학적근거위원회

- 인권위원회 모델
- 과학적 근거에 대한 진정, 실사, 권고 기능
- 비과학적 사회적 사건에 대한 전제기능

정보통신비서관실

- 국가 CIO 역할 조율

기후환경비서관실

- 기후위기 등 환경부와 과기부 사이의 조율

과학기술부

1차관

- 기초원천연구

2차관

- 거대공공연구

기상청

특허청

정보통신부

- 국가 CIO 역할 부여
- 현장 개발자 출신 장관

데이터청

- 통계청의 확개 개편
- 빅데이터, 인공지능 등
- 국가 공공데이터 관리
- 개발자 출신 등용

국무총리실

기초과학연구회/이태규연구회/세종과학연구회

응용기술연구회/이승기연구회/영실기술연구회

- 연구회 산하로 출연연 모두 이관
- 연구회는 경제인문사회연구회처럼 국무총리실로 이관
- 연구회 체제 강화, 독립적이나 책임성 있는 연구
- 연구의 동기를 중심으로 분리(학문 vs 기업가)

학문적 동기 중심

- KIST 일부
- 기초과학지원연구원(일부)
- 한국천문연구원
- 한국생명공학연구원(일부)
- 한국과학기술정보연구원
- 한국화학연구원(일부)
- IBS
- 고등과학연구원
- 한국뇌연구원

기업가적 동기 중심

- 한국한의학연구원(보건복지부 이전)
- 한국생산기술연구원
- 한국전자통신연구원(정보통신부 이전)
- 한국건설기술연구원(국토교통부 이전)
- 한국철도기술연구원(국토교통부 이전)
- 한국표준과학연구원(식품의약품안전처 산하 이전)
- 한국식품연구원(식품의약품안전처 산하 이전)
- 한국지질자원연구원
- 한국기계연구원
- 한국항공우주연구원
- 한국에너지기술연구원
- 한국전기연구원
- 한국원자력연구원
- 한국화학연구원(일부)
- 한국생명공학연구원(일부)
- 한국기초과학지원연구원(일부)

경제인문사회연구회

- 인문사회 분야 출연연 모두 이관

그림 18 **새로운 한국 과학기술체제의 조감도 – 과학적 사회와 사회적 기술**

그림 17에서 보이던 산만한 구조를 내 깜냥이 허락하는 한 최대한 합리적으로 재구성해본 것이다. 물론 과학기술 관료들은 여러 이유를 대며 이런 구조로의 개혁을 반대할 것이다. 낡은 세력의 반대를 무릅쓰고 이런 대규모 개혁을 단행할 정치인이 한국에 있을지는 의문이다.

민간

과학기술인협회

- 현장 중심 주체적인 조직
- 과학기술인 개인 회원
- 정부와 사회 사이를 조율하는 과학기술 민간 기구

과총

- 박정희 시대의 종언

국회

과학기술정보방송통신위원회

과학기술연구재단

- 연구재단의 학문분야에 따른 분리
- 대학과 민간 중심의 과학기술 연구지원기관
- 미국 NSF, 캐나다 NSERC
- 미국 NSF 모델로 국회 상대 직접 예산 신청
- 연구개발 예산 기획 및전략

과학진흥재단

- 과학창의재단 후원
- 기초과학진흥
- 교육부에서 이탈
- 장기적으로 과학기술연구재단으로 귀속

인문사회연구재단

- 민간 분야 인문사회연구 지원
- 캐나다 SSHRC 모델

국회미래전략연구원

- 국회미래연구원을 과학기술분야 포함 확대개편

과학을 통한 근거와 상식에 기반을 둔 사회를 위하여

> 보수주의자들이 과학과의 전쟁을 선포한 것이 사실이라면, 진보주의자들은 과학과의 아마게돈을 선포하고 있다. **알렉스 베레조, 행크 캠벨**[144]

'과학적 사회와 사회적 기술'이라는 새로운 한국 과학기술 체제의 패러다임은 과학과 기술 혹은 과학기술이 한국 사회를 경제적 방식으로만 발전시키는 도구라는 시각을 넘어, 과학과 기술이 사회 모든 분야에서 우리의 삶을 변화시키는 중요한 지식이자 기예라는 시각으로의 전환을 요구한다. 과학은 기술혁신의 도구 혹은 원천기술로서의 역할뿐 아니라, 사회에 합리적인 시각을 제공하고 민주주의 정치체계에 질서를 부여하는 역할을 수행할 수 있다. 한국은 법치주의가 과잉인 사회로 모든 정책과 상식적인 판단을 법원의 판결로 미루는 경향이 있고, 역사가 증명하듯이 법이 언제나 올바른 판단을 내리는 것은 아니다. 법치주의의 오류를 과학이 바로잡을 수 있다. 현대사회에서 일어나는 수많은 사건 사고와 정치적 판단의 배후엔 우리가 끝까지 치밀하

144 Alex Berezow and Hank Campbell, 2012, *Science Left Behind: Feel-Good Fallacies and the Rise of the Anti-Scientific Left*, PublicAffairs.

게 붙들고 놓지 말아야 할 상식의 잣대가 존재해야 하며, 과학은 그 학문이 자연을 발견하는 방법론에서 얻은 규범과 미덕으로 법치주의가 미처 포착하지 못한 상식을 사회의 중요한 판단에 동원할 수 있다. 그것이 과학이 사회에 기여할 수 있는 보다 큰 기능과 역할이며, 우리가 박정희식 도구주의와 기능주의를 넘어 과학을 한국 사회에 하나의 문화로 받아들일 수 있는 첫걸음이 될 것이다.

현대사회에서 기술의 발달은 사회 변화의 주요한 동인이 되고 있다. 대부분의 기술혁신은 자본주의적 질서를 따르는 민간기업에서 일어나고 있고, 정부의 정책과 법률은 빠르게 발전하는 기술을 따라잡기에도 벅찬 것이 사실이다. 한국은 박정희식 과학기술 체제하에서 국가 주도의 기술 발전을 경험해온 나라다. 박정희는 기술 개발을 위해 국가 총력전을 펼쳐왔고, 그런 노력들이 현재 한국 과학기술 체제의 축이 된 것도 사실이다. 그 때문에 정파를 막론하고 과학기술정책은 국가 주도형으로 획일적인 것이 한국의 현실이었다. 이명박 정부의 과학비즈니스벨트 및 녹색성장, 박근혜 정부의 창조경제, 문재인 정부의 4차산업혁명 모두 이러한 박정희식 과학기술 체제의 부산물이다. 하지만 이제 국가가 주도하는 기술혁신 정책은 한계에 봉착했다. 실리콘밸리를 위시하여 세계적인 혁신 기업이 국가 주도와는 상관 없이 기술혁신을 견인하고 있기 때문이다. 이런 현실에서 국가의 기술혁신정책이 나아갈 길은 민간 기술혁신을 위한 플랫폼을 만들고, 기술혁신과 사회 발전을 조율하는 것뿐이다. 지금처럼 국가가 기술혁신을 주도하려는 구시대적 정책은 소중한 자원을 중복 사용하는 것일 뿐 아니라 민간기업의 혁신을 가로막는 일이기도 하다. '타다 사태'를 비롯한 정부와 민간의 충돌은 국가가 기술혁신은 물론 사회 발전까지 모두 주도하려는 낡은 사고방식에서 비롯된다. 국가의 역할은 조율이다. 사회적 기술이라는 패러다임은 기술혁신이라는 분야에서 국가의 역할을 명확히 하고 빠르게 발전하는 현대 기술사회 속에서 기술과 사회가 공정하고 조화롭게 발전하는 방식을 고민하는 새로운 국가의 모습을 제안한다.

과학은 인류가 만든 가장 소중한 지식 체계 중 하나다. 과학은 여러 측면에서 다른 학문과 구분되지만 지금까지 우리는 과학이 선사하는 확실성의 세계와 그 발견의 결과물에만 주목해왔다. 하지만 과학이 우리에게 선사할 수 있는 미덕은 그것만이 아니다. 과학은 자연을 발견하는 방법론과, 과학적 지식이 과학자 사회에서 인정되고 정착하는 방식을 통해서도 사회에 기여할 수 있다. 그것이 바로 과학이 사회의 상식에 기여할 수 있는 또 다른 방법이다. 과학은 끊임없이 근거를 묻고, 근거 없는 권위에 복종하지 않으며, 발견의 과정에서 과학적 방법 이외의 권위를 인정하지 않는다. 과학은 열린 토론을 지향하며, 일단 받아들여진 결과에 잠정적인 권위를 부여하되 절대적인 도그마로 삼지 않는다. 과학은 할 수 있다면 현상을 숫자로 측정하며, 반복된 실험을 통해 진실에 이를 때까지 지나친 확신을 삼가는 것을 미덕으로 한다. 그런 의미에서 과학은 보수적이지만, 새로운 가설과 이론을 만들고 주장하는 측면에선 진보적이며 심지어 급진적이기까지 하다. 과학이 발견한 결과로부터 과학이 자연을 발견하는 방법과 과학자 사회가 공유하는 규범으로 우리의 관심을 확장할 수만 있다면, 한국 사회는 과학으로부터 큰 혁신의 동력을 제공받을 수 있게 될 것이다. 그것이 과학적 사회라는 패러다임이 한국 사회를 돕는 방법이다.

한국 사회는 87년 민주화 이후 새로운 체제를 고민하고 있다. 나는 아마도 과학이 민주화 이후 한국 사회를 장기적으로 추인하는 사상적 기반이 될 것이라고 생각한다. 성리학 중심의 국가 체제를 유지하던 조선의 멸망 이후 한국은 기독교와 마르크스주의 등의 서구사상의 도입으로 큰 변화를 겪었지만, 그 어느 이념도 한국 사회의 주류가 되지 못했다. 기독교 이념이 시민사회로 스며들었지만, 교회의 부패와 타락으로 한국을 이끄는 사상이 되지 못했고, 마르크스주의가 북한의 성립과 남한 민주화 세력에게 받아들여졌지만, 이 또한 기한을 다하고 사회발전의 이념으로 봉사하지 않는다. 표면적으로 기독교와 마르크스주의의 충돌로 보이던 한국 사회의 사상적 여정의 기저에서 과학기술은 천천히 사회의 경제적 발전을 추인하며 사람들 사이로 스며들었다. 물론 과학기술이 사상의 차원에서 사람들에게 인식된 것은 아니다. "밥 벌어 먹고 살려면 기술을 배워라"는 말은 사람들 사이에 흔히 회자되는 말이다. 기술은 한국 사회에서 생존을 위해 필요한 기예로 사람들을 사로잡았고, 국가의 지휘 아래 발전한 자동차산업, 조선소, 반도체산업 등을 통해 국가경제와 우리 삶의 생존을 보장하는 사회의 필수적인 요소로 각인되었다. 과학은 그렇게 우리 생존을 보장한 기술의 배후에서, 그 기술을 잉태한 지식 체계로 인식되고 있다. 기독교나 마르크스주의처럼 정치적 측면에서 사회 표면에 드러나지는 않았지만, 과학과 기술은 사회 층위의 밑바닥에서 조용히 민중의 삶 속으로 파고 들었다. 나는 이제 과학이 한국 사회의 새로운 도약을 위한 사상적 역할을 수행할 준비가 되었다고 생각한다. 마치 낡고 타락한 불교를 대체했던 고려 말의 성리학처럼, 과학은 이제는 낡고 병든 유교라는 한국 사회의 오래된 지배 이념을 대체할 유일한 사상적 기반인지도 모를 일이다.

과학조선: 과학기술인이라는 새로운 집단의 발견과 새로운 한국

해방공간에서, 과학기술인들은 당시 최고의 엘리트이자, 시대정신을 구현하고 있는 지식인이었다. 일본 제국주의에 신음했던 조선의 민중에게, 게다가 일본과 서구의 우월한 과학지식 앞에 열등감을 지니고 있던 그들 앞에, 첨단 과학지식을 지닌 유학파 과학기술인은 새로운 시대의 중심으로 부르기에 손색이 없는 세력이었다. 해방 이후 교토 3인방으로 불린 이태규(화학 1902~1992), 이승기(화학공학 1905~1996), 박철재(물리학 1905~1970)는 당시 남북한의 모든 학문을 통틀어 최고 수준의 학자였다. 이들 모두 일본 동경제국대학에서 박사 학위를 받고 일본에서 교수직에 올랐으며, 학문적 성과 이외에도 세계적인 평판에서 이들을 넘어서는 조선인은 없었다. 이들의 이름은 당시 해방 공간에서 정치인과 대중 모두에게 자주 오르내렸으며, 그들의 한마디 한마디는 해방 공간의 과학기술인과 정치권력을 움직이는 영향력을 행사했다. 해방 공간에서 과학기술과 과학기술인은 시대의 주인공이 될 자격과 능력 그리고 인물을 모두 보유하고 있었다. **김우재**[145]

한국 경제는 해방 이후 노동력 위주의 성장 단계에서 자본 중심의 성

145 김우재(2019), 「[김우재의 과학적 사회] 9. 北을 선택해야만 했던, 잊힌 과학자들」.

장 단계를 거쳐 과학기술 중심의 성장 단계로 순차적 발전 과정을 경험했다. 1962년 '제1차 경제개발5개년계획'이 추진된 이후 한국 경제는 본격적인 성장 궤도에 진입했고, 이후 1970년대 중반 이후부터 시작된 경공업 중심의 수출주도형 전략은 1980년대 철강, 자동차, 선박, 석유화학 등의 중화학공업 중심으로 발전해나간다. 초기 정부 주도로 이루어지던 연구 개발은 이후 민간의 연구 개발 능력이 크게 증가하면서 반도체, 휴대전화, 액정표시장치 등의 첨단 제품이 수출 주도 상품이 되는 쾌거를 이뤄냈고, 한국의 경제구조는 기술집약적 산업으로 변화했다. 해방과 전쟁 이후 불과 70년도 되지 않는 시기에 한국의 경제를 선진국 수준으로 진입시킨 원동력은 과학기술을 단계적으로 발전시킨 전략 덕분이었다. 박정희식 과학기술 체제가 한국 경제를 견인해온 원동력임은 부정하기 힘들다.[146]

하지만 그 과정에서 과학기술인들은 주체적인 사회 주도 세력으로 성장하지 못하고, 철저히 국가의 관리를 받는 도구적 존재로 양성되었다. 과학기술 인력은 국가의 관리를 받는 인력으로 여겨졌고, 강력한 정치권력에 종속된 박정희식 과학기술 체제하에서 과학기술인은 연구개발 인력 그 이상도 이하도 아닌 일종의 조선시대 중인 계급으로 취급되었다.[147] 과학자와 엔지니어가 근대국가 발전 과정에서 주체적인 세력으로 성장한 선진국의 사례와는 달리,[148] 한국은 해방 이후 전쟁과 더불어 급격한 산업화 과정에서 과학기술인이 국가권력과 맞설 수

---

146 홍사균 외(2010), 「한국의 경제 발전을 선도한 과학기술의 역할과 개도국에의 시사점」, 〈정책연구〉 2010-9: 1-329.

147 김수갑 · 김민우(2008), 「과학기술 인력 양성을 위한 법 · 정책적 개선방안」, 〈법학연구〉 48(2): 119-152.

148 김덕호 외, 2013, 《근대 엔지니어의 탄생》. 서울: 에코리브르. 이 중 김덕호와 이내주의 글을 참고할 것. 과학자 사회의 경우 엔지니어보다 훨씬 빠른 17세기부터 학회를 중심으로 집단적 정체성을 획득한 역사가 있다.

있는 주체적인 집단으로 성장할 기회를 갖지 못했다.

한국의 과학기술자 사회는 한편으로는 국가권력에 의해 관리받는 도구로 취급되었지만, 1980년대 민주화운동과 함께 한국 사회에 들어온 과학사회학 혹은 과학기술학의 논의에서는 권력을 지닌 집단으로 비판받았다.[149] 과학사회학자를 중심으로 이루어진 과학자의 사회적 책임 혹은 과학기술의 민주화 논의가 공허한 이유는 과학사회학자가 비판하는 권력을 지닌 과학기술자 사회가 한국에 존재하지 않기 때문이다. 한국의 과학사회학은 민주화 시대의 사회학 계열 학문의 유행을 암묵적으로 승계하며, 마치 독재권력을 견제하는 진보적인 학자들의 스탠스로 과학기술계를 겨냥했다. 문제는 그런 구도가 외국의 과학기술계와 과학사회학계의 갈등 구도와 학문적 성과를 그대로 가져와 한국적 상황에 대한 아무런 고려도 없이 그대로 적용한 환상이라는 것이다. 황우석 사태로 과학사회학자의 과학기술계에 대한 비판이 고조되었지만, 대부분의 비판은 과학기술자 사회가 아닌 한 과학자 개인의 윤리적 · 도덕적 문제로의 환원이었고, 황우석 사태를 둘러싼 그 수많은 논쟁에서 한국 과학기술자 사회의 주체적인 성장에 대한 논의는 전혀 없었다.

하지만 역설적이게도 황우석 사태에도 불구하고 한국의 시민들은 가장 신뢰하는 직업으로 과학자를 꼽는 데 주저하지 않는다.[150] 즉, 황우석 사태는 시민들에게 한국의 과학사에서 나타난 예외적 사건으로 여겨지고 있을 뿐, 최근 문제가 되고 있는 목사나 의사의 도덕적 해이를 그 집단에 대한 신뢰와 연결시키는 현상과는 다르다는 뜻이다. 한

149 고영태(2019), 「가장 못 믿을 직업 1위 정치인… 과학자 가장 신뢰」, 〈KBS NEWS〉 2019년 9월 23일 자.

150 송성수(2001), 「과학기술자의 사회적 책임과 윤리」, 〈정책자료〉 2001-11: 1-70; 김환석(2010), 「과학기술 민주화의 이론과 실천: 시민참여를 중심으로」, 〈경제와사회〉 2010-3: 12-39.

국 사회에서 과학기술인은 지난 반세기 동안 묵묵히 과학기술 발전을 통해 경제 발전에 이바지해온 신뢰할 수 있는 집단으로 기억되고 있다. 특히 과학기술인이 의사나 변호사처럼 사회에서 권력을 지닌 것으로 여겨지지 않는 이유는 실제로 그들이 한국 사회의 지도층으로 편입되지 않았기 때문이다.[151] 완전히 다른 맥락에서 사용되었지만 과학사학자 박성래가 한국 과학기술인에게 중인 의식이 있다고 발언한 것은 반쯤은 맞는 말이다. 왜냐하면 한국 과학기술인은 그들이 실제로 가지고 있는 능력과 도덕적 우위에도 아직까지 한국 사회에서 공정한 사회적 지위를 얻지 못한, 마치 고려 말과 조선 초에 정치적 · 사회적으로 문화적 변혁을 이끌었던 신진사대부에 비유할 수 있는 집단이기 때문이다.

현재 한국의 과학기술인과 여말선초의 신진사대부를 비교해보는 건 흥미로운 작업이다. 신진사대부는 성리학을 공부한 학자들이었고, 무신집권기 이래로 성리학을 통해 고려 시대의 모순을 해결하려던 개혁 세력이었으며, 당시 권문세족의 공고한 기득권에서 멀리 떨어져 있었고, 바로 그 때문에 성리학이라는 이정표로 새로운 사회를 꿈꿀 수 있었던 집단이었다. 바로 그들의 의식적 활동이 조선을 탄생시킨 동력이었다.[152] 현재 한국 과학기술인 역시 과학이라는 학문을 공부한 학자들로 독재와 민주화 세력이라는 기득권층에서 멀리 떨어져 한국 사회의 개혁을 꿈꾸는 집단으로 존재하고 있다.

해방 이후 모든 정치 세력과 과학기술인에게 '과학조선'은 새로운 국가의 이정표였다.[153] 해방 공간에서 처음 그 존재를 드러낸 한국 과

---

151 김수정 · 이명진 · 최샛별(2017), 「한국 사회 전문가의 권위와 신뢰에 관한 연구」, 〈사회과학연구논총〉 33(2): 177-215.

152 우리역사넷, "신진사대부" 항목 (http://contents.history.go.kr/mobile/kc/view.do?levelId=kc_o300600&code=kc_age_30)

153 "김동광(2006), 「해방 공간과 과학자 사회의 이념적 모색」, 〈과학기술학연구〉 6(1): 89-118"에서 재인용

학자 사회는 진보적이고 개혁적인 이념을 공유하는 지식인의 연대였고, 1920년대 과학과 민주라는 기치로 시작된 중국의 신문화운동처럼[154] 과학조선이라는 새로운 사회를 위해 적극적으로 발언하고 실천하던 과학 지식인들이었다. 그들에게 과학은 조선이라는 구시대로부터 벗어날 수 있는 유일한 대안이었고 사상이었으며 돌파구였다. 어쩌면 한국의 과학기술인 사회는 해방 이후부터 지금까지 구시대의 모순을 해결하기 위해 준비하고 있던, 유일한 사회 개혁의 보루인지도 모른다.

과학기술인을 한국 사회의 모순을 해결할 새로운 사회 개혁 세력으로 인식하는 정치적 리더십이 필요하다. 지속되는 국회 내의 여야 대결로 인한 정치적 혼란에 국민은 지쳐가고 있고, 87년 체제를 넘어 새로운 한국 사회의 이정표를 제시하는 정치적 리더십이 부재한 시대다. 한국 과학기술인을 새로운 사회 개혁의 동반자로 맞이하는 정치적 리더십이야말로 87년 체제를 넘어 새로운 체제를 시작하는 시금석이 될 것이다. 과학기술이 사회에 제공할 수 있는 가치와 과학기술인이 한국 사회를 변화시킬 수 있는 역량을 인식한 새로운 정치적 리더십의 탄생을 기대한다.[155]

---

154 〈이로운넷〉에 연재한 글을 참고할 것. 대표적으로 "김우재(2020), 「[김우재의 과학적 사회] 13. 해방으로서의 과학」, 〈이로운넷〉 2020년 3월 31일 자"를 참고.

155 문만용의 이 논문은 한국 과학기술인 사회가 오랫동안 힘들지만 사회의 변화를 위해 각고의 노력을 해왔음을 기술하고 있다. 문만용(2015), 「한국 과학기술자들의 '탈식민주의 갈망」, 〈역사와 담론〉 75: 179-222.

별책부록

과학기술계인사검증 필수매뉴얼

과학적 사회를 위한 리더십

이 글은 내가 아직 ESC라는 조직에 속해 있을 때 조동호 과학기술정보통신부 장관 후보의 낙마를 접하면서 제안했던 프로젝트의 결과물이다. ESC의 집행위원회는 이 프로젝트를 못마땅하게 생각했고, 결국 내가 혼자 만들고 발족시킨 프로젝트가 되었다. 부족한 매뉴얼이지만 정치권력이 과학기술계의 리더십을 선출하고자 할 때 반드시 고려해야 할 최소한의 조건을 모았다. 도움이 되길 바란다.

서론 및 배경

〈과학기술계 인사 검증 필수 매뉴얼〉(이후 과기매뉴얼)은 과학기술계 인사가 주요 공직으로 임명될 때, 청와대를 비롯한 공공기관이 반드시 검증해야 하는 최소한의 리스트를 말한다. 이 리스트는 2019년 3월, 문재인 정부가 조동호 과학기술정보통신부 장관 후보를 정권 출범 이후 최초로 '임명 철회'한 사건에서 시작되었다.[156] 청와대는 브리핑을 통해 조동호 후보자가 "해외 부실 학회에 참석한 사실을 본인이 밝히지 않았"음을 임명 철회의 이유로 발표하면서도 "교육부와 관련 기관의 조사에서도 드러나지 않았기에, 검증에서 걸러낼 수 없었"다고 부연했다. 또한 청와대의 인사 검증 시스템이 "공적 기록과 세평을 중심으로 진행되기 때문에" 한계를 지니며, 따라서 "인사청문회와 언론의 취재는 검증의 완결"에 해당한다고 밝혔다. "해외 부실 학회 참석 사실이 사전에 확인되었다면" 후보로 고려하지 않았을 것이라는 문장으로 미뤄볼 때, 현 청와대의 인사 검증 시스템은 과학기술계가 아주 쉽게 검증할 수 있는 사안에 대한 매뉴얼이 없는 것으로 판단된다. 이에

156 청와대(2019), 「인사청문회 관련 윤도한 국민소통수석 브리핑」, 2019년 3월 31일 (https://www1.president.go.kr/articles/5873).

사단법인 '변화를 꿈꾸는 과학기술인네트워크(이후 ESC)'는 향후 조동호 장관 후보 임명 철회와 같은 사건이 재발되지 않도록, 과학기술인의 집단지성을 통해 〈과기매뉴얼〉을 작성해 배포한다. 이 매뉴얼의 목적은 아래와 같다.

1. 과학기술계 인사 검증의 특수성을 밝혀, 향후 공직기관의 인사 검증에 도움이 되도록 한다.
2. 과학기술계 인사 검증을 위한 최소한의 매뉴얼을 만들어, 향후 공직기관의 인사 검증에 도움이 되도록 한다.
3. 이를 통해 과학기술계가 원하는 리더십이 한국 사회에 구현될 수 있도록 한다.

ESC는 이 매뉴얼을 통해 우리가 추구하는 선언의 이상이 한국 사회에 더 빠르게 실현되기를 바란다.[157]

157 ESC 선언(http://esckorea.org/about).

1. 과학기술계 인사 검증의 특수성

이 장에서는 과학기술계의 인사 검증이 다른 분야 인사 검증과 달리 특수성을 띨 수밖에 없는 이유와 전문적인 과학기술계 인력에 대한 올바른 검증이 필요한 이유를 밝힌다.

청와대 인사혁신처는 「7대 비리 관련 고위공직 후보자 인사 검증 기준」을 마련하고,

1. 병역 기피
2. 세금 탈루
3. 불법적 재산 증식
4. 위장 전입
5. 연구 부정행위
6. 음주운전
7. 성 관련 범죄 등

에 관한 가이드라인을 게시해두었다.[158]

---

158 청와대 인사혁신처 승진/보직관리 게시판. 7대 비리 관련 고위공직 후보자 인사 검증

국민권익위원회는 '고위공직자 청렴도 평가 표준 항목'을 배포하고,[159] 이를 통해 고위공직자의 기본적인 검증을 실시하는 것으로 보인다.

과기매뉴얼은 이 표준 항목에서 제시하지 않거나, 표준 항목의 내용이 과학기술계의 특수성을 반영해야 할 경우를 모두 고려해 작성되었다.

가. 과학기술은 전문지식이며 접근하기 어렵다

과학기술은 논문 및 특허 등으로 그 성과가 표시되고 평가되는 분야다. 산업적 응용을 중시하는 과학기술 분야의 경우엔 경제적 파급효과 또한 그 전문지식에 포함된다. 대부분의 일반 시민은 이런 논문 및 특허 그리고 경제적 지표 등에 제한적으로만 접근할 수 있다. 또한 행정직 위주로 편제된 청와대를 비롯한 정부 공공기관의 인력풀을 고려했을 때, 과학기술계의 논문 및 특허 등을 적확히 판단해 인사 검증의 지표로 제시하는 일은 어렵다고 판단된다.

나. 과학기술계 내부에서만 알 수 있는 기준이 있다

과학논문을 평가하는 SCI Imapct Factor가 널리 사용되고 있지만, 연구의 질과 효과를 정확히 평가하는 건 과학기술계 내부에서도 논쟁 중인 사안이다. 따라서 과학기술계 내부에서 연구 및 특허에 대한 평가는 주로 동료 평가에 의존하는 경우가 많으며, 이러한 동료 평가는 외부인의 입장에선 알기 어려운 것이 사실이다. 따라서 공직 후보자의 전문가적 자질을 평가하려면 최대한 많은 과학기술계 현장의 목소리

기준.

159 국민권익위원회.

를 듣는 과정이 필수적이다.

다. 과학기술은 국제적 경쟁이 치열한, 최첨단 분야에 대한 이해를 포함한다

아이폰, 인공지능, 자율주행차 등에서 알 수 있듯이, 과학기술 분야의 전문지식은 빠르게 진보하고 소멸되는 특징을 지니고 있다. 이는 오래된 관습과 전통, 그리고 법 제도 등에 대한 이해가 필요한 외교 안보 및 행정 분야와는 다른 과학기술 분야의 독특한 특징이다. 따라서 과학기술계 리더십은 물리적 나이를 포함해서 젊은 리더십이 요구되는 자리다. 실리콘밸리를 비롯한 대부분의 첨단과학기술 분야의 리더들이 젊고 역동적이며 진보적인 이유를 인사 검증의 과정에 반영할 필요가 있다.

2. 과학기술계 인사 검증 시 확인해야 할 사항들

가. 과학기술인으로서의 합리적 사유방식

1. 유사 과학에 대한 태도 및 관련 활동
    - a. 창조과학
    - b. 안아키(백신거부운동)
    - c. 영구기관
    - d. 제로존 이론
    - e. 기타 유사과학으로 확인되는 활동에 대한 태도 및 연관성 체크
2. 과학기술의 결과와 개인적 이념 및 신념에 대한 태도
    - a. 지원해야 할 연구 분야와 종교적 신념이 충돌할 때
    - b. 맹목적인 이념으로 과학기술을 왜곡할 때(리센코 주의, 우생학)

나. 과학기술과 사회 및 권력에 대한 태도

1. 정부 및 기업과 관련해 이해관계에 상충하는 연구를 수행했는지 여부
    - a. 예) 4대강 관련 과학기술인 목록 대조(정부와의 관계)

    b. 예) 담배 회사를 비롯한 다양한 기업의 이해에 봉사한 자(기업과의 관계)

2. 과학기술인의 사회적 책임에 대한 지론을 알 수 있는 자료
    a. 후보자의 매체 인터뷰 및 칼럼, SNS 등을 참고
3. 사회의 과학기술에 대한 이해를 위한 노력
    a. 후보자의 매체 인터뷰 및 칼럼, SNS 등을 참고
4. 기초과학에 대한 태도
    a. 직무의 성격에 따라 유연하게 적용. 이 질문은 과학기술정보통신부 혹은 교육부에 관계된 공직자의 경우 필수적.
5. 출연연에 대한 인식
6. 대학원생 및 학부연구생의 인권 및 노동자성에 대한 견해
7. 과학기술계 소수자(여성, 외국인 유학생 등)에 대한 인식

3. 과학기술인으로서의 연구 및 학술 활동

1. 전문 분야에서의 경험에 대한 동료 평가
2. 특허 등 지적재산권에 관한 이익 충돌 사례 조사
   a. 가족 이름의 특허, 자신의 회사에 국가연구비를 쓰는 행위 등
3. 연구 부정행위
   a. 표절
   b. 가족, 친척, 친구 자녀 논문의 부적절한 등재 여부
   c. 부적절한 학술 활동으로 인한 불명예 논문 게재 취소 여부
   d. 부실 학술지 및 학술대회 참가 여부
   e. 각종 유사과학의 학술 활동 참가 여부
   f. 교신저자, 공동저자 혹은 주저자로 등재된 논문의 데이터 조작 여부
   g. 필요하다면 대학원생, 직원, 동료, 상사 등의 익명 인터뷰를 통한 제보
4. 연구비 부정행위
   a. 연구재단 등을 통해 알 수 있는 각종 연구비 관련 비리행위
   b. 연구참여자 인건비 유용 여부
   c. 각종 기자재 납품 업체와의 담합 여부

4. 과학기술인인 리더십 변화에 대한 요구

2017년 생물학연구정보센터BRIC는 '과학 · 기술을 이끌어갈 기관장 · 단체장의 리더십 인식도 조사'를 통해 과학기술인이 원하는 리더십에 대한 개략적인 모습을 보여준 바 있다.[160] 이 조사가 나타내는 바는 분명하다.

가. 현장의 목소리를 대변해야 한다

조사에 응한 대부분의 응답자들은 현장의 경험이 있는 리더십을 원했다. 과학기술계는 지난 군사독재 정권에서 정초된 기본적인 프레임 속에서 현장의 목소리보다는 정치적 권력을 추구해온 과학기술계 원로와 리더십에 의해 고통받아왔다. 과학기술계의 리더가 되는 사람은 현장 경험을 보유하고, 현장의 목소리를 정치권력에 전달하고 조율할 수 있는 사람이어야 한다.

나. 과학과 기술에 대한 철학과 비전이 있어야 한다

---

160 브릭, 「과학 · 기술을 이끌어갈 기관장/단체장의 리더십 인식도 조사 경과 보고」(http://www.esckorea.org/board/party/458).

지금까지 과학기술계 리더들은 현장에서 길러진 과학과 기술에 대한 철학이 아니라 자신들의 이익이 걸린 정권과 단체의 이해관계를 위한 근시안적 정책을 내놓고, 과학기술에 대한 장기적인 정책을 마련하는 데 실패해왔다. 따라서 새로운 과학기술계 리더십은 정치권력에 아부하지 않고 과학기술의 현장을 바라보는 태도를 지녀야 한다.

다. 사회 속의 과학기술을 사유할 줄 알아야 한다

지금까지 과학기술계 리더들은 상아탑 혹은 기업의 이해관계를 대변하는 좁은 소견에서 벗어나지 못하고 사회 속에서 과학기술의 위치와 권리에 대해 국민과 정치권력을 설득하지 못했다. 새로운 과학기술계 리더십은 과학기술인이 사회에 기여하고 있으며 그 기여를 사회가 인정하고 또한 사회 속에서 책임을 지는 모습을 보여주어야 한다.

라. 예외를 요구하지 않는 당당한 민주사회의 시민이어야 한다

국가의 경제와 산업, 그리고 국민의 생활을 진보시켜 왔다고 해서, 과학기술인에게 특혜를 요구해서는 안 된다. 과학기술인이 민주사회의 리더가 되려면 그들도 일반 시민과 동등한 의무와 책임의 선상에서 벗어날 수 없다. 과학기술계 리더는 과학기술인의 특수성을 근거로 민주사회 시민으로서 지켜야 할 기본적인 도덕과 상식의 예외를 기대하면 안 된다. 과학자도 시민이며, 과학기술은 권력이 아니라 시민의 것이라는 점을 분명히 인지하는 리더가 이끌어야 한다.

마. 젊은 리더십이어야 한다

'과학기술계 인사 검증의 특수성'을 통해 밝혔듯이, 과학기술은 국제적 경쟁에 노출된 최첨단 분야에 관한 지식을 다룬다. 과학기술계의 리더십은 여러 측면에서 젊은 리더십이어야 한다. 왜냐하면 경쟁이 심한 최첨단 분야를 이해하고, 국제적 감각으로 현장의 젊은 두뇌들을 이끌어야 하기 때문이다. 젊음에 대한 기준은 물리적인 조건으로 한정될 수 없다. 하지만 지금까지 한국 사회의 리더십이 조건과 상황을 고려하지 않는 제론토크라시[161]의 올가미에 걸려 있는 것은 아닌지, 특히 과학기술계는 그 점을 우려하고 있다. 우리는 과학기술계 인사 검증에서 이 기준이 고려되기를 바란다.

참여자 명단

이 문서는 2019년 4월 2일, ESC 회원 김우재가 제안하고 다양한 ESC 회원의 제안 및 참여로 수정 발표되었다.

---

161 노인 지배 사회체제.

PLACE FOR SCIENCE

PLACE FOR SCIENCE